Rainer Ansorge,
Hans Joachim Oberle,
Kai Rothe,
Thomas Sonar

**Aufgaben und Lösungen zu
Mathematik für Ingenieure 2**

Beachten Sie bitte auch
weitere interessante Titel
zu diesem Thema

Wüst, R.

Mathematik für Physiker und Mathematiker

Band 1: Reelle Analysis und Lineare Algebra

2009
ISBN: 978-3-527-40877-1

Wüst, R.

Mathematik für Physiker und Mathematiker

Band 2: Analysis im Mehrdimensionalen und Einführungen in Spezialgebiete

2009
ISBN: 978-3-527-40878-8

Kuypers, F.

Physik für Ingenieure und Naturwissenschaftler

Band 1: Mechanik und Thermodynamik

2003
ISBN: 978-3-527-40368-4

Kuypers, F.

Physik für Ingenieure und Naturwissenschaftler

Band 2: Elektrizität, Optik und Wellen

2003
ISBN: 978-3-527-40394-3

Rainer Ansorge, Hans Joachim Oberle,
Kai Rothe, Thomas Sonar

Aufgaben und Lösungen zu Mathematik für Ingenieure 2

4., erweiterte Auflage

WILEY-VCH Verlag GmbH & Co. KGaA

Autoren

Prof. Dr. Rainer Ansorge
Universität Hamburg
Fachbereich Mathematik
Hamburg, Deutschland
ansorge@math.uni-hamburg.de

Prof. Dr. Hans Joachim Oberle
Universität Hamburg
Fachbereich Mathematik
Hamburg, Deutschland
oberle@math.uni-hamburg.de

Dr. Kai Rothe
Universität Hamburg
Fachbereich Mathematik
Hamburg, Deutschland
rothe@math.uni-hamburg.de

Prof. Dr. Thomas Sonar
Technische Universität Braunschweig
Institute Computational Mathematics
Braunschweig, Deutschland
t.sonar@tu-bs.de

Titelbild

Spiesz Design, Neu-Ulm

4., erweiterte Auflage 2011

Alle Bücher von Wiley-VCH werden sorgfältig erarbeitet. Dennoch übernehmen Autoren, Herausgeber und Verlag in keinem Fall, einschließlich des vorliegenden Werkes, für die Richtigkeit von Angaben, Hinweisen und Ratschlägen sowie für eventuelle Druckfehler irgendeine Haftung

**Bibliografische Information
der Deutschen Nationalbibliothek**
Die Deutsche Nationalbibliothek verzeichnet diese Publikation in der Deutschen Nationalbibliografie; detaillierte bibliografische Daten sind im Internet über <http://dnb.d-nb.de> abrufbar.

© 2011 Wiley-VCH Verlag & Co. KGaA, Boschstr. 12, 69469 Weinheim, Germany

Satz Uwe Krieg, Berlin

Umschlaggestaltung Schulz Grafik-Design, Fußgönheim

Gedruckt auf säurefreiem Papier

Print ISBN: 978-3-527-40988-4

Vorwort zum dritten Band

Dieser dritte Band der *Mathematik für Ingenieure* stellt eine Auswahl von Aufgaben zusammen, die über viele Jahre an der Technischen Universität Hamburg-Harburg im Rahmen der Mathematikausbildung für Ingenieure während der ersten vier Semester gestellt worden sind. Als Grundlage dienen die zugehörigen zwei Lehrbuchbände *Mathematik für Ingenieure* von R. Ansorge und H. J. Oberle. Die Aufgaben orientieren sich inhaltlich an der dortigen Kapitelreihenfolge.

Wir kommen mit der Herausgabe dieses Aufgabenbandes dem langjährigen Wunsch der Studierenden nach zusätzlichem Übungsmaterial, insbesondere für die Vorbereitung auf Prüfungen, nach. Deshalb sind auch viele Aufgaben aus den schriftlichen Diplomvorprüfungen in die Auswahl eingegangen und an entsprechender Stelle als Klausuraufgaben gekennzeichnet worden. Der größte Teil der Aufgaben übt grundlegende mathematische Rechentechniken ein. Daneben sind jedoch auch immer wieder Aufgaben aus den Anwendungsbereichen eingeflossen und an geeigneter Stelle auch Aufgabentypen von theoretischer Natur. Wir hoffen somit einen breiten Bereich an Themen abgedeckt zu haben, der für viele Naturwissenschaftler und nicht zuletzt auch für Mathematiker interessant ist.

Im ersten Abschnitt, in den Kapiteln A.1–A.27, befinden sich die Aufgaben und im anschließenden zweiten Abschnitt, in den Kapiteln L.1–L.27, die zugehörigen Lösungen. Querverweise auf Sätze und Definitionen mit entsprechender Nummernangabe beziehen sich auf die beiden Lehrbuchbände.

Ein solches Werk kann natürlich nicht entstehen ohne die Hilfe vieler Kollegen, die uns mit Ideen, Anregungen, Aufgaben und auch Bildern zur Seite gestanden haben. Unser Dank gilt hierbei insbesondere Carl Geiger und Reiner Hass. In den letzten beiden Jahrgängen wurden die Aufgaben dieses Bandes in den Kursen Mathematik für Ingenieure gründlich behandelt und wir hoffen, dass dadurch Fehler aller Art auf ein Minimum reduziert worden sind. Besonderen Dank möchten wir hier Peywand Kiani und Andreas Meister für ihre gründliche Prüfung aussprechen. Sollten dennoch an der einen oder anderen Stelle Fehler verblieben sein, so bitten wir dies zu entschuldigen und sind für Hinweise dankbar.

Dem Verlag, insbesondere Frau Gesine Reiher, möchten wir unseren Dank aussprechen für die freundliche Zusammenarbeit, die kritische Durchsicht des Manuskriptes und die Bereitschaft, die ersten beiden Bände mit diesem dritten Aufgabenband abzurunden.

Hamburg, Braunschweig, im Februar 2000   Die Verfasser

Vorwort zur vierten Gesamtauflage

Das anhaltende Interesse der Studierenden an den Aufgaben des dritten Bandes erfordert jetzt eine überarbeitete und erweiterte Neuauflage des Übungsmaterials. Bedanken möchten wir uns für die vielen Hinweise und Anregungen, die es uns ermöglicht haben, Fehler zu korrigieren und Darstellungen zu verbessern.

Die vorhandenen Aufgaben haben sich seit vielen Jahre im Übungsbetrieb an der TU Hamburg-Harburg, der TU Braunschweig und anderen Technischen Universitäten bewährt. Diese alten Aufgaben sind durch viele neue, die wir in den letzten Jahren in Mathematik-Kursen für Ingenieure gestellt haben, ergänzt worden. Da wir großen Wert auf die Veranschaulichung des dargestellten Stoffes legen, haben wir zahlreiche Bilder hinzugefügt. Dabei ist das Übungsmaterial so umfangreich geworden, dass sich der Verlag Wiley-VCH bereit erklärt hat, den dritten Band in zwei Teilen erscheinen zu lassen. Unser besonderer Dank gilt hier Frau Palmer und Frau Werner für die angenehme Zusammenarbeit.

Dies ist der zweite Teil, der die Aufgaben und Lösungen zur Analysis mehrerer reeller Veränderlicher, zu gewöhnlichen und partiellen Differentialgleichungen und komplexen Funktionen enthält, also zu den Themenbereichen (Kapitel 17–27) des zweiten Bandes unseres Lehrbuches *Mathematik für Ingenieure*. Dieser Bereich ist durch über siebzig neue Aufgaben und mehr als vierzig neue Bilder erweitert worden.

Hamburg, Braunschweig, im Januar 2011 Die Verfasser

Inhaltsverzeichnis

8

A.17 Differentialrechnung mehrerer Variabler

A.17.1 Partielle Ableitungen

Aufgabe 17.1.1
Für die folgenden Funktionen $f : \mathbb{R}^2 \to \mathbb{R}$ berechne man die Gradienten und erstelle ein Bild, auf dem verschiedene Höhenlinien der Funktion angegeben sind. Dies sind Linien, für die $f(x,y) = c$ mit $c \in \mathbb{R}$ gilt.

a) $f(x,y) = 2x + 3y$,　b) $f(x,y) = \sqrt{x^2 + y^2}$,　c) $f(x,y) = \ln(1 + x^2 y^4)$,　d) $f(x,y) = 8 - 3x \sin y$.

Aufgabe 17.1.2

a) Für die durch folgende Funktionswertzuweisung definierten Funktionen

$$(x,y) \mapsto f(x,y) = \frac{x}{y} \quad \text{und} \quad (x,y) \mapsto g(x,y) = \ln(x^2 + y^2)$$

gebe man den maximalen Definitionsbereich D an und berechne alle partiellen Ableitungen erster und zweiter Ordnung.

b) Die Tangentialebene an den Graphen einer differenzierbaren Funktion f im Punkt $(x^0, y^0) \in D \subset \mathbb{R}^2$ lautet

$$z = f(x^0, y^0) + f_x(x^0, y^0)(x - x^0) + f_y(x^0, y^0)(y - y^0).$$

Man bestimme jeweils die Tangentialebene für f und g aus a) im Punkt $(x^0, y^0) = (-1, 2)$.

Aufgabe 17.1.3
Gegeben sei die Funktion $f : \mathbb{R}^2 \to \mathbb{R}$ mit $f(x,y) = 2x + e^{x+2y}$.

a) Man berechne von f alle partiellen Ableitungen bis zur dritten Ordnung.

b) Man bestimme die Tangentialebene für das gegebene f im Punkt $(x_0, y_0) = (1, -1/2)$.

c) Man gebe eine Parameterdarstellung der Höhenlinie von f an, die durch den Punkt $(0,0)$ läuft.

d) Man berechne den Winkel α zwischen $\operatorname{grad} f(0,0)$ und der Tangentialrichtung der Höhenlinie von f im Punkt $(0,0)$.

Aufgabe 17.1.4
Gegeben sei die Funktion $f(x,y) = x^2 + y^2$.

a) Man bestimme die Höhenlinie durch den Punkt $(1,1)$.

b) Man berechne $\operatorname{grad} f$ im Punkt $(1,1)$.

c) Man zeige, dass $\operatorname{grad} f(1,1)$ senkrecht auf dem Tangentialvektor der Höhenlinie im Punkt $(1,1)$ steht.

d) Man zeichne a)–c).

Aufgaben und Lösungen zu Mathematik für Ingenieure 2. 4. Auflage.
Rainer Ansorge, Hans Joachim Oberle, Kai Rothe, Thomas Sonar
© 2011 WILEY-VCH Verlag GmbH & Co. KGaA. Published 2011 by WILEY-VCH Verlag GmbH & Co. KGaA.

Aufgabe 17.1.5
Gegeben sei die Funktion $f : \mathbb{R}^2 \to \mathbb{R}$ mit $f(x,y) = y\sqrt{2x^2 + y^2}$.

a) Man berechne die ersten partiellen Ableitungen von f.

b) Man überprüfe, ob f eine C^1-Funktion ist.

c) Man berechne f_{xy} und f_{yx} und bestimme den Definitionsbereich dieser Ableitungen.

Aufgabe 17.1.6
Gegeben sei die Funktion $f : \mathbb{R}^2 \to \mathbb{R}$ mit

$$f(x,y) = \begin{cases} \dfrac{2xy^3}{x^2 + y^6} & , \text{ falls } (x,y) \neq (0,0) \\ 0 & , \text{ falls } (x,y) = (0,0) . \end{cases}$$

a) Man überprüfe, ob f im Nullpunkt stetig bzw. stetig ergänzbar ist.

b) Man zeichne die Funktion im Bereich $[-0.5, 0.5] \times [-1, 1]$.

c) Man berechne alle Richtungsableitungen von f

d) und überprüfe, ob diese im Nullpunkt stetig sind.

A.17.2   Differentialoperatoren

Aufgabe 17.2.1
Für die folgenden Vektorfelder $\mathbf{U}(x,y,z) = (u(x,y,z), v(x,y,z), w(x,y,z))^T$ berechne man jeweils Quelldichte div $\mathbf{U}$ und Wirbelstärke rot $\mathbf{U}$:

a) $u(x,y,z) = \sin(x+y+z)$, $v(x,y,z) = \cos(x+y+z)$, $w(x,y,z) = 0$,

b) $u(x,y,z) = y^2 + z^2$, $v(x,y,z) = x^2 + z^2$, $w(x,y,z) = x^2 + y^2$,

c) $u(x,y,z) = \dfrac{1}{x}$, $v(x,y,z) = \dfrac{1}{y}$, $w(x,y,z) = \dfrac{1}{z}$,

d) $u(x,y,z) = 1$, $v(x,y,z) = 1$, $w(x,y,z) = 1$.

Aufgabe 17.2.2
a) Man berechne div $\mathbf{f}$ und rot $\mathbf{f}$ für das Vektorfeld
$$\mathbf{f}(x,y,z) = (2x\cosh y, x^2\sinh y - z^3 \sin y, x + 3z^2 \cos y)^T.$$

b) Gegeben sei das Vektorfeld
$$\mathbf{g}(x,y) = (u(x,y), v(x,y))^T = (1, 2x)^T.$$

(i) Man berechne div $\mathbf{g}$ und rot $\mathbf{g}$ und

(ii) skizziere das Vektorfeld und einige Stromlinien.

Aufgabe 17.2.3
a) Gegeben sei das Vektorfeld
$$\begin{aligned} \mathbf{f}(x,y,z) &= (f_1(x,y,z), f_2(x,y,z), f_3(x,y,z))^T \\ &:= (\lambda x^2 + xz, -xy - yz - \lambda y^2, yz)^T. \end{aligned}$$

Für welche Parameter $\lambda \in \mathbb{R}$ ist $\mathbf{f}$ wirbelfrei und für welche quellenfrei?

b) Gegeben sei $f : \mathbb{R}^3 \to \mathbb{R}$ mit $(x,y,z) \mapsto f(x,y,z)$. Man berechne div(grad f) und gebe ein Beispiel an, mit div(grad f) $\neq 0$.

Aufgabe 17.2.4

  a) Man zeige, dass die Wärmeleitungsgleichung $\Delta u - \dfrac{1}{k}u_t = 0$ mit $k > 0$ für eine Ortsvariable von der Funktion

$$u(x,t) = \mathrm{e}^{-t}\sin\frac{x}{\sqrt{k}}$$

     gelöst wird.

  b) Man zeige, dass mit $r = \sqrt{x^2 + y^2 + z^2}$ und $(x,y,z) \neq \mathbf{0}$ die Funktion

$$u(r,t) = \frac{1}{r}\sin(r - ct)$$

     die Wellengleichung $\Delta u - \dfrac{1}{c^2}u_{tt} = 0$ löst.

Aufgabe 17.2.5

  a) Man zeige, dass die Wellengleichung $u_{tt} = c^2\Delta u$ für eine Ortsvariable mit einer Konstanten $c \in \mathbb{R}$ von der Funktion

$$u(x,t) = 3\ln(x + ct) - 5\tan(x - ct)$$

     gelöst wird.

  b) Man zeige, dass die Funktion

$$u(x,y) = \mathrm{e}^{y}\cos x + a + bx + cy + dxy$$

     mit den Konstanten $a,b,c,d \in \mathbb{R}$ die Laplace-Gleichung $\Delta u = 0$ löst.

A.17.3   Das vollständige Differential

Aufgabe 17.3.1

Man berechne die Jacobi-Matrizen der durch folgende Zuordnungsvorschriften gegebenen Funktionen direkt und unter Verwendung der Kettenregel:

$$\text{a)}\qquad f(x,y)\quad:\quad \begin{pmatrix} x \\ y \end{pmatrix} \mapsto x^2 + y^2 \mapsto \sin(x^2 + y^2),$$

$$\text{b)}\qquad \mathbf{g}(t)\quad:\quad t \mapsto \begin{pmatrix} x = \sin t \\ y = \cos t \end{pmatrix} \mapsto (xy, x^3, y^2)^T,$$

$$\text{c)}\qquad h(u,v)\quad:\quad \begin{pmatrix} u \\ v \end{pmatrix} \mapsto \begin{pmatrix} x = uv \\ y = u + v \end{pmatrix} \mapsto 3xy^2 + 2x^2 - y,$$

$$\text{d)}\qquad \mathbf{p}(u,v)\quad:\quad \begin{pmatrix} u \\ v \end{pmatrix} \mapsto \begin{pmatrix} x = uv \\ y = v^2 \\ z = v\sin u \end{pmatrix} \mapsto \begin{pmatrix} xz \\ x^2 y^2 z \end{pmatrix}.$$

Aufgabe 17.3.2

Für die Hintereinanderausführung folgender Funktionen berechne man mit Hilfe der Kettenregel die Jacobi-Matrizen und überprüfe das Ergebnis, indem man direkt ableite:

  a) $f(x,y) = f_2(f_1(x,y))$ mit $f_1(x,y) = xy$ und $f_2(t) = \mathrm{e}^t$

  b) $\mathbf{g}(x,y,z) = \mathbf{g}_2(\mathbf{g}_1(x,y,z))$ mit $\mathbf{g}_1(x,y,z) = \begin{pmatrix} x + y \\ y + z \end{pmatrix}$, $\mathbf{g}_2(u,v) = \begin{pmatrix} uv \\ u + v \\ \sin(u + v) \end{pmatrix}$,

  c) $h(t) = h_2(\mathbf{h}_1(t))$ mit $\mathbf{h}_1(t) = \begin{pmatrix} \cos t \\ \sin t \end{pmatrix}$ und $h_2(x,y) = x^2 + y^2$.

Aufgabe 17.3.3

In einer Tischlerwerkstatt soll ein Holzkegelstumpf nach den vom Auftraggeber vorgegebenen Maßen r, R und h hergestellt werden. Dabei soll das Volumen

$$V = \frac{\pi h}{3}(R^2 + r^2 + rR)$$

höchstens um 1 % abweichen dürfen. Mit den vorhandenen Werkzeugen können die Längenmaße bis auf einen Fehler von 0.5 % umgesetzt werden. Kann die Werkstatt die Kundenanforderung bzgl. des Volumens garantieren?

Hinweis: Man linearisiere die Funktion.

Aufgabe 17.3.4

Gegeben sei eine quadratische Funktion

$$f(\mathbf{x}) = \frac{1}{2}\mathbf{x}^T\mathbf{A}\mathbf{x} - \mathbf{b}^T\mathbf{x} + c, \quad \mathbf{x} \in \mathbb{R}^n$$

mit einer symmetrischen und positiv definiten Koeffizientenmatrix $\mathbf{A} \in \mathbb{R}^{(n,n)}$.

a) Man zeige: $\nabla f(\mathbf{x}) = \mathbf{A}\mathbf{x} - \mathbf{b}$.

b) Man sagt, dass $\mathbf{s}$ eine *Abstiegsrichtung* von f im Punkt $\mathbf{x}$ ist, falls für $\mathbf{s}, \mathbf{x} \in \mathbb{R}^n$ die Ungleichung $\nabla f(\mathbf{x})^T\mathbf{s} < 0$ erfüllt ist.

   Für die Funktion $\phi(\alpha) := f(\mathbf{x} + \alpha\mathbf{s})$ berechne man $\phi'(\alpha)$ und zeige, dass $\phi(\alpha)$ ein eindeutig bestimmtes Minimum in

$$\alpha^* = -\frac{\mathbf{s}^T(\mathbf{A}\mathbf{x} - \mathbf{b})}{\mathbf{s}^T\mathbf{A}\mathbf{s}}$$

   besitzt.

c) Man zeige, dass das Verfahren des steilsten Abstiegs auf folgende Rekursion führt:

$$\mathbf{x}_{k+1} = \mathbf{x}_k - \frac{\mathbf{g}_k^T\mathbf{g}_k}{\mathbf{g}_k^T\mathbf{A}\mathbf{g}_k}\mathbf{g}_k, \quad \mathbf{g}_k := \mathbf{A}\mathbf{x}_k - \mathbf{b}\,.$$

Aufgabe 17.3.5

Gegeben sei die quadratische Funktion $f(x,y) = x^2 + 2y^2$.

a) Man stelle f in der Form $f(\mathbf{x}) = \frac{1}{2}\mathbf{x}^T\mathbf{A}\mathbf{x} - \mathbf{b}^T\mathbf{x} + c$ mit symmetrischer Koeffizientenmatrix $\mathbf{A}$ dar und überprüfe, ob $\mathbf{A}$ positiv definit ist.

b) Man erstelle eine Höhenlinienzeichnung von f im Bereich $[-2,2] \times [-2,2]$.

c) Ausgehend vom Startpunkt $(x_0, y_0) = (1,1)$ führe man zwei Schritte des Gradientenverfahrens durch.

Aufgabe 17.3.6

Gegeben sei die Funktion
$$f(x,y) = 4x^2 + y^2 + 8x - 2y + 5\,.$$

a) Man bestimme die Höhenlinie von f durch den Punkt $\mathbf{x}^0 = (-1,3)^T$. Von welchem Typ ist der Kegelschnitt?

b) Man berechne die Richtungsableitung $D_{\mathbf{v}}f(\mathbf{x}^0)$ für $\mathbf{v} = (1,1)^T/\sqrt{2}$. Für welches $\mathbf{v}$ mit $||\mathbf{v}|| = 1$ wird die Richtungsableitung maximal?

Aufgabe 17.3.7

Mit $\boldsymbol{\Phi} : (0, R] \times (-\pi, \pi] \to \mathbb{R}^2$ sind die Polarkoordinaten gegeben durch

$$\boldsymbol{\Phi}(r, \varphi) = \begin{pmatrix} r \cos \varphi \\ r \sin \varphi \end{pmatrix}.$$

Man berechne die Spektralnorm von $\mathbf{J}\boldsymbol{\Phi}(r, \varphi)$ und zeige mit Hilfe des Mittelwert-Abschätzungssatzes, dass $\boldsymbol{\Phi}$ Lipschitz-stetig auf $(0, R] \times (-\pi, \pi]$ ist.

Aufgabe 17.3.8

Die Kugelkoordinaten sind $\boldsymbol{\Phi} : D \to \mathbb{R}^3$ gegeben durch

$$\boldsymbol{\Phi}(\mathbf{u}) = \begin{pmatrix} r \cos \varphi \cos \theta \\ r \sin \varphi \cos \theta \\ r \sin \theta \end{pmatrix}$$

mit $\mathbf{u} = (r, \varphi, \theta)^T$ und $D = (0, R] \times (-\pi, \pi] \times \left(-\dfrac{\pi}{2}, \dfrac{\pi}{2} \right).$

a) Man berechne $\|\mathbf{J}\boldsymbol{\Phi}(\mathbf{u})\|_2$.

b) Man finde eine möglichst kleine Konstante K, so dass für alle $\mathbf{u}, \mathbf{v}$ aus dem angegebenen Bereich gilt:
$$\|\boldsymbol{\Phi}(\mathbf{u}) - \boldsymbol{\Phi}(\mathbf{v})\|_2 \leq K \cdot \|\mathbf{u} - \mathbf{v}\|_2.$$

Aufgabe 17.3.9

Gegeben seien die Zylinderkoordinaten $\boldsymbol{\Phi} : \mathbb{R}^3 \to \mathbb{R}^3$ mit

$$\begin{pmatrix} x_1 \\ x_2 \\ x_3 \end{pmatrix} = \boldsymbol{\Phi}(r, \varphi, z) = \begin{pmatrix} r \cos \varphi \\ r \sin \varphi \\ z \end{pmatrix}.$$

a) Man berechne die Jacobi-Matrix $\mathbf{J}\boldsymbol{\Phi}$ und die zugehörige Transformationsdeterminante $\det \mathbf{J}\boldsymbol{\Phi}$.

b) Man leite die folgende Darstellung des Laplace-Operators in Zylinderkoordinaten elementar unter Verwendung der Kettenregel her:

$$\Delta = \frac{1}{r} \frac{\partial}{\partial r} \left(r \frac{\partial}{\partial r} \right) + \frac{1}{r^2} \frac{\partial^2}{\partial \varphi^2} + \frac{\partial^2}{\partial z^2}.$$

Aufgabe 17.3.10

Gegeben seien die Hyperbelkoordinaten

$$\boldsymbol{\Phi}(x, y) = \begin{pmatrix} u(x, y) \\ v(x, y) \end{pmatrix} = \begin{pmatrix} x^2 - y^2 \\ xy \end{pmatrix}$$

mit $(u, v) \in D := [0, 5] \times [1, 3]$.

a) Man berechne $\mathbf{J}\boldsymbol{\Phi}(x, y)$ und $\det(\mathbf{J}\boldsymbol{\Phi}(x, y))$ sowie

b) bzgl. D: $\boldsymbol{\Phi}^{-1}(u, v)$, $\mathbf{J}\boldsymbol{\Phi}^{-1}(u, v)$ und $\det(\mathbf{J}\boldsymbol{\Phi}^{-1}(u, v))$.

c) Man skizziere $\boldsymbol{\Phi}^{-1}(D)$ im (x, y)-Koordinatensystem.

d) Man transformiere $\Delta w = w_{xx} + w_{yy}$ mit Hilfe der Kettenregel in eine Darstellung bzgl. Hyperbelkoordinaten.

A.17.4 Mittelwertsätze und Taylorscher Satz

Aufgabe 17.4.1
Gegeben sei die Funktion $\mathbf{f} : \mathbb{R}^2 \to \mathbb{R}^2$ mit

$$\mathbf{f}(x,y) = \frac{1}{5} \begin{pmatrix} x^3 + y \\ x^2 - y \end{pmatrix} .$$

a) Man begründe, dass es kein $\theta \in \mathbb{R}$ gibt mit

$$\mathbf{f}(\mathbf{a} + \mathbf{h}) - \mathbf{f}(\mathbf{a}) = \mathbf{Jf}(\mathbf{a} + \theta\mathbf{h})\mathbf{h} ,$$

wobei $\mathbf{h} = (2,1)^T$ und $\mathbf{a} = (0,0)^T$.

b) Man überprüfe, ob $\mathbf{f}$ bezüglich der Maximumnorm auf

$$D := \{(x,y)^T \in \mathbb{R}^2 \mid |x| \leq 1 \wedge |y| \leq 1 \}$$

eine kontrahierende Selbstabbildung ist.

c) Ausgehend vom Startwert $(x_0, y_0) = (1,1)$ führe man drei Schritte des Fixpunktverfahrens durch und verschaffe sich außerdem einen Überblick über alle Fixpunkte durch Lösen der Fixpunktgleichung.

(Klausur-) Aufgabe 17.4.2
Man bestimme für die Funktion

$$f(x,y) = 1 + \ln\left(\frac{x+y}{x-y}\right)$$

die Taylor-Polynome $T_1(x,y;x_0,y_0)$ und $T_2(x,y;x_0,y_0)$ zum Entwicklungspunkt $(x_0, y_0) = (1,0)$.

Aufgabe 17.4.3
Man berechne das Taylor-Polynom zweiten Grades zum Entwicklungspunkt $(x_0, y_0, z_0) = (\pi, \pi, 0)$ der folgenden Funktion

$$f(x,y,z) = \sin(y-x) + e^{x-y+2z} .$$

(Klausur-) Aufgabe 17.4.4
Gegeben sei die durch $f(x,y) = e^{x^2 + y^2}$ definierte Funktion. Man bestimme das Taylor-Polynom zweiten Grades zum Entwicklungspunkt $(x_0, y_0) = (0,0)$.

Aufgabe 17.4.5
Man berechne das Taylor-Polynom $T_3(\mathbf{x}; \mathbf{x}^0)$ dritten Grades für die Funktion

$$f(x,y) = \cos x \sin y\, e^{x-y}$$

zum Entwicklungspunkt $\mathbf{x}^0 = (0,0)^T$

a) unter Verwendung des Taylorschen Satzes,

b) mit Hilfe der Taylor-Reihen der verwendeten elementaren Funktionen in einer Dimension.

Aufgabe 17.4.6
Gegeben sei die Funktion

$$f(x,y) = 2x^3 - 5x^2 + 3xy - 2y^2 + 9x - 9y - 9 .$$

a) Man berechne das Taylor-Polynom dritten Grades von f zum Entwicklungspunkt $(x_0, y_0) = (1,-1)$.

b) Man gebe eine obere Schranke an nach der Restgliedformel von Lagrange für den Abstand im Nullpunkt zwischen der Funktion und der Tangentialebene im Entwicklungspunkt (x_0, y_0) und vergleiche diese mit dem tatsächlichen Abstand.

Aufgabe 17.4.7

Gegeben sei die Funktion

$$f(x, y) = \sin x \sin y + \cos y$$

a) Man zeichne die Funktion im Bereich $[-2\pi, 2\pi] \times [-2\pi, 2\pi]$.

b) Man berechne das Taylor-Polynom dritten Grades von f im Entwicklungspunkt $(x_0, y_0) = (0, 0)$ unter Verwendung des Satzes von Taylor.

c) Man ermittle das Taylor-Polynom dritten Grades unter Verwendung der bekannten Reihenentwicklungen von sin und cos in einer Veränderlichen.

d) Man schätze den Fehler, der dadurch entsteht, wenn man T_3 anstelle von f verwendet, im Rechteck $[-\pi/2, \pi/2] \times [-\pi, \pi]$ nach oben ab.

A.18 Anwendungen der Differentialrechnung

A.18.1 Extrema von Funktionen mehrerer Variabler

Aufgabe 18.1.1
Man berechne alle stationären Punkte der folgenden Funktionen und klassifiziere diese:

a) $f(x, y) = xy + x - 2y - 2$,

b) $f(x, y) = x^2 y^2 + 4x^2 y - 2xy^2 + 4x^2 - 8xy + y^2 - 8x + 4y + 4$,

c) $f(x, y) = 4e^{x^2 + y^2} - x^2 - y^2$,

d) $f(x, y, z) = -\ln(x^2 + y^2 + z^2 + 1)$.

Aufgabe 18.1.2
Man zeichne folgende Funktionen, berechne jeweils alle stationären Punkte und klassifiziere diese:

a) $f(x, y) = x^2 + y^4 - y^2$,

b) $f(x, y) = \sin x \sin y$,

c) $f(x, y) = x^2 \ln(|y| + 1)$,

d) $f(x, y) = x^2 + y^2 - \sqrt{2(x^2 + y^2)}$.

Aufgabe 18.1.3
Gegeben sei die Funktion $\quad f(x, y) = 12x^4 - 7x^2 y + y^2$.

a) Man berechne alle stationären Punkte von f.

b) Man versuche die hinreichende Bedingung zur Klassifikation der stationären Punkte anzuwenden.

c) Man weise nach, dass f im Ursprung längs jeder Geraden durch Null ein lokales Minimum besitzt.

d) Besitzt f auch längs jeder Parabel $y = ax^2$ mit $a \in \mathbb{R}$ ein Minimum im Ursprung?

e) Man zeichne die Funktion.

(Klausur-)Aufgabe 18.1.4

a) Man berechne das Taylor-Polynom $T_2(\mathbf{x}; \mathbf{x}^0)$ zweiten Grades für die Funktion
   $f(x, y) = (2x - 3y) \cdot \sin(3x - 2y)$ zum Entwicklungspunkt $\mathbf{x}^0 = (0, 0)^T$.

b) Man ermittle die Extrema der Funktion $\quad f(x, y) = 2x^3 - 3xy + 2y^3 - 3$.

(Klausur-)Aufgabe 18.1.5
Gegeben sei die durch
$$f(x, y) = \frac{(y - 1)(x + 1)^2}{2} - \frac{(y + 1)^2}{2} + 2$$
definierte Funktion.

a) Man bestimme alle stationären Punkte von f und klassifiziere sie.

b) Für die durch $f(x, y) = 0$ definierte Höhenlinie bestimme man alle Punkte mit horizontaler Tangente.

c) Für den Punkt $P = (-1, -3)$ gilt $f(-1, -3) = 0$. Man überprüfe, ob sich die Lösungsmenge von $f(x, y) = 0$ in einer Umgebung von P eindeutig durch eine C^1-Funktion $y(x)$ bzw. $x(y)$ darstellen lässt.

Aufgaben und Lösungen zu Mathematik für Ingenieure 2. 4. Auflage.
Rainer Ansorge, Hans Joachim Oberle, Kai Rothe, Thomas Sonar
© 2011 WILEY-VCH Verlag GmbH & Co. KGaA. Published 2011 by WILEY-VCH Verlag GmbH & Co. KGaA.

A.18.2   Implizit definierte Funktionen

Aufgabe 18.2.1

Gegeben sei die Funktion $f(x,y) = x^3 - 3x^2y + 3xy^2 - y^3 + 2x^2 - 4xy + 2y^2 - 2x - 2$.

a) Welche der folgenden Punkte liegen auf der Höhenlinie $f(x,y) = 0$:

$$(x_0, y_0) = (-1,1) , \qquad (x_1, y_1) = \frac{1}{2}(-1,1) , \qquad (x_2, y_2) = (-1,0) \ ?$$

b) Man überprüfe, ob sich die Höhenlinie $f(x,y) = 0$ in den Punkten aus a), die auf ihr liegen, durch eine C^1-Funktion parametrisieren lässt und berechne gegebenenfalls den Winkel $\alpha \in \left[0, \frac{\pi}{2}\right]$ zwischen der Tangente der parametrisierten Höhenlinie in diesen Punkten und der x-Achse.

c) Man erstelle einen Höhenlinienplot von f im Bereich $[-1.1, -0.4] \times [-0.2, 1.1]$.

Aufgabe 18.2.2

Gegeben sei das nichtlineare Gleichungssystem:

$$\mathbf{g}(x,y,z) := \begin{pmatrix} x^2 + y^2 + z^2 - 6\sqrt{x^2 + y^2} + 8 \\ x^2 + y^2 + z^2 - 2x - 6y + 8 \end{pmatrix} = \begin{pmatrix} 0 \\ 0 \end{pmatrix} .$$

a) Man zeige, dass $\mathbf{g}(0,3,1) = \mathbf{0}$ gilt.

b) Man überprüfe mit Hilfe des Satzes über implizite Funktionen, ob sich die Gleichung $\mathbf{g}(x,y,z) = \mathbf{0}$ im Punkte $(0,3,1)$ lokal nach x und y oder nach x und z oder nach y und z auflösen lässt und führe gegebenenfalls diese Auflösung durch.

Aufgabe 18.2.3

a) Man beweise die lokale Auflösbarkeit von $x^2 - 2xy - y^2 - 2x + 2y + 2 = 0$ nach x in einer Umgebung von $(x_0, y_0) = (3,1)$ und berechne $h'(1)$ und $h''(1)$ für die implizit definierte Funktion $x = h(y)$.

b) Man berechne explizit die Funktion $h(y)$ aus a), gebe deren maximalen Definitionsbereich an und bestätige die berechneten Ableitungswerte.

Aufgabe 18.2.4

Gegeben sei die Funktion $h : \mathbb{R}^3 \to \mathbb{R}$ mit

$$h(x,y,z) = z^2 - x^2 - y^2 + 2x + 4y - 6z + 4 .$$

a) Man überprüfe, ob die Niveaumenge $h(x,y,z) = c$, die durch den Punkt $(1,2,2)$ festgelegt wird, in der Umgebung dieses Punktes eine glatte Fläche bildet.

b) Man löse obige Gleichung gegebenenfalls nach einer der Variablen auf, um die Fläche explizit anzugeben.

c) Man gebe im Punkt $(1,2,2)$ die Tangentialebene bezüglich der Fläche aus a) in Parameterform an.

d) Man zeichne die Fläche mit Tangentialebene.

Aufgabe 18.2.5

Durch $(x^2 + y^2)^2 - y(3x^2 - y^2) = 0$ ist eine Kurve implizit gegeben. Man bestimme

a) die Symmetrien der Kurve,

b) die Kurvenpunkte mit horizontaler Tangente,

c) die singulären Punkte der Kurve,

d) die Schnittpunkte der Kurve mit der Geraden $y = x$ und die Kurvensteigung in diesen Punkten.

A.18.3   Extremalprobleme mit Nebenbedingungen

Aufgabe 18.3.1

a) Man bestimme mit Hilfe der Lagrange-Multiplikatoren-Regel diejenigen Punkte auf dem Kreisrand $x^2 + y^2 - 2x + 2y + 1 = 0$, die vom Punkt $(-1,1)$ den kleinsten bzw. den größten Abstand haben und gebe die Abstände an.

b) Man bestimme die Punkte aus a) mit Hilfe geometrischer Überlegungen.

(Klausur-)Aufgabe 18.3.2

Gegeben sei die durch $f(x,y) = e^{x^2+y^2}$ definierte Funktion. Man bestimme und klassifiziere alle Extrema von f unter der Nebenbedingung $g(x,y) := 2(x-1)^2 + 2(y+1)^2 - 1 = 0$.

Aufgabe 18.3.3

Man bestimme absolutes Minimum und Maximum der Funktion $f(x,y,z) = x^2$ auf dem Schnitt der Kugeloberfläche $x^2 + y^2 + z^2 = 1$ mit der Ebene $z = x$.

Aufgabe 18.3.4

Man bestimme absolutes Minimum und Maximum der Funktion $f(x,y,z) = x + y + z$ auf dem Schnitt der Kugeloberfläche $x^2 + y^2 + z^2 = 3$ mit der Ebene $x + y - 2z = 0$ mit Hilfe der Lagrange-Multiplikatoren-Regel.

(Klausur-)Aufgabe 18.3.5

Man bestimme und klassifiziere die lokalen Extrema von $\quad f(x,y) = x^2 - 2(y+1)^2$

a) mit Hilfe der Lagrange-Multiplikatoren-Regel auf der Menge

$$M = \left\{ \begin{pmatrix} x \\ y \end{pmatrix} \in \mathbb{R}^2 \ \middle|\ x^2 + 4y^2 = 1 \right\},$$

b) auf der Menge

$$Z = \left\{ \begin{pmatrix} x \\ y \end{pmatrix} \in \mathbb{R}^2 \ \middle|\ x^2 + 4y^2 \leq 1 \right\}.$$

(Klausur-)Aufgabe 18.3.6

Man bestimme die lokalen Extrema der Funktion $\quad f(x,y) = x^2 - \dfrac{xy}{2} + \dfrac{y^2}{4} - x \quad$ auf der Menge

$$E = \left\{ \begin{pmatrix} x \\ y \end{pmatrix} \in \mathbb{R}^2 \ \middle|\ x^2 + \dfrac{y^2}{4} \leq 1 \right\}.$$

Zur Untersuchung der Funktion auf dem Rand von E verwende man die Lagrange-Multiplikatoren-Regel.

A.18.4   Das Newton-Verfahren

Aufgabe 18.4.1

Zur Berechnung eines Extremums der Funktion

$$f(x,y) = (x-1)^4 + 2(x-1)^2(y+1)^2 + (y+1)^4 - 2(x-1)^2 - 2(y+1)^2 + 1$$

soll das Newton-Verfahren auf

$$\mathbf{F}(x,y) := (\operatorname{grad} f(x,y))^T = 0$$

angewendet werden.

a) Man berechne $\mathbf{F}(x,y)$ und die Jacobi-Matrix $\mathbf{JF}(x,y)$.

b) Man stelle das Newton-Verfahren auf und starte es mit $\mathbf{x}^0 = (1.21, -1.15)^T$. Als Abbruchkriterium verwende man $\|\mathbf{x}^{k+1} - \mathbf{x}^k\|_\infty < 10^{-4}$.

c) Man klassifiziere das gefundene Extremum.

d) Man erstelle einen Funktionsplot von f im Bereich $[-0.2, 2.2] \times [-2.2, 0.2]$.

Aufgabe 18.4.2

Man zeige, dass das Newton-Verfahren

$$\mathbf{x}^{k+1} = \mathbf{x}^k - \left(\mathbf{Jf}(\mathbf{x}^k)\right)^{-1} \mathbf{f}(\mathbf{x}^k)$$

zur Bestimmung einer Nullstelle von $\mathbf{f}(\mathbf{x})$ gegenüber Umskalierungen der Form:

a) $\mathbf{h}(\mathbf{y}) = \mathbf{f}(\mathbf{A}\mathbf{y})$,

b) $\mathbf{g}(\mathbf{x}) = \mathbf{B} \cdot \mathbf{f}(\mathbf{x})$

invariant ist. Dabei seien $\mathbf{A}$ und $\mathbf{B}$ reguläre Matrizen.

A.19   Integralrechnung mehrerer Variabler

A.19.1   Bereichsintegrale

Aufgabe 19.1.1
Mit $Q := [1,2] \times [0,2]$ berechne man für die Funktion

$$f : Q \to \mathbb{R}\,, \quad f(x,y) = x - 2y + 3$$

   a) Riemannsche Unter- und Obersumme zu folgender Zerlegung Z von Q

$$Q_{i,j} = [1 + (i-1)/n, 1 + i/n] \times [2(j-1)/n, 2j/n]\,, \; i,j = 1,\dots,n$$

   b) und das Integral von f über Q nach dem Satz von Fubini.

Aufgabe 19.1.2

   a) Man zeige, dass für die Funktion $h : [a,b] \times [c,d] \to \mathbb{R}$ mit $(x,y) \mapsto h(x,y) := f(x) \cdot g(y)$
     mit stetigen Funktionen $f : [a,b] \to \mathbb{R}$ und $g : [c,d] \to \mathbb{R}$ gilt:

$$\int_a^b \int_c^d h(x,y)\,dy\,dx = \int_a^b f(x)\,dx \cdot \int_c^d g(y)\,dy\,.$$

   b) Man berechne $\displaystyle\int_0^1 \int_0^{\pi/2} \sinh x \, \cos y \, dy\, dx$.

Aufgabe 19.1.3
Man berechne die folgenden Integrale:

   a) $\displaystyle\int_D 4x - y\,d(x,y), \quad D = [0,1] \times [-1,2]\,,$

   b) $\displaystyle\int_D \cos(x+y)\,d(x,y), \quad D = \left[0, \frac{\pi}{2}\right] \times [0,\pi]\,,$

   c) $\displaystyle\int_D \frac{x^2 + \mathrm{e}^y}{z+1}\,d(x,y,z), \quad D = [-1,2] \times [0,1] \times [0, \mathrm{e}-1]\,,$

   d) $\displaystyle\int_D \ln x + y^2 \mathrm{e}^z\,d(x,y,z), \quad D = [1,2]^3\,.$

Aufgabe 19.1.4
Man beschreibe die folgenden Mengen durch Normalbereiche:

   a) die von der Höhenlinie $(x^2 + y^2)^2 - x^2 + y^2 = 0$ eingeschlossene Lemniskate L und

   b) das durch $x^2 + 4y^2 + 9z^2 \le 1$ gegebene Ellipsoid E.

Aufgabe 19.1.5
Man zeichne die Schnittfläche D des Kreises $x^2 + y^2 \le 1$ mit der Halbebene $y \ge -x$ und der Halbebene $x \le 0$ und berechne den Flächeninhalt sowie den Schwerpunkt der Schnittfläche D. Dabei werde eine homogene Massenverteilung $\rho(x,y) = 3$ für alle $(x,y)^T \in D$ angenommen.

Aufgaben und Lösungen zu Mathematik für Ingenieure 2. 4. Auflage.
Rainer Ansorge, Hans Joachim Oberle, Kai Rothe, Thomas Sonar
© 2011 WILEY-VCH Verlag GmbH & Co. KGaA. Published 2011 by WILEY-VCH Verlag GmbH & Co. KGaA.

Aufgabe 19.1.6

a) Für die Pyramide $D \subset \mathbb{R}^3$ mit den Eckpunkten $P_1 = (1,1,0)^T$, $P_2 = (-1,1,0)^T$, $P_3 = (-1,-1,0)^T$, $P_4 = (1,-1,0)^T$ und der Spitze $S = (0,0,1)^T$ berechne man das Trägheitsmoment bezüglich der z-Achse bei homogener Massenverteilung.

b) Man berechne das Trägheitsmoment des Rohres

$$R = \left\{ \begin{pmatrix} x \\ y \\ z \end{pmatrix} \in \mathbb{R}^3 \ \middle| \ 1 \le x^2 + y^2 \le 4 \quad \wedge \quad 0 \le z \le 1 \right\}$$

mit homogener Massendichte bezüglich der z-Achse unter Verwendung von Zylinderkoordinaten.

Aufgabe 19.1.7

Man berechne den Flächeninhalt des Rechtecks

$$R = \left\{ \begin{pmatrix} x \\ y \end{pmatrix} \in \mathbb{R}^2 \ \middle| \ -1 \le x + y \le 1 \quad \wedge \quad 0 \le x - y \le 2 \right\},$$

unter Verwendung der Transformation $u = x + y$ und $v = x - y$. Man überprüfe dazu alle Voraussetzungen des Transformationssatzes!

Aufgabe 19.1.8

Gegeben sei das Rotationsellipsoid

$$E = \left\{ \begin{pmatrix} x \\ y \\ z \end{pmatrix} \in \mathbb{R}^3 \ \middle| \ x^2 + 4y^2 + z^2 \le 9 \right\}.$$

Man berechne $\displaystyle\int_E x^2 + y + z^2 \, d(x,y,z)$ unter Verwendung von

a) Zylinderkoordinaten und

b) an das Ellipsoid angepasste Kugelkoordinaten.

A.19.2   Kurvenintegrale

Aufgabe 19.2.1

Gegeben seien das Vektorfeld

$$\mathbf{f}(x,y,z) = (y+z, x+z, x+y)^T$$

und die Kurven

$$\mathbf{c}_n : [0,1] \to \mathbb{R}^3, \quad \mathbf{c}_n(t) = (t, 1-t^n, t^n)^T \quad \text{mit} \quad n \in \mathbb{N}.$$

a) Man berechne die Kurvenintegrale $\int_{\mathbf{c}_n} \mathbf{f}(\mathbf{x}) \, d\mathbf{x}$.

b) Man bestimme ein Potential für $\mathbf{f}$ und begründe damit, dass die Kurvenintegrale aus a) vom Parameter n unabhängig sind.

c) Man berechne die Arbeit $\int_{\mathbf{c}} \mathbf{f}(\mathbf{x}) \, d\mathbf{x}$ für die Bewegung eines Massenpunktes von $P_1 = (1,1,1)^T$ nach $P_2 = (2,1,0)^T$ mit einer beliebigen Kurve $\mathbf{c}$.

Aufgabe 19.2.2

Für das Vektorfeld $\mathbf{f}(x,y) = (x^2 y^2, y)^T$ mit $(x,y)^T \in \mathbb{R}^2$ berechne man das Kurvenintegral $\oint_{\mathbf{c}} \mathbf{f}(\mathbf{x}) \, d\mathbf{x}$ längs des Halbkreises

$$\mathbf{c}(t) := \begin{cases} (t,0)^T & , \quad -1 \le t \le 1, \\ (2-t, \sqrt{1-(t-2)^2})^T & , \quad 1 \le t \le 3, \end{cases}$$

und bestätige für dieses Beispiel den Integralsatz von Green.

Aufgabe 19.2.3

Gegeben seien das Vektorfeld $\mathbf{u}(\mathbf{x}) = \left(\dfrac{1}{x}, \dfrac{1}{y}\right)^T$ und der Einheitskreis K mit der geschlossenen Randkurve $\mathbf{c}(t) = (\cos t, \sin t)^T$ für $t \in [0, 2\pi]$.

  a) Man berechne die Zirkulation $\displaystyle\oint_{\mathbf{c}} \mathbf{u}(\mathbf{x})\, d\mathbf{x}$ und

  b) vergleiche diese mit $\displaystyle\int_{K} \operatorname{rot} \mathbf{u}\, d\mathbf{x}$.

Aufgabe 19.2.4

Man berechne Potentiale zu folgenden Vektorfeldern, falls dies möglich ist:

  a) $\mathbf{a}(x,y)^T = \left(10xy^3 + y^2 e^{xy^2} - \dfrac{2x}{1+x^2},\ 15x^2y^2 - \sin y - y\cos y + 2xy e^{xy^2}\right)$,

  b) $\mathbf{b}(x,y)^T = (\cosh x + 2e^x + y,\ 2 + \sin y + 2x)$,

  c) $\mathbf{f}(x,y,z) = \begin{pmatrix} \dfrac{x}{\sqrt{x^2+y^2+z^2}} + 2xy, \\[2ex] \dfrac{y}{\sqrt{x^2+y^2+z^2}} + x^2 + z^2\cos(yz^2), \\[2ex] \dfrac{z}{\sqrt{x^2+y^2+z^2}} + 2yz\cos(yz^2) + \dfrac{2z}{1+z^2} \end{pmatrix}$,

  d) $\mathbf{h}(x,y,z)^T = (yz+1,\ 2xz+2,\ 3xy+3)$.

Aufgabe 19.2.5

Man berechne Potentiale zu folgenden Vektorfeldern über den Hauptsatz für Kurvenintegrale sowie durch Hochintegrieren:

  a) $\mathbf{f}(x,y)^T = \left(2xy + \dfrac{y^2}{\cos^2(xy^2)},\ x^2 + \dfrac{2xy}{\cos^2(xy^2)} + 1\right)$,

  b) $\mathbf{h}(x,y,z)^T = (-2x\sin(x^2+y),\ -\sin(x^2+y) + z^2 e^{yz^2},\ 2zy e^{yz^2} + \cos z)$.

(Klausur-)Aufgabe 19.2.6

  a) Gegeben sei das Vektorfeld

$$\mathbf{f}(x,y) = (-y\sin(xy) - e^{x+y},\ -x\sin(xy) - e^{x+y})^T.$$

    Falls für $\mathbf{f}$ ein Potential existiert, berechne man es nach dem Hauptsatz für Kurvenintegrale.

  b) Man berechne ein Potential zum Vektorfeld

$$\mathbf{g}(x,y,z) = \left(-\dfrac{2xyz}{(1+x^2)^2},\ \dfrac{z}{1+x^2} + 2yz e^{y^2},\ \dfrac{y}{1+x^2} + e^{y^2} - \sin z\right)^T$$

    durch Integration nach den Variablen.

A.19.3 Oberflächenintegrale

Aufgabe 19.3.1

Man parametrisiere und zeichne folgende Flächen:

a) Die Mantelfläche, die im $\mathbb{R}^3$ entsteht, wenn die Funktion $z(x) = -\dfrac{2}{3}x + 2$ mit $x \in [0,3]$ um die z-Achse rotiert.

b) Die obere Halbkugelfläche der Kugel mit Mittelpunkt $M = (1, -2, 3)^T$ und Radius $R = 5$.

c) Die Mantelfläche, die im $\mathbb{R}^3$ entsteht, wenn der Kreis $(x-3)^2 + z^2 = 4$ bei $y = 0$ um die z-Achse rotiert.

d) Die untere Hälfte des Zylindermantels im $\mathbb{R}^3$, der durch $-1 \leq x \leq 2$ und $(y+1)^2 + z^2 = \dfrac{1}{2}$ gegeben ist.

Aufgabe 19.3.2

Für folgende Flächen sind Parametrisierungen gesucht:

a) Die Oberfläche im $\mathbb{R}^3$, die entsteht, wenn das Dreieck mit den Eckpunkte $P_1 = (1,0,1)^T$, $P_2 = (0,0,2)^T$ und $P_3 = (-1,0,1)^T$ um die x-Achse rotiert.

b) Die Oberfläche, die entsteht, wenn die Ellipse $(x-2)^2 + 4(z-1)^2 = 4$ und $y = 0$ im R^3 um die Gerade $\mathbf{g}(\lambda) = (2,0,1)^T + \lambda(1,0,0)^T$ mit $\lambda \in \mathbb{R}$ rotiert.

c) Die Schnittfläche des Halbzylinders

$$H = \left\{ \begin{pmatrix} x \\ y \\ z \end{pmatrix} \in \mathbb{R}^3 \,\middle|\, x^2 + y^2 \leq 9 \quad \wedge \quad x \leq 0 \right\}$$

mit der Ebene

$$E = \left\{ \begin{pmatrix} x \\ y \\ z \end{pmatrix} \in \mathbb{R}^3 \,\middle|\, 2x - y + 3z = 5 \right\}.$$

Aufgabe 19.3.3

Gegeben sei folgender Kegelmantel

$$M = \left\{ \begin{pmatrix} x \\ y \\ z \end{pmatrix} \in \mathbb{R}^3 \,\middle|\, x^2 + y^2 \leq 1 \quad \wedge \quad z = \sqrt{x^2 + y^2} \right\}.$$

a) Man berechne die Oberfläche von M unter Verwendung kartesischer oder Polarkoordinaten.

b) Man berechne den Fluss des Vektorfeldes $\mathbf{f}(\mathbf{x}) = (x+y, \, y-x, \, z^2)^T$ durch M.

(Klausur-)Aufgabe 19.3.4

Gegeben sei die Fläche

$$G = \left\{ (x,y,z)^T \in \mathbb{R}^3 \,\middle|\, x^2 + y^2 \leq 9 \,,\, 0 \leq y \,,\, z = -x \right\}$$

und das Vektorfeld

$$\mathbf{f} = (yz + 1, \, xz + 1, \, xy + 1)^T.$$

a) Man skizziere G.

b) Man berechne den Flächeninhalt von G.

c) Man berechne für das Vektorfeld $\mathbf{f}$ die Kurvenintegrale

$$\int_{\mathbf{c}_1} \mathbf{f}(\mathbf{x})\, d\mathbf{x}\,, \quad \oint_{\mathbf{c}_1+\mathbf{c}_2} \mathbf{f}(\mathbf{x})\, d\mathbf{x}\,.$$

Dabei ist $\mathbf{c}_1$ der Teil der Randkurve von G, der durch die Gerade beschrieben wird und $\mathbf{c}_2$ der restliche Teil der Randkurve, so dass ∂G von den beiden Kurven einmal vollständig durchlaufen wird.

(Klausur-)Aufgabe 19.3.5
Gegeben sei der Körper

$$E = \left\{ \begin{pmatrix} x \\ y \\ z \end{pmatrix} \in \mathbb{R}^3 \;\middle|\; x^2 + y^2 + 2z^2 \leq 1 \quad \wedge \quad z \geq 0 \right\}.$$

Man berechne den Fluss des Vektorfeldes $\mathbf{f}(x,y,z) = (1-y, 1+x, z^2)^T$ durch die beiden glatten Teilflächen, die E beranden.

(Klausur-)Aufgabe 19.3.6
Gegeben seien das Vektorfeld $\mathbf{f}(x,y,z) = (x,y,1)^T$ und der Körper

$$K = \left\{ \begin{pmatrix} x \\ y \\ z \end{pmatrix} \in \mathbb{R}^3 \;\middle|\; x^2 + y^2 \leq 2 \quad \wedge \quad 0 \leq z \leq x+y+3 \right\}.$$

a) Man veranschauliche sich den Körper K.

b) Man gebe Parametrisierungen der drei glatten Teilflächen F_1, F_2 und F_3 an, die K beranden.

c) Man berechne $\displaystyle\int_K \operatorname{div} \mathbf{f}\, d(x,y,z)$ sowie den Fluss durch F_1, F_2 und F_3 und bestätige damit den Gaußschen Integralsatz im $\mathbb{R}^3$.

Aufgabe 19.3.7
Gegeben sei das Vektorfeld $\mathbf{f}(x,y,z) = (yz-1, 0, z-1)^T$. Man berechne den Fluss von $\mathbf{f}$ durch die Oberfläche der Halbkugel

$$H = \left\{ \begin{pmatrix} x \\ y \\ z \end{pmatrix} \in \mathbb{R}^3 \;\middle|\; (x-2)^2 + y^2 + (z-1)^2 \leq 1 \quad \wedge \quad 1 \leq z \right\}.$$

a) Man gebe Parametrisierungen der beiden glatten Teilflächen F_1 und F_2 an, die H beranden.

b) Man berechne $\displaystyle\int_H \operatorname{div} \mathbf{f}\, d(x,y,z)$ sowie den Fluss durch F_1 und F_2 und bestätige damit den Gaußschen Integralsatz im $\mathbb{R}^3$.

(Klausur-) Aufgabe 19.3.8
Gegeben seien der Bereich

$$Z = \left\{ (x,y,z)^T \in \mathbb{R}^3 \mid x^2 + y^2 \leq 4,\, 0 \leq x,\, 0 \leq z \leq 3 \right\}$$

und das Vektorfeld

$$\mathbf{f}(x,y,z) = (x, -4y, z)^T.$$

a) Man skizziere Z.

b) Man berechne den Fluss bezüglich $\mathbf{f}$ durch jede der drei ebenen Teilflächen E_1, E_2 und E_3 des Randes von Z.

c) Man berechne $\displaystyle\int_Z \operatorname{div} \mathbf{f}\, d(x, y, z)$.

d) Man berechne den Fluss von $\mathbf{f}$ durch die nichtebene Teilfläche M des Randes von Z.

(Klausur-) Aufgabe 19.3.9

Gegeben sei der Körper

$$P = \left\{ \begin{pmatrix} x \\ y \\ z \end{pmatrix} \in \mathbb{R}^3 \,\Big|\, x^2 + y^2 \le 4 \,,\, 1 \le z \le 5 - x^2 - y^2 \right\}$$

und das Vektorfeld $\mathbf{f}(x, y, z) = (x, y, z^2)^T$.

a) Man skizziere P und

b) parametrisiere die beiden glatten P berandenden Teilflächen F_1 und F_2.

c) Man berechne den Fluss von $\mathbf{f}$ durch F_1 und F_2 und

d) berechne $\int_P \operatorname{div} \mathbf{f}\, d(x, y, z)$.

Aufgabe 19.3.10

Gegeben seien das Geschwindigkeitsfeld $\mathbf{u}(x, y, z) = (z - y, x - z, y - x)^T$ einer turbulenten Strömung sowie die Fläche

$$F = \left\{ \begin{pmatrix} x \\ y \\ z \end{pmatrix} \in \mathbb{R}^3 \,\Big|\, x^2 + y^2 \le 4 \quad \wedge \quad z = xy \right\}.$$

a) Man zeichne die Fläche F.

b) Man berechne auf F das Integral über alle Wirbelstärken $\displaystyle\int_F \operatorname{rot} \mathbf{u}(\mathbf{x})\, do$.

c) Man berechne die Zirkulation $\displaystyle\oint_{\partial F} \mathbf{u}(\mathbf{x})\, d\mathbf{x}$ von $\mathbf{u}$ längs der Randkurve ∂F von F und bestätige damit den Integralsatz von Stokes im $\mathbb{R}^3$.

Aufgabe 19.3.11

Gegeben sei das Geschwindigkeitsfeld $\mathbf{v}(x, y, z) = \left(x^2 y^2, -z, y^2 + \dfrac{1}{x - z} \right)^T$ einer turbulenten Strömung sowie die Schnittfläche F des Zylinders Z mit der Ebene E, wobei

$$Z = \left\{ \begin{pmatrix} x \\ y \\ z \end{pmatrix} \in \mathbb{R}^3 \,\Big|\, x^2 + y^2 \le 9 \right\} \quad \text{und} \quad E = \left\{ \begin{pmatrix} x \\ y \\ z \end{pmatrix} \in \mathbb{R}^3 \,\Big|\, x - z = 1 \right\}.$$

a) Man berechne das Integral über alle Wirbelstärken $\displaystyle\int_F \operatorname{rot} \mathbf{v}(\mathbf{x})\, do$ auf F.

b) Man berechne die Zirkulation $\displaystyle\oint_{\partial F} \mathbf{v}(\mathbf{x})\, d\mathbf{x}$ von $\mathbf{v}$ längs der Randkurve ∂F von F und bestätige damit den Integralsatz von Stokes im $\mathbb{R}^3$.

A.20 Gewöhnliche Differentialgleichungen

A.20.1 Einführende Beispiele

Aufgabe 20.1.1
In ein Schwimmbecken mit Salzwasser der Konzentration C_1 ($=$ Salzmenge/Volumen) wird eine kleine Zelle mit Volumen V und Oberfläche F eingetaucht. Die Zelle enthalte ebenfalls Salzwasser, jedoch mit geringerer Konzentration C_2. Über die salzdurchlässige Zellwand dringt nun von außen Salz in die Zelle ein. Der Salzmengenzuwachs in der Zelle kann als proportional zur Zelloberfläche, zur sich zeitlich ändernden Konzentrationsdifferenz und zum Zeitzuwachs angenommen werden.

Man beschreibe den Diffusionsprozess durch eine Differentialgleichung für die Salzkonzentration $c(t)$ in der Zelle, wobei das Schwimmbecken derart groß gegenüber der Zelle sei, dass die Außenkonzentration C_1 als konstant angenommen werden kann. Anschließend löse man die Differentialgleichung.

Aufgabe 20.1.2
Eine Regentonne sei vollständig mit 300 l Wasser gefüllt. In diesem Wasser seien 3 g Kalk gelöst. Nachdem es angefangen hat zu regnen, fließen durch eine Zuleitung aus der Dachrinne pro Minute 2 l Wasser mit einem Kalkgehalt von 1 mg je l in die Tonne.

Durch eine Differentialgleichung beschreibe man den Mischungsprozess für den Kalkgehalt in der Tonne. Dabei soll angenommen werden, dass genau so viel Wasser aus der Tonne abfließt, wie hineinfließt, und dass der hineinfließende Wasserstrahl zu einer sofortigen Durchmischung der unterschiedlichen Kalkgehalte im Wasser führt.

A.20.2 Lösungsmethoden für Differentialgleichungen erster Ordnung

Aufgabe 20.2.1
Man löse die folgenden Differentialgleichungen durch Trennung der Variablen (Separation):

$$\text{a) } 2y' - 3y = 4\,, \qquad \text{b) } \frac{y'}{x} - y^2 - 4 = 0\,, \qquad \text{c) } \frac{y'}{y} = x^2 - \frac{x^2}{y}\,.$$

Aufgabe 20.2.2
Durch Substitution löse man folgende Differentialgleichungen:

a) $x^3 y' - 3xy^2 - x^2 y = 0$ für $x \neq 0$,

b) $2xy' - y^2 - 2y + x^2 = 0$ für $x \neq 0$ mit $y(1) = 0$

c) $y' = e^{x+y} - 1$ mit $y(1) = -1$.

(Klausur-)Aufgabe 20.2.3
a) Man löse die Anfangswertaufgabe
$$(x^2 + 1)y' - 2x(y^2 + 1) = 0\,, \quad y(0) = 1\,.$$

b) Man bestimme die allgemeine Lösung von
$$y' - y = xy^5\,.$$

c) Man löse die Anfangswertaufgabe
$$y' = (x + y)^2 \quad \text{mit} \quad y(0) = 1\,.$$

Tipp: Mit der Substitution $u(x) = y(x) + x$ vereinfacht sich die Aufgabe.

Aufgaben und Lösungen zu Mathematik für Ingenieure 2. 4. Auflage.
Rainer Ansorge, Hans Joachim Oberle, Kai Rothe, Thomas Sonar
© 2011 WILEY-VCH Verlag GmbH & Co. KGaA. Published 2011 by WILEY-VCH Verlag GmbH & Co. KGaA.

Aufgabe 20.2.4

Man bestimme den Typ der folgenden Differentialgleichungen und berechne die allgemeinen Lösungen:

a) $y' + xy = x$,   b) $y' = \dfrac{2\cos^2 y}{1 - x^2}$,   c) $y' - 2x^2 y + xy^2 = 1 - x^3$,

d) $y' = \dfrac{4y^3 + x^3}{3xy^2}$,   e) $y' + 2y + \dfrac{x}{y} = 0$.

Hinweis: Es gibt eine polynomiale Lösung für c).

Aufgabe 20.2.5

Für folgende Differentialgleichungen bestimme man den Typ und berechne die allgemeinen Lösungen:

a) $y' + \dfrac{y}{x} = 2$,   b) $y' + (x-1)^2 y + x\left(1 - \dfrac{x}{2}\right)y^2 = \dfrac{x^2}{2} - x + 1$,

c) $y' = \dfrac{y^2 + xy + x^2}{x^2}$,   d) $y' + y + \left(\dfrac{1}{3} - x\right)y^4 = 0$.

Hinweis: Es gibt eine polynomiale Lösung für b).

Aufgabe 20.2.6

a) Man bestimme die allgemeine Lösung der Differentialgleichung

$$y' = \frac{y}{t} - \frac{1}{t}\,.$$

b) Man bestimme den Anfangswert $y(1) = y_0$ so, dass für den Grenzwert gilt

$$\lim_{t \to \infty} \frac{y(t)}{t} = 5\,.$$

(Klausur-) Aufgabe 20.2.7

a) Man löse die Anfangswertaufgabe

$$y' + \frac{3y}{x} = 5x - \frac{3}{x}\,,\quad y(1) = 1\,.$$

b) Man berechne die allgemeine Lösung von

$$-1 - 2x + y\cos x + (2 + \sin x)y' = 0\,.$$

Aufgabe 20.2.8

Man löse die folgende Differentialgleichung:

$$1 - 2x + 4y^3 + \frac{2x}{x^2 + y^2} + \left(1 + 12xy^2 + \frac{2y}{x^2 + y^2}\right)y' = 0\,.$$

Hinweis: Eine implizite, die Lösung enthaltende Gleichung reicht aus.

Aufgabe 20.2.9

a) Man leite eine Bedingung dafür her, dass die Differentialgleichung $g(t,y) + h(t,y)\,y' = 0$ einen integrierenden Faktor besitzt von der folgenden Form

(i) $m(t,y) = m(ty)$,   (ii) $m(t,y) = m(t^2 + y^2)$.

b) Man löse die Differentialgleichungen

(i) $t + \sqrt{t^2 + y^2} + (y + \sqrt{t^2 + y^2})y' = 0$,   (ii) $y + ty^3 + (t + 2t^2 y^2)y' = 0$,

wobei die Lösungsdarstellung in einer impliziten Gleichung ausreicht.

Aufgabe 20.2.10

a) Man leite eine Bedingung dafür her, dass die Differentialgleichung $g(t, y) + h(t, y)\, y' = 0$ einen integrierenden Faktor besitzt von der folgenden Form

(i) $m(t, y) = m(t + y)$, (ii) $m(t, y) = m(t^2 y^2)$.

b) Man löse die Differentialgleichungen

(i) $2t^2 + 2ty + (t + y)\cos(t + y) + (2ty + 2y^2 + (t + y)\cos(t + y))y' = 0$,

(ii) $\dfrac{2\mathrm{e}^{t^2 y^2}}{t} + \left(\dfrac{2\mathrm{e}^{t^2 y^2}}{y} + \dfrac{2}{t^2 y}\right)y' = 0$,

wobei die Lösungsdarstellung in einer impliziten Gleichung ausreicht.

(Klausur-)Aufgabe 20.2.11

Man berechne die allgemeine Lösung der Differentialgleichung

$$2xy + \left(2x^2 + \frac{\cos y}{y}\right)y' = 0.$$

Dabei reicht eine implizite Lösungsdarstellung aus.

Hinweis: Es gibt einen integrierenden Faktor der Form $m = m(y)$.

Aufgabe 20.2.12

Gegeben sei die Differentialgleichung $y' = \left(1 + \dfrac{2}{x}\right)y$.

a) Man ermittle die allgemeine Lösung durch Trennung der Veränderlichen.

b) Man berechne die allgemeine Lösung über einen Potenzreihenansatz der Form $y(x) = \displaystyle\sum_{i=0}^{\infty} a_i x^i$ und bestimme den Konvergenzradius der Potenzreihe.

Aufgabe 20.2.13

Gegeben sei die Differentialgleichung $y' = xy$.

a) Durch Separation ermittle man die allgemeine Lösung.

b) Unter Verwendung eines Potenzreihenansatzes der Form $y(x) = \displaystyle\sum_{i=0}^{\infty} a_i x^i$ ermittle man die allgemeine Lösung und bestimme den Konvergenzradius der Potenzreihe.

Aufgabe 20.2.14

Die Clairautsche Differentialgleichung

$$y = xy' + \psi(y')$$

besitzt eine allgemeine Lösung der Form $y = Cx + \psi(C)$ mit $C \in \mathbb{R}$.

Außerdem kann noch eine 'singuläre Lösung' y_s vorhanden sein, die man durch Elimination von p aus den Gleichungen $y_s = px + \psi(p)$ und $x + \psi'(p) = 0$ erhält.

Man löse die folgende Differentialgleichung

$$y = xy' + \mathrm{e}^{y'}$$

und gebe eine geometrische Deutung der singulären Lösung y_s an.

A.20.3   Lösungsmethoden für Differentialgleichungen zweiter Ordnung

Aufgabe 20.3.1

Man löse die folgenden Differentialgleichungen:

$$\text{a) } y^2 y'' - (y')^3 = 0\,, \qquad \text{b) } y'' + y = 0\,, \qquad \text{c) } 2xy'' - y' - x = 0\,.$$

Aufgabe 20.3.2

Gegeben sei ein Fadenpendel der Länge ℓ. Die Auslenkung aus der Ruhelage sei durch den Winkel φ gegeben. Bei großen Auslenkungen wird die Bewegungsgleichung dann durch $\varphi'' = -\dfrac{g}{\ell}\sin\varphi$ beschrieben, wobei g die Erdbeschleunigung ist.

a) Man bestimme die Differentialgleichung der Phasenkurve $v(\varphi)$ und berechne hieraus die die Phasenkurve implizit beschreibende Gleichung $h(\varphi, v) = c$.

b) Man klassifiziere alle singulären Punkte von $h(\varphi, v) = c$.

c) Man bestimme alle Punkte mit horizontaler und vertikaler Tangente von $h(\varphi, v) = c$.

d) Für $-6 \le \varphi \le 6$, $-4 \le v \le 4$ und $\ell = 5$ erstelle man ein Höhenlinienbild von $h(\varphi, v)$.

Aufgabe 20.3.3

Bei ungedämpften Schwingungen treten Differentialgleichungen folgender Form auf:

$$u'' + k^2 u = 0 \quad \text{mit} \quad k \neq 0\,.$$

a) Man bestimme die Differentialgleichung der Phasenkurve $v(u)$ und berechne hieraus die die Phasenkurve implizit beschreibende Gleichung $h(u, v) = c$.

b) Man klassifiziere alle singulären Punkte von $h(u, v) = c$.

c) Man bestimme alle Punkte mit horizontaler und vertikaler Tangente von $h(u, v) = c$.

d) Durch welche Kurven werden die Höhenlinien der Funktion h beschrieben?

Aufgabe 20.3.4

a) Man berechne die allgemeine radialsymmetrische Lösung $u(r)$, mit $r = \sqrt{x^2 + y^2}$, der Poisson-Gleichung $\Delta u = 1$ im $\mathbb{R}^2$.

b) Man berechne die Lösung der Randwertaufgabe aus a) mit $u(1) = 0 = u(2)$.

A.21 Theorie der Anfangswertaufgaben

A.21.1 Existenz und Eindeutigkeit für Anfangswertaufgaben

Aufgabe 21.1.1

a) Gegeben sei die Anfangswertaufgabe

$$y' = x^2 + y^2 \quad , \quad y(0) = 0.$$

Man zeige die Existenz und Eindeutigkeit der Lösung dieser Aufgabe für $0 \leq x \leq 0.5$ mit dem Satz von Picard-Lindelöf.

b) Man zeige mit Hilfe des Mittelwertsatzes, dass für die Lösung der Anfangswertaufgabe

$$y' = \cos(xy) \quad , \quad y(0) = 2 \quad \text{für} \quad x \in [0, 1]$$

gilt: $y(x) \geq 1$.

Aufgabe 21.1.2

a) Man berechne eine Lösung der Anfangswertaufgabe

$$y'(t) + y(t) + y^{2/3}(t) = 0 \,, \quad y(0) = 1 \,.$$

b) Man zeige, dass die Lösung im Intervall $[0, 3\ln 2]$ eindeutig bestimmt ist.

c) Man zeige, dass die Lösung im Intervall $[0, b]$ mit $b > 3\ln 2$ nicht mehr eindeutig bestimmt ist und gebe eine zweite Lösung an.

A.21.2 Näherungsverfahren

(Klausur-) Aufgabe 21.2.1
Gegeben sei die Anfangswertaufgabe

$$y' + 2xy = 2x \quad \text{mit} \quad y(0) = 2 \,.$$

Man berechne $y(0.2)$ näherungsweise mit Hilfe des Eulerschen Polygonzugverfahrens und der konstanten Schrittweite $h = 0.1$.

(Klausur-) Aufgabe 21.2.2
Man führe drei Schritte des Verfahrens der sukzessiven Approximation für die Anfangswertaufgabe

$$y' = 2y \quad \text{mit} \quad y(0) = 2$$

durch. Als Startfunktion wähle man $y_0(t) = 2$.

Aufgabe 21.2.3
Gegeben sei die Anfangswertaufgabe

$$y' = t^2(y - 1), \quad y(0) = 2 \quad .$$

a) Man bestimmen mit Hilfe des Eulerschen Polygonzugverfahrens mit $h = 0.25$ eine Näherung für $y(1)$.

b) Man führen drei Schritte des Verfahrens der sukzessiven Approximation (vgl. Lehrbuch (21.1.11)) aus und berechne $y^{[3]}(1)$ als Näherung für $y(1)$.

c) Man löse die gegebene Anfangswertaufgabe analytisch, berechne den Wert $y(1)$ und zeichne die Lösung.

Aufgaben und Lösungen zu Mathematik für Ingenieure 2. 4. Auflage.
Rainer Ansorge, Hans Joachim Oberle, Kai Rothe, Thomas Sonar
© 2011 WILEY-VCH Verlag GmbH & Co. KGaA. Published 2011 by WILEY-VCH Verlag GmbH & Co. KGaA.

A.22 Lineare Differentialgleichungen

A.22.1 Systeme erster Ordnung

Aufgabe 22.1.1

Für das folgende lineare Differentialgleichungssystem berechne man die allgemeine Lösung:

$$\mathbf{y}' = \begin{pmatrix} 1 & 1 \\ 1 & \dfrac{x+1}{x-1} \end{pmatrix} \mathbf{y} \quad \text{mit} \quad x \neq 1 \quad .$$

Hinweis: Es gibt eine Lösung in Polynomform je Komponente.

Aufgabe 22.1.2

Für das folgende lineare Differentialgleichungssystem berechne man die allgemeine Lösung:

$$\mathbf{y}' = \begin{pmatrix} -\dfrac{4}{x} & -\dfrac{4}{x^3} \\ 2x & \dfrac{4}{x} \end{pmatrix} \mathbf{y} \quad \text{mit} \quad x \neq 0 \quad .$$

Hinweis: Es gibt eine Lösung in Polynomform je Komponente.

A.22.2 Systeme erster Ordnung mit konstanten Koeffizienten

Aufgabe 22.2.1

Man berechne die Lösung der Anfangswertaufgabe

$$\dot{\mathbf{y}} = \begin{pmatrix} 2 & 1 \\ 1 & 2 \end{pmatrix} \mathbf{y} - \begin{pmatrix} 2+t \\ 2t \end{pmatrix} \quad \text{mit} \quad \mathbf{y}(0) = \begin{pmatrix} 2 \\ -1 \end{pmatrix} .$$

(Klausur-)Aufgabe 22.2.2

Gegeben sei die Anfangswertaufgabe

$$\mathbf{y}' = \begin{pmatrix} 7 & -3 \\ 18 & -8 \end{pmatrix} \mathbf{y} + \begin{pmatrix} 5 \\ 14 \end{pmatrix} , \quad \mathbf{y}(0) = \begin{pmatrix} 0 \\ 0 \end{pmatrix} .$$

Man berechne

a) die allgemeine Lösung des zugehörigen homogenen Systems,

b) eine spezielle Lösung des zugehörigen inhomogenen Systems,

c) dann die Lösung der Anfangswertaufgabe und

d) alle Gleichgewichtspunkte des zu Grunde liegenden inhomogenen Differentialgleichungssystem, untersuche diese auf Stabilität und gebe den Typ an.

(Klausur-)Aufgabe 22.2.3

a) Man berechne ein Fundamentalsystem von

$$\mathbf{y}' = \begin{pmatrix} 7 & 7 \\ 0 & 7 \end{pmatrix} \mathbf{y} .$$

Aufgaben und Lösungen zu Mathematik für Ingenieure 2. 4. Auflage.
Rainer Ansorge, Hans Joachim Oberle, Kai Rothe, Thomas Sonar
© 2011 WILEY-VCH Verlag GmbH & Co. KGaA. Published 2011 by WILEY-VCH Verlag GmbH & Co. KGaA.

b) Man bestimme die allgemeine reelle Lösung von

$$\mathbf{y}' = \begin{pmatrix} 1 & 1 \\ -1 & 1 \end{pmatrix} \mathbf{y} + \begin{pmatrix} 0 \\ 2 \end{pmatrix}.$$

Aufgabe 22.2.4

Man löse die Anfangswertaufgabe

$$
\begin{aligned}
\dot{x} &= -x - y + z + 2 &, \quad x(0) = 3, \\
\dot{y} &= -2y + z + 1 &, \quad y(0) = 3, \\
\dot{z} &= -y - 2z + 3 &, \quad z(0) = 1.
\end{aligned}
$$

Wie verhält sich die Lösung für $t \to \infty$?

Aufgabe 22.2.5

Man löse die Anfangswertaufgabe

$$
\begin{aligned}
\dot{x} &= 5x - 2y - 4z &, \quad x(0) = 1, \\
\dot{y} &= -2x + 8y - 2z &, \quad y(0) = -3, \\
\dot{z} &= -4x - 2y + 5z &, \quad z(0) = 5.
\end{aligned}
$$

Aufgabe 22.2.6

Man bestimme die allgemeine Lösung des Differentialgleichungssystems

$$
\begin{aligned}
y_1' &= -3y_1 + 7y_2 - 3y_3 - 4 \\
y_2' &= -4y_1 + 7y_2 - 2y_3 - 1 \\
y_3' &= -3y_1 + 3y_2 + y_3 + 4.
\end{aligned}
$$

(Klausur-)Aufgabe 22.2.7

Man berechne die allgemeine Lösung des Differentialgleichungssystems $\quad \dot{\mathbf{y}}(t) = \mathbf{A}\mathbf{y}(t) + \mathbf{b}(t)$

$$\text{mit} \quad \mathbf{A} = \begin{pmatrix} 1 & 1 & -2 \\ 0 & 3 & 6 \\ 0 & -3 & -3 \end{pmatrix} \quad \text{und} \quad \mathbf{b}(t) = e^{2t} \begin{pmatrix} 2 \\ -5 \\ 2 \end{pmatrix}.$$

Dazu bestimme man

a) Eigenwerte, Eigenvektoren und gegebenenfalls Hauptvektoren von $\mathbf{A}$,

b) ein reelles Fundamentalsystem von $\dot{\mathbf{y}} = \mathbf{A}\mathbf{y}$ und

c) eine partikuläre Lösung von $\dot{\mathbf{y}} = \mathbf{A}\mathbf{y} + \mathbf{b}$ mittels des Ansatzes $\mathbf{y}(t) = \mathbf{v}\,e^{2t}$ mit $\mathbf{v} \in \mathbb{R}^3$.

Aufgabe 22.2.8

Man berechne ein Fundamentalsystem des linearen Systems $\quad \dot{\mathbf{y}} = \begin{pmatrix} 4 & 0 & 3 & 0 \\ 1 & 1 & 0 & 0 \\ -2 & 0 & -1 & 0 \\ 0 & 0 & 0 & 1 \end{pmatrix} \mathbf{y}.$

A.22.3   Einzelgleichungen höherer Ordnung

Aufgabe 22.3.1

Man bestimme ein Fundamentalsystem der Differentialgleichung $y'' - \dfrac{1}{t}y' - \dfrac{3}{t^2}y = 0$.

Hinweis: Es gibt eine polynomiale Lösung.

Aufgabe 22.3.2

Gegeben sei die Differentialgleichung

$$x^2 y'' - x(x+2)y' + (x+2)y = -x^3 \,.$$

a) Man bestimme ein Fundamentalsystem mit dem Reduktionsverfahren.

   Hinweis: Es gibt eine polynomiale Lösung.

b) Man berechne eine spezielle Lösung der inhomogenen Gleichung unter Verwendung der Variation der Konstanten.

c) Man gebe die allgemeine Lösung der Differentialgleichung an.

Aufgabe 22.3.3

Man berechne die Lösung der Anfangswertaufgabe $y'' - \dfrac{3}{t}y' + \dfrac{4}{t^2}y = t$ mit $y(1) = 0$, $y'(1) = 0$. Eine spezielle Lösung der inhomogenen Gleichung soll über Variation der Konstanten ermittelt werden.

Hinweis: Es gibt eine Polynomlösung der homogenen Gleichung.

A.22.4   Einzelgleichungen höherer Ordnung mit konstanten Koeffizienten

(Klausur-)Aufgabe 22.4.1

a) Man berechne die allgemeine Lösung des Differentialgleichungssystems

$$\dot{\mathbf{y}} = \begin{pmatrix} 2 & 0 & 1 \\ 0 & 2 & -1 \\ -1 & 0 & 2 \end{pmatrix} \mathbf{y}$$

   und gebe die Lösungen auch in reeller Form an.

b) Man ermittle die allgemeine Lösung der Differentialgleichung $y''' - 4y'' + 4y' = 0$.

Aufgabe 22.4.2

a) Man berechne ein reelles Fundamentalsystem von $y^{(5)} - 3y^{(4)} + y''' + y'' + 4y = 0$.

   Hinweis: $\lambda = 2$ ist mehrfache Nullstelle des zugehörigen charakteristischen Polynoms.

b) Man berechne die allgemeine Lösung von $y''' + 3y'' + 3y' + y = 4e^t(6t+5)$.   Für eine spezielle Lösung der inhomogenen Gleichung wähle man einen der Inhomogenität entsprechend angepassten Ansatz.

(Klausur-)Aufgabe 22.4.3

a) Man bestimme die allgemeine Lösung von

$$y''' - 4y'' + 5y' - 2y = 1 \,.$$

b) Man löse die Anfangswertaufgabe

$$y''' + y'' - 4y' - 4y = 0 \quad \text{mit} \quad y(0) = 1, \, y'(0) = 0, \, y''(0) = -2 \,.$$

Aufgabe 22.4.4
Man bestimme die allgemeine Lösung von

$$y'' + y' - 2y = 2 - 4x \, .$$

Eine spezielle Lösung der inhomogenen Gleichung soll dabei

a) mit Hilfe eines speziellen Ansatzes,

b) über Variation der Konstanten und

c) durch die Methode der Greenschen Funktion

berechnet werden.

Aufgabe 22.4.5
Man löse die Anfangswertaufgabe $\quad y''' - y'' - 2y' = -6t^2 - 6t + 8 \quad$ mit $\quad y(0) = 1, \, y'(0) = 3 \quad$ und $y''(0) = 2$. Für eine spezielle Lösung der inhomogenen Gleichung wähle man das Grundlösungsverfahren und zum Vergleich einen der Inhomogenität angepassten speziellen Ansatz.

(Klausur-) Aufgabe 22.4.6

a) Man berechne die allgemeine Lösung der Differentialgleichung

$$y'' + 8y' + 16y = 16x^2 - 6 \, .$$

b) Gegeben sei die Differentialgleichung

$$y'' - 6y' + 13y = 0 \, .$$

(i)   Man berechne die allgemeine reelle Lösung der Differentialgleichung.

(ii)   Man schreibe die Differentialgleichung als ein System erster Ordnung,

(iii) bestimme alle stationären Punkte für (ii) und

(iv)   untersuche diese auf Stabilität mit Klassifikation.

A.22.5   Stabilität

(Klausur-)Aufgabe 22.5.1
Man untersuche alle Gleichgewichtspunkte der folgenden Differentialgleichungssysteme auf Stabilität und klassifiziere sie:

a) $\mathbf{y'} = \begin{pmatrix} 5 & -6 \\ 7 & 5 \end{pmatrix} \mathbf{y} \, ,$

b) $\mathbf{y'} = \begin{pmatrix} -6 & 1 \\ 1 & -6 \end{pmatrix} \mathbf{y} \, ,$

c) $\mathbf{y'} = \begin{pmatrix} 1 & 1 \\ 4 & 1 \end{pmatrix} \mathbf{y} \, ,$

d) $\mathbf{y'} = \begin{pmatrix} 0 & -3 \\ 4 & 0 \end{pmatrix} \mathbf{y} \, .$

Aufgabe 22.5.2

Man gebe die Gleichgewichtspunkte der folgenden Differentialgleichungssysteme an, untersuche sie auf Stabilität, bestimme ihren Typ und skizziere das zugehörige Phasenporträt:

a) $\dot{x} = y - 3x + 9$, $\quad \dot{y} = x - 3y - 11$

b) $\dot{x} = 4x + 5y$, $\qquad \dot{y} = -5x - 4y$.

Aufgabe 22.5.3

Gegeben sei die Differentialgleichung

$$y''' - 4y'' - y' + 4y = 0.$$

a) Man schreibe die Differentialgleichung als System erster Ordnung,

b) untersuche den Gleichgewichtspunkt des Systems auf Stabilität,

c) gebe die allgemeine Lösung des Systems an und

d) vergleiche diese mit der, die man erhält, wenn die Differentialgleichung mit den Methoden für eine Einzelgleichung höherer Ordnung gelöst wird.

Aufgabe 22.5.4

a) Man bestimme die Art des Gleichgewichtspunktes $\mathbf{0}$ des Differentialgleichungssystems

$$\dot{x} = 8x + 5y,$$

$$\dot{y} = -10x - 7y,$$

löse die zu $x(0) = 0$ und $y(0) = 1$ gehörige Anfangswertaufgabe und skizziere die Phasenkurve $(x(t), y(t))^T$.

b) Man bestimme alle stationären Lösungen des folgenden Differentialgleichungssystems und untersuche sie auf Stabilität:

$$\dot{x} = x^2 + xy,$$

$$\dot{y} = xy - 2x + y - 2.$$

(Klausur-)Aufgabe 22.5.5

Gegeben sei das Differentialgleichungssystem

$$\dot{x} = (x + 2)(10 + 6x + x^2 + y),$$

$$\dot{y} = (y - 1)(y - x - 2).$$

Man bestimme alle reellen stationären Lösungen (Gleichgewichtspunkte) und untersuche sie auf Stabilität.

Aufgabe 22.5.6

a) Gegeben sei das folgende nichtlineare Differentialgleichungssystem:

$$\dot{x} = xy + x - y - 1,$$

$$\dot{y} = y^2 - x^2.$$

Man untersuche alle Gleichgewichtspunkte auf Stabilität.

b) Man löse die Anfangswertaufgabe ($b \in \mathbb{R}$)

$$\dot{x} = by, \quad x(0) = 1,$$

$$\dot{y} = -bx, \quad y(0) = 0,$$

skizziere die Phasenkurve $(x(t), y(t))^T$ und klassifiziere den stationären Punkt $\mathbf{0}$ des zugrunde liegenden Differentialgleichungssystems.

Aufgabe 22.5.7
Gegeben sei das folgende Differentialgleichungssystem:

$$y_1' = y_2 \,,$$

$$y_2' = -y_1 - y_1^3 \,.$$

a) Man berechne alle Gleichgewichtspunkte $\mathbf{y}^* \in \mathbb{R}^2$ des Differentialgleichungssystems.

b) Man untersuche das Stabilitätsverhalten aller Gleichgewichtspunkte nach Stabilitätssatz III des Lehrbuches.

c) Man untersuche das Stabilitätsverhalten aller Gleichgewichtspunkte mit Hilfe der Methode von Ljapunov, wobei eine Ljapunov-Funktion V in der Form $V(\mathbf{y}) = a y_1^2 + b y_1^4 + c y_2^2$ gesucht werden soll, und zeichne die gefundene Ljapunov-Funktion.

Aufgabe 22.5.8
Gegeben sei das folgende Differentialgleichungssystem

$$y_1' = y_2 \,,$$

$$y_2' = -2 y_1^3 - 8 y_1^5 \,.$$

a) Man berechne alle stationären Punkte $\mathbf{y}^* \in \mathbb{R}^n$ des Differentialgleichungssystems.

b) Man untersuche das Stabilitätsverhalten aller stationären Punkte nach Stabilitätssatz III des Lehrbuches.

c) Man untersuche das Stabilitätsverhalten aller stationären Punkte mit Hilfe der Methode von Ljapunov, wobei eine Ljapunov-Funktion V in der Form $V(\mathbf{y}) = a y_1^4 + b y_1^6 + c y_2^2$ gesucht werden soll.

A.23 Randwertaufgaben

A.23.1 Lineare Randwertaufgaben bei Systemen

Aufgabe 23.1.1
Gegeben sei das folgende lineare Zweipunkt-Randwertproblem:

$$
\begin{aligned}
y_1' &= y_2 + 2y_3, & y_1(0) - y_1(b) &= 1, \\
y_2' &= y_1 + 2y_3, & y_2(0) - y_2(b) &= 0, \\
y_3' &= 2y_1 + 2y_2 + 3y_3, & y_3(0) - y_3(b) &= 2.
\end{aligned}
$$

a) Man formuliere das Randwertproblem in Matrizenschreibweise und

b) bestimme die allgemeine Lösung des Differentialgleichungssystems.

c) Für welche $b \in \mathbb{R}$ ist die Randwertaufgabe eindeutig lösbar?

d) Im Falle der nicht eindeutigen Lösbarkeit ermittle man alle Lösungen.

Aufgabe 23.1.2
Gegeben sei das folgende lineare Zweipunkt-Randwertproblem:

$$
\mathbf{y}' = \begin{pmatrix} 0 & 1 & -1 \\ 0 & 1 & 0 \\ 1 & 0 & 0 \end{pmatrix} \mathbf{y} - \begin{pmatrix} 1 \\ 1 \\ 2 \end{pmatrix} \quad , \quad \begin{pmatrix} 1 & 5 & 7 \\ 0 & 7 & 1 \\ 0 & 0 & -8 \end{pmatrix} \mathbf{y}(0) + \begin{pmatrix} 1 & 5 & 7 \\ 0 & 7 & 1 \\ 0 & 0 & -8 \end{pmatrix} \mathbf{y}(b) = \begin{pmatrix} 1 \\ 1 \\ 1 \end{pmatrix}.
$$

a) Man berechne die allgemeine Lösung des Differentialgleichungssystems.

b) In Abhängigkeit von $b \in \mathbb{R}$ diskutiere man die Lösbarkeit der Randwertaufgabe.

(Klausur-) Aufgabe 23.1.3
Gegeben sei das Randwertproblem

$$
\begin{aligned}
\dot{y}_1 &= -4y_1 - 5y_3, & y_1(0) - 3y_1(1) &= 0, \\
\dot{y}_2 &= 2y_2, & y_2(0) - y_2(1) &= 1 - e^2, \\
\dot{y}_3 &= y_1 + 2y_3, & 3y_3(0) - y_3(1) &= 0.
\end{aligned}
$$

a) Man gebe die Aufgabe in Matrizenschreibweise an,

b) bestimme die allgemeine Lösung des Differentialgleichungssystems und

c) löse die Randwertaufgabe.

A.23.2 Grundbegriffe der Variationsrechnung

Aufgabe 23.2.1

a) Man bestimme eine C^1-Funktion $y = y_0(t)$ mit $y_0(0) = 0$ und $y_0(1) = \dfrac{2}{\pi}$, die das Funktional

$$
I[y] = \int_0^1 y \sqrt{1 - y'^2} \, dt
$$

minimiert, und berechne den minimalen Wert des Zielfunktionals.

Aufgaben und Lösungen zu Mathematik für Ingenieure 2. 4. Auflage.
Rainer Ansorge, Hans Joachim Oberle, Kai Rothe, Thomas Sonar
© 2011 WILEY-VCH Verlag GmbH & Co. KGaA. Published 2011 by WILEY-VCH Verlag GmbH & Co. KGaA.

b) Welche Lösung erhält man, wenn man die Randbedingung $y_0(1) = \dfrac{2}{\pi}$ weglässt? Welcher Wert ergibt sich nun für das Zielfunktional?

(Klausur-)Aufgabe 23.2.2

Man bestimme eine C^1-Funktion $y = y(t)$, $a \leq t \leq b$ mit $y(a) = y_a > 0$ und $y(b) = y_b > 0$, die das Funktional

$$I[y] = \int\limits_a^b \sqrt{y(1 + y'^2)}\, dt$$

minimiert. Man zeige, dass die Lösungen der zugehörigen Euler-Lagrange-Gleichung Parabeln sind.

Aufgabe 23.2.3

a) Man löse die Variationsaufgabe $\quad I[y] = \int\limits_0^1 \dfrac{(y')^2(t)}{2} - y(t)\, dt \overset{!}{=} \min$, $\quad$ mit $y \in C^1[0,1]$, unter der Nebenbedingung $y(0) = y_0$.

b) Man zeige durch direkte Auswertung von $I[y_e + \eta] - I[y_e]$ mit einer Extremalen y_e und $\eta \in C^1[0,1]$ mit $\eta(0) = 0$, dass y_e ein striktes globales Minimum ist.

A.23.3   Lineare Randwertaufgaben zweiter Ordnung

Aufgabe 23.3.1

Man bestimme alle Lösungen der folgenden Randwertaufgaben:

$$\begin{array}{llll} \text{a)} & y'' + y = 0\,, & 0 \leq x \leq \pi/2\,, & y(0) = 0\,, \quad y'(\pi/2) = 1 \\ \text{b)} & y'' + y = 0\,, & 0 \leq x \leq \pi/2\,, & y(0) = 0\,, \quad y(\pi/2) = 2 \\ \text{c)} & y'' + y = 0\,, & 0 \leq x \leq \pi/2\,, & y(0) = 0\,, \quad y'(\pi/2) = 0\,. \end{array}$$

(Klausur-)Aufgabe 23.3.2

Man löse die Randwertaufgaben

a) $y'' - 3y' - 4y = 0$ mit $y(0) = 0$ und $y(1) = 1$.

b) $-y'' + y = 0$ mit $y'(0) = 1$ und $y'(1) = 1$.

Aufgabe 23.3.3

Man löse die Randwertaufgabe

$$y''(t) - \frac{3}{t}y'(t) + \frac{4}{t^2}y(t) = t \quad \text{mit} \quad y(1) = 0\,, \quad y(2) - \frac{1}{2}y'(2) = 0$$

unter Verwendung einer Greenschen Funktion.

Hinweis: Für die zugrunde liegende homogene Differentialgleichung existiert eine Polynomlösung.

(Klausur-)Aufgabe 23.3.4

Man bestimme die Greensche Funktion für die Randwertaufgabe

$$y''(t) + y'(t) = h(t) \quad \text{mit} \quad y(0) = 0\,, \quad y'(0) - y'(1) = 0$$

und löse hiermit die Randwertaufgabe für $h(t) = t$.

A.23.4   Eigenwertaufgaben

Aufgabe 23.4.1

Man bestimme die Eigenwerte und Eigenfunktionen der Randwertaufgabe

$$x^2 y'' + 3xy' + \lambda y = 0 \quad \text{mit} \quad y(1) = y(\mathrm{e}) = 0 \,,$$

berechne die vier kleinsten Eigenwerte und zeichne die zugehörigen Eigenfunktionen.

Hinweis: Man verwende den Lösungsansatz $y(x) = x^\alpha$.

A.24 Numerik für Anfangswertaufgaben

A.24.1 Einschrittverfahren

Aufgabe 24.1.1

Man berechne die Lösungen der folgenden Anfangswertaufgaben

a) $y' = \dfrac{y - x}{y + x}$ mit $y(0) = 1$,

b) $y' = \dfrac{x + y}{10e^x}$ mit $y(0) = 5$,

c) $y' = \sin(xy)$ mit $y(0) = 5$,

an den Stellen $x = 0.5, 1.0, 1.5, 2.0$ mit dem Eulerschen Polygonzugverfahren

$$y_{n+1} = y_n + h f(x_n, y_n)$$

und mit dem verbesserten Polygonzugverfahren

$$y_{n+1} = y_n + h f\left(x_n + \frac{h}{2}, y_n + \frac{h}{2} f(x_n, y_n)\right)$$

für die Schrittweiten $h = 0.1$ und $h = 0.05$.

Aufgabe 24.1.2

Gegeben sei das folgende Runge-Kutta-Tableau:

$$
\begin{array}{c|ccc}
0 & & & \\
1 & 1 & & \\
\frac{1}{2} & \frac{1}{4} & \frac{1}{4} & \\
\hline
 & \frac{1}{6} & \frac{1}{6} & \frac{2}{3}
\end{array}
$$

a) Man schreibe das zugehörige Einschrittverfahren explizit auf.

b) Man zeige, dass das Verfahren die Ordnung $p = 3$ besitzt.

Aufgabe 24.1.3

Gegeben sei die Anfangswertaufgabe $y' = y - \dfrac{2x}{y}$ mit $y(0) = 1$.

a) Man berechne die exakte Lösung.

b) Mit dem klassischen Runge-Kutta-Verfahren vierter Ordnung (vgl. Lehrbuch (24.2.14)) berechne man die Lösung im Punkt $x = 2$ näherungsweise für die Schrittweiten $h = 0.4, 0.2, 0.1, 0.05, 0.025$.

c) Mit den unter b) berechneten Werten bestätige man die Ordnung des Verfahrens.

A.24.2 Mehrschrittverfahren

Aufgabe 24.2.1

Gegeben sei das Mehrschrittverfahren $y_{n+4} = y_n + \dfrac{h}{3} (8f_{n+3} - 4f_{n+2} + 8f_{n+1})$.

a) Man zeige, dass das Verfahren (mindestens) von der Ordnung $p = 4$ ist.

b) Ist das Verfahren stark stabil? (Begründung!)

Aufgaben und Lösungen zu Mathematik für Ingenieure 2. 4. Auflage.
Rainer Ansorge, Hans Joachim Oberle, Kai Rothe, Thomas Sonar
© 2011 WILEY-VCH Verlag GmbH & Co. KGaA. Published 2011 by WILEY-VCH Verlag GmbH & Co. KGaA.

A.24.3   Anfangswertmethoden für Randwertaufgaben

Aufgabe 24.3.1

Gegeben sei die Randwertaufgabe $y''(x) = 2(y'(x))^{\frac{3}{2}}$ mit $y(0) = 0$ und $y(1) = 1$. $(*)$

a) Man berechne (analytisch) die Lösung $y(x, s)$ der zugehörigen Anfangswertaufgabe $y(0) = 0$ und $y'(0) = s > 0$ und bestimme die Lage der Singularität $x_\infty(s)$ von $y(x, s)$. Für welche $s > 0$ gilt $x_\infty \in [0, 1]$?

b) Man berechne (analytisch) die Lösung $y(x, s^*)$ des Randwertproblems $(*)$ und zeichne sie.

c) Zur numerischen Lösung von $(*)$ soll das einfache Schießverfahren verwendet werden. Man stelle das zugehörige Nullstellenproblem

$$\tilde{F}(s) = y(1, s) - 1 = 0$$

auf, vereinfache es zu $F(s) = as^2 + bs + c = 0$ und bestimme alle Anfangswerte s_0, für die die Newton-Iteration für $F(s) = 0$ eine gegen s^* konvergente Folge liefert.

A.25 Partielle Differentialgleichungen

A.25.1 Grundlegende Begriffe und Beispiele

Aufgabe 25.1.1

a) Man bestimme den Typ der folgenden partiellen Differentialgleichungen:

(i) $x^2 u_x + y^2 u_y + 3\sin(x)u = e^{x+y}$,

(ii) $u^2 u_x + y^2 u_y + 3\sin(x)u = e^{x+y+u}$,

(iii) $(u_{xx})^2 + \sin(u_y) = u^2$,

(iv) $\Delta u = u^2$,

(v) $\begin{pmatrix} u_x \\ u_y \end{pmatrix} = \begin{pmatrix} v_y \\ -v_x \end{pmatrix}$.

b) Man zeige, dass folgende Funktionen harmonisch sind:

(i) $v_1(x,y) = x^4 - 6x^2 y^2 + y^4$,

(ii) $v_2(x,y) = 4x^3 y - 4xy^3$,

(iii) $v_3(x,y) = \text{Im}\,(z^2 + \cos z)$ mit $z = x + iy \in \mathbb{C}$.

Aufgabe 25.1.2
Man berechne die allgemeine Lösung der folgenden Differentialgleichungen

a) $u_{yy} + 2x u_y + (x^2 - 1)u = x^2 y^2 - y^2 + 4xy + 2$,

b) $u_{xy} = e^x + \cos y + 1$,

c) $(x^2 - 1)u_{xy} = 2u_y$.

Aufgabe 25.1.3
Gibt es eine zweimal stetig differenzierbare Lösung, d.h. $u \in C^2(\mathbb{R}^2)$, der Differentialgleichung

$$u_{xx} = f(x,y)$$

mit $f(x,y) = 2x|y|$?

Aufgabe 25.1.4
Man berechne mit Hilfe von Exponentialansätzen reelle Lösungen der folgenden Differentialgleichungen:

a) $u(x,y) = e^{\alpha x + \beta y}$ für

(i) $u_{xy} + u_x - u_y - u = 0$,

(ii) $u_{xx} + u_{yy} = 0$,

b) $u(x,y,t) = e^{\alpha x + \beta y + \gamma t}$ für $u_t = u_{xx} + u_{yy} + 2u$.

Aufgabe 25.1.5
Man bestimme Lösungen der partiellen Differentialgleichungen

a) $xy^2 u_{yy} - xy u_y = u_x$,   b) $16 u_{yyyy} + u_x = 0$

in Produktform $u(x,y) = v(x) \cdot w(y)$.

Aufgabe 25.1.6
Mit Hilfe des Produktansatzes $u(x,y) = v(x) \cdot w(y)$ bestimme man Lösungen der partiellen Differentialgleichungen

a) $u_{xxyy} + u_y + u = 0$,   b) $2y u_{xx} - (1 + y^2)u_y + 4yu = 0$.

Aufgaben und Lösungen zu Mathematik für Ingenieure 2. 4. Auflage.
Rainer Ansorge, Hans Joachim Oberle, Kai Rothe, Thomas Sonar
© 2011 WILEY-VCH Verlag GmbH & Co. KGaA. Published 2011 by WILEY-VCH Verlag GmbH & Co. KGaA.

Aufgabe 25.1.7

Gegeben sei die Anfangswertaufgabe

$$u_{xy} = (u_y)^2 - 9u_x + 9 \quad \text{mit} \quad u = u_y = 0 \quad \text{längs der Geraden} \quad y = -\frac{2x}{3} \, .$$

a)   Mit Hilfe des Ansatzes $u(x,y) = \omega(2x + 3y)$ löse man die Anfangswertaufgabe. Dabei ist ω eine noch zu bestimmende Funktion.

b)   Man bestimme und skizziere den Definitionsbereich D der in a) bestimmten Lösung.

Aufgabe 25.1.8

Man transformiere die Wellengleichung in $n \geq 1$ Raumdimensionen $u_{tt} - c^2 \Delta_n u = 0$ in eine Gleichung für radialsymmetrische Lösungen, d.h. in eine Gleichung für $\tilde{u}(r(\mathbf{x}), t) := u(\mathbf{x}, t)$ mit $r(\mathbf{x}) = ||\mathbf{x}||_2$.

Aufgabe 25.1.9

Die Telegraphengleichung $\quad u_{tt} - u_{xx} + 2u_t + u = 0 \quad$ beschreibt den zeitlichen Verlauf einer Signalspannung u am Ort $x > 0$ in einem langen Übertragungskabel.

Gesucht ist die Signalspannung $u(x,t)$, wenn am Rand $x = 0$ des Übertragungskabels ein periodisches Signal der Form $\quad u(0,t) = 3\sin(2t), \quad$ für $t \geq 0$, eingespeist wird. Außerdem soll die Signalspannung u für $x \to \infty$ beschränkt sein.

a)   Man zeige, dass ein Produktansatz der Form $u(x,t) = X(x) \cdot T(t)$ nicht zu einer Lösung führt.

b)   Man versuche den Lösungsansatz $u(x,t) = u_0 \mathrm{e}^{-ax} \sin(2t - bx)$ mit $a, b \in \mathbb{R}$ und $a > 0$.

Aufgabe 25.1.10

Man zeige, dass sich die Euler-Gleichung $\quad \mathbf{q}_t + \dfrac{1}{\rho} \langle \mathbf{q}, \nabla \rangle \mathbf{q} + \mathrm{div}\left(\dfrac{1}{\rho} \mathbf{q}\right) \mathbf{q} + \nabla p = \mathbf{e} \quad$ mit Hilfe der

Kontinuitätsgleichung $\quad \rho_t + \mathrm{div}(\rho \mathbf{u}) = 0$ umformen lässt in $\quad \mathbf{u}_t + \langle \mathbf{u}, \nabla \rangle \mathbf{u} + \dfrac{1}{\rho} \nabla p = \dfrac{1}{\rho} \mathbf{e}$. Dabei bezeichnet $\rho(\mathbf{x}, t)$ die Dichte, $\mathbf{u}(\mathbf{x}, t)$ die Geschwindigkeit, $\mathbf{q}(\mathbf{x}, t) = \rho(\mathbf{x}, t)\mathbf{u}(\mathbf{x}, t)$ die Impulsdichte, $p(\mathbf{x}, t)$ den Druck und $\mathbf{e}(\mathbf{x}, t)$ die äußeren Kräfte.

Aufgabe 25.1.11

Das Verhalten einer ebenen, stationären und reibungsfreien Strömung wird beschrieben durch die Euler-Gleichung $\rho \langle \mathbf{u}, \nabla \rangle \mathbf{u} + \nabla p = \mathbf{0}$. Hierbei bezeichnet $\rho(x,y)$ die Dichte, $\mathbf{u}(x,y) = (u(x,y), v(x,y))^T$ die Geschwindigkeit und $p(x,y)$ den Druck. Die Strömung sei wirbelfrei, d.h., es gelte rot $\mathbf{u} = \mathbf{0}$. Es gilt die Kontinuitätsgleichung $\mathrm{div}(\rho \mathbf{u}) = 0$ und mit der Entropie $s(x,y)$ die Entropieerhaltung $\dfrac{ds}{dt} = s_x u + s_y v = 0$. Man zeige, dass die Geschwindigkeitskomponenten $u(x,y)$ und $v(x,y)$ Lösungen des folgenden Systems quasilinearer partieller Differentialgleichungen erster Ordnung sind:

$$\left(1 - \frac{u^2}{c^2}\right)\frac{\partial u}{\partial x} + \left(1 - \frac{v^2}{c^2}\right)\frac{\partial v}{\partial y} - \frac{uv}{c^2}\left(\frac{\partial u}{\partial y} + \frac{\partial v}{\partial x}\right) = 0, \quad \frac{\partial u}{\partial y} - \frac{\partial v}{\partial x} = 0 \, .$$

Dabei gilt $\dfrac{1}{c^2} = \dfrac{\partial \rho}{\partial p}$ mit der Schallgeschwindigkeit c.

A.25.2   Differentialgleichungen erster Ordnung

Aufgabe 25.2.1

Gegeben sei die lineare partielle Differentialgleichung erster Ordnung $au_x + bu_y = g(x,y)$ mit konstanten Koeffizienten $a, b \in \mathbb{R}$ und $a \cdot b \neq 0$.

a)   Man transformiere die Differentialgleichung durch $\nu := bx + ay$, $\mu := bx - ay$ in eine gewöhnliche Differentialgleichung.

b) Mit Hilfe von a) bestimme man die Lösung $u(x,t)$ der Anfangswertaufgabe $u_t + 3u_x = 36t + 12x$ mit $u(x,0) = 0$ und fertige eine Zeichnung der Lösung an.

Aufgabe 25.2.2

Man löse

$$u_x - u_y = 1 + 2x + 2y \quad \text{mit} \quad u(x,x) = x$$

unter Verwendung

a) der Charakteristikenmethode und

b) des Summenansatzes $u(x,y) = f(x) + g(y)$.

Anschließend zeichne man die Lösung.

Aufgabe 25.2.3

Man bestimme die allgemeine Lösung der folgenden partiellen Differentialgleichung erster Ordnung:

$$3u_x + y^2 u_y = \frac{xu}{y}.$$

Aufgabe 25.2.4

Man bestimme die allgemeine Lösung der partiellen Differentialgleichung erster Ordnung

$$yu_x - xu_y - \frac{y}{z}u_z = 0,$$

sowie diejenige Lösung, die der folgenden Anfangsbedingung genügt: $u(x,x,z) = x^2 + z^2$ für $x \geq 0$.

Aufgabe 25.2.5

Gegeben sei die partielle Differentialgleichung erster Ordnung $u_x - yu_y - u_z = 0$. Man bestimme die allgemeine Lösung und ermittle die Lösung, die der Anfangsbedingung $u(x,y,x) = x + y$ genügt.

(Klausur-)Aufgabe 25.2.6

Man bestimme die allgemeine Lösung der partiellen Differentialgleichung

$$u_x + u_y + u_z = x + y + z + u$$

und gebe diejenige Lösung an, die der Anfangsbedingung $u = y - z$ in der Ebene $x - y - z = 0$ genügt.

(Klausur-)Aufgabe 25.2.7

a) Gegeben sei die Differentialgleichung

$$zu_{xy} - yu_{xz} = 0.$$

   (i) Man substituiere $v := u_x$ und gebe die resultierende Differentialgleichung für v an.

   (ii) Man löse die in a)(i) entstehende Differentialgleichung für v mit Hilfe der Phasendifferentialgleichung, indem man y als unabhängige Variable einführt.

   (iii) Man bestimme die Lösung u des Ausgangsproblems.

b) Man ermittle partikuläre Lösungen von

$$x^2 u_x + u_y + \frac{u_z}{z} + \left(x + \frac{2}{y} + 1\right)u = 0$$

durch einen Produktansatz.

(Klausur-)Aufgabe 25.2.8

Gegeben sei die partielle Differentialgleichung erster Ordnung

$$2uu_x - 4xuu_y = x^3.$$

a) Man berechne die allgemeine Lösung.

b) Mit Hilfe der allgemeinen Lösung bestimme man die Lösung, die der Anfangsbedingung $u(x, x^2) = x^2$ genügt.

c) Man führe die Probe durch, ob die in b) berechnete Funktion auch wirklich die Anfangswertaufgabe löst.

Aufgabe 25.2.9
Gegeben sei das Cauchy-Problem für die Burgers-Gleichung

$$u_t + uu_x = 0 \quad \text{für} \quad (x,t) \in \mathbb{R} \times (0, \infty) \quad \text{mit} \quad u(x,0) = u_0(x).$$

a) Man berechne die allgemeine Lösung mit Hilfe der Charakteristikenmethode.

b) Man löse das Cauchy-Problem für die Anfangsdaten

   (i) $u_0(x) = 5 + x$ und

   (ii) $u_0(x) = 5 - x$,

   zeichne die charakteristischen Grundkurven und gebe den Zeitpunkt T an, bis zu dem sich die Lösung eindeutig berechnen lässt.

A.25.3   Normalformen linearer Differentialgleichungen zweiter Ordnung

Aufgabe 25.3.1
Man klassifiziere die folgenden partiellen Differentialgleichungen zweiter Ordnung und skizziere im $\mathbb{R}^2$ gegebenenfalls die Gebiete unterschiedlichen Typs:

a) $u_{xx} + 2u_{xy} + 3u_{yy} + \mathrm{e}^y u_x - \sin(x)u_y = \tan(x^2 + y^2)$,

b) $x^3 u_{xx} + 2u_{xy} + y^3 u_{yy} + u_x - yu_y = \mathrm{e}^x$.

Aufgabe 25.3.2
Man bestimme den Typ der folgenden partiellen Differentialgleichungen zweiter Ordnung und skizziere im $\mathbb{R}^2$ gegebenenfalls die Gebiete unterschiedlichen Typs:

a) $2u_{xx} + 4u_{xy} + 2u_{yy} + 2u_x + 4u_y = 2u$,

b) $yu_{xx} + 2xu_{xy} + yu_{yy} = y^2 + \ln(1 + x^2)$.

Aufgabe 25.3.3
Man bestimme den Typ der folgenden partiellen Differentialgleichungen zweiter Ordnung:

a) $11u_{xx} + 11u_{yy} + 14u_{zz} - 2u_{xy} - 8u_{xz} - 8u_{yz} = 0$,

b) $u_{xx} + u_{yy} - 2u_{zz} + 2u_{xy} + 8u_{xz} + 8u_{yz} - 5xyu_z + 3u = x^2$,

c) $7u_{xx} + 7u_{yy} - 2u_{zz} - 10u_{xy} + 8u_{xz} + 8u_{yz} + 4\sin yu_x + 9u_y - 3xu_z = 0$.

Aufgabe 25.3.4
Gegeben sei die partielle Differentialgleichung zweiter Ordnung:

$$-\frac{1}{2}u_{xx} + 3u_{xy} - \frac{1}{2}u_{yy} + \sqrt{2}u_x - \sqrt{2}u_y = x + y.$$

a) Man bestimme den Typ der Gleichung und

b) transformiere sie auf Normalform.

Aufgabe 25.3.5

Gegeben sei die partielle Differentialgleichung zweiter Ordnung

$$4x^2 u_{xx} - 4xy u_{xy} + y^2 u_{yy} + 3y u_y = 3u \,.$$

a) Man bestimme den Typ der Differentialgleichung.

b) Man transformiere die Differentialgleichung auf Normalform und

c) berechne die allgemeine Lösung.

Aufgabe 25.3.6

Gegeben sei die partielle Differentialgleichung zweiter Ordnung $u_{xx} + 2x u_{xy} - u_{yy} = 0$.

a) Man bestimme den Typ der Differentialgleichung.

b) Man berechne die Charakteristiken und

c) transformiere die Differentialgleichung auf Normalform.

Aufgabe 25.3.7

Gegeben sei die partielle Differentialgleichung zweiter Ordnung $x^4 u_{xx} + y^4 u_{yy} = \dfrac{1}{xy}$.

a) Man bestimme den Typ der Differentialgleichung und

b) transformiere sie auf Normalform.

(Klausur-)Aufgabe 25.3.8

Gegeben sei die Tricomi-Differentialgleichung $y u_{xx} + u_{yy} = 0$ auf der Halbebene

$$H := \left\{ \begin{pmatrix} x \\ y \end{pmatrix} \in \mathbb{R}^2 \ \middle|\ y < 0 \right\} \,.$$

Man bestimme den Typ der Differentialgleichung und transformiere sie auf Normalform. Man überprüfe dabei auch die Zulässigkeit der Koordinatentransformation.

(Klausur-)Aufgabe 25.3.9

Gegeben sei die partielle Differentialgleichung zweiter Ordnung $(1 - x^2) u_{xx} - u_{yy} = 0$.

a) Man bestimme in Abhängigkeit von x und y den Typ der Differentialgleichung und skizziere die Bereiche unterschiedlichen Typs in der x-y-Ebene an.

b) Man transformiere die Differentialgleichung für $|x| < 1$ auf Normalform.

A.25.4   Die Laplace-Gleichung

Aufgabe 25.4.1

Man löse das Dirichlet-Problem im Rechteck und zeichne die Lösung:

$$\begin{aligned}
\Delta u &= 0, & 0 < x < 2\pi, \quad 0 < y < \pi, \\
u(x,0) &= 0, & 0 \le x \le 2\pi, \\
u(x,\pi) &= \frac{x}{2}, & 0 \le x \le 2\pi, \\
u(0,y) &= 0, & 0 \le y \le \pi, \\
u(2\pi,y) &= \frac{y}{\pi}(2\pi - y), & 0 \le y \le \pi \,.
\end{aligned}$$

(Klausur-)Aufgabe 25.4.2

Man löse das folgende Randwertproblem

$$\begin{aligned}
\Delta u &= 0 && \text{für} \quad 0 < x, y < 1\,, \\
u(0, y) &= y && \text{für} \quad 0 \le y \le 1\,, \\
u(1, y) &= -y \\
u(x, 0) &= 0 && \text{für} \quad 0 \le x \le 1\,, \\
u(x, 1) &= 1 - 2x^2\,.
\end{aligned}$$

Dazu gehe man wie folgt vor:

a) Für die Funktion $w(x, y) = a + bx + cy + dxy$, die $\Delta w = 0$ erfüllt, bestimme man die unbekannten Koeffizienten $a, b, c, d \in \mathbb{R}$ derart, dass $w(0, y) = y$ und $w(1, y) = -y$ gilt.

b) Man setze $v(x, y) := u(x, y) - w(x, y)$ und gebe das resultierende Randwertproblem für v an.

c) Man löse das Problem in v, wobei die sich aus einem Produktansatz ergebenden Lösungsdarstellungen verwendet werden dürfen.

Aufgabe 25.4.3

Für den Kreis $x^2 + y^2 \le 1$ löse man das folgende innere Dirichletsche Problem:

$$r^2 u_{rr} + r u_r + u_{\varphi\varphi} = 0\,, \quad r < 1$$

$$u(1, \varphi) = 1 + 3\sin\varphi - 3\cos\varphi - 4\sin^3\varphi + 4\cos^3\varphi\,, \quad \varphi \in [0, 2\pi]\,.$$

Man gebe die Lösung auch in kartesischen Koordinaten an und zeichne sie.

(Klausur-)Aufgabe 25.4.4

Man betrachte das innere Neumannsche Randwertproblem für den Kreis

$$\Delta u = 0 \quad \text{für} \quad x^2 + y^2 < R^2\,, \qquad \frac{\partial u}{\partial r} = g(\varphi) \quad \text{für} \quad r = R \quad \text{und} \quad \varphi \in [0, 2\pi]\,.$$

a) Man zeige: Besitzt g die Fourier-Entwicklung $g(\varphi) = \sum_{k=1}^{\infty} [\alpha_k \cos(k\varphi) + \beta_k \sin(k\varphi)]$,   so ist die Lösung der Randwertaufgabe gegeben durch

$$u(r, \varphi) = C + \sum_{k=1}^{\infty} [\alpha_k \cos(k\varphi) + \beta_k \sin(k\varphi)] \frac{R}{k} \left(\frac{r}{R}\right)^k$$

mit einer beliebigen Konstanten C.

b) Man bestimme die Lösung für $R = 1$ und $g(\varphi) = -\dfrac{1}{2} + 2\sin\varphi + \cos^2\varphi - 4\sin^3\varphi$.   Man gebe die Lösung auch in kartesischen Koordinaten an.

Aufgabe 25.4.5

Für das Außenraumproblem $x^2 + y^2 \ge 9$ mit Dirichlet-Randdaten

$$r^2 u_{rr} + r u_r + u_{\varphi\varphi} = 0\,, \quad r > 3\,, \qquad u(3, \varphi) = 2\sin^2\varphi + 8\cos^4\varphi\,, \quad \varphi \in [0, 2\pi]\,,$$

berechne man die Lösung in Polarkoordinaten und kartesischen Koordinaten und fertige eine Zeichnung an.

(Klausur-)Aufgabe 25.4.6
Für den Kreisring $1 \leq x^2 + y^2 \leq 4$ löse man das Dirichletsche Problem (in Polarkoordinaten):

$$r^2 u_{rr} + r u_r + u_{\varphi\varphi} = 0, \quad 1 < r < 2,$$

$$u(1, \varphi) = 1 + 3\cos\varphi + 4\sin(2\varphi),$$

$$u(2, \varphi) = 1 + 2\ln 2 + 6\cos\varphi + \sin(2\varphi).$$

Man gebe die Lösung auch in kartesischen Koordinaten an.

Aufgabe 25.4.7
Man berechne für das Dirichlet-Problem im Kreisringsektor

$$
\begin{aligned}
r^2 u_{rr} + r u_r + u_{\varphi\varphi} &= 0, & 1 < r < 3, \quad 0 < \varphi < \frac{\pi}{2}, \\
u(r, 0) &= 0, & 1 \leq r \leq 3, \\
u\left(r, \frac{\pi}{2}\right) &= 0, & 1 \leq r \leq 3, \\
u(1, \varphi) &= \varphi^2 - \frac{\pi\varphi}{2}, & 0 \leq \varphi \leq \frac{\pi}{2}, \\
u(3, \varphi) &= 0, & 0 \leq \varphi \leq \frac{\pi}{2}
\end{aligned}
$$

die Lösung sowie Minimum und Maximum und zeichne die Lösung.

Aufgabe 25.4.8
Man berechne die Lösung des Dirichlet-Problems im Kreissektor:

$$r^2 u_{rr} + r u_r + u_{\varphi\varphi} = 0 \quad \text{für} \quad 0 < r < 4,\, 0 < \varphi < \frac{\pi}{4}, \quad u(r, 0) = 0 \quad \text{für } 0 \leq r \leq 4,$$

$$u\left(r, \frac{\pi}{4}\right) = 0 \quad \text{für} \quad 0 \leq r \leq 4, \quad u(4, \varphi) = \cos(2\varphi) - 1 + \frac{4\varphi}{\pi} \quad \text{für} \quad 0 \leq \varphi \leq \frac{\pi}{4}.$$

Aufgabe 25.4.9

a) Sei $u(\mathbf{x})$ auf einem Gebiet $G \subset \mathbb{R}^3$ harmonisch, $\overline{K}_R(\mathbf{0}) \subset G$, und es gelte $u(\mathbf{x}) \geq 0$ für $\|\mathbf{x}\| = R$. Man beweise die Abschätzung von Harnack für $\|\mathbf{x}\| < R$:

$$\frac{R^2 - R\|\mathbf{x}\|}{(R + \|\mathbf{x}\|)^2}\, u(\mathbf{0}) \; \leq \; u(\mathbf{x}) \; \leq \; \frac{R^2 + R\|x\|}{(R - \|x\|)^2}\, u(\mathbf{0}).$$

Hinweis: Man verwende die Abschätzung $\|\mathbf{y}\| - \|\mathbf{x}\| \leq \|\mathbf{y} - \mathbf{x}\| \leq \|\mathbf{y}\| + \|\mathbf{x}\|$ und die Poissonsche Integralformel.

b) Man folgere hieraus den *Satz von Liouville:*
Jede beschränkte, auf ganz $\mathbb{R}^3$ harmonische Funktion ist konstant.

A.25.5   Die Wärmeleitungsgleichung

Aufgabe 25.5.1
Man berechne die Lösung der Anfangswertaufgabe

$$
\begin{aligned}
u_t &= u_{xx} & \text{für} \quad x \in \mathbb{R} \text{ und } t > 0, \\
u(x, 0) &= e^{3x-1} & \text{für} \quad x \in \mathbb{R}.
\end{aligned}
$$

a) unter Verwendung der Fundamentallösung und

b) mit Hilfe eines Produktansatzes.

Aufgabe 25.5.2

Man berechne die Lösung der Anfangsrandwertaufgabe für die folgende Wärmeleitungsgleichung

$$
\begin{aligned}
u_t &= u_{xx} && \text{für} \quad 0 < x < 2, \\
& && \qquad 0 < t \leq T, \\
u(0,t) &= 0 && \text{für} \quad 0 \leq t \leq T \\
u(2,t) &= 0 \\
u(x,0) &= u_0(x) && \text{für} \quad 0 \leq x \leq 2.
\end{aligned}
$$

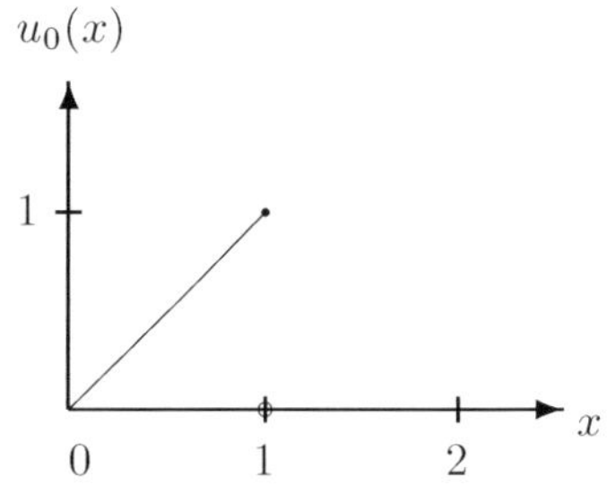

$u_0(x)$

Bild 25.5.2   Anfangsfunktion u_0

Hinweis: Man bestimme mit einem Produktansatz der Form

$$
u(x,t) = X(x) \cdot T(t)
$$

zunächst Lösungen der Differentialgleichung zu den homogenen Randdaten.

Aufgabe 25.5.3

Gegeben sei die folgende Anfangsrandwertaufgabe für die Wärmeleitungsgleichung im Gebiet $G = [0,\pi] \times [0,\infty)$:

$$
\begin{aligned}
u_t &= u_{xx} && \text{für} \quad (x,t) \in G^0, \\
u(0,t) &= 0 = u(\pi,t) && \text{für} \quad t \geq 0, \\
u(x,0) &= x(\pi - x) && \text{für} \quad 0 \leq x \leq \pi.
\end{aligned}
$$

a)   Man zeige, dass $u_\lambda(x,t) := \lambda \sin(x) \exp(-t)$ mit $\lambda \in \mathbb{R}$ die Differentialgleichung und die Randbedingungen erfüllt.

b)   Für die exakte Lösung w des Anfangswertproblems soll u_λ als Näherung dienen. Der Parameter λ werde dazu so gewählt, dass der Maximalfehler möglichst klein wird, d.h.

$$
\max_{(x,t) \in G} |w(x,t) - u_\lambda(x,t)| = \min .
$$

Hinweis: Man wende auf $v := w - u_\lambda$ das Maximumprinzip an.

(Klausur-)Aufgabe 25.5.4

Gegeben sei die folgende Anfangsrandwertaufgabe der Wärmeleitungsgleichung:

$u_0(x)$

$$
\begin{aligned}
u_t &= u_{xx} && \text{für} \quad 0 < x < 2, \quad 0 < t \leq T, \\
u(x,0) &= u_0(x) && \text{für} \quad 0 \leq x \leq 2, \\
u(0,t) &= 0 = u(2,t) && \text{für} \quad 0 \leq t \leq T.
\end{aligned}
$$

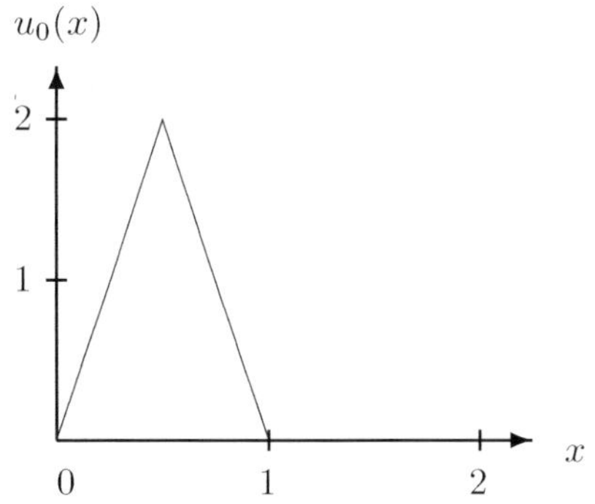

Bild 25.5.4

Man berechne die Lösung des Anfangsrandwertproblems und bestimme das Maximum von $u(x,t)$ in $G := [0,2] \times [0,T]$.

Aufgabe 25.5.5

Man berechne die Lösung der Anfangsrandwertaufgabe der Wärmeleitungsgleichung

$$u_t = 2u_{xx} \quad \text{für} \quad 0 < x < \pi, \quad 0 < t,$$

$$u(0,t) = t = u(\pi,t) \quad \text{für} \quad 0 \le t, \quad u(x,0) = u_0(x) := \begin{cases} 1 & \text{für} \quad \dfrac{\pi}{4} \le x \le \dfrac{3\pi}{4}, \\ 0 & \text{sonst} . \end{cases}$$

Aufgabe 25.5.6

Man berechne die Lösung der Anfangsrandwertaufgabe für die folgende Wärmeleitungsgleichung mit Hilfe eines Produktansatzes:

$$
\begin{aligned}
u_t &= \Delta u & \text{für} \quad &(x,y) \in \,]0,1[\, \times \,]0,2[, \quad 0 < t, \\
u(0,y,t) &= 0 = u(1,y,t) & \text{für} \quad &y \in [0,2], \quad 0 \le t, \\
u(x,0,t) &= 0 = u(x,2,t) & &x \in [0,1], \quad 0 \le t, \\
u(x,y,0) &= 7\sin(2\pi x)\sin(\pi y) & \text{für} \quad &(x,y) \in [0,1] \times [0,2] \\
&\quad +(3\sin(\pi x) \\
&\quad -4\sin^3(\pi x))\sin(3\pi y/2) .
\end{aligned}
$$

Wie verhält sich die Lösung für $t \to \infty$?

A.25.6   Die Wellengleichung

Aufgabe 25.6.1

Gegeben sei die Wellengleichung $\quad u_{tt} = 9u_{xx}$.

a) Man zeige, dass durch $u(x,t) = f(x+3t) + g(x-3t)$ mit beliebigen C^2-Funktionen f und g eine Lösung der Wellengleichung gegeben ist.

b) Man zeige umgekehrt, dass jede Lösung der obigen Wellengleichung von der in a) angegebenen Form ist. Man transformiere die Differentialgleichung dazu mit Hilfe der Kettenregel zunächst auf die neuen Variablen $\xi = x + 3t$ und $\eta = x - 3t$.

c) Man berechne die Lösung zu den Anfangswerten $u(x,0) = x^2$ und $u_t(x,0) = \cos x$ mit Hilfe von b).

Aufgabe 25.6.2

Man löse die charakteristische Anfangswertaufgabe

$$u_{tt} = 4u_{xx} \quad \text{mit} \quad u(2t,t) = u_0(t) := \sin t \quad \text{und} \quad u(-2t,t) = u_1(t) := t$$

für $t \ge 0$ und bestimme und skizziere den Definitionsbereich D der Lösung.

(Klausur-)Aufgabe 25.6.3

Man berechne die Lösung der Anfangswertaufgabe

$$
\begin{aligned}
u_{tt} - u_{xx} &= -4x, & x \in \mathbb{R},\ t > 0, \\
u(x,0) &= 1, & x \in \mathbb{R}, \\
u_t(x,0) &= \cos x, & x \in \mathbb{R}
\end{aligned}
$$

und bestätige die Lösung durch Einsetzen in die Anfangswertaufgabe.

Hinweis: Man bestimme zunächst eine Lösung der inhomogenen Differentialgleichung in Polynomform und verwende anschließend das Superpositionsprinzip.

Aufgabe 25.6.4

Gegeben sei die inhomogene Wellengleichung mit homogenen Anfangsbedingungen:

$$u_{tt} - c^2 u_{xx} \;=\; f(x,t) \qquad \text{mit} \qquad u(x,0) \;=\; 0 \;=\; u_t(x,0)\,.$$

Man zeige, dass die Funktion $\quad u(x,t) = \dfrac{1}{2c} \displaystyle\int_D f(\xi,\tau)\, d(\xi,\tau)$ die Anfangswertaufgabe löst, wobei das Abhängigkeitsdreieck D gegeben ist durch

$$D := \left\{ \begin{pmatrix} \xi \\ \tau \end{pmatrix} \in \mathbb{R}^2 \;\middle|\; 0 \le \tau \le t \;\wedge\; x - c(t-\tau) \le \xi \le x + c(t-\tau) \right\}\,.$$

Aufgabe 25.6.5

Man löse das Anfangsrandwertproblem

$$
\begin{aligned}
u_{tt} - u_{xx} &= 0\,, & x &\in \mathbb{R}_+,\ t > 0\,,\\
u(x,0) &= u_0(x)\,, & x &\ge 0\,,\\
u_t(x,0) &= v_0(x)\,, &&\\
u(0,t) &= 0\,, & t &> 0
\end{aligned}
$$

mit Hilfe der Reflexionsmethode und kläre, ob es sich bei der gefundenen Lösung um eine C^2-Funktion handelt, für

a) $u_0(x) = x^3$, $\quad v_0(x) = 2x$,

b) $u_0(x) = x^2$, $\quad v_0(x) = 2$.

Aufgabe 25.6.6

Man löse die folgende Anfangsrandwertaufgabe mit Hilfe des Produktansatzes $u(x,t) = X(x) \cdot T(t)$ und zeichne die Lösung:

$$u_{tt} = 4u_{xx} \quad \text{für} \ \ 0 < x < 2\,, \ \ 0 < t\,, \qquad u(0,t) = u(2,t) = 0 \quad \text{für} \ \ t \ge 0\,,$$

$$u(x,0) = 1 - |x-1| \quad \text{für} \ \ 0 \le x \le 2\,, \qquad u_t(x,0) = 0 \quad \text{für} \ \ 0 \le x \le 2\,.$$

Aufgabe 25.6.7

Das Anschlagen einer Saite wird beschrieben durch die Anfangsrandwertaufgabe für die Wellengleichung:

$$u_{tt} - 9u_{xx} = 0\,, \quad 0 < x < \pi\,, \quad 0 < t\,, \qquad u(0,t) = u(\pi,t) = 0\,, \quad t \ge 0\,,$$

$$u(x,0) = 0\,, \quad 0 \le x \le \pi\,, \qquad u_t(x,0) = v_0(x) := \begin{cases} \pi & \text{für} \quad \dfrac{7\pi}{16} \le x \le \dfrac{9\pi}{16}\,, \\[2mm] 0 & \text{sonst}\,. \end{cases}$$

Man löse die Anfangsrandwertaufgabe

a) mittels Produktansatz $u(x,t) = X(x) \cdot T(t)$ für allgemeines v_0,

b) unter Verwendung der allgemeinen Lösung $u(x,t) = f(x - 3t) + g(x + 3t)$ für allgemeines v_0 und

c) für das oben vorgegebene v_0 und zeichne die Lösung.

(Klausur-)Aufgabe 25.6.8
Man löse die folgende Anfangsrandwertaufgabe für die Wellengleichung

$$
\begin{aligned}
u_{tt} &= 16u_{xx} &&\text{für}\quad 0 < x < \pi \\
&&&\text{und}\quad 0 < t \le T, \\
u(x,0) &= u_0(x) &&\text{für}\quad 0 \le x \le \pi, \\
u_t(x,0) &= 0 &&\text{für}\quad 0 \le x \le \pi, \\
u(0,t) &= 0 &&\text{für}\quad 0 \le t \le T, \\
u(\pi,t) &= 0 &&\text{für}\quad 0 \le t \le T.
\end{aligned}
$$

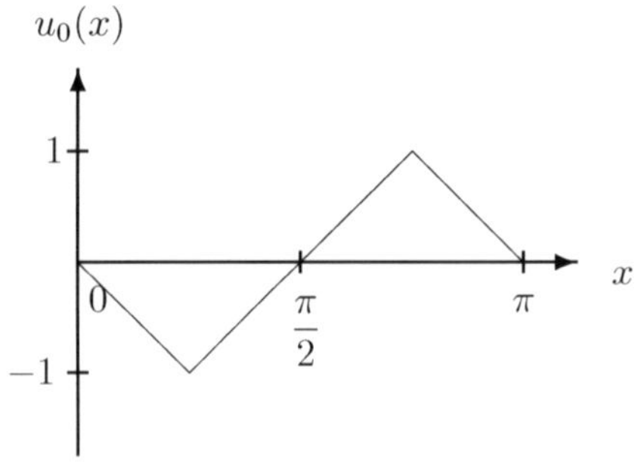

Bild 25.6.8

Aufgabe 25.6.9
Man löse folgende Anfangs-Randwertaufgabe für die Wellengleichung unter Verwendung der Fourier-Methode

$$
u_{tt} = c^2 u_{xx} + \sin x + \left(1 - \frac{2x}{\pi}\right)\cdot \mathrm{e}^{-t}, \quad \text{für}\quad 0 < x < \pi \text{ und } t > 0,
$$

$$
\begin{aligned}
u(0,t) &= \mathrm{e}^{-t}, \\
u(\pi,t) &= -\mathrm{e}^{-t}, \quad \text{für}\quad t \ge 0, \\
u(x,0) &= 1 - \frac{2x}{\pi}, \\
u_t(x,0) &= \frac{2x}{\pi} - 1, \quad \text{für}\quad 0 \le x \le \pi
\end{aligned}
$$

und zeichne die Lösung für $c = 1$.

Aufgabe 25.6.10
Man löse die Anfangswertaufgabe für die Wellengleichung im $\mathbb{R}^3$:

$$
u_{tt} - c^2 \Delta_3 u = 0, \qquad \mathbf{x} = \begin{pmatrix} x \\ y \\ z \end{pmatrix} \in \mathbb{R}^3, \quad t > 0,
$$

$$
u(\mathbf{x},0) = u_0(\mathbf{x}) := 0, \qquad u_t(\mathbf{x},0) = v_0(\mathbf{x}) := x + y^2 + z,
$$

unter Verwendung der Liouvilleschen Lösungsformel

$$
u(\mathbf{x},t) = \frac{\partial}{\partial t}\left(\frac{t}{4\pi}\int_S u_0(\mathbf{x} + ct\mathbf{n})\, do\right) + \frac{t}{4\pi}\int_S v_0(\mathbf{x} + ct\mathbf{n})\, do
$$

mit der Einheitssphäre S im $\mathbb{R}^3$ und dem Normalenvektor $\mathbf{n}$ auf S.

Aufgabe 25.6.11
Das sphärische Mittel für eine Funktion $f : \mathbb{R}^3 \to \mathbb{R}$, mit $R > 0$ und $\mathbf{x} = (x_1, x_2, x_3)^T$ ist gegeben durch

$$
M_R[f](\mathbf{x}_0) = \frac{1}{4\pi R^2} \int_{||\mathbf{x}-\mathbf{x}_0||=R} f(\mathbf{x})\, do.
$$

Es sei $\tilde{\mathbf{x}}^T = (x_1, x_2)^T \in \mathbb{R}^2$ der um x_3 verkürzte Vektor. Gilt dann $f(\mathbf{x}) = f(\tilde{\mathbf{x}})$, d.h., ist f unabhängig von x_3, so zeige man, dass gilt:

$$
M_R[f](\tilde{\mathbf{x}}_0) = \frac{1}{2\pi R} \int_{||\tilde{\mathbf{x}}-\tilde{\mathbf{x}}_0||\le R} \frac{f(\tilde{\mathbf{x}})}{\sqrt{R^2 - ||\tilde{\mathbf{x}} - \tilde{\mathbf{x}}_0||^2}}\, d\tilde{\mathbf{x}}.
$$

A.25.7   Eigenwertaufgaben

Aufgabe 25.7.1

Man berechne Eigenwerte und Eigenfunktionen der Randwertaufgabe

$$-\Delta u \;=\; \lambda u \quad \text{für} \quad (x,y) \in (0,a) \times (0,b)\,,$$

$$u(0,y) = 0 = u(a,y) \quad \text{für } 0 \le y \le b\,, \quad u_y(x,0) = 0 = u_y(x,b) \quad \text{für } 0 \le x \le a\,,$$

unter Verwendung des Produktansatzes $u(x,y) = X(x) \cdot Y(y)$. Für $a = 2$ und $b = 1$ gebe man die numerischen Werte der zehn kleinsten Eigenwerte an und zeichne die Eigenfunktion zum sechstkleinsten Eigenwert.

Aufgabe 25.7.2

Gegeben sei die Randeigenwertaufgabe im Kreissektor ($0 < \omega < 2\pi$):

$$-\left(u_{rr} + \frac{1}{r}u_r + \frac{1}{r^2}u_{\phi\phi}\right) \;=\; \lambda u \quad \text{für} \quad (r,\phi) \in (0,R) \times (0,\omega)\,,$$

$$u(R,\phi) = 0 \quad \text{für} \quad 0 \le \phi \le \omega\,, \quad u(r,0) = 0 \quad \text{für} \quad 0 \le r \le R\,, \quad u(r,\omega) = 0 \quad \text{für} \quad 0 \le r \le R\,.$$

Man bestimme Eigenwerte und Eigenfunktionen unter Verwendung eines Produktansatzes der Form $u(r,\phi) = f(\phi) \cdot g(r)$, berechne für $\omega = \dfrac{5\pi}{3}$ und $R = 1$ den kleinsten Eigenwert und zeichne die zugehörige Eigenfunktion.

A.25.8   Spezielle Funktionen

Aufgabe 25.8.1

Gegeben seien die Dreiterm-Rekursion für die Bessel-Funktionen $\;J_{k+1}(x) - \dfrac{2k}{x}J_k(x) + J_{k-1}(x) \;=\; 0\;$ (*) und Testwerte für $x = 1.5$

$$J_0(1.5) \;=\; 0.511827672\,, \quad J_1(1.5) \;=\; 0.557936508\,, \quad J_{10}(1.5) \;=\; 0.147432690 \cdot 10^{-7}\,.$$

a) Man berechne $J_{10}(1.5)$ aus den gegebenen Werten von $J_0(1.5)$ und $J_1(1.5)$ mittels der sich aus (*) ergebenden Vorwärtsrekursion und begründe die Abweichung vom tatsächlichen Wert.

b) Man berechne $J_{10}(1.5)$ aus $J_{14}(1.5) = 0$ und $J_{13}(1.5) = 10^{-12}$ mittels der sich aus (*) ergebenden Rückwärtsrekursion.

Die berechneten Werte sind durch $\quad 1 = J_0(x) + 2\displaystyle\sum_{k=1}^{\infty} J_{2k}(x) \quad$ zu normieren.

A.26 Funktionen einer komplexen Variablen

A.26.1 Grundlegende Begriffe

Aufgabe 26.1.1

Gegeben sind die komplexen Zahlen $z_1 := \dfrac{(2-3i)^2}{3+4i}$ und $z_2 := \sqrt{3} - i$.

a) Man ermittle Real- und Imaginärteil von z_1 und die Polardarstellungen von z_1 und z_2.

b) Man bestimme z_2^9.

c) Man gebe alle Lösungen der Gleichung $(w + z_2)^3 = 8i$ in kartesischen Koordinaten an.

Aufgabe 26.1.2

Man skizziere die folgenden Punktmengen in der komplexen Zahlenebene:

a) $\{z \in \mathbb{C} : |4z + 3 + 2i| = 1\}$,

b) $\{z \in \mathbb{C} : 0 \leq \mathrm{Re}(z), \, 0 \leq \mathrm{Im}(z)\}$,

c) $\{z \in \mathbb{C} : \mathrm{Re}((2+i)z) = 1\}$,

d) $\{z \in \mathbb{C} : 0 \leq \arg(z) \leq \pi/2, \, 1 \leq |z| \leq 2\}$.

Aufgabe 26.1.3

a) Man zeige, dass der Kreis vom Radius r um $z_0 \in \mathbb{C}$ in der komplexen Ebene die Darstellung $z\bar{z} - z\bar{z}_0 - z_0\bar{z} + z_0\bar{z}_0 = r^2$ mit $z \in \mathbb{C}$ besitzt.

b) Für die Inversion $w = f(z) := \dfrac{1}{z}$ mit $z \neq 0$ bestimme man das Bild

  (i) der Geraden $\mathrm{Re}(z) = 5$,   (ii) der Strahlen $\mathrm{Re}(z) = \mathrm{Im}(z)$,   (iii) des Kreises $|z| = 2$,

  (iv) des Kreises $|z + i| = 1$ und   (v) des Kreises $|z - 3i| = 1$.

Aufgabe 26.1.4

Man untersuche die gegebene Folge auf Konvergenz und bestimme ggf. den Grenzwert

$$z_0 = 0, \quad z_{n+1} = \frac{2+i}{3}\,(i - 1 + z_n).$$

A.26.2 Elementare Funktionen

Aufgabe 26.2.1

Gegeben sei die durch $w = f(z) := \sqrt{z}$ (Hauptzweig) definierte Funktion f auf dem Inneren der geschlitzten Parabel

$$G := \left\{ z = x + iy \in \mathbb{C} \;\middle|\; x < 4 - \frac{y^2}{16} \right\} \setminus \{z = x + iy \in \mathbb{C} \mid y = 0 \wedge x \leq 0\}.$$

a) Man bestimme das Bild von G in der w-Ebene und skizziere Urbild- und Bildbereich.

b) Aus der Darstellung $z = x + iy$ im Definitionsbereich berechne man u und v in der Darstellung im Bildbereich: $w = u(x, y) + iv(x, y)$.

Aufgabe 26.2.2

Auf der rechten Halbebene $H = \{z = x + iy \in \mathbb{C} \mid x \geq 0\}$ sei die durch $w = f(z) := \sqrt[3]{z^2 + 8}$ (Hauptzweig) definierte Funktion f gegeben.

Aufgaben und Lösungen zu Mathematik für Ingenieure 2. 4. Auflage.
Rainer Ansorge, Hans Joachim Oberle, Kai Rothe, Thomas Sonar
© 2011 WILEY-VCH Verlag GmbH & Co. KGaA. Published 2011 by WILEY-VCH Verlag GmbH & Co. KGaA.

a) Wohin wird der Strahl $z = x \geq 0$ unter f abgebildet?

b) Wohin werden die Strahlen $z = \pm iy$ mit $y \geq 0$ unter f abgebildet?

c) Man bestimme das Bild von H in der w-Ebene und fertige eine Skizze von Bild- und Urbildbereich an.

d) Man berechne die Umkehrabbildung von f auf $\tilde{H} = \{z = x + iy \in \mathbb{C} \mid x > 0 \}$.

Aufgabe 26.2.3
Man berechne:

a) (i) $\exp(1 + i\pi)$, (ii) $\exp(2 + i\pi/2)$, (iii) $\exp(1 + i\pi) \cdot \exp(2 + i\pi/2)$

sowie $\exp(3 + i3\pi/2)$ und überprüfe an diesem Beispiel die Gültigkeit der Funktionalgleichung der Exponentialfunktion in $\mathbb{C}$,

b) (i) $\ln(1 + i\sqrt{3})$, (ii) $\ln(-\sqrt{3} + i)$, (iii) $\ln(1 + i\sqrt{3}) + \ln(-\sqrt{3} + i)$

sowie $\ln((1 + i\sqrt{3})(-\sqrt{3} + i))$ und überprüfe an diesem Beispiel, ob die Funktionalgleichung der Logarithmusfunktion in $\mathbb{C}$ gilt. Dabei soll $\ln z$ der Hauptwert des Logarithmus sein.

Aufgabe 26.2.4
Die komplexe sin-Funktionen wird definiert durch $\sin z = \dfrac{1}{2i}\left(e^{iz} - e^{-iz}\right)$.

a) Man berechne Real- und Imaginärteil von $\sin z$.

b) Man zeige, dass die folgende Beziehung gilt $\sin z = \dfrac{1}{i}\sinh(iz)$.

c) Man bestimme alle Lösungen von $\sin z = 3$.

Aufgabe 26.2.5
Gegeben sei die Abbildung $w = T(z) := \dfrac{z + 2i}{z - (1 - i)}$.

a) Man überprüfe, ob T eine Möbius-Transformation ist.

b) Man bestimme die Fixpunkte von T.

c) Man berechne die Bilder $w_i = T(z_i)$ für $z_1 = 0$, $z_2 = \infty$ und $z_3 = -2i$.

d) Wie lautet die Umkehrabbildung T^{-1} von T?

e) Welche Urbilder $w_i = T(z_i)$ besitzen $w_4 = 0$, $w_5 = 1$ und $w_6 = \infty$.

f) Man bestimme das Bild der rechten Halbebene ($z \in \mathbb{C}$ mit $\operatorname{Re} z \geq 0$) und fertige eine Skizze an.

g) Man gebe die Menge an, auf die das Innere des Einheitskreises ($z \in \mathbb{C}$ mit $|z| < 1$) abgebildet wird.

h) Welche Kurven der z-Ebene werden auf (echte) Kreise durch den Nullpunkt in der w-Ebene abgebildet?

Aufgabe 26.2.6

a) Man berechne die Punkte z_1 und z_2, die symmetrisch zu beiden Kreisen $K_1 : |z - 3i| = \sqrt{2}$ und $K_2 : |z + i| = \sqrt{6}$ liegen.

b) Man gebe alle Abbildungen der Form $T(z) = \dfrac{az + b}{cz + d}$ an, für die $T(z_1) = 0$ und $T(z_2) = \infty$ gilt, mit den in a) berechneten Spiegelpunkten z_1 und z_2.

c) Von der Abbildung T aus b) werde zusätzlich noch $T(3i + \sqrt{2}) = 1$ gefordert. Wohin werden dann die beiden Kreise K_1 und K_2 und der Bereich außerhalb der beiden Kreise unter T abgebildet? Man skizziere Urbild- und Bildbereich.

(Klausur-)Aufgabe 26.2.7

Der Kreis $K := \{ z \in \mathbb{C} \mid |z + 3| = 1 \}$ und die imaginäre Achse $G := \{ iy \mid y \in \mathbb{R} \}$ seien Querschnitte eines leitenden Zylinders und einer zu ihm parallelen leitenden Wand, die auf verschiedenes Potential gebracht wurden. Die Feld- und Potentiallinien dieser Anordnung lassen sich bestimmen, indem man den Bereich zwischen K und G durch konforme Gebietstransformation auf einen Kreisring $r_1 \leq |w| \leq r_2$ abbildet.

a) Man bestimme zwei Punkte z_1 und z_2, die zugleich symmetrisch (d.h. Spiegelpunkte) zum Kreis K und zur Geraden G sind.

b) Man gebe alle Möbius-Transformationen $w = f(z)$ mit $f(z_1) = 0$ und $f(z_2) = \infty$ an.

c) Man bestimme die Bilder von K und G unter f, wenn zusätzlich $f(0) = -1$ gefordert wird. Wohin wird das Innere von K und wohin wird die rechte Halbebene abgebildet? Man skizziere Urbild- und Bildbereich.

d) Man gebe eine explizite Darstellung für die Äquipotentiallinien $f^{-1}(\{ w \in \mathbb{C} \mid |w| = \rho \})$ mit $r_1 < \rho < r_2$ an.

(Klausur-)Aufgabe 26.2.8

Gegeben sei die Funktion $w = \dfrac{1 + 2i + iz}{z - i}$. Auf welchen Bereich der w-Ebene wird das Innere des gleichseitigen Dreiecks mit den Eckpunkten $z_1 = -1$, $z_2 = 1$ und $z_3 = i\sqrt{3}$ abgebildet? Man fertige eine Skizze von Bild- und Urbildbereich an.

(Klausur-)Aufgabe 26.2.9

a) Man bestimme die Möbius-Transformation $w = f(z)$ mit $f(3) = 0$, $f(-3) = \infty$ und $f(0) = -6$.

b) Man bestimme die Bilder der Koordinatenachsen und des Kreises $|z| = 3$.

c) Man bestimme das Bild des ersten Quadranten $Q_1 := \{ z \in \mathbb{C} \mid x, y > 0 \}$ und des Kreises $|z| \leq 6$ und gebe entsprechende Begründungen und Skizzen an.

A.26.3   Komplexe Differentiation

Aufgabe 26.3.1

Man überprüfe mit Hilfe der Cauchy-Riemannschen Differentialgleichungen, welche der folgenden Funktionen holomorph sind:

a) $f(z) = z^2$,   b) $f(z) = \bar{z}$,   c) $f(z) = (\operatorname{Im} z + i\operatorname{Re} z)(1 + i)$,   d) $f(z) = \sqrt{z}$ (Hauptwert).

(Klausur-)Aufgabe 26.3.2

a) Man überprüfe, ob

    (i) $f(z) = e^{z + \bar{z}} \left(\cos(i(\bar{z} - z)) - i\sin(i(z - \bar{z})) \right)$

    (ii) $g(z) = z^2 + 2|z| + 1$

    holomorph (bzw. analytisch) auf ganz $\mathbb{C}$ ist.

b) Ist $\operatorname{Re}(z^2 + 1)$ harmonisch? (Mit Begründung!)

c) Man zeige, dass

$$v(x, y) = 4x^3y - 4xy^3 - 2xy$$

harmonisch ist und konstruiere eine zu v konjugiert harmonische Funktion $u(x, y)$, d.h. eine Funktion u, für die die Funktion $f(z) = u(x, y) + iv(x, y)$ mit $z = x + iy$ holomorph wird.

Aufgabe 26.3.3
Gegeben sei die durch $w = f(z) := z^2$ definierte konforme Abbildung.

a) In welche Kurven der w-Ebene gehen die Geraden der z-Ebene $c_1(t) = t + i$ und $c_2(t) = 1 + it$ mit $t \in \mathbb{R}$ unter f über?

b) Man überprüfe die Erhaltung der Winkel und der lokalen Längenverhältnisse im Schnittpunkt der Bildkurven aus a).

A.26.4   Komplexe Integration und Cauchyscher Hauptsatz

Aufgabe 26.4.1
Man berechne

a) $\oint\limits_c \operatorname{Im} z \, dz$, $c(\varphi) = e^{i\varphi}$, $0 \leq \varphi \leq 2\pi$,

b) $\int\limits_c z \, dz$, $c(t) = (i-1)t$, $0 \leq t \leq 1$,

c) $\int\limits_c z \, dz$, $c(t) = \begin{cases} -t & , \quad 0 \leq t \leq 1 \,, \\ -1 + (t-1)i & , \quad 1 \leq t \leq 2 \,, \end{cases}$

d) $\oint\limits_c \bar{z} \, dz$, $c(t) = \begin{cases} t & , \quad -1 \leq t \leq 1 \,, \\ e^{i\pi(t-1)} & , \quad 1 \leq t \leq 2 \,. \end{cases}$

Aufgabe 26.4.2

a) Man berechne $\int\limits_c \dfrac{1}{z} \, dz$ für $c(t) = 1 + t(i-1)$ mit $0 \leq t \leq 1$

(i) direkt und unter (ii) Verwendung einer Stammfunktion.

b) Mit Hilfe von a) berechne man (i) $\int\limits_0^1 \dfrac{1}{(t-1)^2 + t^2} \, dt$ und (ii) $\int\limits_0^1 \dfrac{2t-1}{(t-1)^2 + t^2} \, dt$.

Aufgabe 26.4.3
Man berechne direkt und mit Hilfe einer Stammfunktion

a) $\int\limits_c e^z \, dz$ für $c(t) = (1+i)t$ mit $0 \leq t \leq \dfrac{\pi}{2}$,

b) $\int\limits_c \dfrac{1}{z^2} \, dz$ für $c(t) = e^{it}$ mit $0 \leq t \leq \dfrac{\pi}{4}$,

c) $\int\limits_c \cos z \, dz$ für $c(t) = it$ mit $0 \leq t \leq 1$ und

d) $\int\limits_c z^3 + 1 \, dz$ für $c(t) = e^{it}$ mit $-\dfrac{\pi}{2} \leq t \leq \dfrac{\pi}{2}$.

A.26.5   Cauchysche Integralformel und Taylor-Entwicklung

Aufgabe 26.5.1
Man berechne die folgenden Kurvenintegrale gegebenenfalls unter Verwendung der Cauchyschen Integralformel. Die auftretenden Kurven sollen im mathematisch positiven Sinn durchlaufen werden.

a) $\displaystyle\oint_{c_{1/2}} \frac{e^{2z}}{(z-i)^4}\, dz$ für $c_1:\ |z-1|=\dfrac{\pi}{2}\,,$ $c_2:\ |z+2i|=2\,,$

b) $\displaystyle\oint_{c_{1/2/3}} \frac{z+3}{z^2-1}\, dz$ für $c_1:\ |z-1|=1.9\,,$ $c_2:\ |z-i|=1.5\,,$ $c_3:\ |z+1+i|=1.1\,,$

c) $\displaystyle\oint_{c_{1/2}} \frac{\sin^3 z}{(z-\pi/3)^2}\, dz$ für $c_1:\ |z|=1\,,$ $c_2:\ |z|=2\,,$

d) $\displaystyle\oint_{c} \frac{\ln z}{z^2+1}\, dz$ für $c:\ |z-1-i|=1.414\,,$

e) $\displaystyle\oint_{c} z^{17}\, dz$ für $c:\ |z-16+17i|=180\,.$

Aufgabe 26.5.2
Man bestimme die Konvergenzradien der Taylor-Reihen folgender gegebenenfalls stetig ergänzter Funktionen zu den Entwicklungspunkten z_0 und z_1, ohne die Reihen selbst zu berechnen:

a) $f(z) = \dfrac{z^3+8}{z^2-2z+2}\,,$ $z_0 = 0\,,$ $z_1 = -i\,,$

b) $f(z) = \dfrac{2z-\pi i}{\cosh z}\,,$ $z_0 = \dfrac{3\pi i}{4}\,,$ $z_1 = \pi\,,$

c) $f(z) = \dfrac{z-1}{\ln(z+2)}\,,$ $z_0 = 0\,,$ $z_1 = -2+2i\,.$

(Klausur-)Aufgabe 26.5.3
Man berechne die Taylor-Reihe um $z_0 = i$ von

$$f(z) = \int_i^z \frac{1}{3-\xi}\, d\xi$$

mit Konvergenzradius.

A.26.6   Laurent-Entwicklung und Singularitäten

Aufgabe 26.6.1
Man bestimme alle Taylor- und Laurent-Reihenentwicklungen der Funktion $f(z) = \dfrac{3z-2}{z^2-z}$ mit Konvergenzbereich zum Entwicklungspunkt a) $z_0 = -1$ und b) $z_0 = 1$.

(Klausur-)Aufgabe 26.6.2
Man bestimme zum Entwicklungspunkt $z_0 = 2$ diejenige Laurent-Reihe der Funktion

$$f(z) = \frac{1}{(z-1)(z-4)^2}\ ,$$

die im Punkt $(1+i)$ ausgewertet gegen $f(1+i)$ konvergiert.

Hinweis: Durch Differentiation der geometrischen Reihe erhält man die Identität

$$\frac{1}{(1-w)^2} = \sum_{k=0}^{\infty} (k+1)\, w^k \quad , \quad |w| < 1 \quad .$$

Aufgabe 26.6.3

Man bestimme die Laurent-Entwicklungen der folgenden Funktionen zum Entwicklungspunkt z_0, klassifiziere die Singularitäten und gebe Res $(f; z_0)$ an.

a) $f(z) = z\mathrm{e}^{1/(z+1)}$, $z_0 = -1$,   b) $f(z) = \dfrac{\cos z - 1 + z^2/2}{z^4}$, $z_0 = 0$ und

c) $f(z) = \dfrac{z - \sin(z + \pi)}{(z+\pi)^2}$, $z_0 = -\pi$.

(Klausur-)Aufgabe 26.6.4

Für festes $a > 0$ betrachte man die komplexe Funktion $f(z) = \dfrac{2z^3}{z^2 + a^2}$.

  a) Man gebe je eine Potenzreihenentwicklung von $f(z)$ zum Entwicklungspunkt $z_0 = 0$ an, die für $|z| < a$ bzw. $|z| > a$ konvergiert.

  b) Für $\rho > a$ berechne man $\displaystyle\oint_{|z|=\rho} f(z)\, dz$.

  c) Mit Hilfe von a) zeige man für $|z| < \dfrac{a}{2}$ die Abschätzung $|f(z)| < \dfrac{a}{3}$.

Aufgabe 26.6.5

Für die Funktionen

a) $f(z) = \dfrac{z}{z^3 + 1}$,   b) $f(z) = \dfrac{z - \sin z}{z^2}$,   c) $f(z) = z + \sin\dfrac{1}{z}$,   ,

d) $f(z) = \dfrac{z^2 + 1}{\sinh z}$ und   e) $f(z) = \dfrac{5z^4 + z^3 + 20z^2 + 7z}{z^2 + 4}$

bestimme und klassifiziere man alle endlichen Singularitäten und berechne die zugehörigen Residuen. Ferner gebe man die zum Entwicklungspunkt $z_0 = 0$ gehörige Laurent-Entwicklung an, die im Außengebiet konvergiert, und bestimme Res $(f; \infty)$.

(Klausur-)Aufgabe 26.6.6

Gegeben sei die Funktion $f : \mathbb{C} \to \mathbb{C}$ mit

$$f(z) = \frac{z + 25}{z^2 + z - 12} \quad .$$

  a) Für f berechne und klassifiziere man alle Singularitäten z_k.

  b) Man bestimme die Residuen von f an den Stellen z_k.

  c) Man berechne $\displaystyle\oint_{|z|=\pi} f(z)\, dz$.

  d) Mit Hilfe der Laurent-Reihenentwicklung berechne man die komplexe Partialbruchzerlegung von f.

A.26.7   Residuensatz mit Anwendungen

Aufgabe 26.7.1

Gegeben sei die Funktion

$$f(z) = \frac{20}{z^4 + 8z^3 + 20z^2 + 32z + 64} \quad .$$

a)   Man bestimme mit Hilfe von Laurent-Reihenentwicklungen die Partialbruchzerlegung von f.

b)   Man berechne mit Hilfe des Residuensatzes das Integral

$$\oint_c f(z)\,dz$$

für den Kreis $c:\ |z+4-2i|=5$.

Aufgabe 26.7.2

Man berechne folgende Integrale mit Hilfe des Residuensatzes:

a) $\displaystyle\oint_{c_{1/2}} \frac{z^2+2z-3}{(z-1)(z^2+1)^2}\,dz,\quad c_1:|z|=2,\quad c_2:|z+i|=1,$ positiv durchlaufen,

b) $\displaystyle\oint_c \frac{z}{\sin z}\,dz$ für $c(\phi)=2+3\mathrm{e}^{i\phi}\ \ 0\le\phi\le 4\pi$.

(Klausur-)Aufgabe 26.7.3

a)   Man klassifiziere alle Singularitäten von $f(z)=\dfrac{\mathrm{e}^{\pi z}}{z^2(z^2+1)(z^2+9)}$.

b)   Man berechne das mathematisch positiv durchlaufene Kurvenintegral $\displaystyle\oint_{|z|=2} f(z)\,dz$.

Aufgabe 26.7.4

Man berechne die folgenden Integrale mit Hilfe des Residuenkalküls:

a) $\displaystyle\int_0^{2\pi} \frac{\sin x}{2+\sin x}\,dx$ und   b) $\displaystyle\int_0^{\pi} \frac{\cos x}{3+\cos x}\,dx$.

Aufgabe 26.7.5

Gegeben sei die Funktion $f(z)=\dfrac{1}{z(\sqrt{z}-1)}$ mit dem Hauptzweig der Wurzelfunktion.

a)   Man bestimme die ersten vier Summanden der möglichen Laurent-Reihen von f zum Entwicklungspunkt $z_0=1$.

b)   Man klassifiziere alle Singularitäten von f.

c)   Man berechne $\displaystyle\int_{c_{1/2}} \frac{dz}{z\left(\sqrt{z}-1\right)}$ mit $c_1(t)=\dfrac{1}{2}+it,\quad c_2(t)=\dfrac{3}{2}+it$ für $t\in\mathbb{R}$.

Aufgabe 26.7.6

Man berechne mit Hilfe des Residuenkalküls das uneigentliche Integral $\displaystyle\int_{-\infty}^{\infty} \frac{dx}{x^8+1}$.

Aufgabe 26.7.7

a)   Man berechne mit Hilfe des Residuensatzes das Integral $\displaystyle\oint_c \frac{\mathrm{e}^{iz}}{z^4+16}\,dz$ für die geschlossene Kurve

     $c=c_r+g_r$ mit $r\ge 2.1$, wobei $c_r(\varphi)=r\mathrm{e}^{i\varphi}$, $0\le\varphi\le\pi$ und $g_r(x)=x$, $-r\le x\le r$.

b)   Unter Verwendung von a) berechne man das reelle uneigentliche Integral $\displaystyle\int_{-\infty}^{\infty} \frac{\cos x}{x^4+16}\,dx$.

Aufgabe 26.7.8

Man berechne mit Hilfe des Residuenkalküls die Integrale

a) $\displaystyle\int_{-\infty}^{\infty} \frac{x+2}{x^3 - x^2 + x - 1}\, dx,$ b) $\displaystyle\int_{-\infty}^{\infty} \frac{x\mathrm{e}^{2ix}}{x^2 + 2}\, dx,$ c) $\displaystyle\int_{0}^{\infty} \frac{x+1}{\sqrt{x}(x^2 + 1)}\, dx$ und   d) $\displaystyle\int_{-\infty}^{\infty} \frac{x^2}{x^4 + 1}\, dx.$

Aufgabe 26.7.9

a) Unter Verwendung des Residuensatzes berechne man das Integral $\displaystyle\oint_{c} \frac{1 - \mathrm{e}^{iz}}{z^2}\, dz$ für die geschlossene Kurve $c = c_1 + c_2 + c_3 + c_4$, wobei $r > 1$ und $c_1(x) = x,\ -r \le x \le -\dfrac{1}{r}$,

$c_2(\varphi) = \dfrac{1}{r}\mathrm{e}^{i\varphi},\ \pi \le \varphi \le 2\pi,$ $c_3(x) = x,\ \dfrac{1}{r} \le x \le r,$ $c_4(\varphi) = r\mathrm{e}^{i\varphi},\ 0 \le \varphi \le \pi.$

b) Unter Verwendung von a) berechne man das reelle uneigentliche Integral $\displaystyle\int_{0}^{\infty} \frac{1 - \cos x}{x^2}\, dx$.

(Klausur-)Aufgabe 26.7.10

Man berechne die folgenden Integrale unter Verwendung des Residuenkalküls

a) $\displaystyle\int_{0}^{\pi} \frac{2 - \cos\varphi}{2 + \cos\varphi}\, d\varphi$,   b) $\displaystyle\int_{0}^{\infty} \frac{x^2 - x}{x^{3/2}(x^3 - x^2 + 4x - 4)}\, dx$,   c) $\displaystyle\int_{-\infty}^{\infty} \frac{1}{x^2 + 2x + 10}\, dx$.

A.27 Integraltransformationen

A.27.1 Fourier-Transformation

Aufgabe 27.1.1

a) Man berechne die Fourier-Transformierte der folgenden Funktion:

$$f(t) = \begin{cases} 4 - t^2 & \text{für } -2 \le t \le 2\,, \\ 0 & \text{sonst}\,. \end{cases}$$

b) Unter Verwendung von a) löse man die Integralgleichung

$$\int_0^\infty G(\omega)\cos(t\omega)\,d\omega = \begin{cases} 4 - t^2 & \text{für } 0 \le t \le 2\,, \\ 0 & \text{für } t > 2\,. \end{cases}$$

Aufgabe 27.1.2
Unter Verwendung der inversen Fourier-Transformation berechne man für $c > 0$:

$$g(t) = \int_{-\infty}^{\infty} \frac{2c\cos(\omega t)}{c^2 + \omega^2}\,d\omega\,.$$

A.27.2 Laplace-Transformation

Aufgabe 27.2.1
Man bestimme die Laplace-Transformierten für die folgenden Funktionen:

a) $f(t) = 6\mathrm{e}^{4t}$,

b) $f(t) = t^9\mathrm{e}^{-t}$,

c) $f(t) = \mathrm{e}^{3t}\sinh(7t)$,

d) $f(t) = t\cosh(5t)$,

e) $f(t) = 10\sin(8t)\cos(2t)$,

f) $f(t) = \begin{cases} \cos t & \text{für } t < \pi\,, \\ -1 & \text{für } t \ge \pi\,. \end{cases}$

Aufgabe 27.2.2
Man berechne die Laplace-Transformierten der folgenden Funktionen

a) $f(t) = \sqrt{t}\,\mathrm{e}^t$,

b) $f(t) = |\sin t \cos t|$,

c) $f(t) = \cos^2 t$,

d) $f(t) = t^2\sin t$,

e) $f(t) = (7t)^{-2/3}$,

f) $f(t) = \begin{cases} 1 - |t - 3| & \text{für } 2 \le t \le 4\,, \\ 0 & \text{sonst}\,. \end{cases}$

Aufgabe 27.2.3
Für die folgenden Bildfunktionen der Laplace-Transformation bestimme man die Originalfunktionen:

a) $F(s) = \dfrac{s + 7}{s^2 + 4s + 3}$,

b) $F(s) = \dfrac{3s + 1}{s^2 + 2s + 10}$,

c) $F(s) = \left(\dfrac{s}{s^2 + 1}\right)^2$,

d) $F(s) = \dfrac{s + 1}{(s + 2)^3}$,

e) $F(s) = \dfrac{\mathrm{e}^{-2s}}{s + 3}$,

f) $F(s) = \ln\dfrac{s - 1}{s + 1}$.

Aufgabe 27.2.4
Man berechne die Originalfunktionen mit Hilfe des Residuensatzes zu folgenden Laplace-Transformierten:

a) $F(s) = \dfrac{1}{2s - 1}$,

b) $F(s) = \dfrac{1}{(s + 1)^2 + 3}$,

c) $F(s) = \dfrac{3s^2 + s + 1}{s^3 + s^2}$.

Aufgaben und Lösungen zu Mathematik für Ingenieure 2. 4. Auflage.
Rainer Ansorge, Hans Joachim Oberle, Kai Rothe, Thomas Sonar
© 2011 WILEY-VCH Verlag GmbH & Co. KGaA. Published 2011 by WILEY-VCH Verlag GmbH & Co. KGaA.

Aufgabe 27.2.5

Unter Verwendung des Faltungssatzes bestimme man

a) die Laplace-Transformierten der folgenden Funktionen:

$$\text{(i)}\quad f(t) = \int_0^t \sin(\omega\tau)\sinh\left(\omega(t-\tau)\right)d\tau\,,\quad \text{(ii)}\quad f(t) = \int_0^t e^\tau (t-\tau)^2\,d\tau\,,$$

b) die Originalfunktionen zu folgenden Laplace-Transformierten:

$$\text{(i)}\quad F(s) = \frac{s}{(s-1)(s^2+4)}\,,\quad \text{(ii)}\quad F(s) = \frac{1}{s^2+s-2}\,.$$

(Klausur-)Aufgabe 27.2.6

Man löse die folgende Randwertaufgabe mittels Laplace-Transformation:

$$\ddot{y}(t) + 2\dot{y}(t) + 5y(t) = 5,\qquad y(0) = 0\,,\quad y\left(\frac{\pi}{4}\right) = 1\,.$$

(Klausur-)Aufgabe 27.2.7

Man löse mit Hilfe der Laplace-Transformation:

a) $\dot{y}(t) + \displaystyle\int_0^t \tau\, y(t-\tau)\,d\tau = 3t\,,\qquad y(0) = 0\,,$

b) $\dot{y}(t) - 5y(t) = \cos t - 5\sin t\,,\qquad y(0) = 1\,.$

Aufgabe 27.2.8

Mit Hilfe der Laplace-Transformation löse man das folgende Anfangswertproblem:

$$\begin{aligned}
5\dot{u}(t) - 3u(t) - 4v(t) &= -3 - 4t \\
5\dot{v}(t) - 4u(t) + 3v(t) &= 1 + 3t
\end{aligned}\qquad \text{mit } u(0) = 4 \text{ und } v(0) = -1\,.$$

L.17 Differentialrechnung mehrerer Variabler

L.17.1 Partielle Ableitungen

Lösung 17.1.1

a) $\operatorname{grad} f(x,y) = (2,3)$,

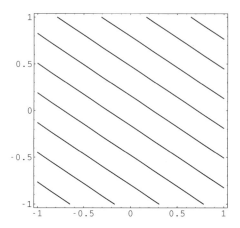

Bild 17.1.1 a) Höhenlinien von $f(x,y) = 2x + 3y$

b) $\operatorname{grad} f(x,y) = \left(\dfrac{x}{\sqrt{x^2+y^2}}, \dfrac{y}{\sqrt{x^2+y^2}} \right)$,

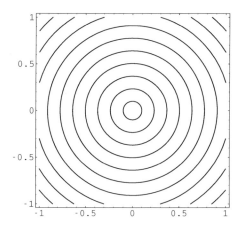

Bild 17.1.1 b) Höhenlinien von $f(x,y) = \sqrt{x^2+y^2}$

c) $\operatorname{grad} f(x,y) = \left(\dfrac{2xy^4}{1+x^2y^4}, \dfrac{x^2 4y^3}{1+x^2y^4} \right)$,

Aufgaben und Lösungen zu Mathematik für Ingenieure 2. 4. Auflage.
Rainer Ansorge, Hans Joachim Oberle, Kai Rothe, Thomas Sonar
© 2011 WILEY-VCH Verlag GmbH & Co. KGaA. Published 2011 by WILEY-VCH Verlag GmbH & Co. KGaA.

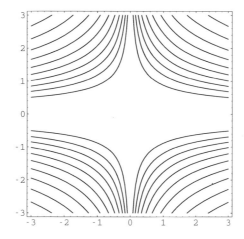

Bild 17.1.1 c)   Höhenlinien von $f(x,y) = \ln(1 + x^2 y^4)$

d) $\operatorname{grad} f(x,y) = (-3\sin y, -3x\cos y)$.

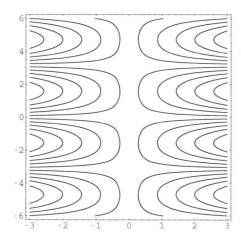

Bild 17.1.1 d)   Höhenlinien von $f(x,y) = 8 - 3x\sin y$

Lösung 17.1.2

a) $D_f = \mathbb{R}^2 \backslash \{\mathbb{R} \times \{0\}\}$, $f_x(x,y) = \dfrac{1}{y}$, $f_y(x,y) = -\dfrac{x}{y^2}$,

$f_{xx}(x,y) = 0$, $f_{xy}(x,y) = f_{yx}(x,y) = -\dfrac{1}{y^2}$, $f_{yy}(x,y) = \dfrac{2x}{y^3}$,

$D_g = \mathbb{R}^2 \backslash \{(0,0)\}$, $g_x(x,y) = \dfrac{2x}{x^2 + y^2}$, $g_y(x,y) = \dfrac{2y}{x^2 + y^2}$,

$g_{xx}(x,y) = \dfrac{2(y^2 - x^2)}{(x^2 + y^2)^2}$, $g_{xy}(x,y) = g_{yx}(x,y) = -\dfrac{4xy}{(x^2 + y^2)^2}$, $g_{yy}(x,y) = \dfrac{2(x^2 - y^2)}{(x^2 + y^2)^2}$

b)   Für f: $z = -\dfrac{1}{2} + \dfrac{1}{2}(x+1) + \dfrac{1}{4}(y-2)$.   Für g: $z = \ln 5 - \dfrac{2}{5}(x+1) + \dfrac{4}{5}(y-2)$.

Lösung 17.1.3

a) $f(x,y) = 2x + \mathrm{e}^{x+2y}$, $f_x(x,y) = 2 + \mathrm{e}^{x+2y}$, $f_y(x,y) = 2\mathrm{e}^{x+2y}$,

$f_{xx}(x,y) = \mathrm{e}^{x+2y}$, $f_{xy}(x,y) = 2\mathrm{e}^{x+2y}$, $f_{yy}(x,y) = 4\mathrm{e}^{x+2y}$,

$$f_{xxx}(x,y) = \mathrm{e}^{x+2y}\,, \quad f_{xxy}(x,y) = 2\mathrm{e}^{x+2y}\,,$$
$$f_{xyy}(x,y) = 4\mathrm{e}^{x+2y}\,, \quad f_{yyy}(x,y) = 8\mathrm{e}^{x+2y}$$

b) $f(1,-1/2) = 2 + \mathrm{e}^0 = 3\,, \quad f_x(1,-1/2) = 2 + \mathrm{e}^0 = 3\,,$

$f_y(1,-1/2) = 2\mathrm{e}^0 = 2$

Tangentialebene : $z = 3 + 3(x-1) + 2(y + 1/2)$

c) Es ist $f(0,0) = 1$. Damit wird die Höhenlinie im Punkt $(0,0)$ beschrieben durch die implizite Gleichung $1 = f(x,y(x)) = 2x + \mathrm{e}^{x+2y(x)}$. Man erhält durch Auflösen $y(x) = (\ln(1 - 2x) - x)/2$.

Eine die Höhenlinie parametrisierende Kurve ist daher gegeben durch

$$\mathbf{c}(x) = \begin{pmatrix} x \\ y(x) \end{pmatrix} = \begin{pmatrix} x \\ (\ln(1-2x) - x)/2 \end{pmatrix}\,.$$

d) $\mathrm{grad}f(0,0) = (f_x(0,0), f_y(0,0)) = (3,2)$

Tangentialrichtung der Höhenlinie:

$$\mathbf{c}'(x) = \begin{pmatrix} 1 \\ \dfrac{-1}{1-2x} - \dfrac{1}{2} \end{pmatrix} \quad \Rightarrow \quad \mathbf{c}'(0) = \begin{pmatrix} 1 \\ -\dfrac{3}{2} \end{pmatrix}$$

$$\cos\alpha = \frac{\mathrm{grad}f(0,0) \cdot \mathbf{c}'(0)}{\|\mathrm{grad}f(0,0)\|_2\, \|\mathbf{c}'(0)\|_2} = 0 \quad \Rightarrow \quad \alpha = 90°$$

Lösung 17.1.4

a) $f(1,1) = 1^2 + 1^2 = 2,$ damit ist die Höhenlinie gegeben durch

(i) $f(x,y) = x^2 + y^2 = 2$ (implizite Darstellung)

(ii) $y(x) = \sqrt{2 - x^2}$, wegen $y(1) = 1 > 0$
(Darstellung als Funktion)

(iii) $\mathbf{c}(x) = (x, \sqrt{2 - x^2})^T$ (Darstellung als Kurve).

b) $\mathrm{grad}\, f(x,y) = (2x, 2y) \quad \Rightarrow \quad \mathrm{grad}\, f(1,1) = (2,2)$

c) $\mathbf{c}'(x) = \begin{pmatrix} 1 \\ \dfrac{-x}{\sqrt{2 - x^2}} \end{pmatrix} \quad \Rightarrow \quad \mathbf{c}'(1) = \begin{pmatrix} 1 \\ -1 \end{pmatrix}$

$\Rightarrow \quad \mathrm{grad}\, f(1,1) \cdot \mathbf{c}'(1) = 0$

d)

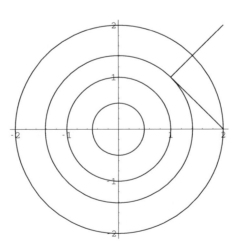

Bild 17.1.4 Höhenlinien von $f(x,y) = x^2 + y^2$ mit Gradient
und Tangentialvektor in $(1,1)$

Lösung 17.1.5

a) $f(x,y) = y\sqrt{2x^2 + y^2}$,

für $(x,y) \neq (0,0)$ gilt:

$$f_x(x,y) = \frac{2xy}{\sqrt{2x^2 + y^2}} , \qquad f_y(x,y) = \frac{2(x^2 + y^2)}{\sqrt{2x^2 + y^2}} ;$$

für $(x,y) = (0,0)$ gilt:

$$f_x(0,0) = \lim_{h \to 0} \frac{f(h,0) - f(0,0)}{h} = \lim_{h \to 0} \frac{0 - 0}{h} = 0 ,$$

$$f_y(0,0) = \lim_{h \to 0} \frac{f(0,h) - f(0,0)}{h} = 0 = \lim_{h \to 0} \frac{h\sqrt{h^2} - 0}{h} = 0$$

b)   Es muss nur noch die Stetigkeit von f_x und f_y im Nullpunkt überprüft werden.

Nebenrechnung: Es gilt $|2xy| \leq x^2 + y^2$, denn

$$0 \leq (x + y)^2 \Rightarrow -2xy \leq x^2 + y^2 \quad \text{und} \quad 0 \leq (x - y)^2 \Rightarrow 2xy \leq x^2 + y^2 .$$

Damit erhält man

$$0 \leq \lim_{(x,y) \to (0,0)} |f_x(x,y)| = \lim_{(x,y) \to (0,0)} \left| \frac{2xy}{\sqrt{2x^2 + y^2}} \right| \leq \lim_{(x,y) \to (0,0)} \frac{x^2 + y^2}{\sqrt{2x^2 + y^2}}$$

$$\leq \lim_{(x,y) \to (0,0)} \frac{x^2 + y^2}{\sqrt{x^2 + y^2}} = 0$$

$$0 \leq \lim_{(x,y) \to (0,0)} f_y(x,y) = \lim_{(x,y) \to (0,0)} \frac{2(x^2 + y^2)}{\sqrt{2x^2 + y^2}}$$

$$\leq \lim_{(x,y) \to (0,0)} \frac{2(x^2 + y^2)}{\sqrt{x^2 + y^2}} = 0 .$$

Damit sind f_x und f_y auf ganz $\mathbb{R}^2$ stetig, d.h. f ist C^1-Funktion.

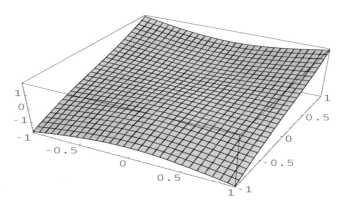

Bild 17.1.5 $f(x,y) = y\sqrt{2x^2 + y^2}$ in $[-1,1] \times [-1,1]$

c)   Für $(x,y) \neq (0,0)$ gilt:

$$f_{xy}(x,y) = \frac{\partial}{\partial y}\left(\frac{2xy}{\sqrt{2x^2 + y^2}} \right) = \frac{4x^3}{(2x^2 + y^2)^{3/2}} ,$$

$$f_{yx}(x,y) = \frac{\partial}{\partial x}\left(\frac{2(x^2 + y^2)}{\sqrt{2x^2 + y^2}} \right) = \frac{4x^3}{(2x^2 + y^2)^{3/2}} .$$

Für $(x,y) = (0,0)$ gilt:

$$f_{xy}(0,0) = \lim_{h \to 0} \frac{f_x(0,h) - f_x(0,0)}{h} = \lim_{h \to 0} \frac{0-0}{h} = 0\,.$$

Der Grenzwert $\lim_{h \to 0} \dfrac{f_y(h,0) - f_y(0,0)}{h} = \lim_{h \to 0} \dfrac{2h}{\sqrt{2h^2}}$ existiert nicht, denn für $h = 1/n$ bzw. $h = -1/n$ ergeben sich die unterschiedlichen Grenzwerte $\sqrt{2}$ bzw. $-\sqrt{2}$.

Damit ist f_{xy} auf ganz $\mathbb{R}^2$ definiert, f_{yx} jedoch nur auf $\mathbb{R}^2 \backslash \mathbf{0}$.

Lösung 17.1.6

a) Man betrachte die Nullfolge $\left(\dfrac{1}{k^3}, \dfrac{1}{k} \right)$ mit $k \in \mathbb{N}$. Dann gilt

$$\lim_{k \to \infty} f\left(\frac{1}{k^3}, \frac{1}{k} \right) = \lim_{k \to \infty} \frac{2/k^6}{2/k^6} = 1 \neq 0\,.$$

Die Funktion ist im Nullpunkt daher nicht stetig. $f(x,y) = \dfrac{2xy^3}{x^2 + y^6}$ ist im Nullpunkt auch nicht stetig ergänzbar, denn für die Nullfolge $\left(-\dfrac{1}{k^3}, \dfrac{1}{k} \right)$ mit $k \in \mathbb{N}$ gilt

$$\lim_{k \to \infty} f\left(-\frac{1}{k^3}, \frac{1}{k} \right) = \lim_{k \to \infty} \frac{-2/k^6}{2/k^6} = -1\,.$$

b)

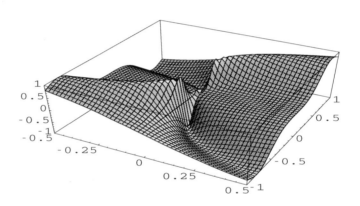

Bild 17.1.6 $f(x,y) = \dfrac{2xy^3}{x^2 + y^6}$

c) Für $\mathbf{x}_0 = (x,y) \neq (0,0)$ sind die partiellen Ableitungen

$$f_x(x,y) = \frac{2y^3(y^6 - x^2)}{(x^2 + y^6)^2}\,, \qquad f_y(x,y) = \frac{6xy^2(x^2 - y^6)}{(x^2 + y^6)^2}$$

stetig und man erhält die Ableitung in Richtung $\mathbf{v} = (u,v)^T$ durch:

$$D_{\mathbf{V}} f(\mathbf{x}_0) = \operatorname{grad} f(\mathbf{x}_0)\mathbf{v}\,.$$

Für $\mathbf{x}_0 = (0,0)$ gilt:

$$D_{\mathbf{V}} f(\mathbf{x}_0) = \lim_{t \to 0} \frac{f(tv, tu) - f(0,0)}{t} = \lim_{t \to 0} \frac{2t^4 uv^3}{t(t^2 u^2 + t^6 v^6)} = \lim_{t \to 0} \frac{2tuv^3}{u^2 + t^4 v^6} = 0$$

d) Auf der Kurve $x = 2y^3$ ergibt sich für die partielle Ableitung nach y:

$$\lim_{y \to 0} f_y\left(2y^3, y\right) = \lim_{y \to 0} \frac{12y^3 y^2 (4y^6 - y^6)}{(4y^6 + y^6)^2} = \lim_{y \to 0} \frac{36}{25y} = \infty$$

Entsprechend kann man nachweisen, dass auch für f_x der Grenzwert $(x,y) \to (0,0)$ nicht existiert. Daher sind alle Richtungsableitungen in $(0,0)$ unstetig.

L.17.2   Differentialoperatoren

Lösung 17.2.1

a) $\operatorname{div} \mathbf{U} \;=\; u_x + v_y + w_z \;=\; \cos(x+y+z) - \sin(x+y+z)\,,$

$$\begin{aligned}
\operatorname{rot} \mathbf{U} &= (w_y - v_z, u_z - w_x, v_x - u_y)\\
&= (\sin(x+y+z), \cos(x+y+z), -\sin(x+y+z) - \cos(x+y+z))^T\,,
\end{aligned}$$

b) $\operatorname{div} \mathbf{U} \;=\; 0\,, \qquad \operatorname{rot} \mathbf{U} \;=\; (2y-2z, 2z-2x, 2x-2y)^T\,,$

c) $\operatorname{div} \mathbf{U} \;=\; -\dfrac{1}{x^2} - \dfrac{1}{y^2} - \dfrac{1}{z^2}\,, \qquad \operatorname{rot} \mathbf{U} \;=\; \mathbf{0}\,,$

d) $\operatorname{div} \mathbf{U} \;=\; 0\,, \qquad \operatorname{rot} \mathbf{U} \;=\; \mathbf{0}$

Lösung 17.2.2

a) $\operatorname{div} \mathbf{f} = f_{1x} + f_{2y} + f_{3z} = 2\cosh y + x^2\cosh y - z^3\cos y + 6z\cos y$

$$\operatorname{rot} \mathbf{f} = \begin{pmatrix} \dfrac{\partial f_3}{\partial x_2} - \dfrac{\partial f_2}{\partial x_3} \\[2mm] \dfrac{\partial f_1}{\partial x_3} - \dfrac{\partial f_3}{\partial x_1} \\[2mm] \dfrac{\partial f_2}{\partial x_1} - \dfrac{\partial f_1}{\partial x_2} \end{pmatrix} = \begin{pmatrix} -3z^2\sin y - (-3z^2\sin y) \\ 1 - 1 \\ 2x\sinh y - 2x\sinh y \end{pmatrix} = \mathbf{0}$$

b) (i) $\mathbf{g}(x,y) = (u(x,y), v(x,y))^T = (1, 2x)^T$

$\operatorname{div} \mathbf{g} = u_x + v_y = 0\,, \qquad \operatorname{rot} \mathbf{g} = v_x - u_y = 2 - 0 = 2$

(ii)

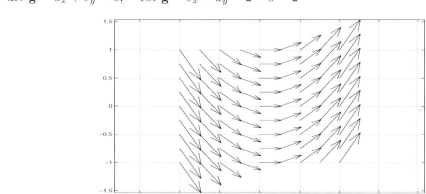

Bild 17.2.2 b) (i)   Vektorfeld $\mathbf{g}(x,y) = (1, 2x)^T$

Stromlinien sind die Kurven $\mathbf{c}(t) = (x(t), y(t))^T$, deren Tangentialvektoren durch das Vektorfeld $\mathbf{g}$ gegeben sind

$$\begin{pmatrix} \dot{x}(t) \\ \dot{y}(t) \end{pmatrix} = \mathbf{g}(x(t), y(t)) = \begin{pmatrix} u(x(t), y(t)) \\ v(x(t), y(t)) \end{pmatrix} = \begin{pmatrix} 1 \\ 2x(t) \end{pmatrix}$$

$$\Rightarrow \quad \mathbf{c}(t) = \begin{pmatrix} x(t) \\ y(t) \end{pmatrix} = \begin{pmatrix} t + a \\ (t+a)^2 + b \end{pmatrix} \quad (x(0) = 0 \Rightarrow a = 0)$$

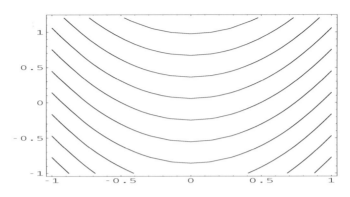

Bild 17.2.2 b) (ii) Stromlinien $\mathbf{c}(t) = (t, t^2 + b)^T$, $b \in \mathbb{R}$

Lösung 17.2.3

a) $\mathbf{f}(x, y, z) = (\lambda x^2 + xz, -xy - yz - \lambda y^2, yz)^T = (f_1(x, y, z), f_2(x, y, z), f_3(x, y, z))^T$

$$\text{rot } \mathbf{f} = \left(\frac{\partial f_3}{\partial y} - \frac{\partial f_2}{\partial z}, \frac{\partial f_1}{\partial z} - \frac{\partial f_3}{\partial x}, \frac{\partial f_2}{\partial x} - \frac{\partial f_1}{\partial y} \right)^T$$

$$= (z - y, x, -y)^T \neq \mathbf{0}.$$

Damit ist $\mathbf{f}$ für keinen Parameter λ wirbelfrei.

$$\text{div } \mathbf{f} = \frac{\partial f_1}{\partial x} + \frac{\partial f_2}{\partial y} + \frac{\partial f_3}{\partial z} = 2\lambda x + z - x - z - 2\lambda y + y$$

$$= (2\lambda - 1)x - (2\lambda - 1)y = (2\lambda - 1)(x - y) \overset{!}{=} 0.$$

Damit ist $\mathbf{f}$ für den Parameter $\lambda = \dfrac{1}{2}$ quellenfrei.

b) $\text{div}(\text{grad } f) = \text{div} \left(\dfrac{\partial f}{\partial x}, \dfrac{\partial f}{\partial y}, \dfrac{\partial f}{\partial z} \right) = \dfrac{\partial^2 f}{\partial x^2} + \dfrac{\partial^2 f}{\partial y^2} + \dfrac{\partial^2 f}{\partial z^2} = \Delta f.$

Für $f(x, y, z) = x^2 + y^2 + z^2$ gilt $\text{div}(\text{grad } f) = 2 + 2 + 2 = 6 \neq 0$.

Lösung 17.2.4

a) $u(x, t) = \mathrm{e}^{-t} \sin \dfrac{x}{\sqrt{k}} \quad \Rightarrow \quad u_t(x, t) = -\mathrm{e}^{-t} \sin \dfrac{x}{\sqrt{k}}, \quad u_{xx}(x, t) = -\dfrac{1}{k} \mathrm{e}^{-t} \sin \dfrac{x}{\sqrt{k}}$

$$\Rightarrow \quad \Delta u - \frac{1}{k} u_t = u_{xx} - \frac{1}{k} u_t = 0.$$

b) $u(r, t) = \dfrac{1}{r} \sin(r - ct) \quad \Rightarrow \quad u_{tt}(r, t) = -\dfrac{c^2}{r} \sin(r - ct),$

$$u_r(r, t) = -\frac{1}{r^2} \sin(r - ct) + \frac{1}{r} \cos(r - ct),$$

$$u_{rr}(r, t) = \frac{2}{r^3} \sin(r - ct) - \frac{2}{r^2} \cos(r - ct) - \frac{1}{r} \sin(r - ct)$$

$$\Rightarrow \quad \Delta u - \frac{1}{c^2} u_{tt} = u_{rr} + \frac{2}{r} u_r - \frac{1}{c^2} u_{tt} = 0$$

Lösung 17.2.5

a) $u(x, t) = 3 \ln(x + ct) - 5 \tan(x - ct),$

$$u_t(x, t) = \frac{3c}{x + ct} + \frac{5c}{\cos^2(x - ct)}, \quad u_x(x, t) = \frac{3}{x + ct} - \frac{5}{\cos^2(x - ct)},$$

$$u_{tt}(x, t) = -\frac{3c^2}{(x + ct)^2} - \frac{10c^2 \sin(x - ct)}{\cos^3(x - ct)},$$

$$u_{xx}(x,t) = -\frac{3}{(x+ct)^2} - \frac{10\sin(x-ct)}{\cos^3(x-ct)} \; ,$$

Damit löst u die Wellengleichung $u_{tt} = c^2 \Delta u$.

b) $u(x,y) = e^y \cos x + a + bx + cy + dxy \; ,$

$\quad u_x(x,y) = -e^y \sin x + b + dy \; , \quad u_y(x,y) = e^y \cos x + c + dx \; ,$

$\quad u_{xx}(x,y) = -e^y \cos x \; , \quad u_{yy}(x,y) = e^y \cos x \; .$

Damit löst u die Laplace-Gleichung $\Delta u = u_{xx} + u_{yy} = 0 \; .$

L.17.3   Das vollständige Differential

Lösung 17.3.1

a)   direkt:

$$\operatorname{grad} f(x,y) \quad = \operatorname{grad} \sin(x^2+y^2) = (2x\cos(x^2+y^2), 2y\cos(x^2+y^2))$$

$$= \cos(x^2+y^2)(2x, 2y)$$

Kettenregel: mit $f_2(u) = \sin u$ und $f_1(x,y) = x^2 + y^2$ gilt

$$\operatorname{grad} f(x,y) \quad = \mathbf{J}(f_2 \circ f_1)(x,y) = \mathbf{J}f_2(f_1(x,y)) \cdot \mathbf{J}f_1(x,y)$$

$$= f_2'(f_1(x,y)) \cdot \operatorname{grad} f_1(x,y) = \cos(x^2+y^2)(2x, 2y)$$

b)   direkt:

$$\mathbf{J}g(t) \quad = \mathbf{J}\begin{pmatrix} \sin t \cos t \\ \sin^3 t \\ \cos^2 t \end{pmatrix} = \begin{pmatrix} \cos^2 t - \sin^2 t \\ 3\sin^2 t \cos t \\ -2\cos t \sin t \end{pmatrix}$$

Kettenregel: mit $\mathbf{g}_2(x,y) = \begin{pmatrix} xy \\ x^3 \\ y^2 \end{pmatrix}$ und $\mathbf{g}_1(t) = \begin{pmatrix} \sin t \\ \cos t \end{pmatrix}$ gilt

$$\mathbf{J}g(t) \quad = \mathbf{J}(\mathbf{g}_2 \circ \mathbf{g}_1)(t) = \mathbf{J}\mathbf{g}_2(\mathbf{g}_1(t)) \cdot \mathbf{J}\mathbf{g}_1(t)$$

$$= \begin{pmatrix} \cos t & \sin t \\ 3\sin^2 t & 0 \\ 0 & 2\cos t \end{pmatrix} \begin{pmatrix} \cos t \\ -\sin t \end{pmatrix} = \begin{pmatrix} \cos^2 t - \sin^2 t \\ 3\sin^2 t \cos t \\ -2\cos t \sin t \end{pmatrix}$$

c)   direkt:

$$\mathbf{J}h(u,v) \quad = \mathbf{J}\left(3uv(u+v)^2 + 2u^2v^2 - (u+v)\right)$$

$$= \begin{pmatrix} 3v(u+v)^2 + 6uv(u+v) + 4uv^2 - 1 \\ 3u(u+v)^2 + 6uv(u+v) + 4u^2v - 1 \end{pmatrix}$$

Kettenregel: mit $h_2(x,y) = 3xy^2 + 2x^2 - y$ und $\mathbf{h}_1(u,v) = \begin{pmatrix} uv \\ u+v \end{pmatrix}$ gilt

$$\mathbf{J}h(u,v) \quad = \mathbf{J}(h_2 \circ \mathbf{h}_1)(u,v) = \mathbf{J}h_2(\mathbf{h}_1(u,v)) \cdot \mathbf{J}\mathbf{h}_1(u,v)$$

$$= (3(u+v)^2 + 4uv \, , \, 6uv(u+v) - 1) \begin{pmatrix} v & u \\ 1 & 1 \end{pmatrix}$$

$$= \begin{pmatrix} 3v(u+v)^2 + 6uv(u+v) + 4uv^2 - 1 \\ 3u(u+v)^2 + 6uv(u+v) + 4u^2v - 1 \end{pmatrix}$$

d)   direkt: $\mathbf{Jp}(u,v) = \mathbf{J}\begin{pmatrix} uv^2\sin u \\ u^2v^7\sin u \end{pmatrix} = \begin{pmatrix} v^2(\sin u + u\cos u) & 2uv\sin u \\ v^7(2u\sin u + u^2\cos u) & 7u^2v^6\sin u \end{pmatrix}$

Kettenregel: mit $\mathbf{p}_2(x,y,z) = \begin{pmatrix} xz \\ x^2y^2z \end{pmatrix}$ und $\mathbf{p}_1(u,v) = \begin{pmatrix} uv \\ v^2 \\ v\sin u \end{pmatrix}$ gilt

$\mathbf{Jp}(u,v) = \mathbf{J}(\mathbf{p}_2 \circ \mathbf{p}_1)(u,v) = \mathbf{Jp}_2(\mathbf{p}_1(u,v)) \cdot \mathbf{Jp}_1(u,v)$

$$= \begin{pmatrix} v\sin u & 0 & uv \\ 2uv^6\sin u & 2u^2v^5\sin u & u^2v^6 \end{pmatrix} \begin{pmatrix} v & u \\ 0 & 2v \\ v\cos u & \sin u \end{pmatrix}$$

$$= \begin{pmatrix} v^2(\sin u + u\cos u) & 2uv\sin u \\ v^7(2u\sin u + u^2\cos u) & 7u^2v^6\sin u \end{pmatrix}$$

Lösung 17.3.2

a)   Kettenregel: $\operatorname{grad} f(x,y) = \mathbf{J}(f_2 \circ f_1)(x,y) = \mathbf{J}f_2(f_1(x,y)) \cdot \mathbf{J}f_1(x,y)$

$$= f_2'(f_1(x,y)) \cdot \operatorname{grad} f_1(x,y) = e^{xy}(y,x)$$

direkt: $\operatorname{grad} f(x,y) = \operatorname{grad} e^{xy} = (ye^{xy}, xe^{xy}) = e^{xy}(y,x)$

b)   Kettenregel: $\mathbf{Jg}(x,y,z) = \mathbf{J}(\mathbf{g}_2 \circ \mathbf{g}_1)(x,y,z) = \mathbf{Jg}_2(\mathbf{g}_1(x,y,z)) \cdot \mathbf{Jg}_1(x,y,z)$

$$= \begin{pmatrix} y+z & x+y \\ 1 & 1 \\ \cos(x+2y+z) & \cos(x+2y+z) \end{pmatrix} \begin{pmatrix} 1 & 1 & 0 \\ 0 & 1 & 1 \end{pmatrix}$$

$$= \begin{pmatrix} y+z & x+2y+z & x+y \\ 1 & 2 & 1 \\ \cos(x+2y+z) & 2\cos(x+2y+z) & \cos(x+2y+z) \end{pmatrix}$$

direkt: $\mathbf{Jg}(x,y,z) = \mathbf{J}\begin{pmatrix} xy + xz + yz + y^2 \\ x+2y+z \\ \sin(x+2y+z) \end{pmatrix}$

$$= \begin{pmatrix} y+z & x+2y+z & x+y \\ 1 & 2 & 1 \\ \cos(x+2y+z) & 2\cos(x+2y+z) & \cos(x+2y+z) \end{pmatrix}$$

c)   Kettenregel: $h'(t) = \mathbf{J}(h_2 \circ \mathbf{h}_1)(t) = \mathbf{J}h_2(\mathbf{h}_1(t)) \cdot \mathbf{Jh}_1(t)$

$$= \operatorname{grad} h_2(\mathbf{h}_1(t)) \cdot \mathbf{h}_1'(t) = (2\cos t, 2\sin t)\begin{pmatrix} -\sin t \\ \cos t \end{pmatrix} = 0$$

direkt: $h'(t) = (\cos^2 t + \sin^2 t)' = (1)' = 0$

Lösung 17.3.3

Unter Verwendung der linearen Fehlerrechnung erhält man

$$\Delta V \approx \frac{\partial V}{\partial r}\Delta r + \frac{\partial V}{\partial R}\Delta R + \frac{\partial V}{\partial h}\Delta h$$

$$\Rightarrow \quad \frac{\Delta V}{V} \approx \frac{r}{V} \cdot \frac{\partial V}{\partial r} \cdot \frac{\Delta r}{r} + \frac{R}{V} \cdot \frac{\partial V}{\partial R} \cdot \frac{\Delta R}{R} + \frac{h}{V} \cdot \frac{\partial V}{\partial h} \cdot \frac{\Delta h}{h}$$

Mit $\left|\dfrac{\Delta r}{r}\right| = \left|\dfrac{\Delta R}{R}\right| = \left|\dfrac{\Delta h}{h}\right| = 0.5\% = 0.005$ folgt

$$\left|\frac{\Delta V}{V}\right| \;\lesssim\; \left|\frac{r}{V}\right|\cdot\left|\frac{\partial V}{\partial r}\right|\cdot\left|\frac{\Delta r}{r}\right| + \left|\frac{R}{V}\right|\cdot\left|\frac{\partial V}{\partial R}\right|\cdot\left|\frac{\Delta R}{R}\right| + \left|\frac{h}{V}\right|\cdot\left|\frac{\partial V}{\partial h}\right|\cdot\left|\frac{\Delta h}{h}\right|$$

$$= \frac{0.005}{V}\left(r\cdot\left|\frac{\partial V}{\partial r}\right| + R\cdot\left|\frac{\partial V}{\partial R}\right| + h\cdot\left|\frac{\partial V}{\partial h}\right|\right)$$

$$= \frac{0.005}{V}\cdot\left(\frac{r\pi h(2r+R)}{3} + \frac{R\pi h(2R+r)}{3} + \frac{h\pi(R^2+r^2+rR)}{3}\right)$$

$$= \frac{0.005}{V}\cdot\frac{\pi h(2r^2+rR+2R^2+rR+R^2+r^2+rR)}{3}$$

$$= \frac{0.005}{V}\cdot\frac{3\pi h(R^2+r^2+rR)}{3} = \frac{0.005\cdot 3V}{V} = 0.015 = 1.5\%$$

Damit kann die Werkstatt die Genauigkeitsanforderungen bzgl. des Volumens nicht garantieren.

Lösung 17.3.4

a) $f(\mathbf{x}) = \dfrac{1}{2}\mathbf{x}^T\mathbf{A}\mathbf{x} - \mathbf{b}^T\mathbf{x} + c = \dfrac{1}{2}\sum_{i,j=1}^{n} x_i a_{ij} x_j - \sum_{i=1}^{n} b_i x_i + c$

$\Rightarrow \quad \dfrac{\partial f(\mathbf{x})}{\partial x_k} = \dfrac{1}{2}\left(\sum_{j=1}^{n} a_{kj}x_j + \sum_{i=1}^{n} x_i a_{ik}\right) - b_k = \sum_{j=1}^{n} a_{kj}x_j - b_k \quad \Rightarrow \quad \nabla f(\mathbf{x}) = \mathbf{A}\mathbf{x} - \mathbf{b}\,.$

b) $\Phi(\alpha) = f(\mathbf{x}+\alpha\mathbf{s}) \quad \Rightarrow \quad \Phi'(\alpha) = \nabla f(\mathbf{x}+\alpha\mathbf{s})^T\mathbf{s} = \alpha(\mathbf{s}^T\mathbf{A}\mathbf{s}) + \mathbf{s}^T(\mathbf{A}\mathbf{x}-\mathbf{b})$

   Φ' ist eine affin lineare Funktion mit positivem höchsten Koeffizienten $\mathbf{s}^T\mathbf{A}\mathbf{s} > 0$. Also ist $\Phi(\alpha)$ eine nach oben geöffnete Parabel und besitzt daher ein eindeutig bestimmtes Minimum in α^* mit $\Phi'(\alpha^*) = 0$

$$\Rightarrow \quad \alpha^* = -\frac{\mathbf{s}^T(\mathbf{A}\mathbf{x}-\mathbf{b})}{\mathbf{s}^T\mathbf{A}\mathbf{s}}\,.$$

c) Man wählt speziell $\quad \mathbf{s} := -\nabla f(\mathbf{x}) = -(\mathbf{A}\mathbf{x}-\mathbf{b}) =: \mathbf{g}$

$$\Rightarrow \quad \mathbf{x}_{k+1} = \mathbf{x}_k + \alpha_k^*\mathbf{s}_k = \mathbf{x}_k - \frac{\mathbf{s}_k^T(\mathbf{A}\mathbf{x}_k-\mathbf{b})}{\mathbf{s}_k^T\mathbf{A}\mathbf{s}_k}(-\mathbf{g}_k) = \mathbf{x}_k - \frac{\mathbf{g}_k^T\mathbf{g}_k}{\mathbf{g}_k^T\mathbf{A}\mathbf{g}_k}\,\mathbf{g}_k\,.$$

Lösung 17.3.5

a) $f(x,y) = x^2 + 2y^2 = (x,y)\begin{pmatrix} 1 & 0 \\ 0 & 2 \end{pmatrix}\begin{pmatrix} x \\ y \end{pmatrix}$

   $\mathbf{A}$ besitzt die positiven Eigenwerte $\lambda_1 = 1$ und $\lambda_2 = 2$ und ist damit positiv definit. Die Funktion f besitzt also ein Minimum, und zwar im Punkt $(0,0)$.

b)

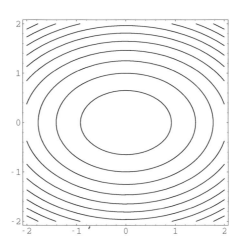

Bild 17.3.5   Höhenlinien von $f(x,y) = x^2 + 2y^2$

c) $\mathbf{g}^T = \operatorname{grad} f(x,y) = (2x, 4y)$

$\mathbf{x}_0 = \begin{pmatrix} 1 \\ 1 \end{pmatrix} \quad \Rightarrow \quad \mathbf{g}_0 = \begin{pmatrix} 2 \\ 4 \end{pmatrix}$

$\mathbf{x}_1 = \mathbf{x}_0 - \dfrac{\mathbf{g}_0^T \mathbf{g}_0}{\mathbf{g}_0^T \mathbf{A} \mathbf{g}_0}\, \mathbf{g}_0 = \begin{pmatrix} 1 \\ 1 \end{pmatrix} - \dfrac{20}{36}\begin{pmatrix} 2 \\ 4 \end{pmatrix} = -\dfrac{1}{9}\begin{pmatrix} 1 \\ 11 \end{pmatrix} = -\begin{pmatrix} 0.111111 \\ 1.222222 \end{pmatrix}$

$\Rightarrow \mathbf{g}_1 = -\dfrac{1}{9}\begin{pmatrix} 2 \\ 44 \end{pmatrix}$

$\mathbf{x}_2 = \mathbf{x}_1 - \dfrac{\mathbf{g}_1^T \mathbf{g}_1}{\mathbf{g}_1^T \mathbf{A} \mathbf{g}_1}\, \mathbf{g}_1 = -\dfrac{1}{9}\begin{pmatrix} 1 \\ 11 \end{pmatrix} + \dfrac{1940}{3876}\cdot\dfrac{1}{9}\begin{pmatrix} 2 \\ 44 \end{pmatrix} = \begin{pmatrix} 0.000115 \\ 1.224745 \end{pmatrix}$

Lösung 17.3.6

a) $f(x,y) = 4x^2 + y^2 + 8x - 2y + 5 \quad \Rightarrow$

$f(-1,3) = 4(-1)^2 + 3^2 + 8(-1) - 2\cdot 3 + 5 = 4$

$4x^2 + y^2 + 8x - 2y + 5 = 4 \quad \Leftrightarrow \quad x^2 + 2x + \dfrac{1}{4}y^2 - \dfrac{1}{2}y + \dfrac{1}{4} = 0$

$\Leftrightarrow \quad (x+1)^2 - 1 + \dfrac{1}{4}\left(y^2 - 2y + 1\right) = 0 \quad \Leftrightarrow \quad (x+1)^2 + \left(\dfrac{y-1}{2}\right)^2 = 1$

Bei dem Kegelschnitt handelt es sich um eine Ellipse.

b) Die Ableitung von f im Punkt $\mathbf{x}^0$ in Richtung $\mathbf{v}$ ist gegeben durch

$D_{\mathbf{v}}f(\mathbf{x}^0) = \operatorname{grad} f(\mathbf{x}^0)\cdot\mathbf{v} \quad \text{mit} \quad \operatorname{grad} f(\mathbf{x}^0) = (8x_0 + 8, 2y_0 - 2)^T.$

$D_{\mathbf{v}}f(-1,3) = \operatorname{grad} f(-1,3)\cdot\begin{pmatrix} 1/\sqrt{2} \\ 1/\sqrt{2} \end{pmatrix} = \dfrac{1}{\sqrt{2}}(0,4)\begin{pmatrix} 1 \\ 1 \end{pmatrix} = 2\sqrt{2}$

Wegen $\|\mathbf{v}\| = \sqrt{v_1^2 + v_2^2} = 1 \quad$ gilt $\quad -1 \le v_2 \le 1$

$D_{\mathbf{v}}f(-1,3) = (0,4)\begin{pmatrix} v_1 \\ v_2 \end{pmatrix} = 4v_2 \quad \Rightarrow \quad -4 \le D_{\mathbf{v}}f(-1,3) \le 4$

Die Richtungsableitung wird maximal für $\mathbf{v} = (0,1)^T$, also die Gradientenrichtung.

Lösung 17.3.7

$(\mathbf{J}\boldsymbol{\Phi}(r,\varphi))^T\mathbf{J}\boldsymbol{\Phi}(r,\varphi) = \begin{pmatrix} \cos\varphi & \sin\varphi \\ -r\sin\varphi & r\cos\varphi \end{pmatrix}\begin{pmatrix} \cos\varphi & -r\sin\varphi \\ \sin\varphi & r\cos\varphi \end{pmatrix} = \begin{pmatrix} 1 & 0 \\ 0 & r^2 \end{pmatrix}$

Die Spektralnorm von $\mathbf{J}\boldsymbol{\Phi}(r,\varphi)$ ist gegeben durch

$\|\mathbf{J}\boldsymbol{\Phi}(r,\varphi)\|_2 = \sqrt{\lambda_{\max}\left((\mathbf{J}\boldsymbol{\Phi}(r,\varphi))^T\mathbf{J}\boldsymbol{\Phi}(r,\varphi)\right)} = \sqrt{\max(1,r^2)} = \max(1,r).$

Mit $\mathbf{u} = (r,\varphi)^T$ und $\mathbf{v}$ entsprechend gilt nach dem Mittelwert-Abschätzungssatz

$\|\boldsymbol{\Phi}(\mathbf{u}) - \boldsymbol{\Phi}(\mathbf{v})\|_2 \le \sup_{\xi\in[\mathbf{u},\mathbf{v}]}\|\mathbf{J}\boldsymbol{\Phi}(\xi)\|_2\cdot\|\mathbf{u} - \mathbf{v}\|_2 \le \max(1,R)\cdot\|\mathbf{u} - \mathbf{v}\|_2\,,$

denn $\xi \in [\mathbf{u},\mathbf{v}] \subset (0,R]\times(-\pi,\pi]$.

Lösung 17.3.8

a) $\mathbf{J}\boldsymbol{\Phi}(r,\varphi,\theta) = \begin{pmatrix} \cos\varphi\cos\theta & -r\sin\varphi\cos\theta & -r\cos\varphi\sin\theta \\ \sin\varphi\cos\theta & r\cos\varphi\cos\theta & -r\sin\varphi\sin\theta \\ \sin\theta & 0 & r\cos\theta \end{pmatrix}$

$\Rightarrow \quad (\mathbf{J}\boldsymbol{\Phi}(r,\varphi,\theta))^T\mathbf{J}\boldsymbol{\Phi}(r,\varphi,\theta) = \begin{pmatrix} 1 & 0 & 0 \\ 0 & r^2\cos^2\theta & 0 \\ 0 & 0 & r^2 \end{pmatrix}$

$\Rightarrow \quad \|\mathbf{J}\boldsymbol{\Phi}(r,\varphi,\theta)\|_2 = \sqrt{\lambda_{\max}\left((\mathbf{J}\boldsymbol{\Phi}(r,\varphi,\theta))^T\mathbf{J}\boldsymbol{\Phi}(r,\varphi,\theta)\right)} = \sqrt{\max(1,r^2)} = \max(1,r).$

b) Mit $\mathbf{u} = (r,\varphi,\theta)^T$ und $\mathbf{v}$ entsprechend gilt nach dem Mittelwert-Abschätzungssatz

$\|\boldsymbol{\Phi}(\mathbf{u}) - \boldsymbol{\Phi}(\mathbf{v})\|_2 \le \sup_{\xi\in[\mathbf{u},\mathbf{v}]}\|\mathbf{J}\boldsymbol{\Phi}(\xi)\|_2\cdot\|\mathbf{u} - \mathbf{v}\|_2 \le \max(1,R)\cdot\|\mathbf{u} - \mathbf{v}\|_2\,,$ denn $\xi \in [\mathbf{u},\mathbf{v}] \subset D$.

Lösung 17.3.9

a) $\mathbf{J\Phi} = \begin{pmatrix} \cos\varphi & -r\sin\varphi & 0 \\ \sin\varphi & r\cos\varphi & 0 \\ 0 & 0 & 1 \end{pmatrix} \quad \Rightarrow \quad \det\mathbf{J\Phi} = r$

b) $\begin{pmatrix} x_1 \\ x_2 \\ x_3 \end{pmatrix} = \begin{pmatrix} r\cos\varphi \\ r\sin\varphi \\ z \end{pmatrix} \quad \Rightarrow \quad \begin{pmatrix} r \\ \varphi \\ z \end{pmatrix} = \begin{pmatrix} \sqrt{x_1^2 + x_2^2} \\ \arctan\dfrac{x_2}{x_1} \\ x_3 \end{pmatrix}$

$\Rightarrow \begin{pmatrix} \dfrac{\partial r}{\partial x_1} \\[2mm] \dfrac{\partial r}{\partial x_2} \\[2mm] \dfrac{\partial r}{\partial x_3} \end{pmatrix} = \begin{pmatrix} \cos\varphi \\ \sin\varphi \\ 0 \end{pmatrix}, \begin{pmatrix} \dfrac{\partial \varphi}{\partial x_1} \\[2mm] \dfrac{\partial \varphi}{\partial x_2} \\[2mm] \dfrac{\partial \varphi}{\partial x_3} \end{pmatrix} = \begin{pmatrix} -\dfrac{1}{r}\sin\varphi \\ \dfrac{1}{r}\cos\varphi \\ 0 \end{pmatrix}, \begin{pmatrix} \dfrac{\partial z}{\partial x_1} \\[2mm] \dfrac{\partial z}{\partial x_2} \\[2mm] \dfrac{\partial z}{\partial x_3} \end{pmatrix} = \begin{pmatrix} 0 \\ 0 \\ 1 \end{pmatrix}.$

Nach der Kettenregel gilt:

$$\frac{\partial u(r,\varphi,z)}{\partial x_i} = \left(\frac{\partial r}{\partial x_i}\right)\cdot\left(\frac{\partial u}{\partial r}\right) + \left(\frac{\partial \varphi}{\partial x_i}\right)\cdot\left(\frac{\partial u}{\partial \varphi}\right) + \left(\frac{\partial z}{\partial x_i}\right)\cdot\left(\frac{\partial u}{\partial z}\right)$$

$$\Rightarrow \frac{\partial}{\partial x_1} = \cos\varphi\cdot\left(\frac{\partial}{\partial r}\right) - \frac{1}{r}\sin\varphi\cdot\left(\frac{\partial}{\partial \varphi}\right), \quad \frac{\partial}{\partial x_3} = \frac{\partial}{\partial z}, \quad \frac{\partial}{\partial x_2} = \sin\varphi\cdot\left(\frac{\partial}{\partial r}\right) + \frac{1}{r}\cos\varphi\cdot\left(\frac{\partial}{\partial \varphi}\right)$$

$$\Rightarrow \frac{\partial^2}{\partial x_1^2} = \cos\varphi\frac{\partial}{\partial r}\left(\cos\varphi\frac{\partial}{\partial r} - \frac{1}{r}\sin\varphi\frac{\partial}{\partial \varphi}\right) - \frac{1}{r}\sin\varphi\frac{\partial}{\partial \varphi}\left(\cos\varphi\frac{\partial}{\partial r} - \frac{1}{r}\sin\varphi\frac{\partial}{\partial \varphi}\right)$$

$$= \cos^2\varphi\frac{\partial^2}{\partial r^2} - \sin\varphi\cos\varphi\frac{\partial}{\partial r}\left(\frac{1}{r}\frac{\partial}{\partial \varphi}\right) + \frac{1}{r}\sin^2\varphi\frac{\partial}{\partial r} - \frac{1}{r}\sin\varphi\cos\varphi\frac{\partial^2}{\partial \varphi\partial r}$$

$$+ \frac{1}{r^2}\sin\varphi\cos\varphi\frac{\partial}{\partial \varphi} + \frac{1}{r^2}\sin^2\varphi\frac{\partial^2}{\partial \varphi^2},$$

$$\frac{\partial^2}{\partial x_2^2} = \sin^2\varphi\frac{\partial^2}{\partial r^2} + \sin\varphi\cos\varphi\frac{\partial}{\partial r}\left(\frac{1}{r}\frac{\partial}{\partial \varphi}\right) + \frac{1}{r}\cos^2\varphi\frac{\partial}{\partial r} + \frac{1}{r}\sin\varphi\cos\varphi\frac{\partial^2}{\partial \varphi\partial r}$$

$$- \frac{1}{r^2}\sin\varphi\cos\varphi\frac{\partial}{\partial \varphi} + \frac{1}{r^2}\cos^2\varphi\frac{\partial^2}{\partial \varphi^2}$$

$$\Rightarrow \Delta = \frac{\partial^2}{\partial x_1^2} + \frac{\partial^2}{\partial x_2^2} + \frac{\partial^2}{\partial x_3^2} = \frac{\partial^2}{\partial r^2} + \frac{1}{r}\frac{\partial}{\partial r} + \frac{1}{r^2}\frac{\partial^2}{\partial \varphi^2} + \frac{\partial^2}{\partial z^2} = \frac{1}{r}\frac{\partial}{\partial r}\left(r\frac{\partial}{\partial r}\right) + \frac{1}{r^2}\frac{\partial^2}{\partial \varphi^2} + \frac{\partial^2}{\partial z^2}.$$

Lösung 17.3.10

a) $\mathbf{J\Phi}(x,y) = \begin{pmatrix} u_x & u_y \\ v_x & v_y \end{pmatrix} = \begin{pmatrix} 2x & -2y \\ y & x \end{pmatrix},$

$\det(\mathbf{J\Phi}(x,y)) = 2(x^2 + y^2)$

b) Für $u, v \in D$ gilt $u, v > 0$, damit erhält man für x, y im ersten Quadranten:

$v = xy \quad \Rightarrow \quad y = v/x \quad \Rightarrow \quad u = x^2 - (v/x)^2$

$\Rightarrow \quad x^4 - x^2 u - v^2 = 0 \quad \Rightarrow \quad x(u,v) = \sqrt{(u + \sqrt{u^2 + 4v^2})/2}$

Analog erhält man: $y(u,v) = \sqrt{(-u + \sqrt{u^2 + 4v^2})/2}$ und damit

$\mathbf{\Phi}^{-1}(u,v) = \begin{pmatrix} \sqrt{(u + \sqrt{u^2 + 4v^2})/2} \\ \sqrt{(-u + \sqrt{u^2 + 4v^2})/2} \end{pmatrix},$

$$\mathbf{J\Phi}^{-1}(u,v) \quad = \quad (\mathbf{J\Phi}(x,y))^{-1} = \frac{1}{2(x^2+y^2)}\begin{pmatrix} x & 2y \\ -y & 2x \end{pmatrix}$$

$$= \quad \frac{1}{2\sqrt{u^2+4v^2}}\begin{pmatrix} x(u,v) & 2y(u,v) \\ -y(u,v) & 2x(u,v) \end{pmatrix}$$

$$\det(\mathbf{J\Phi}^{-1}(u,v)) = \frac{1}{\det(\mathbf{J\Phi}(x,y))} = \frac{1}{2(x^2+y^2)} = \frac{1}{2\sqrt{u^2+4v^2}}.$$

c)

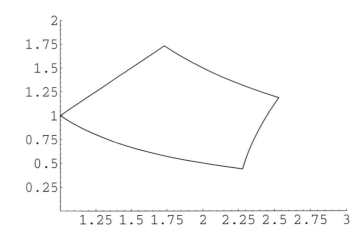

Bild 17.3.10 $\Phi^{-1}(D)$ im (x,y)-Koordinatensystem

d) Kettenregel:

$w_x = w_u u_x + w_v v_x \quad \Rightarrow$

$w_{xx} = w_{uu}(u_x)^2 + 2w_{uv}u_x v_x + w_{vv}(v_x)^2 + w_u u_{xx} + w_v v_{xx}$

Analog: $w_{yy} = w_{uu}(u_y)^2 + 2w_{uv}u_y v_y + w_{vv}(v_y)^2 + w_u u_{yy} + w_v v_{yy}$

$$\begin{aligned}
\Delta w \quad &= \quad w_{xx} + w_{yy} \\
&= \quad w_{uu}((u_x)^2 + (u_y)^2) + 2w_{uv}(u_x v_x + u_y v_y) + w_{vv}((v_x)^2 + (v_y)^2) \\
&\quad + w_u(u_{xx} + u_{yy}) + w_v(v_{xx} + v_{yy}) \\
&= \quad w_{uu}(4x^2 + 4y^2) + 2w_{uv}(2xy - 2xy) + w_{vv}(x^2 + y^2) \\
&\quad + w_u(2-2) + w_v(0-0) \\
&= \quad 4(x^2+y^2)w_{uu} + (x^2+y^2)w_{vv} \\
&= \quad 4\sqrt{u^2+4v^2}\,w_{uu} + \sqrt{u^2+4v^2}\,w_{vv}
\end{aligned}$$

L.17.4   Mittelwertsätze und Taylorscher Satz

Lösung 17.4.1

a) Fordert man die Gleichheit, so ergibt sich wegen

$$\frac{1}{5}\begin{pmatrix} 9 \\ 3 \end{pmatrix} = \mathbf{f}(\mathbf{a}+\mathbf{h}) - \mathbf{f}(\mathbf{a}) = \mathbf{Jf}(\mathbf{a}+\theta\mathbf{h})\mathbf{h} = \frac{1}{5}\begin{pmatrix} 3(2\theta)^2 & 1 \\ 2(2\theta) & -1 \end{pmatrix}\begin{pmatrix} 2 \\ 1 \end{pmatrix} = \frac{1}{5}\begin{pmatrix} 24\theta^2+1 \\ 8\theta-1 \end{pmatrix},$$

$\theta = \pm\dfrac{1}{\sqrt{3}}$ und $\theta = \dfrac{1}{2}$, ein Widerspruch.

b) $\mathbf{f}$ ist kontrahierend auf D bezüglich der Maximumnorm, denn die Mittelwertabschätzung ergibt für $\mathbf{x},\mathbf{y} \in D$ mit $\theta \in]0,1[$:

$$\|\mathbf{f}(\mathbf{y}) - \mathbf{f}(\mathbf{x})\|_\infty \le \|\mathbf{Jf}(\mathbf{x}+\theta(\mathbf{y}-\mathbf{x}))\cdot(\mathbf{y}-\mathbf{x})\|_\infty \le \|\mathbf{Jf}(\mathbf{x}+\theta(\mathbf{y}-\mathbf{x}))\|_\infty \cdot \|(\mathbf{y}-\mathbf{x})\|_\infty$$

$$\le \max_{\xi\in D}\|\mathbf{Jf}(\xi)\|_\infty \cdot \|(\mathbf{y}-\mathbf{x})\|_\infty$$

$$\le \max_{\xi\in D}\left(\max\left\{\frac{3|\xi_1|^2+1}{5}, \frac{2|\xi_1|+1}{5}\right\}\right)\cdot\|(\mathbf{y}-\mathbf{x})\|_\infty = \frac{4}{5}\cdot\|(\mathbf{y}-\mathbf{x})\|_\infty.$$

$\mathbf{f}$ ist eine Selbstabbildung auf D, denn für $(x,y)^T \in D$ gilt:

$$\|\mathbf{f}(x,y)\|_\infty \le \max\left\{\frac{|x^3+y^2|}{5}, \frac{|x^2-y|}{5}\right\} \le \max\left\{\frac{|x|^3+|y|^2}{5}, \frac{|x|^2+|y|}{5}\right\}$$

$$\le \max\left\{\frac{|1|^3+|1|^2}{5}, \frac{|1|^2+|1|}{5}\right\} = \frac{2}{5}.$$

c) Die Fixpunktgleichung lautet: $\begin{pmatrix} x \\ y \end{pmatrix} = \dfrac{1}{5}\begin{pmatrix} x^3+y \\ x^2-y \end{pmatrix} \Rightarrow y = \dfrac{1}{6}x^2$

$$\Rightarrow \quad x^3 + \frac{1}{6}x^2 - 5x = 0 \quad \Rightarrow \quad x_1 = 0, \quad x_2 = 2.1543, \quad x_3 = -2.321.$$

Man erhält die drei Fixpunkte $(0,0)$, $(2.1543, 0.7735)$, $(-2.321, 0.8978)$. Da die Voraussetzungen des Fixpunktsatzes für D erfüllt sind, liegt genau ein Fixpunkt in D. Nach obiger Rechnung ist dies $(0,0)$. Die Fixpunktiteration liefert

$$\begin{pmatrix} x_0 \\ y_0 \end{pmatrix} = \begin{pmatrix} 1 \\ 1 \end{pmatrix} \Rightarrow \begin{pmatrix} x_1 \\ y_1 \end{pmatrix} = \frac{1}{5}\begin{pmatrix} 2 \\ 0 \end{pmatrix} \Rightarrow \begin{pmatrix} x_2 \\ y_2 \end{pmatrix} = \frac{4}{625}\begin{pmatrix} 2 \\ 5 \end{pmatrix} \Rightarrow \begin{pmatrix} x_3 \\ y_3 \end{pmatrix} = \begin{pmatrix} 0.00640 \\ -0.00637 \end{pmatrix}$$

Lösung 17.4.2

$$f(x,y) = 1 + \ln\left(\frac{x+y}{x-y}\right) = 1 + \ln(x+y) - \ln(x-y) \Rightarrow f(1,0) = 1$$

$$f_x(x,y) = \frac{1}{x+y} - \frac{1}{x-y} \Rightarrow f_x(1,0) = 0$$

$$f_y(x,y) = \frac{1}{x+y} + \frac{1}{x-y} \Rightarrow f_y(1,0) = 2$$

$$\Rightarrow T_1(x,y;1,0) = f(1,0) + f_x(1,0)(x-1) + f_y(1,0)y = 1 + 2y$$

$$f_{xx}(x,y) = -\frac{1}{(x+y)^2} + \frac{1}{(x-y)^2} \Rightarrow f_{xx}(1,0) = 0$$

$$f_{xy}(x,y) = -\frac{1}{(x+y)^2} - \frac{1}{(x-y)^2} \Rightarrow f_{xy}(1,0) = -2$$

$$f_{yy}(x,y) = -\frac{1}{(x+y)^2} + \frac{1}{(x-y)^2} \Rightarrow f_{yy}(1,0) = 0$$

$$\Rightarrow T_2(x,y;1,0) \;=\; T_1(x,y;1,0)$$
$$+\tfrac{1}{2}\left(f_{xx}(1,0)(x-1)^2 + 2f_{xy}(1,0)(x-1)y + f_{yy}(1,0)y^2\right)$$
$$=\; 1 + 2y - 2(x-1)y$$

Lösung 17.4.3

$$f(x,y,z) = \sin(y-x) + \mathrm{e}^{x-y+2z} \qquad \Rightarrow \quad f(\pi,\pi,0) = 1$$

$$f_x(x,y,z) = -\cos(y-x) + \mathrm{e}^{x-y+2z} \qquad \Rightarrow \quad f_x(\pi,\pi,0) = 0$$
$$f_y(x,y,z) = \cos(y-x) - \mathrm{e}^{x-y+2z} \qquad \Rightarrow \quad f_y(\pi,\pi,0) = 0$$
$$f_z(x,y,z) = 2\mathrm{e}^{x-y+2z} \qquad \Rightarrow \quad f_z(\pi,\pi,0) = 2$$

$$f_{xx}(x,y,z) = -\sin(y-x) + \mathrm{e}^{x-y+2z} \qquad \Rightarrow \quad f_{xx}(\pi,\pi,0) = 1$$
$$f_{xy}(x,y,z) = \sin(y-x) - \mathrm{e}^{x-y+2z} \qquad \Rightarrow \quad f_{xy}(\pi,\pi,0) = -1$$
$$f_{xz}(x,y,z) = 2\mathrm{e}^{x-y+2z} \qquad \Rightarrow \quad f_{xz}(\pi,\pi,0) = 2$$
$$f_{yy}(x,y,z) = -\sin(y-x) + \mathrm{e}^{x-y+2z} \qquad \Rightarrow \quad f_{yy}(\pi,\pi,0) = 1$$
$$f_{yz}(x,y,z) = -2\mathrm{e}^{x-y+2z} \qquad \Rightarrow \quad f_{yz}(\pi,\pi,0) = -2$$
$$f_{zz}(x,y,z) = 4\mathrm{e}^{x-y+2z} \qquad \Rightarrow \quad f_{zz}(\pi,\pi,0) = 4$$

$$\Rightarrow T_2(x,y,z;\pi,\pi,0) \;=\; f(\pi,\pi,0) + f_x(\pi,\pi,0)(x-\pi) + f_y(\pi,\pi,0)(y-\pi) + f_z(\pi,\pi,0)z$$

$$+\frac{1}{2}\left(f_{xx}(\pi,\pi,0)(x-\pi)^2 + f_{yy}(\pi,\pi,0)(y-\pi)^2 + f_{zz}(\pi,\pi,0)z^2\right.$$
$$+2f_{xy}(\pi,\pi,0)(x-\pi)(y-\pi) + 2f_{xz}(\pi,\pi,0)(x-\pi)z$$
$$\left.+2f_{yz}(\pi,\pi,0)(y-\pi)z\right)$$

$$=\; 1 + 2z + \frac{1}{2}\left((x-\pi)^2 + (y-\pi)^2 + 4z^2\right.$$
$$-2(x-\pi)(y-\pi) + 4(x-\pi)z - 4(y-\pi)z\Big)$$

$$=\; 1 + 2z + \frac{(x-\pi)^2}{2} + \frac{(y-\pi)^2}{2} + 2z^2$$
$$-(x-\pi)(y-\pi) + 2(x-\pi)z - 2(y-\pi)z$$

Lösung 17.4.4

$$f(x,y) = \mathrm{e}^{x^2+y^2} \qquad\qquad \Rightarrow \quad f(0,0) = 1$$

$$f_x(x,y) = 2x\,\mathrm{e}^{x^2+y^2} \qquad \Rightarrow \quad f_x(0,0) = 0$$
$$f_y(x,y) = 2y\,\mathrm{e}^{x^2+y^2} \qquad \Rightarrow \quad f_y(0,0) = 0$$
$$f_{xx}(x,y) = (2+4x^2)\mathrm{e}^{x^2+y^2} \quad \Rightarrow \quad f_{xx}(0,0,0) = 2$$
$$f_{xy}(x,y) = 4xy\,\mathrm{e}^{x^2+y^2} \qquad \Rightarrow \quad f_{xy}(0,0,0) = 0$$
$$f_{yy}(x,y) = (2+4y^2)\mathrm{e}^{x^2+y^2} \quad \Rightarrow \quad f_{yy}(0,0,0) = 2$$

$$\Rightarrow T_2(x,y;0,0) \;=\; f(0,0) + f_x(0,0)x + f_y(0,0)y$$

$$+\frac{1}{2}\left(f_{xx}(0,0)x^2 + 2f_{xy}(0,0)xy + f_{yy}(0,0)y^2\right)$$

$$=\; 1 + x^2 + y^2$$

Alternative: $\quad \mathrm{e}^{x^2+y^2} = \displaystyle\sum_{k=0}^{\infty} \frac{(x^2+y^2)^k}{k!} = 1 + \frac{(x^2+y^2)^1}{1!} + \cdots$

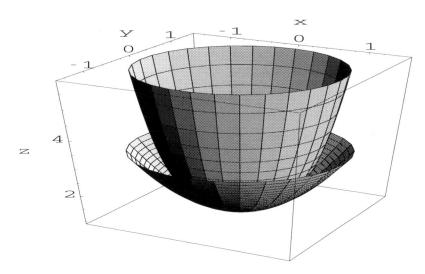

Bild 17.4.4 $f(x,y) = \mathrm{e}^{x^2+y^2}$ und $T_2(x,y;0,0) = 1 + x^2 + y^2$

Lösung 17.4.5

a)

f	$= \mathrm{e}^{x-y}\cos x \sin y$	$\Rightarrow f(0,0)$	$= 0$
f_x	$= \mathrm{e}^{x-y}(\cos x \sin y - \sin x \sin y)$	$\Rightarrow f_x(0,0)$	$= 0$
f_y	$= \mathrm{e}^{x-y}(\cos x \cos y - \cos x \sin y)$	$\Rightarrow f_y(0,0)$	$= 1$
f_{xx}	$= \mathrm{e}^{x-y}(-2\sin x \sin y)$	$\Rightarrow f_{xx}(0,0)$	$= 0$
f_{xy}	$= \mathrm{e}^{x-y}(\sin x \sin y - \sin x \cos y - \cos x \sin y + \cos x \cos y)$	$\Rightarrow f_{xy}(0,0)$	$= 1$
f_{yy}	$= \mathrm{e}^{x-y}(-2\cos x \cos y)$	$\Rightarrow f_{yy}(0,0)$	$= -2$
f_{xxx}	$= \mathrm{e}^{x-y}(-2\cos x \sin y - 2\sin x \sin y)$	$\Rightarrow f_{xxx}(0,0)$	$= 0$
f_{xxy}	$= \mathrm{e}^{x-y}(-2\sin x \cos y + 2\sin x \sin y)$	$\Rightarrow f_{xxy}(0,0)$	$= 0$
f_{xyy}	$= \mathrm{e}^{x-y}(2\sin x \sin y - 2\cos x \cos y)$	$\Rightarrow f_{xyy}(0,0)$	$= -2$
f_{yyy}	$= \mathrm{e}^{x-y}(2\cos x \sin y + 2\cos x \cos y)$	$\Rightarrow f_{yyy}(0,0)$	$= 2$

$$\Rightarrow \quad T_3(x,y;0,0) = y + xy - y^2 - xy^2 + \frac{y^3}{3}$$

b)

$$\cos x = 1 - \frac{x^2}{2} + \frac{x^4}{4!} \mp \cdots, \quad \sin y = y - \frac{y^3}{6} + \frac{y^5}{5!} \mp \cdots,$$

$$\mathrm{e}^{x-y} = 1 + (x-y) + \frac{(x-y)^2}{2} + \frac{(x-y)^3}{6} + \frac{(x-y)^4}{4!} + \cdots$$

$$\Rightarrow f(x,y) = \left(1 - \frac{x^2}{2} \pm \cdots\right)\left(y - \frac{y^3}{6} \pm \cdots\right)\left(1 + (x-y) + \frac{(x-y)^2}{2} + \frac{(x-y)^3}{6} + \cdots\right)$$

$$= \left(y - \frac{y^3}{6} - \frac{x^2 y}{2} + \cdots\right)\left(1 + x - y + \frac{x^2}{2} - xy + \frac{y^2}{2} + \cdots\right)$$

$$= y + xy - y^2 + \frac{x^2 y}{2} - xy^2 + \frac{y^3}{2} - \frac{y^3}{6} - \frac{x^2 y}{2} + \cdots$$

$$= y + xy - y^2 - xy^2 + \frac{y^3}{3} + \text{Terme höherer Ordnung}$$

Lösung 17.4.6

a)

$$f = 2x^3 - 5x^2 + 3xy - 2y^2 + 9x - 9y - 9 \quad \Rightarrow \quad f(1,-1) = 1$$

$$f_x = 6x^2 - 10x + 3y + 9 \qquad\qquad \Rightarrow \quad f_x(1,-1) = 2$$

$$f_y = 3x - 4y - 9 \qquad\qquad\qquad \Rightarrow \quad f_y(1,-1) = -2$$

$$f_{xx} = 12x - 10 \qquad\qquad\qquad \Rightarrow \quad f_{xx}(1,-1) = 2$$

$$f_{xy} = 3 \qquad\qquad\qquad\qquad \Rightarrow \quad f_{xy}(1,-1) = 3$$

$$f_{yy} = -4 \qquad\qquad\qquad\qquad \Rightarrow \quad f_{yy}(1,-1) = -4$$

$$f_{xxx} = 12 \qquad\qquad\qquad\qquad \Rightarrow \quad f_{xxx}(1,-1) = 12$$

$$f_{xxy} = 0 \qquad\qquad\qquad\qquad \Rightarrow \quad f_{xxy}(1,-1) = 0$$

$$f_{xyy} = 0 \qquad\qquad\qquad\qquad \Rightarrow \quad f_{xyy}(1,-1) = 0$$

$$f_{yyy} = 0 \qquad\qquad\qquad\qquad \Rightarrow \quad f_{yyy}(0,0) = 0$$

$$\Rightarrow T_3(x,y;1,-1) = 1 + 2(x-1) - 2(y+1) + (x-1)^2 + 3(x-1)(y+1) - 2(y+1)^2 + 2(x-1)^3$$

Es gilt sogar $f(x,y) = T_3(x,y;1,-1)$, da f Polynom dritten Grades ist.

b) Mit der Tangentialebene $T_1(x,y;1,-1) = 1 + 2(x-1) - 2(y+1)$ ist der Fehler:

$$|f(0,0) - T_1(0,0;1,-1)| = |-9 - (1 + 2(0-1) - 2(0+1))| = 6.$$

Die Fehlerabschätzung nach der Restgliedformel von Lagrange mit
$\mathbf{x} = (0,0)^T$, $\mathbf{x}^0 = (1,-1)^T$ und $\xi = \mathbf{x}^0 + \theta(\mathbf{x} - \mathbf{x}^0) = (1-\theta, -1+\theta)^T$, wobei $\theta \in\,]0,1[$ gilt, ergibt

$$|f(0,0) - T_1(0,0;1,-1)| = |R_1(0,0;1,-1)|$$

$$= \frac{1}{2}|f_{xx}(\xi) \cdot (0-1)^2 + 2f_{xy}(\xi) \cdot (0-1)(0+1) + f_{yy}(\xi) \cdot (0+1)^2|$$

$$= \frac{1}{2}|(12(1-\theta) - 10) \cdot 1 + 2 \cdot 3 \cdot (-1) + (-4) \cdot 1| = 2|2 + 3\theta| \leq 10.$$

Lösung 17.4.7

a) Der MATLAB-Befehl für die Zeichnung lautet:

```
ezsurf('sin(x)*sin(y)+cos(y)',[-2*pi,2*pi,-2*pi,2*pi])
```

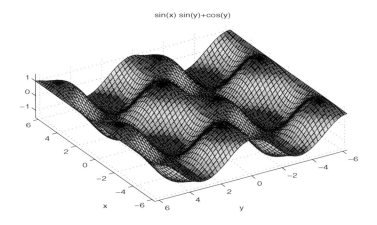

sin(x) sin(y)+cos(y)

Bild 17.4.7 a) $\mathbf{f}(x,y) = \sin(x)\sin(y) + \cos(y)$

b)

$$f(x,y) = \sin(x)\sin(y) + \cos(y) \qquad \Rightarrow \quad f(0,0) = 1$$

$$f_x(x,y) = \cos(x)\sin(y) \qquad\qquad \Rightarrow \quad f_x(0,0) = 0$$
$$f_y(x,y) = \sin(x)\cos(y) - \sin(y) \qquad \Rightarrow \quad f_y(0,0) = 0$$

$$f_{xx}(x,y) = -\sin(x)\sin(y) \qquad\qquad \Rightarrow \quad f_{xx}(0,0) = 0$$
$$f_{xy}(x,y) = \cos(x)\cos(y) \qquad\qquad \Rightarrow \quad f_{xy}(0,0) = 1$$
$$f_{yy}(x,y) = -\sin(x)\sin(y) - \cos(y) \quad \Rightarrow \quad f_{yy}(0,0) = -1$$

$$f_{xxx}(x,y) = -\cos(x)\sin(y) \qquad\qquad \Rightarrow \quad f_{xxx}(0,0) = 0$$
$$f_{xxy}(x,y) = -\sin(x)\cos(y) \qquad\qquad \Rightarrow \quad f_{xxy}(0,0) = 0$$
$$f_{xyy}(x,y) = -\cos(x)\sin(y) \qquad\qquad \Rightarrow \quad f_{xyy}(0,0) = 0$$
$$f_{yyy}(x,y) = -\sin(x)\cos(y) + \sin(y) \quad \Rightarrow \quad f_{yyy}(0,0) = 0$$

$$\Rightarrow T_3(x,y;0,0) = f(0,0) + f_x(0,0)x + f_y(0,0)y$$

$$+ \frac{1}{2}\left(f_{xx}(0,0)x^2 + 2f_{xy}(0,0)xy + f_{yy}(0,0)y^2\right)$$

$$+ \frac{1}{6}\left(f_{xxx}(0,0)x^3 + 3f_{xxy}(0,0)x^2 y\right.$$

$$\left. + 3f_{xyy}(0,0)xy^2 + f_{yyy}(0,0)y^3\right)$$

$$= 1 + xy - \frac{y^2}{2}$$

c) $\sin(x)\sin(y) + \cos(y)$

$$= \left(x - \frac{x^3}{3!} \pm \cdots\right)\left(y - \frac{y^3}{3!} \pm \cdots\right) + 1 - \frac{y^2}{2!} + \frac{y^4}{4!} \mp \cdots$$

$$= \underbrace{1 + xy - \frac{y^2}{2}}_{T_3(x,y;0,0)} - \frac{x^3 y}{3!} - \frac{xy^3}{3!} + \frac{y^4}{4!} \pm \cdots$$

d)   Zur Fehlerabschätzung sind die vierten Ableitungen erforderlich:

$$\begin{aligned}
f_{xxxx}(x,y) &= \sin(x)\sin(y) \\
f_{xxxy}(x,y) &= -\cos(x)\cos(y) \\
f_{xxyy}(x,y) &= \sin(x)\sin(y) \\
f_{xyyy}(x,y) &= -\cos(x)\cos(y) \\
f_{yyyy}(x,y) &= \sin(x)\sin(y) + \cos(y)
\end{aligned}$$

Fehlerabschätzung für beliebiges $(x,y) \in [-\pi/2, \pi/2] \times [-\pi, \pi]$ zieht mit $\theta \in {]0,1[}$ beliebiges $(\xi_1, \xi_2) := (0,0) + \theta \cdot (x,y) \in {]-\pi/2, \pi/2[} \times {]-\pi, \pi[}$ nach sich:

$$|f(x,y) - T_3(x,y;0,0)| = |R_3(x,y;0,0)|$$

$$= \frac{1}{4!}\left|f_{xxxx}(\xi_1,\xi_2)x^4 + 4f_{xxxy}(\xi_1,\xi_2)x^3y + 6f_{xxyy}(\xi_1,\xi_2)x^2y^2\right.$$

$$\left. + 4f_{xyyy}(\xi_1,\xi_2)xy^3 + f_{yyyy}(\xi_1,\xi_2)y^4\right|$$

$$\leq \frac{1}{4!}\left(|f_{xxxx}(\xi_1,\xi_2)||x^4| + 4|f_{xxxy}(\xi_1,\xi_2)||x^3y| + 6|f_{xxyy}(\xi_1,\xi_2)||x^2y^2|\right.$$

$$\left. + 4|f_{xyyy}(\xi_1,\xi_2)||xy^3| + |f_{yyyy}(\xi_1,\xi_2)||y^4|\right)$$

$$\leq \frac{1}{4!}\left(|f_{xxxx}(\xi_1,\xi_2)|\frac{\pi^4}{16} + 4|f_{xxxy}(\xi_1,\xi_2)|\frac{\pi^4}{8} + 6|f_{xxyy}(\xi_1,\xi_2)|\frac{\pi^4}{4}\right.$$

$$\left. + 4|f_{xyyy}(\xi_1,\xi_2)|\frac{\pi^4}{2} + |f_{yyyy}(\xi_1,\xi_2)|\pi^4\right)$$

Die auftretenden vierten Ableitungen lassen sich beispielsweise folgendermaßen abschätzen:

$|f_{xxxx}(\xi_1,\xi_2)| = |\sin(\xi_1)\sin(\xi_2)| \leq 1$

$|f_{yyyy}(\xi_1,\xi_2)| = |\sin(\xi_1)\sin(\xi_2) + \cos(\xi_2)|$

$\leq |\sin(\xi_1)\sin(\xi_2)| + |\cos(\xi_2)| \leq 1 + 1 = 2$

Damit lässt sich die Abschätzung folgendermaßen fortführen:

$$\leq \frac{1}{4!}\left(\frac{\pi^4}{16} + 4\frac{\pi^4}{8} + 6\frac{\pi^4}{4} + 4\frac{\pi^4}{2} + 2\pi^4\right) = \frac{97\pi^4}{384}$$

L.18 Anwendungen der Differentialrechnung

L.18.1 Extrema von Funktionen mehrerer Variabler

Lösung 18.1.1

a) grad $f(x,y) = (y+1, x-2) = 0 \Rightarrow$ einziger stationärer Punkt ist $(x_0, y_0) = (2, -1)$.

$\mathbf{H}f(x,y) = \begin{pmatrix} 0 & 1 \\ 1 & 0 \end{pmatrix}$ besitzt die Eigenwerte $\lambda_{1,2} = \pm 1$, ist daher indefinit, und damit ist der stationäre Punkt $(2, -1)$ ein Sattelpunkt.

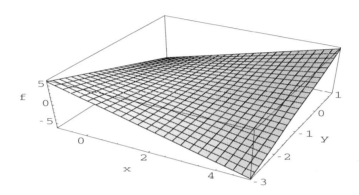

Bild 18.1.1 a) $f(x,y) = xy + x - 2y - 2$

b)
$$\begin{aligned} f(x,y) &= x^2 y^2 + 4x^2 y - 2xy^2 + 4x^2 - 8xy + y^2 - 8x + 4y + 4 \\ &= x^2(y^2 + 4y + 4) - 2x(y^2 + 4y + 4) + y^2 + 4y + 4 \\ &= (x^2 - 2x + 1)(y^2 + 4y + 4) = (x-1)^2(y+2)^2 \geq 0 \end{aligned}$$

grad $f(x,y) = 2(x-1)(y+2)(y+2, x-1) = 0 \Rightarrow$ stationäre Punkte liegen vor für $x = 1$ und $y \in \mathbb{R}$ oder für $y = -2$ und $x \in \mathbb{R}$. Da $f(x,y) \geq 0$ und $f(1,y) = 0 = f(x,-2)$ gilt, handelt es sich bei allen stationären Punkten um nicht strikte globale Minima.

$$\mathbf{H}f(x,y) = \begin{pmatrix} 2(y+2)^2 & 4(x-1)(y+2) \\ 4(x-1)(y+2) & 2(x-1)^2 \end{pmatrix} \Rightarrow$$

$\mathbf{H}f(1,y)$ und $\mathbf{H}f(x,-2)$ sind für $(x,y) \neq (1,-2)$ (echt) positiv semidefinit und aus der notwendigen Bedingung II kann nur geschlossen werden, dass es sich bei diesen stationären Punkten nicht um lokale Maxima handelt. Der Punkt $(x,y) = (1,-2)$ lässt sich so nicht klassifizieren.

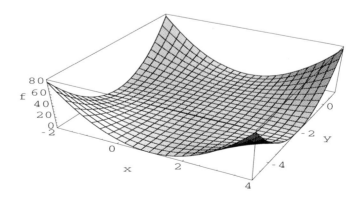

Bild 18.1.1 b) $f(x,y) = (x-1)^2(y+2)^2$

Aufgaben und Lösungen zu Mathematik für Ingenieure 2. 4. Auflage.
Rainer Ansorge, Hans Joachim Oberle, Kai Rothe, Thomas Sonar

c) $\operatorname{grad} f(x,y) = 2(x(4\mathrm{e}^{x^2+y^2}-1), y(4\mathrm{e}^{x^2+y^2}-1)) = 0$

$\Rightarrow$ einziger stationärer Punkt ist $(x_0, y_0) = (0,0)$.

$$\mathbf{H}f(x,y) = 2 \cdot \begin{pmatrix} 4\mathrm{e}^{x^2+y^2} - 1 + 8x^2\mathrm{e}^{x^2+y^2} & 8xy\mathrm{e}^{x^2+y^2} \\ 8xy\mathrm{e}^{x^2+y^2} & 4\mathrm{e}^{x^2+y^2} - 1 + 8y^2\mathrm{e}^{x^2+y^2} \end{pmatrix} \Rightarrow \mathbf{H}f(0,0) = \begin{pmatrix} 6 & 0 \\ 0 & 6 \end{pmatrix}$$

ist positiv definit $\Rightarrow$ $(x_0, y_0) = (0,0)$ ist striktes lokales Minimum. In ganz $\mathbb{R}^2 \backslash \{\mathbf{0}\}$ gilt sogar $f(x,y) > f(0,0) = 4$, d.h. $(x_0, y_0) = (0,0)$ ist ein striktes globales Minimum.

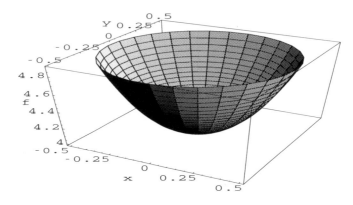

Bild 18.1.1 c) $f(x,y) = 4\mathrm{e}^{x^2+y^2} - x^2 - y^2$

d) Mit $r^2 = x^2 + y^2 + z^2$ ergibt sich $\operatorname{grad} f(x,y,z) = \dfrac{-2}{r^2+1}(x,y,z) = 0 \Rightarrow$ einziger stationärer Punkt ist $(x_0, y_0, z_0) = (0,0,0)$.

$$\mathbf{H}f(x,y,z) = \frac{-2}{(r^2+1)^2} \cdot \begin{pmatrix} -x^2+y^2+z^2+1 & -2xy & -2xz \\ -2xy & x^2-y^2+z^2+1 & -2yz \\ -2xz & -2yz & x^2+y^2-z^2+1 \end{pmatrix}$$

$\Rightarrow \mathbf{H}f(0,0,0)$ ist negativ definit und $(x_0, y_0, z_0) = (0,0,0)$ ist striktes lokales Maximum.

Lösung 18.1.2

a) $\operatorname{grad} f(x,y) = (2x, 4y^3 - 2y)^T = (0,0)^T \Rightarrow$ stationäre Punkte: $(0,0)$, $\left(0, \pm\dfrac{1}{\sqrt{2}}\right)$.

$$\mathbf{H}f(x,y) = \begin{pmatrix} 2 & 0 \\ 0 & 12y^2 - 2 \end{pmatrix}$$

$\mathbf{H}f(0,0) = \begin{pmatrix} 2 & 0 \\ 0 & -2 \end{pmatrix}$ ist indefinit $\quad\Rightarrow\quad$ $(0,0)$ ist Sattelpunkt.

$\mathbf{H}f\left(0, \pm\dfrac{1}{\sqrt{2}}\right) = \begin{pmatrix} 2 & 0 \\ 0 & 4 \end{pmatrix}$ ist positiv definit $\quad\Rightarrow\quad$ $\left(0, \pm\dfrac{1}{\sqrt{2}}\right)$ sind Minima.

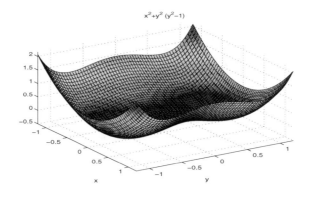

Bild 18.1.2 a) $f(x,y) = x^2 + y^4 - y^2$

b) $\operatorname{grad} f(x,y) = (\cos x \sin y, \sin x \cos y)^T = (0,0)^T$

1. Fall:

$\cos x = 0 \;\Rightarrow\; \sin x \neq 0 \;\Rightarrow\; \cos y = 0$

$\Rightarrow$ stationäre Punkte: $(x_n, y_m) = \left(\dfrac{\pi}{2} + n\pi, \dfrac{\pi}{2} + m\pi\right)$

mit $n, m \in \mathbb{Z}$.

2. Fall:

$\sin y = 0 \;\Rightarrow\; \cos y \neq 0 \;\Rightarrow\; \sin x = 0$

$\Rightarrow$ stationäre Punkte: $(\tilde{x}_n, \tilde{y}_m) = (n\pi, m\pi)$ mit $n, m \in \mathbb{Z}$.

$$\mathbf{H}f(x,y) = \begin{pmatrix} -\sin x \sin y & \cos x \cos y \\ \cos x \cos y & -\sin x \sin y \end{pmatrix}$$

1. Fall:

$$\mathbf{H}f(x_n, y_m) = \begin{pmatrix} -(-1)^n(-1)^m & 0 \\ 0 & -(-1)^n(-1)^m \end{pmatrix},$$

Eigenwerte: $\lambda_{1,2} = (-1)^{n+m+1}$

$\mathbf{H}f(x_n, y_m)$ negativ definit für $n + m + 1$ ungerade $\Rightarrow$ Maxima.

$\mathbf{H}f(x_n, y_m)$ positiv definit für $n + m + 1$ gerade $\Rightarrow$ Minima.

2. Fall:

$$\mathbf{H}f(\tilde{x}_n, \tilde{y}_m) = \begin{pmatrix} 0 & (-1)^n(-1)^m \\ (-1)^n(-1)^m & 0 \end{pmatrix},$$

Eigenwerte: $\lambda_{1,2} = \pm 1$

$\Rightarrow$ $\mathbf{H}f(\tilde{x}_n, \tilde{y}_m)$ indefinit $\Rightarrow$ Sattelpunkte.

sin(x) sin(y)

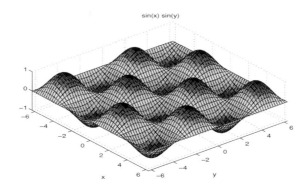

Bild 18.1.2 b) $f(x,y) = \sin x \sin y$

c) $\operatorname{grad} f(x,y) = \left(2x \ln(|y|+1), \dfrac{x^2 \operatorname{sign}(y)}{|y|+1}\right)^T$ ist nur für $y \neq 0$ definiert.

$\operatorname{grad} f(x,y) = (0,0)^T \;\Rightarrow\; f_x = 0 \;\Rightarrow$

1. Fall: $2x = 0 \;\Rightarrow\; x = 0$ mit $y \neq 0$

2. Fall: $\ln(|y|+1) = 0 \;\Rightarrow\; y = 0$ mit $y \neq 0$ ergibt keine Lösung.

Die stationären Punkte sind also gegeben durch $(0, y)$ mit $y \neq 0$.

$$\mathbf{H}f(x,y) = \begin{pmatrix} 2\ln(|y|+1) & \dfrac{2x \operatorname{sign}(y)}{|y|+1} \\ \dfrac{2x \operatorname{sign}(y)}{|y|+1} & \dfrac{-x^2}{(|y|+1)^2} \end{pmatrix}$$

$\mathbf{H}f(0,y) = \begin{pmatrix} 2\ln(|y|+1) & 0 \\ 0 & 0 \end{pmatrix}$ ist für $y = 0$ nicht definiert und sonst positiv semidefinit, also können in diesen Punkten keine Maxima vorliegen.

Da $f(x,y) = x^2 \ln(|y|+1) \geq 0$ für alle $(x,y)^T \in \mathbb{R}^2$ und
$f(0,y) = 0 = f(x,0)$ gilt, liegen auf den Geraden $x = 0$ und $y = 0$ globale (nicht isolierte) Minima vor.

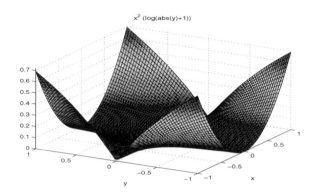

Bild 18.1.2 c) $f(x,y) = x^2 \ln(|y| + 1)$

d) In $(0,0)$ existieren die ersten partiellen Ableitungen nicht, denn beispielsweise gilt

$$\lim_{h \to 0} \frac{f(h,0) - f(0,0)}{h} = \lim_{h \to 0} \frac{h^2 - \sqrt{2h^2}}{h} = \lim_{h \to 0} \left(h - \text{sign}(h)\sqrt{2} \right) = \pm\sqrt{2}\,.$$

Für $(x,y) \neq (0,0)$ gilt

$$\text{grad } f(x,y) = \left(2x - \frac{2x}{\sqrt{2(x^2 + y^2)}}, 2y - \frac{2y}{\sqrt{2(x^2 + y^2)}} \right)$$

$$= 2 \cdot \frac{\sqrt{2(x^2 + y^2)} - 1}{\sqrt{2(x^2 + y^2)}} (x, y)$$

$$\text{grad } f(x,y) = (0,0) \Rightarrow \sqrt{2(x^2 + y^2)} - 1 = 0 \Rightarrow x^2 + y^2 = \frac{1}{2}.$$

Alle Punkte P auf dem Ursprungskreis vom Radius $r = 1/\sqrt{2}$ sind also stationär mit dem Funktionswert $f(P) = 1/2 - \sqrt{2/2} = -1/2$. Damit kann es sich nicht um strenge Maxima oder Minima handeln. Da es sich nach Anschauung um Minima handelt, wird die Hesse-Matrix in P positiv semidefinit sein und wir können diese so nicht klassifizieren. Wir ersparen uns die Berechnung.

Zur Klassifikation nutzen wir in diesem Fall die Rotationssymmetrie der Funktion aus, betrachten also mit $r = \sqrt{x^2 + y^2}$ und $r \in [0, \infty[$ die Funktion $\tilde{f}(r) = r^2 - r\sqrt{2}$:

$$\tilde{f}'(r) = 2r - \sqrt{2} = 0 \Rightarrow r = \frac{1}{\sqrt{2}}, \quad \tilde{f}''(r) = 2 > 0$$

$$\Rightarrow \text{ Minimum bei } r = \frac{1}{\sqrt{2}}.$$

$\tilde{f}'(0) = -\sqrt{2} < 0 \Rightarrow$ Maximum bei $r = 0$.

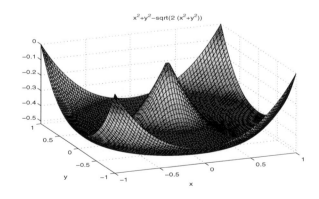

Bild 18.1.2 d) $f(x,y) = x^2 + y^2 - \sqrt{2(x^2 + y^2)}$

Lösung 18.1.3

a) grad $f(x,y) = (2x(24x^2 - 7y), -7x^2 + 2y) = 0 \Rightarrow x = 0 \vee 24x^2 - 7y = 0$. Aus $x = 0$ folgt sofort
$y = 0$, und damit erhält man den stationären Punkt $(x_0, y_0) = (0,0)$. Aus $24x^2 - 7y = 0$ folgt
$2y = \dfrac{48x^2}{7} \Rightarrow -7x^2 + \dfrac{48x^2}{7} = 0 \Rightarrow x = 0$. Einziger stationärer Punkt ist also $(0,0)$.

b) $\mathbf{H}f(x,y) = \begin{pmatrix} 144x^2 - 14y & -14x \\ -14x & 2 \end{pmatrix} \Rightarrow \mathbf{H}f(0,0) = \begin{pmatrix} 0 & 0 \\ 0 & 2 \end{pmatrix}$ ist (echt) positiv semidefinit,
und das hinreichende Kriterium ist nicht anwendbar. Die notwendige Bedingung II lässt für den
stationären Punkt $(x_0, y_0) = (0,0)$ noch die Möglichkeiten, Minimum oder Sattelpunkt zu.

c) Auf der Geraden $x = 0$ wird die Funktion beschrieben durch

$$g(y) := f(0,y) = y^2.$$

Für $y = 0$ besitzt g ein striktes lokales Minimum.

Alle anderen Ursprungsgeraden können durch $y = ax$ mit $a \in \mathbb{R}$ dargestellt werden, und die
Funktion wird dann durch

$$h(x) := f(x, ax) = 12x^4 - 7ax^3 + a^2x^2$$

beschrieben. Man erhält

$$h'(x) = 48x^3 - 21ax^2 + 2a^2x \quad \Rightarrow \quad h'(0) = 0$$

und

$$h''(x) = 144x^2 - 42ax + 2a^2 \quad \Rightarrow \quad h''(0) = 2a^2 > 0.$$

Damit besitzt h für $x = 0$ ein striktes lokales Minimum.

d) Auf der Parabel $y = ax^2$ hat die Funktion die Gestalt

$$p(x) := f(x, ax^2) = 12x^4 - 7ax^4 + a^2x^4 = x^4(a^2 - 7a + 12) = x^4(a-3)(a-4).$$

Damit erhält man

$$
\begin{array}{rcccll}
p'(x) & = & 4x^3(a-3)(a-4) & \Rightarrow & p'(0) & = & 0 \\
p''(x) & = & 12x^2(a-3)(a-4) & \Rightarrow & p''(0) & = & 0 \\
p'''(x) & = & 24x(a-3)(a-4) & \Rightarrow & p'''(0) & = & 0 \\
p''''(x) & = & 24(a-3)(a-4) & \Rightarrow & p''''(0) & = & (a-3)(a-4).
\end{array}
$$

Für $a \in]3,4[$ ist $p''''(0) < 0$ und in $x = 0$ liegt ein striktes Maximum vor. Für $a \notin [3,4]$ ist
$p''''(0) > 0$ und in $x = 0$ liegt ein striktes Minimum vor.

Bei dem stationären Punkt $(0,0)$ handelt es sich also um einen Sattelpunkt.

e)

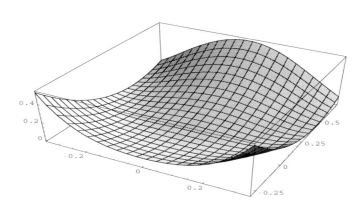

Bild 18.1.3 $f(x,y) = 12x^4 - 7x^2y + y^2$

Lösung 18.1.4

a)

$$
\begin{aligned}
f &= & (2x - 3y) \cdot \sin(3x - 2y) &\Rightarrow & f(0,0) &= 0 \\
f_x &= & 2\sin(3x - 2y) + 3(2x - 3y) \cdot \cos(3x - 2y) &\Rightarrow & f_x(0,0) &= 0 \\
f_y &= & -3\sin(3x - 2y) - 2(2x - 3y) \cdot \cos(3x - 2y) &\Rightarrow & f_y(0,0) &= 0
\end{aligned}
$$

$$
\begin{aligned}
f_{xx} &= & 12\cos(3x - 2y) - 9(2x - 3y) \cdot \sin(3x - 2y) &\Rightarrow & f_{xx}(0,0) &= 12 \\
f_{xy} &= & -13\cos(3x - 2y) + 6(2x - 3y) \cdot \sin(3x - 2y) &\Rightarrow & f_{xy}(0,0) &= -13 \\
f_{yy} &= & 12\cos(3x - 2y) - 4(2x - 3y) \cdot \sin(3x - 2y) &\Rightarrow & f_{yy}(0,0) &= 12
\end{aligned}
$$

$$
\Rightarrow \quad T_2(x,y;0,0) = 6x^2 - 13xy + 6y^2
$$

b) $f(x,y) = 2x^3 - 3xy + 2y^3 - 3 \quad \Rightarrow \quad \text{grad } f(x,y) = (6x^2 - 3y, -3x + 6y^2) = 0$

$\Rightarrow \quad y = 2x^2 \quad \Rightarrow \quad 3x(8x^3 - 1) = 0$ stationäre Punkte sind also $(x_1, y_1) = (0,0)$ und $(x_2, y_2) = \left(\dfrac{1}{2}, \dfrac{1}{2}\right)$

Die Hesse-Martix ist gegeben durch $\quad \mathbf{H}f(x,y) = \begin{pmatrix} 12x & -3 \\ -3 & 12y \end{pmatrix}$

$\mathbf{H}f(0,0) = \begin{pmatrix} 0 & -3 \\ -3 & 0 \end{pmatrix}$ besitzt die Eigenwerte $\lambda_{1,2} = \pm 3$, ist daher indefinit, und der stationäre Punkt $(0,0)$ ist ein Sattelpunkt.

$\mathbf{H}f\left(\dfrac{1}{2}, \dfrac{1}{2}\right) = \begin{pmatrix} 6 & -3 \\ -3 & 6 \end{pmatrix}$ besitzt die Eigenwerte $\lambda_1 = 3$ und $\lambda_2 = 9$, ist daher positiv definit, und der stationäre Punkt $\left(\dfrac{1}{2}, \dfrac{1}{2}\right)$ ist ein Minimum.

Lösung 18.1.5

a) $\text{grad } f(x,y) = \left((y-1)(x+1), \dfrac{(x+1)^2}{2} - (y+1)\right)^T = (0,0)^T \Rightarrow$

1. Fall: $y = 1 \Rightarrow$

$0 = f_y(x,1) = \dfrac{(x+1)^2}{2} - (1+1) \Rightarrow x = -3, 1$

$\Rightarrow P_1 = \begin{pmatrix} -3 \\ 1 \end{pmatrix}, P_2 = \begin{pmatrix} 1 \\ 1 \end{pmatrix}$

2. Fall: $x = -1 \Rightarrow$

$0 = f_y(-1,y) = -(y+1) \Rightarrow P_3 = \begin{pmatrix} -1 \\ -1 \end{pmatrix}$

$\mathbf{H}f(x,y) = \begin{pmatrix} y-1 & x+1 \\ x+1 & -1 \end{pmatrix}$

$\mathbf{H}f(P_1) = \begin{pmatrix} 0 & -2 \\ -2 & -1 \end{pmatrix} \Rightarrow p(\lambda) = \lambda^2 + \lambda - 4 = (\lambda + 1/2)^2 - 5/4 = 0$

Eigenwerte: $\lambda_{1,2} = -1/2 \pm \sqrt{5}/2 \Rightarrow$ indefinit $\Rightarrow P_1$ Sattelpunkt

$\mathbf{H}f(P_2) = \begin{pmatrix} 0 & 2 \\ 2 & -1 \end{pmatrix} \Rightarrow p(\lambda) = \lambda^2 + \lambda - 4 = (\lambda + 1/2)^2 - 5/4 = 0$

Eigenwerte: $\lambda_{1,2} = -1/2 \pm \sqrt{5}/2 \Rightarrow$ indefinit $\Rightarrow P_2$ Sattelpunkt

$\mathbf{H}f(P_3) = \begin{pmatrix} -2 & 0 \\ 0 & -1 \end{pmatrix}$ negativ definit $\Rightarrow P_3$ Maximum

b) horizontale Tangente: $0 = f_x(x,y) = (y-1)(x+1)$

   1. Fall: $y = 1 \Rightarrow$

   $$0 = f(x,1) = \frac{(1-1)(x+1)^2}{2} - \frac{(1+1)^2}{2} + 2 = 0 \quad \text{für alle } x \in \mathbb{R}$$

   $$0 = f_y(x,1) = \frac{(x+1)^2}{2} - (1+1) \Rightarrow x = -3,1$$

   $$\Rightarrow P_1 = \begin{pmatrix} -3 \\ 1 \end{pmatrix}, \; P_2 = \begin{pmatrix} 1 \\ 1 \end{pmatrix} \text{ sind singuläre Punkte (vgl. oben)}$$

   $$\Rightarrow P(x) = \begin{pmatrix} x \\ 1 \end{pmatrix}, \; x \in \mathbb{R}\backslash\{-3,1\} \quad \text{sind regulär, mit horizontaler Tangente}$$

   2. Fall: $x = -1 \Rightarrow$

   $$0 = f(-1,y) = \frac{(y-1)(-1+1)^2}{2} - \frac{(y+1)^2}{2} + 2 \Rightarrow y = -3,1$$

   $$f_y(-1,-3) = \frac{(-1+1)^2}{2} - (-3+1) = 2 \neq 0, \; f_y(-1,1) = -2 \neq 0$$

   $$\Rightarrow P_4 = \begin{pmatrix} -1 \\ -3 \end{pmatrix}, \; P_5 = \begin{pmatrix} -1 \\ 1 \end{pmatrix} \quad \text{sind regulär, mit horizontaler Tangente}$$

c) Wegen b) gilt grad $f(-1,3) = (0,-2)^T$ und der Satz über implizite Funktionen kann angewendet werden.

   Die Lösungsmenge $f(x,y) = 0$ kann also in einer Umgebung von P durch eine C^1-Funktion $y(x)$ dargestellt werden.

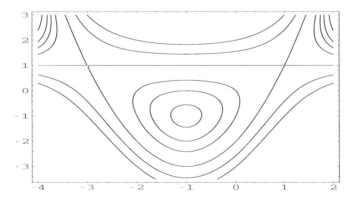

Bild 18.1.5   Höhenlinien von $f(x,y)$ in $[-4,2] \times [-3.5,3]$

L.18.2   Implizit definierte Funktionen

Lösung 18.2.1

a) Es gilt $f(-1,1) = 0 = f\left(-\frac{1}{2}, \frac{1}{2}\right)$ und $f(-1,0) = 1$.

   Damit liegen $(x_0, y_0) = (-1,1)$ und $(x_1, y_1) = \left(-\frac{1}{2}, \frac{1}{2}\right)$ auf der Höhenlinie $f(x,y) = 0$.

b) grad $f(x,y) = (3x^2 - 6xy + 3y^2 + 4x - 4y - 2, -3x^2 + 6xy - 3y^2 - 4x + 4y)$

   $$\Rightarrow \quad \text{grad } f(-1,1) = (2,-4) \quad \text{und} \quad \text{grad } f\left(-\frac{1}{2}, \frac{1}{2}\right) = (-3,1)$$

Nach dem Satz über implizite Funktionen, lässt sich daher die Höhenlinie in (x_0, y_0) und auch in (x_1, y_1) sowohl nach x als auch nach y lokal durch eine C^1-Funktion parametrisieren.

Im Punkt $(x_0, y_0) = (-1, 1)$ sei die Höhenlinie lokal nach x parametrisiert durch $g(x)$, d.h., es gilt $g(-1) = 1$ und $f(x, g(x)) = 0$ in entsprechenden Umgebungen um die Punkte $x_0 = -1$ und $y_0 = 1$. Gesucht ist der Winkel α_0 zwischen der Tangente von g im Punkt $x_0 = -1$ und der x-Achse, also

$$\tan \alpha_0 = g'(-1) = -\frac{f_x(-1, 1)}{f_y(-1, 1)} = -\frac{2}{-4} = \frac{1}{2} \quad \Rightarrow \quad \alpha_0 = 0.46365 \doteq 26.565°.$$

Im Punkt $(x_1, y_1) = \left(-\frac{1}{2}, \frac{1}{2}\right)$ sei die Höhenlinie lokal nach x parametrisiert durch $h(x)$, d.h., es gilt $h\left(-\frac{1}{2}\right) = \frac{1}{2}$ und $f(x, h(x)) = 0$ in entsprechenden Umgebungen um die Punkte $x_1 = -\frac{1}{2}$ und $y_1 = -\frac{1}{2}$. Gesucht ist der Winkel α_1 zwischen der Tangente von h im Punkt $x_1 = -\frac{1}{2}$ und der x-Achse, also

$$\tan \alpha_1 = h'(-\frac{1}{2}) = -\frac{f_x\left(-\frac{1}{2}, \frac{1}{2}\right)}{f_y\left(-\frac{1}{2}, \frac{1}{2}\right)} = -\frac{-3}{1} = 3 \quad \Rightarrow \quad \alpha_1 = 1.249 \doteq 71.565°.$$

c)

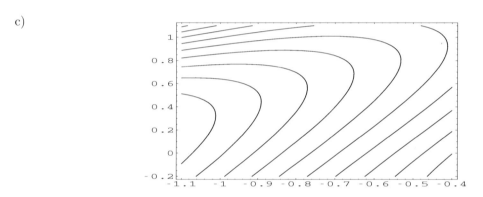

Bild 18.2.1 $f(x, y) = x^3 - 3x^2 y + 3xy^2 - y^3 + 2x^2 - 4xy + 2y^2 - 2x - 2$

Lösung 18.2.2

a) $\mathbf{g}(0, 3, 1) = \begin{pmatrix} 0^2 + 3^2 + 1^2 - 6\sqrt{0^2 + 3^2} + 8 \\ 0^2 + 3^2 + 1^2 - 2 \cdot 0 - 6 \cdot 3 + 8 \end{pmatrix} = \begin{pmatrix} 0 \\ 0 \end{pmatrix}$

b)
$$\mathbf{Jg}(x, y, z) = \begin{pmatrix} 2x - \dfrac{6x}{\sqrt{x^2 + y^2}} & 2y - \dfrac{6y}{\sqrt{x^2 + y^2}} & 2z \\ 2x - 2 & 2y - 6 & 2z \end{pmatrix}$$

$$\Rightarrow \quad \mathbf{Jg}(0, 3, 1) = \begin{pmatrix} 0 & 0 & 2 \\ -2 & 0 & 2 \end{pmatrix} \quad \Rightarrow \quad \frac{\partial \mathbf{g}(0, 3, 1)}{\partial(x, z)} = \begin{pmatrix} 0 & 2 \\ -2 & 2 \end{pmatrix}$$

Damit ist $\mathbf{g}(x, y, z) = \mathbf{0}$ im Punkt $(0, 3, 1)$ nach dem Satz über implizite Funktionen lokal nach $x = x(y)$ und $z = z(y)$ auflösbar, d.h., es gilt $x(3) = 0$ und $z(3) = 1$ mit $\mathbf{g}(x(y), y, z(y)) = 0$ in entsprechenden Umgebungen.

Die explizite Darstellung von $x(y)$ und $z(y)$ ist hier tatsächlich möglich und kann folgendermaßen erreicht werden:

$$\mathbf{g}(x, y, z) = \begin{pmatrix} g_1(x, y, z) \\ g_2(x, y, z) \end{pmatrix} = \begin{pmatrix} x^2 + y^2 + z^2 - 6\sqrt{x^2 + y^2} + 8 \\ x^2 + y^2 + z^2 - 2x - 6y + 8 \end{pmatrix} = \begin{pmatrix} 0 \\ 0 \end{pmatrix}$$

$$\Rightarrow 0 = g_1(x,y,z) - g_2(x,y,z) = 2x + 6y - 6\sqrt{x^2+y^2} \Rightarrow 9(x^2+y^2) = (x+3y)^2 \Rightarrow 0 = 8x^2 - 6xy$$

$$\Rightarrow 0 = x(4x-3y) \Rightarrow x(y) \equiv 0 \ \lor \ x(y) = \frac{3}{4}y \Rightarrow x(y) \equiv 0 \quad \text{wegen } x(3) = 0$$

$$\Rightarrow 0 = g_2(0,y,z) = y^2 + z^2 - 6y + 8 \Rightarrow z(y) = \sqrt{-y^2+6y-8} = \sqrt{1-(y-3)^2}$$

$$\text{wegen } z(3) = 1 \Rightarrow \begin{pmatrix} x(y) \\ z(y) \end{pmatrix} = \begin{pmatrix} 0 \\ \sqrt{1-(y-3)^2} \end{pmatrix} .$$

Lösung 18.2.3

a) Eine Probe ergibt, dass der gegebene Punkt $(3,1)$ tatsächlich die Gleichung $f(3,1) = 0$ mit $f(x,y) = x^2 - 2xy - y^2 - 2x + 2y + 2$ erfüllt.

$$\text{grad } f(x,y) = (2x - 2y - 2, -2x - 2y + 2) \quad \Rightarrow \quad \text{grad } f(3,1) = (2,-6)$$

Da $f_x(3,1) = 2 \neq 0$, ist $f(x,y) = 0$ nach dem Satz über implizite Funktionen lokal nach x auflösbar, d.h., es gibt lokal eine C^1-Funktion h mit $h(1) = 3$ und $f(h(y),y) = 0$.

Die Ableitungen von h im Punkt $y = 1$ berechnen sich durch Differenzieren der Gleichung

$$f(h(y),y) = h(y)^2 - 2yh(y) - y^2 - 2h(y) + 2y + 2 = 0$$

nach y unter Berücksichtigung von $h(1) = 3$:

$$2h(y)h'(y) - 2h(y) - 2yh'(y) - 2y - 2h'(y) + 2 = 0$$
$$\Rightarrow \quad 6h'(1) - 6 - 2h'(1) - 2 - 2h'(1) + 2 = 0 \quad \Rightarrow \quad h'(1) = 3 .$$

Nochmaliges Differenzieren ergibt:

$$2(h'(y))^2 + 2h(y)h''(y) - 2h'(y) - 2h'(y) - 2yh''(y) - 2 - 2h''(y) = 0$$
$$\Rightarrow \quad 18 + 6h''(y) - 6 - 6 - 2h''(y) - 2 - 2h''(y) = 0 \quad \Rightarrow \quad h''(1) = -2 .$$

b) Man fasse $x^2 - 2xy - y^2 - 2x + 2y + 2 = 0$ als quadratische Gleichung in x auf:

$$x^2 - 2(y+1)x - y^2 + 2y + 2 = 0 \quad \Rightarrow \quad x^2 - 2(y+1)x + (y+1)^2 = (y+1)^2 + y^2 - 2y - 2$$
$$\Rightarrow \quad (x-(y+1))^2 = 2y^2 - 1 \quad \Rightarrow \quad x = y + 1 \pm \sqrt{2y^2 - 1}$$

Wegen $h(1) = 3$ kommt nur die positive Wurzel in Frage. Der maximale Definitionsbereich D ergibt sich aus der Bedingung $2y^2 - 1 \geq 0$. Man erhält also

$$h(y) = y + 1 + \sqrt{2y^2 - 1} \quad \text{mit} \quad D = \mathbb{R} \setminus \left] -\frac{1}{\sqrt{2}}, \frac{1}{\sqrt{2}} \right[.$$

Die unter a) berechneten Ableitungen können nun bestätigt werden:

$$h'(y) = 1 + \frac{2y}{\sqrt{2y^2 - 1}} \Rightarrow h'(1) = 3 , \quad h''(y) = \frac{-2}{(2y^2-1)^{3/2}} \Rightarrow h''(1) = -2 .$$

Lösung 18.2.4

a) Durch quadratische Ergänzungen kann h übersichtlicher dargestellt werden:

$$h(x,y,z) = z^2 - x^2 - y^2 + 2x + 4y - 6z + 4 = (z-3)^2 - (x-1)^2 - (y-2)^2$$

Wegen $h(1,2,2) = 1$ stellt sich die Niveaumenge als zweischaliges Hyperboloid heraus und wird damit durch die standardisierte implizite Gleichung

$$g(x,y,z) := (z-3)^2 - (x-1)^2 - (y-2)^2 - 1 = 0$$

beschrieben. Um festzustellen, ob $g(x,y,z) = 0$ in der Umgebung des Punktes $(1,2,2)$ eine glatte Fläche bildet, muss die Voraussetzung des Satzes über implizite Funktionen überprüft werden:

$$\text{grad } g(x,y,z) = (-2(x-1), -2(y-2), 2(z-3))$$

$$\Rightarrow \quad \text{grad } g(1,2,2) = (0,0,-2)\,,$$

damit ist nur $g_z(1,2,2) = -2$ invertierbare 1×1 Untermatrix. Nach dem Satz über implizite Funktionen bildet die Niveaumenge also eine glatte Fläche, die durch Auflösen von $g(x,y,z) = 0$ nach z beschreibbar ist, d.h. es gilt in einer Umgebung von $(1,2,2)$

$$z = f(x,y)\,, \quad \text{mit} \quad f(1,2) = 2 \quad \text{und} \quad g(x,y,f(x,y)) = 0\,.$$

b) Auflösen der impliziten Gleichung $g(x,y,z) = 0$ ergibt zunächst

$$z = 3 \pm \sqrt{1 + (x-1)^2 + (y-2)^2}$$

Aus diesen beiden Möglichkeiten folgt wegen $z = f(1,2) = 2$

$$f(x,y) = 3 - \sqrt{1 + (x-1)^2 + (y-2)^2}\,.$$

c) In $(1,2,2)$ wird die Fläche f näherungsweise beschrieben durch die zugehörige Tangentialebene T_1, in vektorwertiger Schreibweise bedeutet dies:

$$\begin{pmatrix} x \\ y \\ z \end{pmatrix} = \begin{pmatrix} x \\ y \\ f(x,y) \end{pmatrix} \approx \begin{pmatrix} x \\ y \\ T_1(x,y;1,2) \end{pmatrix}$$

Zur Darstellung der Tangentialebene wird benötigt:

$$\begin{aligned} \mathbf{J}f(x,y) &= -(g_z)^{-1}(g_x, g_y) \\ &= -\frac{1}{2f(x,y) - 6}(-2x + 2, -2y + 4) \\ \Rightarrow \quad \mathbf{J}f(1,2) &= -\frac{1}{2 \cdot 2 - 6}(0,0) = (0,0)\,. \end{aligned}$$

Damit lautet die Parameterform der Tangentialebene

$$\begin{pmatrix} x \\ y \\ T_1(x,y;1,2) \end{pmatrix} = \begin{pmatrix} x \\ y \\ f(1,2) + \mathbf{J}f(1,2)\begin{pmatrix} x-1 \\ y-2 \end{pmatrix} \end{pmatrix}$$

$$= \begin{pmatrix} x \\ y \\ 2 \end{pmatrix} = \begin{pmatrix} 0 \\ 0 \\ 2 \end{pmatrix} + x\begin{pmatrix} 1 \\ 0 \\ 0 \end{pmatrix} + y\begin{pmatrix} 0 \\ 1 \\ 0 \end{pmatrix}$$

d) Unter Verwendung von Polarkoordinaten kann die Fläche

$$h(x,y,z) = (z-3)^2 - (x-1)^2 - (y-2)^2 = 1$$

folgendermaßen durch $(r,\varphi) \in [0,R] \times [0,2\pi]$ parametrisiert werden:

$$x = r\cos\varphi + 1\,, \ y = r\sin\varphi + 2 \Rightarrow p(r,\varphi) = \begin{pmatrix} r\cos\varphi + 1 \\ r\sin\varphi + 2 \\ 3 \pm \sqrt{1 + r^2} \end{pmatrix}$$

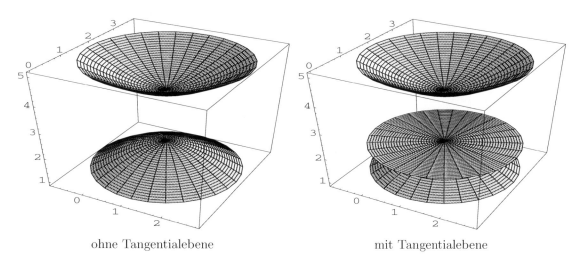

ohne Tangentialebene   mit Tangentialebene

Bild 18.2.4   zweischaliges Hyperboloid $(z-3)^2 - (x-1)^2 - (y-2)^2 = 1$

Lösung 18.2.5

$f(x,y) = (x^2+y^2)^2 - y(3x^2-y^2)$

$\operatorname{grad} f(x,y) = (4x(x^2+y^2) - 6xy, \, 4y(x^2+y^2) - 3x^2 + 3y^2)$

a) Die Kurve ist symmetrisch zur y-Achse, da $f(x,y) = f(-x,y)$.

b) Kurvenpunkte mit horizontaler Tangente ergeben sich aus den Bedingungen
$f(x,y) = 0 \wedge f_x(x,y) = 0 \wedge f_y(x,y) \neq 0$.

$0 = f_x(x,y) = 2x(2(x^2+y^2) - 3y) \quad \Rightarrow \quad x = 0 \quad \vee \quad (2(x^2+y^2) - 3y) = 0$

$x = 0 \quad \Rightarrow \quad 0 = f(0,y) = y^3(y+1) \quad \Rightarrow \quad y = 0 \vee y = -1 \quad \Rightarrow \quad P_0 = (0,0), \, P_1 = (0,-1)$

$(2(x^2+y^2) - 3y) = 0 \quad \Rightarrow \quad x^2 = \frac{3}{2}y - y^2$

$\Rightarrow \quad 0 = f(x,y) = \left(\frac{3}{2}y - y^2 + y^2\right)^2 - y\left(3\left(\frac{3}{2}y - y^2\right) - y^2\right) = y^2\left(4y - \frac{9}{4}\right)$

$\Rightarrow \quad y = 0 \Rightarrow x = 0 \quad \vee \quad y = \frac{9}{16} \Rightarrow x = \pm\frac{\sqrt{135}}{16}$

$\Rightarrow \quad P_0 = (0,0), \quad P_2 = \left(\frac{\sqrt{135}}{16}, \frac{9}{16}\right), \quad P_3 = \left(-\frac{\sqrt{135}}{16}, \frac{9}{16}\right)$

Da nur für P_1, P_2 und P_3 die Bedingung $f_y(P_i) \neq 0$ erfüllt ist, sind dies die Punkte mit horizontaler Tangente.

c) Für P_0 gilt $f_y(P_0) = 0$, also $\operatorname{grad} f(P_0) = 0$, damit ist P_0 einziger singulärer Punkt. Eine Klassifikation nach Kapitel 18.2 des Lehrbuches ist nicht möglich, da die Hesse-Matrix die Nullmatrix ist. Bei der Kurve handelt es sich um eine dreiblättrige Kleeblattkurve mit Mittelpunkt in P_0.

d) Schnittpunkte der Kurve mit der Geraden $y = x$ ergeben sich durch

$0 = f(x,x) = (x^2+x^2)^2 - x(3x^2-x^2) = 2x^3(2x-1) \quad \Rightarrow \quad x = 0 \vee x = \frac{1}{2}$.

Damit erhält man die Schnittpunkte $P_0 = (0,0)$ und $P_4 = \left(\frac{1}{2}, \frac{1}{2}\right)$. Im singulären Punkt P_0 liegt keine eindeutige Kurvensteigung vor, und im Punkt P_4 berechnet sich die Steigung nach der Formel aus dem Satz über implizite Funktionen:

$$y'\left(\frac{1}{2}\right) = -\frac{f_x\left(\dfrac{1}{2}, \dfrac{1}{2}\right)}{f_y\left(\dfrac{1}{2}, \dfrac{1}{2}\right)} = \frac{1}{2}.$$

L.18.3   Extremalprobleme mit Nebenbedingungen

Lösung 18.3.1

a) Äquivalent zur Mini- bzw. Maximierung des Abstandes ist die Mini- bzw. Maximierung des Abstandquadrates:

$$f(x,y) = \left\| \begin{pmatrix} x \\ y \end{pmatrix} - \begin{pmatrix} -1 \\ 1 \end{pmatrix} \right\|_2^2 = (x+1)^2 + (y-1)^2 .$$

Die Nebenbedingung ist durch den Kreisrand

$$g(x,y) = x^2 + y^2 - 2x + 2y + 1 = (x-1)^2 + (y+1)^2 - 1 = 0$$

gegeben. Um die Lagrange-Multiplikatoren-Regel anwenden zu können, muss für die in Frage kommenden Punkte die Regularitätsbedingung

$$\mathrm{rg}\,(Jg(x,y)) \;=\; \mathrm{rg}\,(\,2(x-1)\,,\,2(y+1)\,) \;=\; 1$$

überprüft werden. Diese ist nur im stationären Punkt $(1,-1)$ nicht erfüllt, der wegen $g(1,-1) = -1$ (Kreismittelpunkt) nicht auf dem Kreisrand liegt und somit nicht Extremalkandidat ist.

Die Lagrange-Funktion ist gegeben durch $F(x,y,\lambda) = f(x,y) + \lambda g(x,y)$, und die notwendige Bedingung für Extrema lautet:

$$\mathrm{grad}\,F = \begin{pmatrix} 2(x+1) + 2\lambda(x-1) \\ 2(y-1) + 2\lambda(y+1) \\ (x-1)^2 + (y+1)^2 - 1 \end{pmatrix} = \begin{pmatrix} 0 \\ 0 \\ 0 \end{pmatrix}.$$

Wegen $\lambda \neq -1$ erhält man aus den ersten beiden Gleichungen

$$x(2+2\lambda) = 2\lambda - 2 \Rightarrow x = \frac{\lambda-1}{\lambda+1} \quad \text{und} \quad y(2+2\lambda) = 2 - 2\lambda \Rightarrow y = -\frac{\lambda-1}{\lambda+1} .$$

Also gilt $y = -x$. Dies eingesetzt in die dritte Gleichung ergibt $x^2 - 2x + \dfrac{1}{2} = 0$

$$\Rightarrow \quad x_{1,2} = 1 \pm \frac{1}{\sqrt{2}} \quad \Rightarrow \quad y_{1,2} = -1 \mp \frac{1}{\sqrt{2}} .$$

Damit sind $P_1 = \left(1 + \dfrac{1}{\sqrt{2}}, -1 - \dfrac{1}{\sqrt{2}}\right)^T$ und $P_2 = \left(1 - \dfrac{1}{\sqrt{2}}, -1 + \dfrac{1}{\sqrt{2}}\right)^T$ Kandidaten für Extrema. Da Maximum und Minimum auf der kompakten Menge $g(x,y) = 0$ angenommen werden und außerdem $\sqrt{f(P_1)} = 1 + 2\sqrt{2}$ und $\sqrt{f(P_2)} = -1 + 2\sqrt{2}$ gilt, wird im Punkt P_1 der maximale Abstand und im Punkt P_2 der minimale Abstand angenommen.

b)

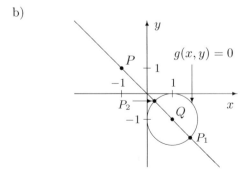

Die Punkte extremalen Abstandes liegen auf der Geraden durch den Punkt $P = (-1,1)^T$ und den Mittelpunkt $Q = (1,-1)^T$ des durch $g(x,y) = 0$ beschriebenen Kreises, also auf $y = -x$. Eingesetzt in die Kreisgleichung ergeben sich wie unter a) die Punkte P_1 und P_2. Der maximale Abstand von P zu P_1 ist gleich dem Abstand der von P zu Q, also $2\sqrt{2}$, plus dem Kreisradius $r = 1$. Entsprechend ergibt sich der minimale Abstand von P zu P_2 als $2\sqrt{2}$ minus Kreisradius.

Bild 18.3.1

Lösung 18.3.2

$Jg(x, y) = (4(x - 1), 4(y + 1)) = (0, 0)$ gilt nur für $(1, -1)$.

Dieser Punkt ist jedoch wegen $g(1, -1) = -1 \neq 0$ nicht zulässig.

Damit ist die Lagrangesche Multiplikatorregel auf alle Punkte $g(x, y) = 0$ anwendbar:

$$\begin{pmatrix} \operatorname{grad} f(x, y) + \lambda \operatorname{grad} g(x, y) \\ g(x, y) \end{pmatrix} = \begin{pmatrix} 2x e^{x^2 + y^2} + 4\lambda(x - 1) \\ 2y e^{x^2 + y^2} + 4\lambda(y + 1) \\ 2(x - 1)^2 + 2(y + 1)^2 - 1 \end{pmatrix} \overset{!}{=} \begin{pmatrix} 0 \\ 0 \\ 0 \end{pmatrix} \quad .$$

Erste Gleichung mal y minus zweite Gleichung mal x ergibt

$$0 = 4\lambda((x - 1)y - (y + 1)x) = 4\lambda(-y - x)$$

1. Fall: $\lambda = 0$
führt auf den Punkt $(0, 0)$, der wegen $g(0, 0) = 3$ nicht zulässig ist.

2. Fall: $y = -x$
$0 = g(x, -x) = 2(x - 1)^2 + 2(-x + 1)^2 - 1 = 4(x - 1)^2 - 1 \Rightarrow x = \dfrac{1}{2}, \dfrac{3}{2}$

$\Rightarrow$ die Extremalkandidaten lauten $P_1 = \begin{pmatrix} 1/2 \\ -1/2 \end{pmatrix}, P_2 = \begin{pmatrix} 3/2 \\ -3/2 \end{pmatrix}$

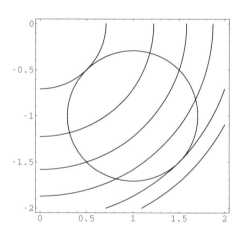

Bild 18.3.2   Höhenlinien von $f(x, y)$ und $g(x, y) = 0$

Da f stetig ist auf dem Kompaktum $g = 0$ (Kreis), nimmt f dort Maximum und Minimum an.

Funktionswerte der Extremalkandidaten: $f(P_1) = e^{1/2}$, $f(P_2) = e^{9/2}$

Damit liegt in P_1 ein Minimum und in P_2 ein Maximum vor.

Lösung 18.3.3

Bestimmt werden sollen die Extrema der Funktion $f(x, y, z) = x^2$ unter den Nebenbedingungen

$$\mathbf{g}(x, y, z) = \begin{pmatrix} g_1(x, y, z) \\ g_2(x, y, z) \end{pmatrix} = \begin{pmatrix} x^2 + y^2 + z^2 - 1 \\ x - z \end{pmatrix} = \mathbf{0} \; .$$

Um die Lagrange-Multiplikatoren-Regel anwenden zu können, muss für die in Frage kommenden Punkte die Regularitätsbedingung

$$\operatorname{rg} \left(\mathbf{Jg}(x, y, z) \right) = \operatorname{rg} \begin{pmatrix} 2x & 2y & 2z \\ 1 & 0 & -1 \end{pmatrix} = 2$$

überprüft werden. Die zweite Nebenbedingung lautet $x = z$, und damit ist rg $(Jg) = 1$ nur für $x = y = z = 0$ möglich, was der ersten Nebenbedingung widerspricht. Damit erfüllen alle Extremalkandidaten, die sich aus der Lagrange-Multiplikatoren-Regel ergeben, die Regularitätsbedingung.

Die Lagrange-Funktion ist gegeben durch

$$F(x, y, z, \lambda_1, \lambda_2) = f(x, y, z) + \lambda_1 g_1(x, y, z) + \lambda_2 g_2(x, y, z) ,$$

und die notwendige Bedingung für Extrema lautet:

$$(\text{grad } F)^T = \begin{pmatrix} 2x + 2\lambda_1 x + \lambda_2 \\ 2\lambda_1 y \\ 2\lambda_1 z - \lambda_2 \\ x^2 + y^2 + z^2 - 1 \\ x - z \end{pmatrix} = \begin{pmatrix} 0 \\ 0 \\ 0 \\ 0 \\ 0 \end{pmatrix} .$$

1. Fall: $\lambda_1 = 0$ $\Rightarrow$ $\lambda_2 = 0$ $\Rightarrow$ $x = z = 0$ $\Rightarrow$ $y = \pm 1$

2. Fall: $y = 0$, mit $x = z$ $\Rightarrow$ $2x^2 = 1$ $\Rightarrow$ $x = z = \pm \dfrac{1}{\sqrt{2}}$

Extremalkandidaten sind also

$$P_1 = \begin{pmatrix} 0 \\ 1 \\ 0 \end{pmatrix}, \quad P_2 = \begin{pmatrix} 0 \\ -1 \\ 0 \end{pmatrix}, \quad P_3 = \begin{pmatrix} \dfrac{1}{\sqrt{2}} \\ 0 \\ \dfrac{1}{\sqrt{2}} \end{pmatrix}, \quad P_4 = \begin{pmatrix} -\dfrac{1}{\sqrt{2}} \\ 0 \\ -\dfrac{1}{\sqrt{2}} \end{pmatrix} .$$

Da die Nebenbedingungsmenge $\mathbf{g}(x, y, z) = \mathbf{0}$ eine Ellipse und damit kompakt ist, werden Maximum und Minimum von f auf dieser Menge angenommen. Wegen $f(P_{1,2}) = 0$ und $f(P_{3,4}) = \dfrac{1}{2}$ liegen die Minima in den Punkten P_1 und P_2 und die Maxima in den Punkten P_3 und P_4.

Lösung 18.3.4

Bestimmt werden sollen die Extrema der Funktion $f(x, y, z) = x + y + z$ unter den Nebenbedingungen

$$\mathbf{g}(x, y, z) = \begin{pmatrix} g_1(x, y, z) \\ g_2(x, y, z) \end{pmatrix} = \begin{pmatrix} x^2 + y^2 + z^2 - 3 \\ x + y - 2z \end{pmatrix} = \mathbf{0} .$$

Um die Lagrange-Multiplikatoren-Regel anwenden zu können, muss für die zulässigen Punkte ($\mathbf{g}(x, y, z) = \mathbf{0}$) die Regularitätsbedingung

$$\text{rg } (\mathbf{Jg}(x, y, z)) = \text{rg} \begin{pmatrix} 2x & 2y & 2z \\ 1 & 1 & -2 \end{pmatrix} = 2$$

überprüft werden. Es stellt sich heraus, dass für alle zulässigen Punkte rg $\mathbf{Jg}(x, y, z) = 2$ gilt, denn für

$(2x, 2y, 2z) = \lambda(1, 1, -2)$ mit $\lambda = 0$ gilt $(x, y, z) = (0, 0, 0)$ und damit $g_1(0, 0, 0) = -3 \neq 0$ und für

$(2x, 2y, 2z) = \lambda(1, 1, -2)$ mit $\lambda \neq 0$ folgt $x = y = \lambda/2$ und $z = -\lambda$, also $g_2(\lambda/2, \lambda/2, \lambda) = 3\lambda \neq 0$.

Die Lagrange-Funktion ist gegeben durch

$$F(x, y, z) = f(x, y, z) + \lambda_1 g_1(x, y, z) + \lambda_2 g_2(x, y, z) ,$$

und die notwendige Bedingung für Extrema lautet:

$$\begin{pmatrix} \nabla F(x, y, z) \\ g_1(x, y, z) \\ g_2(x, y, z) \end{pmatrix} = \begin{pmatrix} 1 + 2\lambda_1 x + \lambda_2 \\ 1 + 2\lambda_1 y + \lambda_2 \\ 1 + 2\lambda_1 z - 2\lambda_2 \\ x^2 + y^2 + z^2 - 3 \\ x + y - 2z \end{pmatrix} = \begin{pmatrix} 0 \\ 0 \\ 0 \\ 0 \\ 0 \end{pmatrix} .$$

Multipliziert man die erste Gleichung mit y und die zweite mit x und bildet die Differenz, so folgt

$$(1 + \lambda_2)(y - x) = 0\,.$$

1. Fall: $\lambda_2 = -1$ (1. + 2. Gl.) $\Rightarrow$ $2\lambda_1 x = 0 = 2\lambda_1 y$

$\lambda_1 = 0$ und $\lambda_2 = -1$ widersprechen der dritten Gleichung.

$x = y = 0$ zieht wegen $0 = g_2(0,0,z) = -2z$ auch $z = 0$ und damit den nicht zulässigen Punkt $(0,0,0)$ nach sich.

2. Fall: $x = y$, mit $0 = g_2(x,x,z) = x + x - 2z$ folgt $x = y = z$.

Mit $0 = g_1(x,x,x) = x^2 + x^2 + x^2 - 3 = 0$ folgt $x = \pm 1$.

Extremalkandidaten sind also

$$P_1 = \begin{pmatrix} 1 \\ 1 \\ 1 \end{pmatrix}, \quad P_2 = -\begin{pmatrix} 1 \\ 1 \\ 1 \end{pmatrix}.$$

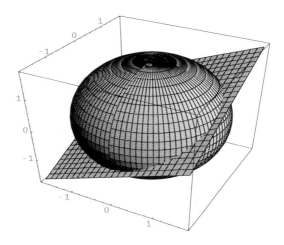

Bild 18.3.4   Kugeloberfläche $x^2 + y^2 + z^2 = 3$ mit der Ebene $x + y - 2z = 0$

Klassifikationsalternativen:

a) Da die Nebenbedingungsmenge $\mathbf{g}(x,y,z) = \mathbf{0}$, also der Schnitt der Kugel $g_1 = 0$ mit der Ebene $g_2 = 0$ durch Null, ein Kreis und damit kompakt ist, werden Maximum und Minimum von f auf dieser Menge angenommen.

Wegen $f(P_1) = 3$ und $f(P_2) = -3$ ist P_1 (globales) Maximum und P_2 (globales) Minimum.

b) Wäre dieser Kompaktheitsschluss nicht möglich, so müsste die Definitheitseigenschaft von $\mathbf{H}F(P_{1,2})$ auf dem Tangentialraum $TG(P_{1,2})$ untersucht werden.

$$\mathbf{H}F(x,y,z) = 2\lambda_1 \begin{pmatrix} 1 & 0 & 0 \\ 0 & 1 & 0 \\ 0 & 0 & 1 \end{pmatrix}$$

λ_1 und λ_2 berechnen sich wegen $x = y = z = \pm 1$ aus den ersten drei Gleichungen:

$$\begin{pmatrix} 2x & 1 \\ 2x & -2 \end{pmatrix} \begin{pmatrix} \lambda_1 \\ \lambda_2 \end{pmatrix} = -\begin{pmatrix} 1 \\ 1 \end{pmatrix} \quad \Rightarrow \quad \lambda_2 = 0\,, \ \lambda_1 = -\frac{1}{2x}$$

Für P_2 ergibt sich $\lambda_1 = \dfrac{1}{2}$. Damit ist $\mathbf{H}F(P_2) = \mathbf{I}_3$ global positiv definit, also auch auf dem Tangentialraum $TG(P_2)$. P_2 ist daher ein strenges lokales Minimum. Entsprechend ergibt sich für P_1 globale negative Definitheit. P_1 ist damit strenges lokales Maximum.

c) Besäße $\mathbf{H}F(P_{1,2})$ keine globale Definitheitseigenschaft, so müsste die Definitheit auf dem Tangentialraum

$$TG(P_{1,2}) = \text{Kern } \mathbf{Jg}(P_{1,2}) = \text{Kern} \begin{pmatrix} \pm 2 & \pm 2 & \pm 2 \\ 1 & 1 & -2 \end{pmatrix} = \text{Spann} \underbrace{\begin{pmatrix} 1 \\ -1 \\ 0 \end{pmatrix}}_{=\mathbf{y}}$$

überprüft werden.

Es gilt $\mathbf{y}^T\mathbf{H}F(P_2)\mathbf{y} = 2\lambda_1\mathbf{y}^T\mathbf{y} = 2 > 0$. Damit ist auf $TG(P_2)$ positive Definitheit gegeben und P_2 ist ein strenges lokales Minimum. Entsprechend ergibt sich P_1 wieder als strenges lokales Maximum.

Lösung 18.3.5

a) Die Menge $M = \left\{ \begin{pmatrix} x \\ y \end{pmatrix} \in \mathbb{R}^2 \,\middle|\, x^2 + 4y^2 = 1 \right\}$ beschreibt eine Ellipse, insbesondere ist M kompakt und $f(x,y) = x^2 - 2(y+1)^2$ nimmt als stetige Funktion Maximum und Minimum auf M an.

Für die Nebenbedingung $g(x,y) = x^2 + 4y^2 - 1$ ergibt sich $\text{grad } g(x,y) = (2x, 8y) = (0,0)$ nur für $(x,y) = (0,0)$. Dieser Punkt liegt jedoch nicht auf dem Rand, d.h., die Regularitätsbedingung ist in allen Randpunkten erfüllt.

Mit der Lagrange-Funktion

$$F(x,y,\lambda) = x^2 - 2(y+1)^2 + \lambda\left(x^2 + 4y^2 - 1\right)$$

erhält man

$$\nabla F(x,y,\lambda) = \begin{pmatrix} 2x + 2\lambda x \\ -4(y+1) + 8\lambda y \\ x^2 + 4y^2 - 1 \end{pmatrix} = \begin{pmatrix} 0 \\ 0 \\ 0 \end{pmatrix}.$$

1. Fall: $x = 0 \;\Rightarrow\; y = \pm\dfrac{1}{2} \;\Rightarrow\; P_1 = \begin{pmatrix} 0 \\ \frac{1}{2} \end{pmatrix},\quad P_2 = \begin{pmatrix} 0 \\ -\frac{1}{2} \end{pmatrix}$

2. Fall: $\lambda = -1 \;\Rightarrow\; y = -\dfrac{1}{3} \;\Rightarrow\; x = \pm\dfrac{\sqrt{5}}{3}$

$$\Rightarrow\quad P_3 = \begin{pmatrix} \frac{\sqrt{5}}{3} \\ -\frac{1}{3} \end{pmatrix},\quad P_4 = \begin{pmatrix} -\frac{\sqrt{5}}{3} \\ -\frac{1}{3} \end{pmatrix}$$

Die Funktionswerte der stationären Punkte auf dem Rand lauten

$$f(P_1) = -\frac{9}{2}, \quad f(P_2) = -\frac{1}{2}, \quad f(P_3) = -\frac{1}{3}, \quad f(P_4) = -\frac{1}{3}.$$

Auf M sind dann P_3 und P_4 globale Maxima, P_1 ist globales Minimum und P_2 lokales Minimum.

b) Im Inneren der Ellipse M ergeben sich alle stationären Punkte aus:

$$\nabla f = \begin{pmatrix} 2x \\ -4(y+1) \end{pmatrix} = \begin{pmatrix} 0 \\ 0 \end{pmatrix} \;\Rightarrow\; \begin{pmatrix} x \\ y \end{pmatrix} = \begin{pmatrix} 0 \\ -1 \end{pmatrix}.$$

Dieser Sattelpunkt liegt jedoch außerhalb der Ellipse, d.h., es gibt im Inneren keine Extrema.

Da auch die Menge Z kompakt ist, bleiben P_3 und P_4 globale Maxima und P_1 globales Minimum. Der Punkt P_2 ist bezüglich Z nur noch Sattelpunkt, denn $d = (0,1)^T$ ist wegen

$$\text{grad } f(P_2) \cdot d = (0,-2)\begin{pmatrix} 0 \\ 1 \end{pmatrix} = -2 < 0$$

Abstiegsrichtung ins Innere von Z.

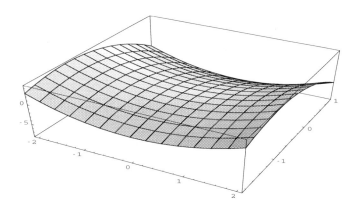

Bild 18.3.5 $f(x,y) = x^2 - 2(y+1)^2$

Lösung 18.3.6

Die Menge $E = \left\{ \begin{pmatrix} x \\ y \end{pmatrix} \in \mathbb{R}^2 \,\middle|\, x^2 + \dfrac{y^2}{4} \le 1 \right\}$ beschreibt eine Ellipse, insbesondere ist E

kompakt und $f(x,y) = x^2 - \dfrac{xy}{2} + \dfrac{y^2}{4} - x$ besitzt als stetige Funktion Maximum und Minimum auf E.

Stationäre Punkte ohne Nebenbedingung ergeben sich aus der Bedingung

$$\nabla f = \begin{pmatrix} 2x - \dfrac{y}{2} - 1 \\ -\dfrac{x}{2} + \dfrac{y}{2} \end{pmatrix} = \begin{pmatrix} 0 \\ 0 \end{pmatrix} \;\Rightarrow\; x = y \;\wedge\; \frac{3}{2}x = 1\,.$$

Damit ist $P_0 = \dfrac{2}{3} \begin{pmatrix} 1 \\ 1 \end{pmatrix}$ einziger stationärer Punkt. Er liegt zudem im Inneren von E.

Da $\mathbf{H}f(x,y) = \begin{pmatrix} 2 & -\dfrac{1}{2} \\ -\dfrac{1}{2} & \dfrac{1}{2} \end{pmatrix}$ auf ganz $\mathbb{R}^2$ positiv definit ist, ist P_0 striktes lokales Minimum mit

dem Funktionswert $f(P_0) = -\dfrac{1}{3}$. Stationäre Punkte auf dem Rand $x^2 + \dfrac{y^2}{4} = 1$ erhält man aus der Lagrange-Multiplikatoren-Regel.

Für die Nebenbedingung $g(x,y) = x^2 + \dfrac{y^2}{4} - 1$ ergibt sich $\operatorname{grad} g(x,y) = \left(2x, \dfrac{y}{2}\right) = (0,0)$ nur im Nullpunkt, welcher nicht auf dem Rand liegt. Die Regularitätsbedingung ist also in allen Randpunkten erfüllt. Mit der Lagrange-Funktion

$$F(x,y,\lambda) = x^2 - \frac{xy}{2} + \frac{y^2}{4} - x + \lambda\left(x^2 + \frac{y^2}{4} - 1\right)$$

erhält man

$$\nabla F(x,y,\lambda) = \begin{pmatrix} 2x - \dfrac{y}{2} - 1 + 2\lambda x \\ -\dfrac{x}{2} + \dfrac{y}{2} + \dfrac{\lambda y}{2} \\ x^2 + \dfrac{y^2}{4} - 1 \end{pmatrix} = \begin{pmatrix} 0 \\ 0 \\ 0 \end{pmatrix}.$$

Die ersten beiden Gleichungen führen mit $\mu = 2(1 + \lambda)$ auf

$$\underbrace{\begin{pmatrix} \mu & -\dfrac{1}{2} \\ -\dfrac{1}{2} & \dfrac{\mu}{4} \end{pmatrix}}_{=\mathbf{A}(\mu)} \begin{pmatrix} x \\ y \end{pmatrix} = \begin{pmatrix} 1 \\ 0 \end{pmatrix}.$$

Für $\det \mathbf{A}(\mu) = \dfrac{\mu^2 - 1}{4} = 0$, d.h. $\mu = \pm 1$, besitzt das Gleichungssystem keine Lösung, sonst wird es gelöst durch

$$\begin{pmatrix} x \\ y \end{pmatrix} = \begin{pmatrix} \dfrac{\mu}{\mu^2 - 1} \\ \dfrac{2}{\mu^2 - 1} \end{pmatrix}.$$

In die dritte Gleichung eingesetzt, ergibt sich

$$1 = x^2 + \frac{y^2}{4} = \frac{\mu^2 + 1}{(\mu^2 - 1)^2} \quad \Rightarrow \quad \mu = 0 \vee \mu = \pm\sqrt{3}.$$

Man erhält damit die drei stationären Punkte auf dem Rand

$$P_1 = \begin{pmatrix} 0 \\ -2 \end{pmatrix}, \quad P_2 = \begin{pmatrix} -\dfrac{\sqrt{3}}{2} \\ 1 \end{pmatrix}, \quad P_3 = \begin{pmatrix} \dfrac{\sqrt{3}}{2} \\ 1 \end{pmatrix},$$

mit den Funktionswerten

$$f(P_1) = 1, \quad f(P_2) = \frac{4 + 3\sqrt{3}}{4} = 2.29\ldots, \quad f(P_3) = \frac{4 - 3\sqrt{3}}{4} = -0.299\ldots$$

Daraus ergibt sich für E, dass P_0 globales Minimum und P_2 globales Maximum ist. P_1 und P_3 sind dann Sattelpunkte.

L.18.4   Das Newton-Verfahren

Lösung 18.4.1

a) $\mathbf{F}(x, y) = 4 \cdot \begin{pmatrix} (x - 1) \cdot ((x-1)^2 + (y+1)^2 - 1)) \\ (y + 1) \cdot ((x-1)^2 + (y+1)^2 - 1)) \end{pmatrix}$

$\mathbf{JF}(x, y) = 4 \cdot \begin{pmatrix} 3(x-1)^2 + (y+1)^2 - 1 & 2(x-1)(y+1) \\ 2(x-1)(y+1) & (x-1)^2 + 3(y+1)^2 - 1 \end{pmatrix}$

b) Das Newton-Verfahren $\mathbf{JF}(\mathbf{x}^k)\Delta\mathbf{x}^k = -\mathbf{F}(\mathbf{x}^k)$ mit
$\mathbf{x}^k = (x_k, y_k)^T$ und $\Delta\mathbf{x}^k = (x_{k+1} - x_k, y_{k+1} - y_k)^T$ lautet:

$$\begin{pmatrix} 3(x_k - 1)^2 + (y_k + 1)^2 - 1 & 2(x_k - 1)(y_k + 1) \\ 2(x_k - 1)(y_k + 1) & (x_k - 1)^2 + 3(y_k + 1)^2 - 1 \end{pmatrix} \begin{pmatrix} x_{k+1} - x_k \\ y_{k+1} - y_k \end{pmatrix}$$

$$= -\begin{pmatrix} (x_k - 1)^3 + (x_k - 1)(y_k + 1)^2 - (x_k - 1) \\ (x_k - 1)^2(y_k + 1) + (y_k + 1)^3 - (y_k + 1) \end{pmatrix}$$

Mit dem Startvektor $\mathbf{x}^0 = (1.21, -1.15)^T$ ergibt sich

k	x_k	y_k	$\max\{|x_{k+1} - x_k|, |y_{k+1} - y_k|\}$
0	1.2100000	−1.1500000	
1	0.9650437	−0.9923381	0.2449563
2	1.0000900	−1.0000009	0.0350461
3	1.0000000	−1.0000000	0.0000899
4	1.0000000	−1.0000000	0.0000000

c) Der unter b) berechnete stationäre Punkt $(1, -1)$ ist ein strenges lokales Maximum, denn die Hesse-Matrix von f

$$\mathbf{H}f(1, -1) \;=\; \mathbf{JF}(1, -1) \;=\; \begin{pmatrix} -4 & 0 \\ 0 & -4 \end{pmatrix}$$

ist negativ definit. Alle anderen stationären Punkte liegen nach a) auf dem Kreis $(x - 1)^2 + (y + 1)^2 = 1$ um das Maximum. Es stellt sich heraus, dass es sich hierbei um lokale Minima handelt.

d)

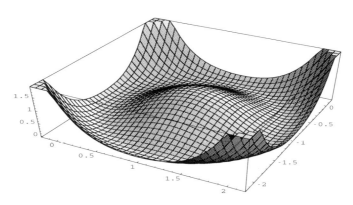

Bild 18.4.1 $f(x, y) = (x - 1)^4 + 2(x - 1)^2(y + 1)^2 + (y + 1)^4 - 2(x - 1)^2 - 2(y + 1)^2 + 1$

Lösung 18.4.2

a) Für die Newton-Folge $\mathbf{y}^k$ zu $\mathbf{h}(\mathbf{y})$ mit Startwert $\mathbf{y}^0 = \mathbf{A}^{-1}\mathbf{x}^0$ ergibt sich:

$$\mathbf{y}^{k+1} = \mathbf{y}^k - \left(\mathbf{Jh}(\mathbf{y}^k)\right)^{-1}\mathbf{h}(\mathbf{y}^k) = \mathbf{y}^k - \left(\mathbf{J}\left(\mathbf{f}(\mathbf{Ay}^k)\right)\right)^{-1}\mathbf{f}(\mathbf{Ay}^k) = \mathbf{y}^k - \left(\mathbf{Jf}(\mathbf{Ay}^k)\mathbf{A}\right)^{-1}\mathbf{f}(\mathbf{Ay}^k)$$

$$\Rightarrow \quad \mathbf{Ay}^{k+1} = \mathbf{Ay}^k - \left(\mathbf{Jf}(\mathbf{Ay}^k)\right)^{-1}\mathbf{f}(\mathbf{Ay}^k)\,.$$

Setzt man $\mathbf{x}^k = \mathbf{Ay}^k$, so ist dies gerade die Newton-Folge zu $\mathbf{f}$ mit Startwert $\mathbf{x}^0$.

b) Berechnet man die Newton-Folge $\mathbf{x}^k$ zu $\mathbf{g}(x) = \mathbf{B} \cdot \mathbf{f}(\mathbf{x})$, so ergibt sich:

$$\begin{aligned}
\mathbf{x}^{k+1} &= \mathbf{x}^k - \left(\mathbf{Jg}(\mathbf{x}^k)\right)^{-1}\mathbf{g}(\mathbf{x}^k) = \mathbf{x}^k - \left(\mathbf{J}\left(\mathbf{Bf}(\mathbf{x}^k)\right)\right)^{-1}\mathbf{Bf}(\mathbf{x}^k) \\
&= \mathbf{x}^k - \left(\mathbf{BJf}(\mathbf{x}^k)\right)^{-1}\mathbf{Bf}(\mathbf{x}^k) = \mathbf{x}^k - \left(\mathbf{Jf}(\mathbf{x}^k)\right)^{-1}\mathbf{f}(\mathbf{x}^k)\,.
\end{aligned}$$

Die Newton-Folge zu $\mathbf{g}$ stimmt also mit der zu $\mathbf{f}$ überein.

L.19 Integralrechnung mehrerer Variabler

L.19.1 Bereichsintegrale

Lösung 19.1.1

a)
$$U_f(Z) = \sum_{i,j=1}^{n} \inf_{(x,y)\in Q_{i,j}} (f(x,y)) \cdot \text{Vol}\,(Q_{i,j})$$

$$= \sum_{i=1}^{n} \left(\sum_{j=1}^{n} \left(1 + \frac{i-1}{n} - 2\frac{2j}{n} + 3 \right) \cdot \frac{2}{n^2} \right)$$

$$= \frac{2}{n^3} \sum_{i=1}^{n} \left(\sum_{j=1}^{n} (4n + (i-1) - 4j) \right)$$

$$= \frac{2}{n^3} \sum_{i=1}^{n} \left(4n^2 + n(i-1) - 4\frac{n(n+1)}{2} \right)$$

$$= \frac{2}{n^3} \left(4n^3 + n\frac{(n-1)n}{2} - 4\frac{n^2(n+1)}{2} \right)$$

$$= \frac{8n^3 + n^3 - n^2 - 4n^3 - 4n^2}{n^3} = 5 - \frac{5}{n}$$

$$O_f(Z) = \sum_{i,j=1}^{n} \sup_{(x,y)\in Q_{i,j}} (f(x,y)) \cdot \text{Vol}\,(Q_{i,j})$$

$$= \sum_{i=1}^{n} \left(\sum_{j=1}^{n} \left(1 + \frac{i}{n} - 2\frac{2(j-1)}{n} + 3 \right) \cdot \frac{2}{n^2} \right)$$

$$= \cdots = 5 + \frac{5}{n}$$

b)
$$\int_Q f(x,y)\,d(x,y) = \int_1^2 \left(\int_0^2 x - 2y + 3\,dy \right) dx = \int_1^2 xy - y^2 + 3y \Big|_0^2 dx$$

$$= \int_1^2 2x - 4 + 6\,dx = x^2 + 2x \Big|_1^2 = 5$$

Man erhält natürlich:

$$5 - \frac{5}{n} = U_f(Z) \leq \int_Q f(x,y)\,d(x,y) = 5 \leq O_f(Z) = 5 + \frac{5}{n}\,.$$

Lösung 19.1.2

a)
$$\int_a^b \int_c^d h(x,y)\,dy\,dx = \int_a^b \left(\int_c^d f(x)g(y)\,dy \right) dx$$

$$= \int_a^b f(x) \left(\int_c^d g(y)\,dy \right) dx = \int_a^b f(x)\,dx \cdot \int_c^d g(y)\,dy$$

b)
$$\int_0^1 \int_0^{\pi/2} \sinh x \cos y\,dy\,dx = \int_0^1 \sinh x\,dx \cdot \int_0^{\pi/2} \cos y\,dy = \cosh x\,\big|_0^1 \cdot \sin y\big|_0^{\pi/2} = \cosh 1 - 1$$

Aufgaben und Lösungen zu Mathematik für Ingenieure 2. 4. Auflage.
Rainer Ansorge, Hans Joachim Oberle, Kai Rothe, Thomas Sonar
© 2011 WILEY-VCH Verlag GmbH & Co. KGaA. Published 2011 by WILEY-VCH Verlag GmbH & Co. KGaA.

Lösung 19.1.3

a) $\displaystyle\int_0^1\int_{-1}^2 4x-y\,dy\,dx \;=\; \int_0^1\left(4xy-\frac{y^2}{2}\right)\Big|_{-1}^2\,dx \;=\; \int_0^1 12x-\frac{3}{2}\,dx \;=\; \frac{9}{2}$

b) $\displaystyle\int_0^{\pi/2}\int_0^{\pi}\cos(x+y)\,dy\,dx \;=\; \int_0^{\pi/2}\sin(x+y)\big|_0^{\pi}\,dx \;=\; \int_0^{\pi/2}\sin(x+\pi)-\sin x\,dx$

$\displaystyle \quad=\; (-\cos(x+\pi)+\cos x)\big|_0^{\pi/2} \;=\; -2$

c) $\displaystyle\int_{-1}^2\int_0^1\int_0^{e-1}\frac{x^2+e^y}{z+1}\,dz\,dy\,dx \;=\; \int_{-1}^2\int_0^1 (x^2+e^y)\ln|z+1|\big|_0^{e-1}\,dy\,dx$

$\displaystyle \quad=\; \int_{-1}^2 (x^2y+e^y)\big|_0^1\,dx \;=\; \int_{-1}^2 x^2+e-1\,dx \;=\; 3e$

d) $\displaystyle\int_1^2\int_1^2\int_1^2 \ln x+y^2e^z\,dz\,dy\,dx \;=\; \int_1^2\int_1^2 \left(z\ln x+y^2e^z\right)\big|_1^2\,dy\,dx \;=\; \int_1^2\int_1^2 \ln x+y^2(e^2-e)\,dy\,dx$

$\displaystyle \quad=\; \int_1^2\left(y\ln x+\frac{y^3}{3}(e^2-e)\right)\Big|_1^2\,dx \;=\; \int_1^2 \ln x+\frac{7}{3}(e^2-e)\,dx \;=\; 2\ln 2-1+\frac{7}{3}(e^2-e)$

Lösung 19.1.4

a) Die Höhenlinie $\quad 0=(x^2+y^2)^2-x^2+y^2=y^4+y^2(2x^2+1)+x^2(x^2-1)$

kann nur reelle Lösungen für $x^2-1\le 0\Leftrightarrow -1\le x\le 1$ besitzen. Auflösen der biquadratischen Gleichung in y ergibt wiederum nur reelle Lösungen für

$$y_{1,2} \;=\; \pm\sqrt{-\frac{2x^2+1}{2}+\sqrt{\frac{(2x^2+1)^2}{4}-x^2(x^2-1)}}$$

$$\;=\; \pm\sqrt{-x^2-\frac{1}{2}+\frac{1}{2}\sqrt{8x^2+1}}$$

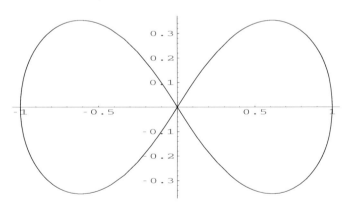

Bild 19.1.4 c)   Lemniskate L

$$L=\left\{\begin{pmatrix}x\\y\end{pmatrix}\in\mathbb{R}^2\;\middle|\;\begin{array}{c}-1\le x\le 1\ \text{und}\\[4pt]-\sqrt{-x^2-\frac{1}{2}+\frac{1}{2}\sqrt{8x^2+1}}\le y\le\sqrt{-x^2-\frac{1}{2}+\frac{1}{2}\sqrt{8x^2+1}}\end{array}\right\}$$

b) Ellipsoid $\quad x^2+4y^2+9z^2\le 1$

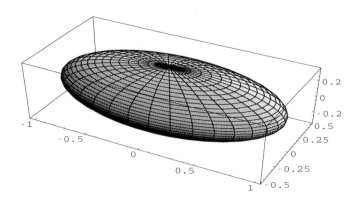

Bild 19.1.4 d)   Ellipsoid E

$$E = \left\{ \begin{pmatrix} x \\ y \\ z \end{pmatrix} \in \mathbb{R}^3 \; \middle| \; \begin{array}{c} -1 \leq x \leq 1, \\[4pt] -\frac{1}{2}\sqrt{1-x^2} \leq y \leq \frac{1}{2}\sqrt{1-x^2}, \\[4pt] -\frac{1}{3}\sqrt{1-x^2-4y^2} \leq z \leq \frac{1}{3}\sqrt{1-x^2-4y^2} \end{array} \right\}$$

Lösung 19.1.5

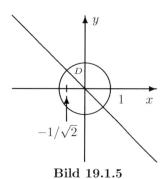

Bild 19.1.5

Die Schnittmenge kann als Normalbereich geschrieben werden:

$$D = \{(x,y) \mid -\frac{1}{\sqrt{2}} \leq x \leq 0 \; \wedge \; -x \leq y \leq \sqrt{1-x^2}\}.$$

Der Flächeninhalt (Achtelkreis) berechnet sich damit durch

$$F = \int_D 1 \, d(x,y) = \int_{-1/\sqrt{2}}^{0} \int_{-x}^{\sqrt{1-x^2}} 1 \, dy \, dx = \int_{-1/\sqrt{2}}^{0} y \, |_{-x}^{\sqrt{1-x^2}} \, dx$$

$$= \int_{-1/\sqrt{2}}^{0} \sqrt{1-x^2} + x \, dx = \frac{1}{2}\left(\arcsin x + x\sqrt{1-x^2} + x^2\right)\Big|_{-1/\sqrt{2}}^{0} = \frac{\pi}{8} \, .$$

Für den Schwerpunkt werden die folgenden Integrale benötigt:

$$\int_D x \, d(x,y) = \int_{-1/\sqrt{2}}^{0} \int_{-x}^{\sqrt{1-x^2}} x \, dy \, dx = \int_{-1/\sqrt{2}}^{0} x(\sqrt{1-x^2} + x) \, dx = \frac{\sqrt{2}-2}{6}$$

$$\int_D y \, d(x,y) = \int_{-1/\sqrt{2}}^{0} \int_{-x}^{\sqrt{1-x^2}} y \, dy \, dx = \frac{1}{2}\int_{-1/\sqrt{2}}^{0} (1-x^2) - x^2 \, dx = \frac{2}{3\sqrt{8}}$$

Damit ergibt sich der Schwerpunkt

$$\begin{pmatrix} x_s \\ y_s \end{pmatrix} = \frac{\int_D 3 \cdot \begin{pmatrix} x \\ y \end{pmatrix} d(x,y)}{\int_D 3 \, d(x,y)} = \frac{8}{\pi} \begin{pmatrix} \int_D x \, d(x,y) \\ \int_D y \, d(x,y) \end{pmatrix} \approx \begin{pmatrix} -0.2486 \\ 0.6002 \end{pmatrix} \, .$$

Lösung 19.1.6

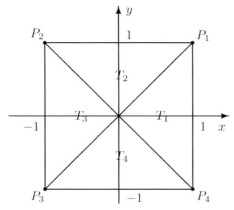

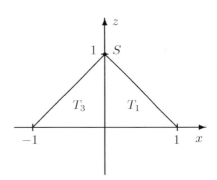

Schnitt der Pyramide mit $z = 0$ Schnitt der Pyramide mit $y = 0$

Bild 19.1.6

a) Für die Pyramide gilt $D = T_1 \cup T_2 \cup T_3 \cup T_4$, wobei T_i die aus der Zeichnung abzulesenden Tetraeder sind. Der Tetraeder T_1 beispielsweise lässt sich in folgender Weise als Normalbereich beschreiben:

$$T_1 = \left\{ \begin{pmatrix} x \\ y \\ z \end{pmatrix} \in \mathbb{R}^3 \,\middle|\, 0 \le x \le 1 \,\wedge\, -x \le y \le x \,\wedge\, 0 \le z \le 1 - x \right\}.$$

Damit ergibt sich das Trägheitsmoment bezüglich der z-Achse

$$\Theta_z = \int_D \rho\, r^2(\mathbf{x})\, d\mathbf{x} = 4\rho \int_{T_1} x^2 + y^2\, d(x,y,z) = 4\rho \int_0^1 \int_{-x}^x \int_0^{1-x} x^2 + y^2\, dz\, dy\, dx$$

$$= 4\rho \int_0^1 \int_{-x}^x (1-x)(x^2+y^2)\, dy\, dx = 8\rho \int_0^1 (1-x)\left(x^2 y + \frac{y^3}{3}\right)\bigg|_0^x dx = \frac{32\rho}{3} \int_0^1 (1-x)x^3\, dx = \frac{8\rho}{15}.$$

b) Mit Hilfe von Zylinderkoordinaten

$$\begin{pmatrix} x \\ y \\ z \end{pmatrix} = \Phi(r,\varphi,z) = \begin{pmatrix} r\cos\varphi \\ r\sin\varphi \\ z \end{pmatrix} \qquad (\Rightarrow \det(\mathbf{J}\Phi(r,\varphi,z)) = r)$$

wird der Quader

$$Q = \left\{ \begin{pmatrix} r \\ \varphi \\ z \end{pmatrix} \in \mathbb{R}^3 \,\middle|\, 1 \le r \le 2 \,\wedge\, 0 \le \varphi \le 2\pi \,\wedge\, 0 \le z \le 1 \right\}$$

auf das Rohr R transformiert, d.h., es gilt $R = \Phi(Q)$. Damit ergibt sich das Trägheitsmoment bezüglich der z-Achse

$$\Theta_z = \int_R \rho\, r^2(\mathbf{x})\, d\mathbf{x} = \int_Q \rho\, r^2\, |\det(\mathbf{J}\Phi(r,\varphi,z))|\, d(r,\varphi,z)$$

$$= \rho \int_0^1 \int_0^{2\pi} \int_1^2 r^3\, dr\, d\varphi\, dz = \rho \int_0^1 dz \int_0^{2\pi} d\varphi \int_1^2 r^3\, dr = \frac{15\pi\rho}{2}.$$

Lösung 19.1.7
Die Transformation

$$\begin{pmatrix} u \\ v \end{pmatrix} = \Psi(x,y) = \begin{pmatrix} x+y \\ x-y \end{pmatrix} = \underbrace{\begin{pmatrix} 1 & 1 \\ 1 & -1 \end{pmatrix}}_{=:\mathbf{A}} \begin{pmatrix} x \\ y \end{pmatrix}$$

transformiert das Rechteck R in das Rechteck

$$\tilde{R} = \left\{ \begin{pmatrix} u \\ v \end{pmatrix} \in \mathbb{R}^2 \;\middle|\; -1 \le u \le 1 \;\;\wedge\;\; 0 \le v \le 2 \right\},$$

d.h. $\tilde{R} = \Psi(R)$. Beide Rechtecke sind kompakte und messbare Mengen.

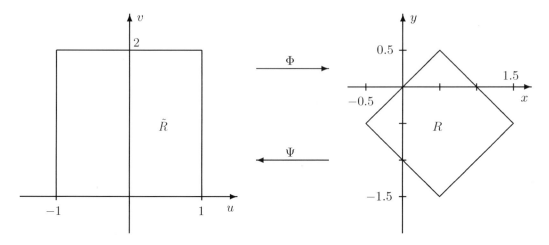

Bild 19.1.7

Die Umkehrabbildung $\Phi = \Psi^{-1}$ ergibt sich durch Invertieren der regulären Matrix $\mathbf{A}$:

$$\begin{pmatrix} x \\ y \end{pmatrix} = \Phi(u,v) = \frac{1}{2} \begin{pmatrix} u+v \\ u-v \end{pmatrix} = \underbrace{\frac{1}{2} \begin{pmatrix} 1 & 1 \\ 1 & -1 \end{pmatrix}}_{=\mathbf{A}^{-1}} \begin{pmatrix} u \\ v \end{pmatrix}.$$

Damit ist Φ auf $\tilde{R}$ ein C^1-Diffeomorphismus, und der Transformationssatz kann zur Flächenberechnung von R angewendet werden:

$$\int_R 1\, d(x,y) = \int_{\tilde{R}} |\det(\mathbf{J}\Phi(u,v))|\, d(u,v) = \int_{-1}^{1} \int_{0}^{2} |\det \mathbf{A}^{-1}|\, dv\, du = 2.$$

Lösung 19.1.8

a) Mit den Zylinderkoordinaten

$$\begin{pmatrix} x \\ y \\ z \end{pmatrix} = \Phi(r,\varphi,y) = \begin{pmatrix} r\cos\varphi \\ y \\ r\sin\varphi \end{pmatrix} \qquad (\Rightarrow \det(\mathbf{J}\Phi(r,\varphi,y)) = r)$$

wird E transformiert auf

$$\Phi^{-1}(E) = \left\{ \begin{pmatrix} r \\ \varphi \\ y \end{pmatrix} \in \mathbb{R}^3 \;\middle|\; 0 \le r \le 3 \wedge 0 \le \varphi \le 2\pi \wedge -\frac{\sqrt{9-r^2}}{2} \le y \le \frac{\sqrt{9-r^2}}{2} \right\}.$$

Damit ergibt sich:

$$\int_E x^2 + y + z^2\, d(x,y,z) = \int_0^3 \int_0^{2\pi} \int_{-\sqrt{9-r^2}/2}^{\sqrt{9-r^2}/2} (r^2 + y)\, r\, dy\, d\varphi\, dr$$

$$= 2\pi \int_0^3 r^3 \sqrt{9-r^2}\, dr = 2\pi \left(-3(9-r^2)^{3/2} + \frac{1}{5}(9-r^2)^{5/2} \right)\Bigg|_0^3 = \frac{324\pi}{5}.$$

b) Mit den elliptisch angepassten 'Kugelkoordinaten'

$$\begin{pmatrix} x \\ y \\ z \end{pmatrix} = \Phi(r, \varphi, \theta) = \begin{pmatrix} r\cos\varphi\cos\theta \\ (r\sin\varphi\cos\theta)/2 \\ r\sin\theta \end{pmatrix} \quad \left(\Rightarrow \det(\mathbf{J}\Phi(r, \varphi, \theta)) = \frac{r^2}{2}\cos\theta \right)$$

wird E transformiert auf

$$\Phi^{-1}(E) = \left\{ \begin{pmatrix} r \\ \varphi \\ \theta \end{pmatrix} \in \mathbb{R}^3 \; \middle| \; 0 \le r \le 3 \wedge 0 \le \varphi \le 2\pi \wedge -\frac{\pi}{2} \le \theta \le \frac{\pi}{2} \right\}.$$

Damit ergibt sich: $\displaystyle\int_E x^2 + y + z^2 \, d(x,y,z)$

$$= \int_0^3 \int_0^{2\pi} \int_{-\pi/2}^{\pi/2} (r^2\cos^2\varphi\cos^2\theta + \frac{r}{2}\sin\varphi\cos\theta + r^2\sin^2\theta) \frac{r^2}{2}\cos\theta \, d\theta \, d\varphi \, dr$$

$$= \frac{1}{2}\left\{ \int_0^3 \frac{r^3}{2}\, dr \int_0^{2\pi}\sin\varphi\, d\varphi \int_{-\pi/2}^{\pi/2}\cos^2\theta\, d\theta + \int_0^3 r^4\, dr \left(\int_0^{2\pi}\cos^2\varphi\, d\varphi \int_{-\pi/2}^{\pi/2}\cos^3\theta\, d\theta \right. \right.$$

$$\left. \left. + \int_0^{2\pi} d\varphi \int_{-\pi/2}^{\pi/2}\sin^2\theta\cos\theta\, d\theta \right) \right\} = \frac{3^5}{10}\left(\int_0^{2\pi}\cos^2\varphi\, d\varphi \int_{-\pi/2}^{\pi/2}\cos^3\theta\, d\theta + \frac{2\pi}{3}\sin^3\theta\Big|_{-\pi/2}^{\pi/2} \right) = \frac{324\pi}{5}.$$

L.19.2   Kurvenintegrale

Lösung 19.2.1

a) $\displaystyle\int_{\mathbf{c}_n} \mathbf{f}(\mathbf{x})\, d\mathbf{x} = \int_0^1 \langle \mathbf{f}(\mathbf{c}_n(t)), \dot{\mathbf{c}}_n(t) \rangle\, dt = \int_0^1 \left\langle \begin{pmatrix} 1 \\ t + t^n \\ 1 + t - t^n \end{pmatrix}, \begin{pmatrix} 1 \\ -nt^{n-1} \\ nt^{n-1} \end{pmatrix} \right\rangle dt$

$$= \int_0^1 1 - 2nt^{2n-1} + nt^{n-1}\, dt = \left(t - t^{2n} + t^n \right)\big|_0^1 = 1.$$

b) Da rot $\mathbf{f}(x,y,z) = (1-1, 1-1, 1-1)^T = \mathbf{0}^T$ und der $\mathbb{R}^3$ einfach zusammenhängend ist, existiert ein Potential φ. Dieses kann über den Hauptsatz für Kurvenintegrale berechnet werden. Als Kurve kann

$$\mathbf{c}_{\mathbf{X}} : [0,1] \to \mathbb{R}^3, \quad \mathbf{c}_{\mathbf{X}}(t) = (tx, ty, tz)^T$$

verwendet werden:

$$\varphi(x,y,z) = \int_{\mathbf{c}_{\mathbf{X}}} \mathbf{f}(\mathbf{x})\, d\mathbf{x} + C = \int_0^1 \langle \mathbf{f}(\mathbf{c}_{\mathbf{X}}(t)), \dot{\mathbf{c}}_{\mathbf{X}}(t) \rangle\, dt + C$$

$$= \int_0^1 \left\langle \begin{pmatrix} ty + tz \\ tx + tz \\ tx + ty \end{pmatrix}, \begin{pmatrix} x \\ y \\ z \end{pmatrix} \right\rangle dt + C = \int_0^1 2t(xy + xz + yz)\, dt + C = xy + xz + yz + C.$$

Die Kurven $\mathbf{c}_n$ besitzen alle den Anfangspunkt $\mathbf{c}_n(0) = (0,1,0)^T$ und den Endpunkt $\mathbf{c}_n(1) = (1,0,1)^T$. Da $\mathbf{f}$ ein Potential φ besitzt, ist das Kurvenintegral wegunabhängig, und es gilt

$$\int_{\mathbf{c}_n} \mathbf{f}(\mathbf{x})\, d\mathbf{x} = \varphi(\mathbf{c}_n(1)) - \varphi(\mathbf{c}_n(0)) = 1.$$

c) $\displaystyle\int_{\mathbf{c}} \mathbf{f}(\mathbf{x})\, d\mathbf{x} = \varphi(2,1,0) - \varphi(1,1,1) = -1.$

Lösung 19.2.2

$$\oint_{\mathbf{c}} \mathbf{f}(\mathbf{x})\, d\mathbf{x} = \int_{-1}^{1} \langle \mathbf{f}(\mathbf{c}(t)), \dot{\mathbf{c}}(t) \rangle\, dt + \int_{1}^{3} \langle \mathbf{f}(\mathbf{c}(t)), \dot{\mathbf{c}}(t) \rangle\, dt$$

$$= \int_{0}^{1} \left\langle \begin{pmatrix} 0 \\ 0 \end{pmatrix}, \begin{pmatrix} 1 \\ 0 \end{pmatrix} \right\rangle dt + \int_{1}^{3} \left\langle \begin{pmatrix} (2-t)^2(1-(t-2)^2) \\ \sqrt{1-(t-2)^2} \end{pmatrix}, \begin{pmatrix} -1 \\ \dfrac{2-t}{\sqrt{1-(t-2)^2}} \end{pmatrix} \right\rangle dt$$

$$= \int_{1}^{3} -(t-2)^2(1-(t-2)^2) + (2-t)\, dt = \left(-\frac{(t-2)^3}{3} + \frac{(t-2)^5}{5} - \frac{(t-2)^2}{2} \right) \Bigg|_{1}^{3} = \frac{-4}{15}$$

Mit rot $\mathbf{f}(x,y) = -2x^2 y$ und dem von $\mathbf{c}$ eingeschlossenen Halbkreis K gilt

$$\int_{K} \operatorname{rot} \mathbf{f}(\mathbf{x})\, d\mathbf{x} = \int_{-1}^{1} \int_{0}^{\sqrt{1-x^2}} -2x^2 y\, dy\, dx = -\int_{-1}^{1} x^2(1-x^2)\, dx = \frac{-4}{15}\,.$$

Lösung 19.2.3

a) $$\oint_{\mathbf{c}} \mathbf{u}\,(\mathbf{x})\, d\mathbf{x} = \int_{0}^{2\pi} \langle \mathbf{u}(\mathbf{c}(t)), \dot{\mathbf{c}}(t) \rangle\, dt = \int_{0}^{2\pi} \left\langle \begin{pmatrix} \dfrac{1}{\cos t} \\ \dfrac{1}{\sin t} \end{pmatrix}, \begin{pmatrix} -\sin t \\ \cos t \end{pmatrix} \right\rangle dt = \int_{0}^{2\pi} \cot t - \tan t\, dt\,.$$

Der Integrand besitzt Singularitäten bei $t = 0, \dfrac{\pi}{2}, \pi, \dfrac{3\pi}{2}$ und 2π. Aus der Stammfunktion $\ln|\sin t| - \ln|\cos t|$ liest man ab, dass nur der Cauchysche Hauptwert existiert und gleich 0 ist. Das uneigentliche Integral hingegen existiert nicht.

b) Wegen rot $\mathbf{u} = 0$ folgt $\int_{K} \operatorname{rot} \mathbf{u}\, d\mathbf{x} = 0$. Der Greensche Integralsatz gilt hier also nicht. Der Grund liegt darin, dass $\mathbf{u}$ auf den Geraden $x = 0$ und $y = 0$ nicht definiert ist und der Einheitskreis K diese Definitionslücken beinhaltet. Außerhalb der Definitionslücken besitzt $\mathbf{u}$ sogar ein Potential $\varphi(x,y) = \ln|x| + \ln|y| + C$.

Lösung 19.2.4

a) Der $\mathbb{R}^2$ ist einfach zusammenhängend, und die Integrabilitätsbedingung ist wegen

$$\operatorname{rot}\mathbf{a}(x,y) = 30xy^2 + 2y\mathrm{e}^{xy^2} + 2xy^3\mathrm{e}^{xy^2} - (30xy^2 + 2y\mathrm{e}^{xy^2} + 2xy^3\mathrm{e}^{xy^2}) = 0$$

erfüllt. Nach Satz 19.2.24 besitzt $\mathbf{a}(x,y)$ daher ein Potential $u(x,y)$. Dieses wird beispielsweise durch Hochintegrieren, also durch Ausnutzen der Forderung $\mathbf{a}(x,y) = (u_x(x,y), u_y(x,y))^T$, berechnet:

$$u_x(x,y) = 10xy^3 + y^2\mathrm{e}^{xy^2} - \frac{2x}{1+x^2} \quad \Rightarrow \quad u(x,y) = 5x^2 y^3 + \mathrm{e}^{xy^2} - \ln(1+x^2) + c(y)$$

$$\Rightarrow \quad u_y(x,y) = 15x^2 y^2 + 2xy\mathrm{e}^{xy^2} + c'(y) \overset{!}{=} 15x^2 y^2 - \sin y - y\cos y + 2xy\mathrm{e}^{xy^2}$$

$$\Rightarrow \quad c'(y) = -\sin y - y\cos y \quad \Rightarrow \quad c(y) = -y\sin y + C \quad \text{mit } C \in \mathbb{R}$$

$$\Rightarrow \quad u(x,y) = 5x^2 y^3 + \mathrm{e}^{xy^2} - \ln(1+x^2) - y\sin y + C\,.$$

b) Wegen rot $\mathbf{b}(x,y) = 2 - 1 = 1 \neq 0$ ist die Integrabilitätsbedingung nicht erfüllt, und es kann kein Potential für $\mathbf{b}(x,y)$ geben.

c) Der $\mathbb{R}^3$ ist einfach zusammenhängend, und die Integrabilitätsbedingung ist wegen rot$\mathbf{f}(x,y,z) = \mathbf{0}$ erfüllt. Nach Satz 19.2.24 besitzt $\mathbf{f}(x,y,z)$ daher ein Potential $v(x,y,z)$.

$$v_x(x,y,z) = \frac{x}{\sqrt{x^2+y^2+z^2}} + 2xy \quad \Rightarrow \quad v(x,y,z) = \sqrt{x^2+y^2+z^2} + x^2 y + c(y,z)$$

$$\Rightarrow \quad v_y(x,y,z) = \frac{y}{\sqrt{x^2+y^2+z^2}} + x^2 + c_y(y,z) \overset{!}{=} \frac{y}{\sqrt{x^2+y^2+z^2}} + x^2 + z^2\cos(yz^2)$$

$$\Rightarrow \quad c_y(y,z) = z^2 \cos(yz^2) \quad \Rightarrow \quad c(y,z) = \sin(yz^2) + k(z)$$

$$\Rightarrow \quad v(x,y,z) = \sqrt{x^2+y^2+z^2} + x^2 y + \sin(yz^2) + k(z)$$

$$\Rightarrow \quad v_z(x,y,z) = \frac{z}{\sqrt{x^2+y^2+z^2}} + 2yz\cos(yz^2) + k'(z)$$

$$\overset{!}{=} \frac{z}{\sqrt{x^2+y^2+z^2}} + 2yz\cos(yz^2) + \frac{2z}{1+z^2}$$

$$\Rightarrow \quad k'(z) = \frac{2z}{1+z^2} \quad \Rightarrow \quad k(z) = \ln(1+z^2) + K \quad \text{mit } K \in \mathbb{R}$$

$$\Rightarrow \quad v(x,y,z) = \sqrt{x^2+y^2+z^2} + x^2 y + \sin(yz^2) + \ln(1+z^2) + K$$

d) Wegen rot $\mathbf{h}(x,y,z) = (3x-2x, y-3y, 2z-z) = (x, -2y, z) \neq \mathbf{0}$ ist die Integrabilitätsbedingung nicht erfüllt, und es kann kein Potential für $\mathbf{h}(x,y,z)$ geben.

Lösung 19.2.5

a) Der Definitionsbereich D muss folgendermaßen eingeschränkt werden:

$$D = \left\{ (x,y)^T \in \mathbb{R}^2 \mid -\frac{\pi}{2} < xy^2 < \frac{\pi}{2} \right\}.$$

D ist einfach zusammenhängend, und es gilt die Integrabilitätsbedingung rot $\mathbf{f}(x,y) = 0$. Nach Satz 19.2.24 besitzt $\mathbf{f}(x,y)$ daher ein Potential $u(x,y)$, das nach dem Hauptsatz für Kurvenintegrale 19.2.14 berechenbar ist. Als Kurve $\mathbf{c_x}$ wird $\mathbf{c}: [0,1] \to \mathbb{R}^2$ mit $\mathbf{c}(t) = (tx, ty)^T$ gewählt. Dann gilt

$$u(\mathbf{x}) = \int_{\mathbf{c_x}} \mathbf{f}(\mathbf{x})\, d\mathbf{x} + K = \int_0^1 \left\langle \begin{pmatrix} 2xyt^2 + \dfrac{y^2 t^2}{\cos^2(xy^2 t^3)} \\ x^2 t^2 + \dfrac{2xyt^2}{\cos^2(xy^2 t^3)} + 1 \end{pmatrix}, \begin{pmatrix} x \\ y \end{pmatrix} \right\rangle dt + K$$

$$= \int_0^1 3x^2 yt^2 + \frac{3xy^2 t^2}{\cos^2(xy^2 t^3)} + y\, dt + K = x^2 yt^3 + \tan(xy^2 t^3) + yt\Big|_0^1 + K$$

$$= x^2 y + \tan(xy^2) + y + K.$$

Durch Hochintegrieren, also durch Ausnutzen der Forderung $\mathbf{f}(x,y) = (u_x(x,y), u_y(x,y))^T$, erhält man:

$$u_x(x,y) = 2xy + \frac{y^2}{\cos^2(xy^2)} \quad \Rightarrow \quad u(x,y) = x^2 y + \tan(xy^2) + c(y)$$

$$\Rightarrow \quad u_y(x,y) = x^2 + \frac{2xy}{\cos^2(xy^2)} + c'(y) \overset{!}{=} x^2 + \frac{2xy}{\cos^2(xy^2)} + 1$$

$$\Rightarrow \quad c'(y) = 1 \quad \Rightarrow \quad c(y) = y + K \quad \text{mit } K \in \mathbb{R} \quad \Rightarrow \quad u(x,y) = x^2 y + \tan(xy^2) + y + K.$$

b) Der $\mathbb{R}^3$ ist einfach zusammenhängend, und es gilt die Integrabilitätsbedingung rot $\mathbf{h}(x,y,z) = 0$. Daher besitzt $\mathbf{h}(x,y,z)$ ein Potential $v(x,y,z)$. Nach dem Hauptsatz für Kurvenintegrale und mit der Kurve $\mathbf{c}: [0,1] \to \mathbb{R}^3$, wobei $\mathbf{c}(t) = (tx, ty, tz)^T$ gilt, ergibt sich

$$v(\mathbf{x}) = \int_{\mathbf{c_x}} \mathbf{f}(\mathbf{x})\, d\mathbf{x} + K = \int_0^1 \left\langle \begin{pmatrix} -2xt\sin(x^2 t^2 + yt) \\ -\sin(x^2 t^2 + yt) + z^2 t^2 e^{yz^2 t^3} \\ 2zyt^2 e^{yz^2 t^3} + \cos(tz) \end{pmatrix}, \begin{pmatrix} x \\ y \\ z \end{pmatrix} \right\rangle dt + K$$

$$= \int_0^1 -(2x^2 t + y)\sin(x^2 t^2 + yt) + 3z^2 yt^2 e^{yz^2 t^3} + z\cos(tz)\, dt + K$$

$$= \cos(x^2 t^2 + yt) + e^{yz^2 t^3} + \sin(tz)\Big|_0^1 + K = \cos(x^2 + y) + e^{yz^2} + \sin(z) + K.$$

Durch Hochintegrieren, also durch Ausnutzen der Forderung $\mathbf{h}(x,y,z) = (v_x(x,y,z), v_y(x,y,z), v_z(x,y,z))^T$, erhält man:

$$v_x(x,y,z) = -2x\sin(x^2 + y) \quad \Rightarrow \quad v(x,y,z) = \cos(x^2 + y) + c(y,z)$$

$$\Rightarrow \quad v_y(x,y,z) = -\sin(x^2+y) + c_y(y,z) \overset{!}{=} -\sin(x^2+y) + z^2 e^{yz^2}$$

$$\Rightarrow \quad c_y(y,z) = z^2 e^{yz^2} \quad \Rightarrow \quad c(y,z) = e^{yz^2} + k(z)$$

$$\Rightarrow \quad v(x,y,z) = \cos(x^2+y) + e^{yz^2} + k(z) \quad \Rightarrow \quad v_z(x,y,z) = 2zy e^{yz^2} + k'(z) \overset{!}{=} 2zy e^{yz^2} + \cos z$$

$$\Rightarrow \quad k'(z) = \cos z \quad \Rightarrow \quad k(z) = \sin z + K \quad \text{mit } K \in \mathbb{R}$$

$$\Rightarrow \quad v(x,y,z) = \cos(x^2+y) + e^{yz^2} + \sin z + K \,.$$

Lösung 19.2.6

a) Da der Definitionsbereich $\mathbb{R}^2$ einfach zusammenhängend ist und die Integrabilitätsbedingung rot $\mathbf{f}(x,y) = 0$ erfüllt ist, existiert ein Potential zu $\mathbf{f}$.

Als Kurve $\mathbf{c_x}$ wird $\mathbf{c} : [0,1] \to \mathbb{R}^2$ mit $\mathbf{c}(t) = (tx, ty)^T$ gewählt. Dann berechnet sich ein Potential $\varphi(x,y)$ zu $\mathbf{f}$ nach dem Hauptsatz für Kurvenintegrale folgendermaßen:

$$
\begin{aligned}
\varphi(x,y) &= \int_{\mathbf{c_x}} \mathbf{f}(\mathbf{x})\, d\mathbf{x} + C = \int_0^1 \left\langle \begin{pmatrix} -ty\sin(t^2 xy) - e^{t(x+y)} \\ -tx\sin(t^2 xy) - e^{t(x+y)} \end{pmatrix}, \begin{pmatrix} x \\ y \end{pmatrix} \right\rangle dt + C \\[2mm]
&= \int_0^1 -2txy\sin(t^2 xy) - (x+y)e^{t(x+y)}\, dt + C \\[2mm]
&= \cos(t^2 xy) - e^{t(x+y)} \Big|_0^1 + C = \cos(xy) - e^{x+y} + C \,.
\end{aligned}
$$

b) Ein Potential $\varphi(x,y,z)$ zu $\mathbf{g}(x,y,z)$ ergibt sich durch Integration von

$$\mathbf{g}(x,y,z) = \left(-\frac{2xyz}{(1+x^2)^2}, \frac{z}{1+x^2} + 2yze^{y^2}, \frac{y}{1+x^2} + e^{y^2} - \sin z \right)^T$$

nach den Variablen:

$$\varphi_x(x,y,z) = -\frac{2xyz}{(1+x^2)^2} \quad \Rightarrow \quad \varphi(x,y,z) = \frac{yz}{1+x^2} + c(y,z)$$

$$\Rightarrow \quad \varphi_y(x,y,z) = \frac{z}{1+x^2} + c_y(y,z) \overset{!}{=} \frac{z}{1+x^2} + 2yze^{y^2}$$

$$\Rightarrow \quad c_y(y,z) = 2yze^{y^2} \quad \Rightarrow \quad c(y,z) = ze^{y^2} + k(z) \quad \Rightarrow \quad \varphi(x,y,z) = \frac{yz}{1+x^2} + ze^{y^2} + k(z)$$

$$\Rightarrow \quad \varphi_z(x,y,z) = \frac{y}{1+x^2} + e^{y^2} + k'(z) \overset{!}{=} \frac{y}{1+x^2} + e^{y^2} - \sin z \quad \Rightarrow \quad k'(z) = -\sin z$$

$$\Rightarrow \quad k(z) = \cos z + C \quad \text{mit } C \in \mathbb{R} \quad \Rightarrow \quad \varphi(x,y,z) = \frac{yz}{1+x^2} + ze^{y^2} + \cos z + C \,.$$

L.19.3   Oberflächenintegrale

Lösung 19.3.1

a) Bei der darzustellenden Fläche handelt es sich um einen Kegel mit Spitze im Punkt $(0,0,2)$ und Grundfläche in der x-y-Ebene.

Wird die Parametrisierung des Funktionsgraphen $(x, 0, z(x))^T$ mit $x \in [0,3]$ der Drehung des $\mathbb{R}^3$ um die z-Achse unterworfen, so erhält man folgende Parametrisierung des Kegels:

$$\begin{pmatrix} x \\ \varphi \end{pmatrix} \longmapsto \begin{pmatrix} \cos\varphi & -\sin\varphi & 0 \\ \sin\varphi & \cos\varphi & 0 \\ 0 & 0 & 1 \end{pmatrix} \begin{pmatrix} x \\ 0 \\ z(x) \end{pmatrix} = \begin{pmatrix} x\cos\varphi \\ x\sin\varphi \\ -\dfrac{2}{3}x + 2 \end{pmatrix},$$

wobei $(x, \varphi)^T \in [0,3] \times [0, 2\pi]$.

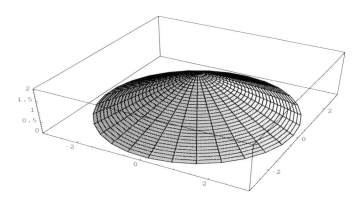

Bild 19.3.1 a)   Kegelmantel

Mit $z = 2\xi = -\dfrac{2}{3}x + 2$ folgt $x = 3(1 - \xi)$, und es ergibt sich die alternative Parametrisierung:

$$\begin{pmatrix} \xi \\ \varphi \end{pmatrix} \longmapsto \begin{pmatrix} 3(1 - \xi)\cos\varphi \\ 3(1 - \xi)\sin\varphi \\ 2\xi \end{pmatrix},$$

wobei $(\xi, \varphi)^T \in [0, 1] \times [0, 2\pi]$.

b) Die Darstellung ergibt sich aus den Kugelkoordinaten mit $R = 5$ und anschließender Verschiebung um den Vektor $M = (1, -2, 3)^T$:

$$\begin{pmatrix} \varphi \\ \theta \end{pmatrix} \longmapsto \begin{pmatrix} 5\cos\varphi\cos\theta + 1 \\ 5\sin\varphi\cos\theta - 2 \\ 5\sin\theta + 3 \end{pmatrix},$$

wobei $(\varphi, \theta)^T \in [-\pi, \pi] \times \left[0, \dfrac{\pi}{2}\right]$.

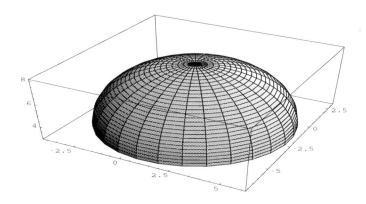

Bild 19.3.1 b)   Halbkugel

c) Bei der darzustellenden Fläche handelt es sich um einen Torus mit der z-Achse als Drehachse sowie den Radien $R = 3$ und $r = 2$. Die Parametrisierung des um die z-Achse zu drehenden Kreises bei $y = 0$ sei $(3 + 2\cos\delta, 0, 2\sin\delta)^T$ mit $\delta \in [0, 2\pi]$. Man erhält so die folgende Parametrisierung des Torus:

$$\begin{pmatrix} \delta \\ \varphi \end{pmatrix} \longmapsto \begin{pmatrix} \cos\varphi & -\sin\varphi & 0 \\ \sin\varphi & \cos\varphi & 0 \\ 0 & 0 & 1 \end{pmatrix} \begin{pmatrix} 3 + 2\cos\delta \\ 0 \\ 2\sin\delta \end{pmatrix} = \begin{pmatrix} (3 + 2\cos\delta)\cos\varphi \\ (3 + 2\cos\delta)\sin\varphi \\ 2\sin\delta \end{pmatrix},$$

wobei $(\delta, \varphi)^T \in [0, 2\pi] \times [0, 2\pi]$.

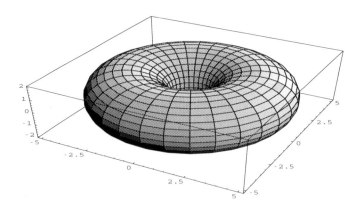

Bild 19.3.1 c)   Torus

d) Die Parametrisierung der unteren Hälfte des Zylindermantels, ergibt sich aus der Drehung der Strecke $\left(x, \frac{1}{2}, 0\right)^T$ mit $x \in [-1, 2]$ um die x-Achse für die Drehwinkel $\varphi \in [\pi, 2\pi]$ und anschließender Verschiebung in den Punkt $(0, -1, 0)^T$:

$$\begin{pmatrix} x \\ \varphi \end{pmatrix} \longmapsto \begin{pmatrix} 1 & 0 & 1 \\ 0 & \cos\varphi & -\sin\varphi \\ 0 & \sin\varphi & \cos\varphi \end{pmatrix} \begin{pmatrix} x \\ \frac{1}{\sqrt{2}} \\ 0 \end{pmatrix} + \begin{pmatrix} 0 \\ -1 \\ 0 \end{pmatrix} = \begin{pmatrix} x \\ -1 + \frac{1}{\sqrt{2}}\cos\varphi \\ \frac{1}{\sqrt{2}}\sin\varphi \end{pmatrix},$$

wobei $(x, \varphi)^T \in [-1, 2] \times [\pi, 2\pi]$.

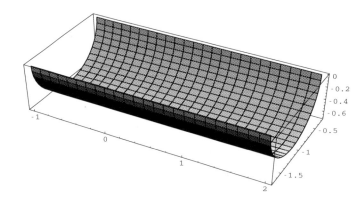

Bild 19.3.1 d)   halber Zylindermantel

Lösung 19.3.2

a) Bei der darzustellenden Fläche handelt es sich um einen Torus mit Dreiecksquerschnitt. Die äußere Fläche wird durch Drehung der Funktion $z_1(x) = 2 - |x|$ und die innere Fläche durch Drehung der Funktion $z(x) = 1$ jeweils um die x-Achse und für $x \in [-1, 1]$ erzeugt.

Die äußere Fläche ist daher parametrisierbar durch $\mathbf{p}_1 : [-1, 1] \times [0, 2\pi] \to \mathbb{R}^3$ mit

$$\mathbf{p}_1(x, \varphi) = \begin{pmatrix} 1 & 0 & 0 \\ 0 & \cos\varphi & -\sin\varphi \\ 0 & \sin\varphi & \cos\varphi \end{pmatrix} \begin{pmatrix} x \\ 0 \\ 2 - |x| \end{pmatrix} = \begin{pmatrix} x \\ -(2 - |x|)\sin\varphi \\ (2 - |x|)\cos\varphi \end{pmatrix}.$$

Eine Parametrisierung der inneren Zylinderfläche ergibt sich durch $\mathbf{p}_2 : [-1, 1] \times [0, 2\pi] \to \mathbb{R}^3$ mit

$$\mathbf{p}_2(x, \varphi) = \begin{pmatrix} 1 & 0 & 0 \\ 0 & \cos\varphi & -\sin\varphi \\ 0 & \sin\varphi & \cos\varphi \end{pmatrix} \begin{pmatrix} x \\ 0 \\ 1 \end{pmatrix} = \begin{pmatrix} x \\ -\sin\varphi \\ \cos\varphi \end{pmatrix}.$$

b) Das Rotationsellipsoid entsteht durch Drehung des oberen Ellipsenbogens von $x^2 + 4z^2 = 4$ in der x-z-Ebene um die x-Achse und anschließende Verschiebung um den Vektor $(2, 0, 1)^T$. Eine Parametrisierung ergibt sich daher durch $\mathbf{p} : [0, \pi] \times [0, 2\pi] \to \mathbb{R}^3$ mit

$$\mathbf{p}(\theta, \varphi) = \begin{pmatrix} 1 & 0 & 0 \\ 0 & \cos\varphi & -\sin\varphi \\ 0 & \sin\varphi & \cos\varphi \end{pmatrix} \begin{pmatrix} 2\cos\theta \\ 0 \\ \sin\theta \end{pmatrix} + \begin{pmatrix} 2 \\ 0 \\ 1 \end{pmatrix} = \begin{pmatrix} 2\cos\theta + 2 \\ -\sin\varphi\sin\theta \\ \cos\varphi\sin\theta + 1 \end{pmatrix}.$$

Damit erfüllt $\mathbf{p}$ die Ellipsoidgleichung $(x-2)^2 + 4y^2 + 4(z-1)^2 = 4$.

c) Eine Parametrisierung ergibt sich durch Wahl von Polarkoordinaten $(x, y) = (r\cos\varphi, r\sin\varphi)$ in der x-y-Ebene. Die z-Koordinate ergibt sich aus der Ebene E durch $z = \dfrac{1}{3}(5 - 2x + y)$ $= \dfrac{1}{3}(5 - 2r\cos\varphi + r\sin\varphi)$. Damit erhält man $\mathbf{p} :]0, 3] \times \left[\dfrac{\pi}{2}, \dfrac{3\pi}{2}\right] \to \mathbb{R}^3$ mit

$$\mathbf{p}(r, \varphi) = \begin{pmatrix} r\cos\varphi \\ r\sin\varphi \\ \dfrac{1}{3}(5 - 2r\cos\varphi + r\sin\varphi) \end{pmatrix}.$$

Lösung 19.3.3

a) Parametrisierung und Berechnung in kartesischen Koordinaten:

$$\mathbf{p}_1 : K_1 \to \mathbb{R}^3 \quad \text{mit} \quad \mathbf{p}_1(x, y) = \begin{pmatrix} x \\ y \\ \sqrt{x^2 + y^2} \end{pmatrix},$$

wobei $K_1 = \left\{ (x, y)^T \in \mathbb{R}^2 \mid -1 \le x \le 1 \wedge -\sqrt{1 - x^2} \le y \le \sqrt{1 - x^2} \right\}$, d.h., es gilt $M = \mathbf{p}_1(K_1)$.

$$\frac{\partial \mathbf{p}_1}{\partial x} \times \frac{\partial \mathbf{p}_1}{\partial y} = \begin{vmatrix} \mathbf{e}_1 & \mathbf{e}_2 & \mathbf{e}_3 \\ 1 & 0 & \dfrac{x}{\sqrt{x^2 + y^2}} \\ 0 & 1 & \dfrac{y}{\sqrt{x^2 + y^2}} \end{vmatrix} = \begin{pmatrix} -\dfrac{x}{\sqrt{x^2 + y^2}} \\ -\dfrac{y}{\sqrt{x^2 + y^2}} \\ 1 \end{pmatrix} \Rightarrow \left\| \frac{\partial \mathbf{p}_1}{\partial x} \times \frac{\partial \mathbf{p}_1}{\partial y} \right\| = \sqrt{2}$$

$$\int_M do = \int_{K_1} \left\| \frac{\partial \mathbf{p}_1}{\partial x} \times \frac{\partial \mathbf{p}_1}{\partial y} \right\| d(x, y) = \int_{-1}^{1} \int_{-\sqrt{1-x^2}}^{\sqrt{1-x^2}} \sqrt{2} \, dy \, dx$$

$$= 2\sqrt{2} \int_{-1}^{1} \sqrt{1 - x^2} \, dx \overset{x = \sin t}{=} 2\sqrt{2} \int_{-\pi/2}^{\pi/2} \cos^2 t \, dt = \pi\sqrt{2} \,.$$

Parametrisierung und Berechnung in Polarkoordinaten:

$$\mathbf{p}_2 : \underbrace{[0, 1] \times [0, 2\pi]}_{= K_2} \to \mathbb{R}^3 \quad \text{mit} \quad \mathbf{p}_2(r, \varphi) = \begin{pmatrix} r\cos\varphi \\ r\sin\varphi \\ r \end{pmatrix}.$$

$$\frac{\partial \mathbf{p}_2}{\partial r} \times \frac{\partial \mathbf{p}_2}{\partial \varphi} = \begin{vmatrix} \mathbf{e}_1 & \mathbf{e}_2 & \mathbf{e}_3 \\ \cos\varphi & \sin\varphi & 1 \\ -r\sin\varphi & r\cos\varphi & 0 \end{vmatrix} = \begin{pmatrix} -r\cos\varphi \\ -r\sin\varphi \\ r \end{pmatrix} \Rightarrow \left\| \frac{\partial \mathbf{p}_2}{\partial r} \times \frac{\partial \mathbf{p}_2}{\partial \varphi} \right\| = \sqrt{2}\,r$$

$$\int_M do = \int_{K_2} \left\| \frac{\partial \mathbf{p}_2}{\partial r} \times \frac{\partial \mathbf{p}_2}{\partial \varphi} \right\| d(r, \varphi) = \int_0^1 \int_0^{2\pi} \sqrt{2}\,r \, d\varphi \, dr = \pi\sqrt{2} \,.$$

b) Unter Verwendung von Polarkoordinaten ergibt sich

$$\int_M \mathbf{f}(\mathbf{x})\,do = \int_{K_2} \left\langle \mathbf{f}(\mathbf{p}_2(r,\varphi)), \frac{\partial \mathbf{p}_2}{\partial r} \times \frac{\partial \mathbf{p}_2}{\partial \varphi} \right\rangle d(r,\varphi)$$

$$= \int_0^1 \int_0^{2\pi} \left\langle \begin{pmatrix} r\cos\varphi + r\sin\varphi \\ r\sin\varphi - r\cos\varphi \\ r^2 \end{pmatrix}, \begin{pmatrix} -r\cos\varphi \\ -r\sin\varphi \\ r \end{pmatrix} \right\rangle d\varphi\,dr = \int_0^1 \int_0^{2\pi} -r^2 + r^3\,d\varphi\,dr = -\frac{\pi}{6}\,.$$

Lösung 19.3.4

a)

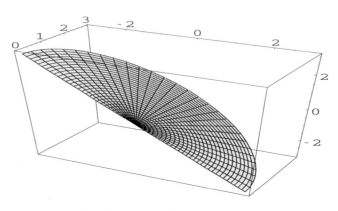

Bild 19.3.4   Fläche G

b) Ohne geometrische Vorstellung ergibt sich der Flächeninhalt von G über die Parametrisierung: $\mathbf{p} : [0,3] \times [0,\pi] \to \mathbb{R}^3$ mit

$$\mathbf{p}(r,\varphi) = \begin{pmatrix} r\cos\varphi \\ r\sin\varphi \\ -r\cos\varphi \end{pmatrix}$$

$$\frac{\partial \mathbf{p}}{\partial r} \times \frac{\partial \mathbf{p}}{\partial \varphi} = \begin{vmatrix} \mathbf{e}_1 & \mathbf{e}_2 & \mathbf{e}_3 \\ \cos\varphi & \sin\varphi & -\cos\varphi \\ -r\sin\varphi & r\cos\varphi & r\sin\varphi \end{vmatrix} = \begin{pmatrix} r \\ 0 \\ r \end{pmatrix}$$

$$\int_G do = \int_0^3 \int_0^\pi \sqrt{\left| \frac{\partial \mathbf{p}}{\partial r} \times \frac{\partial \mathbf{p}}{\partial \varphi} \right|}\,d\varphi\,dr = \int_0^3 \int_0^\pi r\sqrt{2}\,d\varphi\,dr = 9\pi/\sqrt{2}\,.$$

Alternative:

Der Flächeninhalt von G ist der einer halben Ellipse mit den Halbachsen $a = 3\sqrt{2}$ und $b = 3$

$$\int_E do = ab\pi/2 = 9\pi/\sqrt{2}\,,$$

denn die um die y-Achse um $\pi/4$ gedrehte Randkurve von G

$$\begin{pmatrix} 1/\sqrt{2} & 0 & -1/\sqrt{2} \\ 0 & 1 & 0 \\ 1/\sqrt{2} & 0 & 1/\sqrt{2} \end{pmatrix} \begin{pmatrix} 3\cos t \\ 3\sin t \\ -3\cos t \end{pmatrix} = \begin{pmatrix} 3\sqrt{2}\cos t \\ 3\sin t \\ 0 \end{pmatrix}$$

erfüllt die Ellipsengleichung $\left(\dfrac{x}{3\sqrt{2}}\right)^2 + \left(\dfrac{y}{3}\right)^2 = 1$

c) Parametrisierung der Geraden von ∂G:

$$\mathbf{c}_1(t) = \begin{pmatrix} t \\ 0 \\ -t \end{pmatrix}, \quad -3 \le t \le 3 \quad \Rightarrow \quad \dot{\mathbf{c}}_1(t) = \begin{pmatrix} 1 \\ 0 \\ -1 \end{pmatrix}$$

$$\int_{\mathbf{c}_1} \mathbf{f}\, d\mathbf{x} = \int_{-3}^{3} \left\langle \begin{pmatrix} 1 \\ -t^2+1 \\ 1 \end{pmatrix}, \begin{pmatrix} 1 \\ 0 \\ -1 \end{pmatrix} \right\rangle dt = \int_{-3}^{3} 1-1\, dt = 0\,.$$

Parametrisierung des Ellipsenrandes von ∂G:

$$\mathbf{c}_2(t) = \begin{pmatrix} 3\cos t \\ 3\sin t \\ -3\cos t \end{pmatrix},\ 0 \le t \le \pi \quad \Rightarrow \quad \dot{\mathbf{c}}_2(t) = \begin{pmatrix} -3\sin t \\ 3\cos t \\ 3\sin t \end{pmatrix}$$

$$\begin{aligned}
\int_{\mathbf{c}_2} \mathbf{f}\, d\mathbf{x} &= \int_0^{\pi} \left\langle \begin{pmatrix} -9\sin t\cos t+1 \\ -9\cos^2 t+1 \\ 9\sin t\cos t+1 \end{pmatrix}, \begin{pmatrix} -3\sin t \\ 3\cos t \\ 3\sin t \end{pmatrix} \right\rangle dt \\
&= \int_0^{\pi} 54\sin^2 t\cos t - 27\cos^3 t + 3\cos t\, dt = 0
\end{aligned}$$

$$\Rightarrow \quad \oint_{\mathbf{c}_1+\mathbf{c}_2} \mathbf{f}\, d\mathbf{x} = \int_{\mathbf{c}_1} \mathbf{f}\, d\mathbf{x} + \int_{\mathbf{c}_2} \mathbf{f}\, d\mathbf{x} = 0\,.$$

Alternative:

Der $\mathbb{R}^3$ als Definitionsbereich ist einfach zusammenhängend und die Integrabilitätsbedingung

$$\mathrm{rot}\,\mathbf{f}(x,y,z) \quad = \quad \begin{pmatrix} x-x \\ y-y \\ z-z \end{pmatrix} = \mathbf{0}$$

ist erfüllt. Daher besitzt $\mathbf{f}(x,y,z)$ ein Potential $v(x,y,z)$, d.h. es gilt $\mathbf{f} = \mathrm{grad}\, v = (v_x, v_y, v_z)^T$:

$$v_x(x,y,z) = yz+1 \quad \Rightarrow \quad v(x,y,z) = xyz+x+c(y,z)$$

$$\Rightarrow \quad v_y(x,y,z) = xz + c_y(y,z) \overset{!}{=} xz+1 \quad \Rightarrow \quad c_y(y,z) = 1$$

$$\Rightarrow \quad c(y,z) = y+k(z) \quad \Rightarrow \quad v(x,y,z) = xyz+x+y+k(z)$$

$$\Rightarrow \quad v_z(x,y,z) = xy+k'(z) \overset{!}{=} xy+1 \quad \Rightarrow \quad k'(z) = 1$$

$$\Rightarrow \quad k(z) = z+K \quad \text{mit } K \in \mathbb{R} \quad \Rightarrow \quad v(x,y,z) = xyz+x+y+z+K\,.$$

Parametrisierung der Geraden $\mathbf{c}_1$ von ∂G mit $-3 \le t \le 3$:

$$\mathbf{c}_1(t) = \begin{pmatrix} t \\ 0 \\ -t \end{pmatrix} \quad \Rightarrow \quad \mathbf{c}_1(3) = \begin{pmatrix} 3 \\ 0 \\ -3 \end{pmatrix},\ \mathbf{c}_1(-3) = \begin{pmatrix} -3 \\ 0 \\ 3 \end{pmatrix}.$$

Da zu $\mathbf{f}$ ein Potential existiert gilt:

$$\int_{\mathbf{c}_1} \mathbf{f}\, d\mathbf{x} = v(\mathbf{c}_1(3)) - v(\mathbf{c}_1(-3)) = v(3,0,-3) - v(-3,0,3) = 0-0 = 0\,.$$

Da die Kurve $\partial G = \mathbf{c}_1 + \mathbf{c}_2$ geschlossen ist, gilt wegen des existierenden Potentials

$$\oint_{\mathbf{c}_1+\mathbf{c}_2} \mathbf{f}\, d\mathbf{x} = 0\,.$$

Lösung 19.3.5

Bei dem Körper E handelt es sich um die obere Hälfte eines Rotationsellipsoids. Parametrisierung und Berechnung des Flusses durch die Dachfläche F_1:

$$\mathbf{p}: \underbrace{[0,2\pi] \times \left[0, \tfrac{\pi}{2}\right]}_{=K_1} \to \mathbb{R}^3 \quad \text{mit} \quad \mathbf{p}(\varphi,\theta) = \begin{pmatrix} \cos\varphi\cos\theta \\ \sin\varphi\cos\theta \\ \dfrac{1}{\sqrt{2}}\sin\theta \end{pmatrix} \quad \Rightarrow$$

$$\frac{\partial \mathbf{p}}{\partial \varphi} \times \frac{\partial \mathbf{p}}{\partial \theta} = \begin{vmatrix} \mathbf{e}_1 & \mathbf{e}_2 & \mathbf{e}_3 \\ -\sin\varphi\cos\theta & \cos\varphi\cos\theta & 0 \\ -\cos\varphi\sin\theta & -\sin\varphi\sin\theta & \frac{1}{\sqrt{2}}\cos\theta \end{vmatrix} = \begin{pmatrix} \frac{1}{\sqrt{2}}\cos\varphi\cos^2\theta \\ \frac{1}{\sqrt{2}}\sin\varphi\cos^2\theta \\ \sin\theta\cos\theta \end{pmatrix}$$

$$\int_{F_1} \mathbf{f}(\mathbf{x})\, do = \int_{K_1} \left\langle \mathbf{f}(\mathbf{p}(\varphi,\theta)), \frac{\partial \mathbf{p}}{\partial \varphi} \times \frac{\partial \mathbf{p}}{\partial \theta} \right\rangle d(\varphi,\theta)$$

$$= \int_0^{2\pi} \int_0^{\pi/2} \left\langle \begin{pmatrix} 1-\sin\varphi\cos\theta \\ 1+\cos\varphi\cos\theta \\ \frac{1}{2}\sin^2\theta \end{pmatrix}, \begin{pmatrix} \frac{1}{\sqrt{2}}\cos\varphi\cos^2\theta \\ \frac{1}{\sqrt{2}}\sin\varphi\cos^2\theta \\ \sin\theta\cos\theta \end{pmatrix} \right\rangle d\varphi\, d\theta$$

$$= \frac{1}{\sqrt{2}} \underbrace{\int_0^{2\pi} \cos\varphi + \sin\varphi\, d\varphi}_{=0} \int_0^{\pi/2} \cos^2\theta\, d\theta + \frac{1}{2}\int_0^{2\pi} d\varphi \int_0^{\pi/2} \cos\theta\sin^3\theta\, d\theta = \frac{\pi}{4}\sin^4\theta\Big|_0^{\pi/2} = \frac{\pi}{4}\,.$$

Parametrisierung und Berechnung des Flusses durch die Bodenfläche F_2 :

$$\mathbf{q}: \underbrace{[0,1]\times[0,2\pi]}_{=K_2} \to \mathbb{R}^3 \quad \text{mit} \quad \mathbf{q}(r,\varphi) = \begin{pmatrix} r\cos\varphi \\ r\sin\varphi \\ 0 \end{pmatrix} \quad \Rightarrow$$

$$\frac{\partial \mathbf{q}}{\partial \varphi} \times \frac{\partial \mathbf{q}}{\partial r} = \begin{vmatrix} \mathbf{e}_1 & \mathbf{e}_2 & \mathbf{e}_3 \\ -r\sin\varphi & r\cos\varphi & 0 \\ \cos\varphi & \sin\varphi & 0 \end{vmatrix} = \begin{pmatrix} 0 \\ 0 \\ -r \end{pmatrix}$$

$$\int_{F_2} \mathbf{f}(\mathbf{x})\, do = \int_{K_2} \left\langle \mathbf{f}(\mathbf{q}(r,\varphi)), \frac{\partial \mathbf{q}}{\partial \varphi} \times \frac{\partial \mathbf{q}}{\partial r} \right\rangle d(r,\varphi) = \int_0^1 \int_0^{2\pi} \left\langle \begin{pmatrix} 1-r\sin\varphi \\ 1+r\cos\varphi \\ 0 \end{pmatrix}, \begin{pmatrix} 0 \\ 0 \\ -r \end{pmatrix} \right\rangle d\varphi\, d\theta = 0\,.$$

Lösung 19.3.6

a) K ist der Abschnitt eines Zylinders mit Radius $R = \sqrt{2}$. Die Bodenfläche F_1 wird begrenzt durch die Ebene $z = 0$, die Mantelfläche sei F_2, und die Dachfläche F_3 wird begrenzt durch die Ebene $z = x + y + 3$.

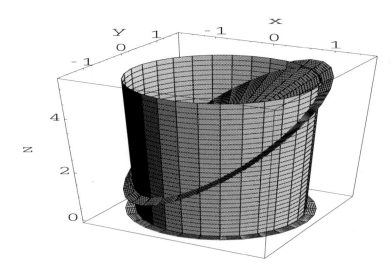

Bild 19.3.6   Körper Z

b) (i) Parametrisierung der Bodenfläche F_1:

$$\mathbf{p}_1 \,:\, [0,\sqrt{2}] \times [0,2\pi] \longrightarrow \mathbb{R}^3 \quad \text{mit} \quad \mathbf{p}_1(r,\varphi) = (r\cos\varphi, r\sin\varphi, 0)^T$$

Äußere Normalenrichtung zu F_1:

$$\frac{\partial \mathbf{p}_1}{\partial \varphi} \times \frac{\partial \mathbf{p}_1}{\partial r} = \begin{vmatrix} \mathbf{e}_1 & \mathbf{e}_2 & \mathbf{e}_3 \\ -r\sin\varphi & r\cos\varphi & 0 \\ \cos\varphi & \sin\varphi & 0 \end{vmatrix} = \begin{pmatrix} 0 \\ 0 \\ -r \end{pmatrix}$$

(ii) Parametrisierung der Mantelfläche F_2:

$$\mathbf{p}_2 \,:\, D \longrightarrow \mathbb{R}^3 \quad \text{mit} \quad \mathbf{p}_2(\varphi, z) = (\sqrt{2}\cos\varphi, \sqrt{2}\sin\varphi, z)^T$$

und $D = \left\{ \begin{pmatrix} \varphi \\ z \end{pmatrix} \in \mathbb{R}^2 \,\middle|\, 0 \le \varphi \le 2\pi \,\wedge\, 0 \le z \le \sqrt{2}(\cos\varphi + \sin\varphi) + 3 \right\}$.

Äußere Normalenrichtung zu F_2: $\dfrac{\partial \mathbf{p}_2}{\partial \varphi} \times \dfrac{\partial \mathbf{p}_2}{\partial z} = \begin{vmatrix} \mathbf{e}_1 & \mathbf{e}_2 & \mathbf{e}_3 \\ -\sqrt{2}\sin\varphi & \sqrt{2}\cos\varphi & 0 \\ 0 & 0 & 1 \end{vmatrix} = \sqrt{2} \begin{pmatrix} \cos\varphi \\ \sin\varphi \\ 0 \end{pmatrix}$

(iii) Parametrisierung der Dachfläche F_3:

$$\mathbf{p}_3 \,:\, [0,\sqrt{2}] \times [0,2\pi] \longrightarrow \mathbb{R}^3 \quad \text{mit} \quad \mathbf{p}_3(r,\varphi) = \begin{pmatrix} r\cos\varphi \\ r\sin\varphi \\ r(\cos\varphi + \sin\varphi) + 3 \end{pmatrix}.$$

Äußere Normalenrichtung zu F_3:

$$\frac{\partial \mathbf{p}_3}{\partial r} \times \frac{\partial \mathbf{p}_3}{\partial \varphi} = \begin{vmatrix} \mathbf{e}_1 & \mathbf{e}_2 & \mathbf{e}_3 \\ \cos\varphi & \sin\varphi & \cos\varphi + \sin\varphi \\ -r\sin\varphi & r\cos\varphi & r(\cos\varphi - \sin\varphi) \end{vmatrix} = r \begin{pmatrix} -1 \\ -1 \\ 1 \end{pmatrix}$$

c) (i)

$$\int_{F_1} \mathbf{f}(\mathbf{x})\, do = \int_0^{2\pi} \int_0^{\sqrt{2}} \left\langle \begin{pmatrix} r\cos\varphi \\ r\sin\varphi \\ 1 \end{pmatrix}, \begin{pmatrix} 0 \\ 0 \\ -r \end{pmatrix} \right\rangle dr\, d\varphi = -\int_0^{2\pi} \left.\frac{r^2}{2}\right|_0^{\sqrt{2}} dr\, d\varphi = -2\pi$$

(ii)

$$\int_{F_2} \mathbf{f}(\mathbf{x})\, do = \int_0^{2\pi} \int_0^{\sqrt{2}(\cos\varphi+\sin\varphi)+3} \left\langle \begin{pmatrix} \sqrt{2}\cos\varphi \\ \sqrt{2}\sin\varphi \\ 1 \end{pmatrix}, \sqrt{2} \begin{pmatrix} \cos\varphi \\ \sin\varphi \\ 0 \end{pmatrix} \right\rangle dz\, d\varphi$$

$$= 2 \int_0^{2\pi} \left. z \right|_0^{\sqrt{2}(\cos\varphi+\sin\varphi)+3} d\varphi = 2 \int_0^{2\pi} 3\, d\varphi = 12\pi$$

(iii)

$$\int_{F_3} \mathbf{f}(\mathbf{x})\, do = \int_0^{2\pi} \int_0^{\sqrt{2}} \left\langle \begin{pmatrix} r\cos\varphi \\ r\sin\varphi \\ 1 \end{pmatrix}, \begin{pmatrix} -r \\ -r \\ r \end{pmatrix} \right\rangle dr\, d\varphi$$

$$= \int_0^{2\pi} \int_0^{\sqrt{2}} -r^2\cos\varphi - r^2\sin\varphi + r\, dr\, d\varphi = \int_0^{2\pi} \left.\frac{r^2}{2}\right|_0^{\sqrt{2}} dr\, d\varphi = 2\pi$$

(iv) In Zylinderkoordinaten und mit div $\mathbf{f}(\mathbf{x}) = 2$ ergibt sich:

$$\int\limits_K \operatorname{div} \mathbf{f}(\mathbf{x})\, dx = \int\limits_0^{2\pi} \int\limits_0^{\sqrt{2}} \int\limits_0^{r(\cos\varphi + \sin\varphi) + 3} 2r\, dz\, dr\, d\varphi = 2 \int\limits_0^{2\pi} \int\limits_0^{\sqrt{2}} r^2(\cos\varphi + \sin\varphi) + 3r\, dr\, d\varphi$$

$$= 2 \int\limits_0^{2\pi} \int\limits_0^{\sqrt{2}} 3r\, dr\, d\varphi = 12\pi = \int\limits_{F_1 \cup F_2 \cup F_3} \mathbf{f}(\mathbf{x})\, do\,.$$

Lösung 19.3.7

a)   (i)   Parametrisierung der Bodenfläche F_1:

$$\mathbf{p}_1 : [0,1] \times [0,2\pi] \longrightarrow \mathbb{R}^3 \quad \text{mit} \quad \mathbf{p}_1(r,\varphi) = (r\cos\varphi + 2, r\sin\varphi, 1)^T\,.$$

Äußere Normalenrichtung zu F_1:

$$\frac{\partial \mathbf{p}_1}{\partial \varphi} \times \frac{\partial \mathbf{p}_1}{\partial r} = \begin{vmatrix} \mathbf{e}_1 & \mathbf{e}_2 & \mathbf{e}_3 \\ -r\sin\varphi & r\cos\varphi & 0 \\ \cos\varphi & \sin\varphi & 0 \end{vmatrix} = \begin{pmatrix} 0 \\ 0 \\ -r \end{pmatrix}\,.$$

(ii)   Parametrisierung der Halbkugeloberfläche F_2:

$$\mathbf{p}_2 : \left[0, \frac{\pi}{2}\right] \times [0,2\pi] \quad \text{mit} \quad \mathbf{p}_2(\theta,\varphi) = (\cos\varphi\cos\theta + 2, \sin\varphi\cos\theta, \sin\theta + 1)^T\,.$$

Äußere Normalenrichtung zu F_2:

$$\frac{\partial \mathbf{p}_2}{\partial \varphi} \times \frac{\partial \mathbf{p}_2}{\partial \theta} = \begin{vmatrix} \mathbf{e}_1 & \mathbf{e}_2 & \mathbf{e}_3 \\ -\sin\varphi\cos\theta & \cos\varphi\cos\theta & 0 \\ -\cos\varphi\sin\theta & -\sin\varphi\sin\theta & \cos\theta \end{vmatrix} = \begin{pmatrix} \cos\varphi\cos^2\theta \\ \sin\varphi\cos^2\theta \\ \sin\theta\cos\theta \end{pmatrix}\,.$$

b)   (i)
$$\int\limits_{F_1} \mathbf{f}(\mathbf{x})\, do = \int\limits_0^1 \int\limits_0^{2\pi} \left\langle \begin{pmatrix} 0 \\ 0 \\ 0 \end{pmatrix}, \begin{pmatrix} 0 \\ 0 \\ -r \end{pmatrix} \right\rangle dr\, d\varphi = 0$$

(ii)

$$\int\limits_{F_2} \mathbf{f}(\mathbf{x})\, do = \int\limits_0^{\pi/2} \int\limits_0^{2\pi} \left\langle \begin{pmatrix} \sin\varphi\cos\theta\sin\theta \\ 0 \\ \sin\theta \end{pmatrix}, \begin{pmatrix} \cos\varphi\cos^2\theta \\ \sin\varphi\cos^2\theta \\ \sin\theta\cos\theta \end{pmatrix} \right\rangle d\varphi\, d\theta$$

$$= \int\limits_0^{\pi/2} \int\limits_0^{2\pi} \cos\varphi\sin\varphi\cos^3\theta\sin\theta + \sin^2\theta\cos\theta\, d\varphi\, d\theta$$

$$= \int\limits_0^{\pi/2} \int\limits_0^{2\pi} \sin^2\theta\cos\theta\, d\varphi\, d\theta = 2\pi \left. \frac{\sin^3\theta}{3} \right|_0^{\pi/2} = \frac{2\pi}{3}$$

(iii)   Mit Kugelkoordinaten, die um den Vektor $(2,0,1)^T$ verschoben worden sind, und mit div $\mathbf{f}(\mathbf{x}) = 1$ ergibt sich:

$$\int\limits_H \operatorname{div} \mathbf{f}(\mathbf{x})\, dx = \int\limits_0^1 \int\limits_0^{\pi/2} \int\limits_0^{2\pi} r^2\cos\theta\, d\varphi\, d\theta\, dr = \int\limits_0^1 r^2\, dr \int\limits_0^{\pi/2} \cos\theta\, d\theta \int\limits_0^{2\pi} d\varphi$$

$$= \left. \frac{r^3}{3} \right|_0^1 \left. \sin\theta \right|_0^{\pi/2} \cdot 2\pi = \frac{2\pi}{3}\,.$$

Lösung 19.3.8

a)

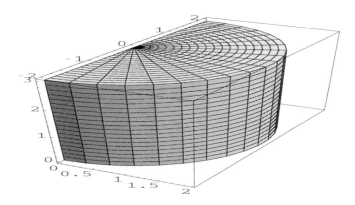

Bild 19.3.8   Körper Z

Teilflächen: E_1 = Boden, E_2 = Rückwand, E_3 = Dach, M = Mantel

b)   Parametrisierung des Bodens E_1: $\mathbf{p}_1 : [0,2] \times [-\pi/2, \pi/2] \to \mathbb{R}^3$ mit

$$\mathbf{p}_1(r, \varphi) = \begin{pmatrix} r\cos\varphi \\ r\sin\varphi \\ 0 \end{pmatrix} \quad \Rightarrow \quad \frac{\partial \mathbf{p}_1}{\partial \varphi} \times \frac{\partial \mathbf{p}_1}{\partial r} = -\begin{pmatrix} 0 \\ 0 \\ r \end{pmatrix}.$$

Fluss durch E_1:

$$\int_{E_1} \mathbf{f}\, do = \int_0^2 \int_{-\pi/2}^{\pi/2} \left\langle \begin{pmatrix} r\cos\varphi \\ -4r\sin\varphi \\ 0 \end{pmatrix}, \begin{pmatrix} 0 \\ 0 \\ -r \end{pmatrix} \right\rangle d\varphi\, dr = 0.$$

Parametrisierung der Rückwand E_2: $\mathbf{p}_2 : [-2,2] \times [0,3] \to \mathbb{R}^3$ mit

$$\mathbf{p}_2(u, v) = \begin{pmatrix} 0 \\ u \\ v \end{pmatrix} \quad \Rightarrow \quad \frac{\partial \mathbf{p}_2}{\partial v} \times \frac{\partial \mathbf{p}_2}{\partial u} = -\begin{pmatrix} 1 \\ 0 \\ 0 \end{pmatrix}.$$

Fluss durch E_2:

$$\int_{E_2} \mathbf{f}\, do = \int_{-2}^2 \int_0^3 \left\langle \begin{pmatrix} 0 \\ -4u \\ v \end{pmatrix}, \begin{pmatrix} -1 \\ 0 \\ 0 \end{pmatrix} \right\rangle dv\, du = 0.$$

Parametrisierung des Daches E_3: $\mathbf{p}_3 : [0,2] \times [-\pi/2, \pi/2] \to \mathbb{R}^3$ mit

$$\mathbf{p}_3(r, \varphi) = \begin{pmatrix} r\cos\varphi \\ r\sin\varphi \\ 3 \end{pmatrix} \quad \Rightarrow \quad \frac{\partial \mathbf{p}_3}{\partial r} \times \frac{\partial \mathbf{p}_3}{\partial \varphi} = \begin{pmatrix} 0 \\ 0 \\ r \end{pmatrix}.$$

Fluss durch E_3:

$$\int_{E_3} \mathbf{f}\, do = \int_0^2 \int_{-\pi/2}^{\pi/2} \left\langle \begin{pmatrix} r\cos\varphi \\ -4r\sin\varphi \\ 3 \end{pmatrix}, \begin{pmatrix} 0 \\ 0 \\ r \end{pmatrix} \right\rangle d\varphi\, dr = \int_0^2 3r\, dr \int_{-\pi/2}^{\pi/2} d\varphi = 6\pi.$$

c) div $\mathbf{f} = -2$

Transformation in Zylinderkoordinaten

$$\begin{pmatrix} x \\ y \\ z \end{pmatrix} = \begin{pmatrix} r\cos\varphi \\ r\sin\varphi \\ z \end{pmatrix} = \Phi(r, \varphi, z) \quad \Rightarrow \quad \det \mathbf{J}\Phi = r$$

$$\int_Z \operatorname{div} \mathbf{f}\, d(x,y,z) = \int_0^2 \int_{-\pi/2}^{\pi/2} \int_0^3 -2r\, dz d\varphi dr = -2 \int_0^2 r\, dr \int_{-\pi/2}^{\pi/2} d\varphi \int_0^3 dz = -12\pi\,.$$

d) Gaußscher Integralsatz

$$\int_M \mathbf{f}\, do = \int_Z \operatorname{div} \mathbf{f}\, d(x,y,z) - \int_{E_1} \mathbf{f}\, do - \int_{E_2} \mathbf{f}\, do - \int_{E_3} \mathbf{f}\, do = -18\pi\,.$$

Alternative:

Parametrisierung des Mantels M: $\mathbf{p}_4 : [-\pi/2, \pi/2] \times [0,3] \to \mathbb{R}^3$ mit

$$\mathbf{p}_4(\varphi, z) = \begin{pmatrix} 2\cos\varphi \\ 2\sin\varphi \\ z \end{pmatrix} \quad \Rightarrow \quad \frac{\partial \mathbf{p}_4}{\partial \varphi} \times \frac{\partial \mathbf{p}_4}{\partial z} = \begin{pmatrix} 2\cos\varphi \\ 2\sin\varphi \\ 0 \end{pmatrix}\,.$$

Fluss durch M:

$$\int_M \mathbf{f}\, do = \int_{-\pi/2}^{\pi/2} \int_0^3 \left\langle \begin{pmatrix} 2\cos\varphi \\ -8\sin\varphi \\ z \end{pmatrix}, \begin{pmatrix} 2\cos\varphi \\ 2\sin\varphi \\ 0 \end{pmatrix} \right\rangle dz d\varphi$$

$$= \int_0^3 dz \int_{-\pi/2}^{\pi/2} 4(\cos^2\varphi - 4\sin^2\varphi)d\varphi = 12 \int_{-\pi/2}^{\pi/2} 1 - 5\sin^2\varphi\, d\varphi$$

$$= 12 \left(\varphi - 5 \left(\frac{\varphi}{2} - \frac{1}{4}\sin 2\varphi \right) \right) \Big|_{-\pi/2}^{\pi/2} = 12 \left(-\frac{3\varphi}{2} \right) \Big|_{-\pi/2}^{\pi/2} = -18\pi\,.$$

Lösung 19.3.9

a)

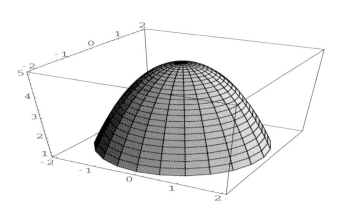

Bild 19.3.9   Paraboloid P

Teilflächen: $F_1 = $ Boden, $F_2 = $ Dach

b) Parametrisierung des Bodens F_1: $\mathbf{p}_1 : [0,2] \times [0, 2\pi] \to \mathbb{R}^3$ mit

$$\mathbf{p}_1(r, \varphi) = \begin{pmatrix} r \cos \varphi \\ r \sin \varphi \\ 1 \end{pmatrix} .$$

Parametrisierung des Dachs F_2: $\mathbf{p}_2 : [0,2] \times [0, 2\pi] \to \mathbb{R}^3$ mit

$$\mathbf{p}_2(r, \varphi) = \begin{pmatrix} r \cos \varphi \\ r \sin \varphi \\ 5 - r^2 \end{pmatrix} .$$

c) Äußere Normalenrichtung: $\dfrac{\partial \mathbf{p}_1}{\partial \varphi} \times \dfrac{\partial \mathbf{p}_1}{\partial r} = - \begin{pmatrix} 0 \\ 0 \\ r \end{pmatrix} .$

Fluss durch F_1:

$$\int_{F_1} \mathbf{f} \, do \;=\; \int_0^2 \int_0^{2\pi} \left\langle \begin{pmatrix} r \cos \varphi \\ r \sin \varphi \\ 1 \end{pmatrix}, \begin{pmatrix} 0 \\ 0 \\ -r \end{pmatrix} \right\rangle d\varphi dr$$

$$=\; -\int_0^2 \int_0^{2\pi} r \, d\varphi dr \;=\; -2\pi \int_0^2 r \, dr \;=\; -4\pi .$$

Äußere Normalenrichtung: $\dfrac{\partial \mathbf{p}_2}{\partial r} \times \dfrac{\partial \mathbf{p}_2}{\partial \varphi} = \begin{pmatrix} 2r^2 \cos \varphi \\ 2r^2 \sin \varphi \\ r \end{pmatrix} .$

Fluss durch F_2:

$$\int_{E_2} \mathbf{f} \, do \;=\; \int_0^2 \int_0^{2\pi} \left\langle \begin{pmatrix} r \cos \varphi \\ r \sin \varphi \\ (5-r^2)^2 \end{pmatrix}, \begin{pmatrix} 2r^2 \cos \varphi \\ 2r^2 \sin \varphi \\ r \end{pmatrix} \right\rangle d\varphi dr$$

$$=\; \int_0^2 \int_0^{2\pi} 2r^3 + (5-r^2)^2 r \, d\varphi dr$$

$$=\; 2\pi \int_0^2 2r^3 + 25r - 10r^3 + r^5 \, dr$$

$$=\; 2\pi \left(\frac{25}{2} r^2 - 2r^4 + \frac{r^6}{6} \right) \Big|_0^2 \;=\; 2\pi \left(50 - 32 + \frac{32}{3} \right) \;=\; \frac{172\pi}{3} .$$

d) Gaußscher Integralsatz:

$$\int_P \operatorname{div} \mathbf{f} \, d(x,y,z) = \int_{F_1} \mathbf{f} \, do + \int_{F_2} \mathbf{f} \, do = -4\pi + \frac{172\pi}{3} = \frac{160\pi}{3} .$$

Alternative (in Zylinderkoordinaten):

$$\int_P \operatorname{div} \mathbf{f} \, d(x,y,z) = \int_P 2 + 2z \, d(x,y,z) = \int_0^2 \int_0^{2\pi} \int_1^{5-r^2} (2+2z) r \, dz d\varphi dr = \frac{160\pi}{3} .$$

Lösung 19.3.10

a)

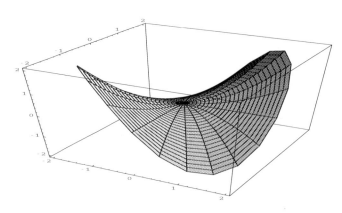

Bild 19.3.10   Sattelfläche F

b) Die Fläche F kann in folgender Weise durch $\mathbf{p}$ parametrisiert werden:

$$\mathbf{p} : K \longrightarrow \mathbb{R}^3 \quad \text{mit} \quad \mathbf{p}(u,v) = (u,v,uv)^T$$

und $K := \{(u,v)^T \in \mathbb{R}^2 \mid u^2 + v^2 \leq 4\}$.

$$\Rightarrow \quad \frac{\partial \mathbf{p}}{\partial u} \times \frac{\partial \mathbf{p}}{\partial v} = \begin{vmatrix} \mathbf{e}_1 & \mathbf{e}_2 & \mathbf{e}_3 \\ 1 & 0 & v \\ 0 & 1 & u \end{vmatrix} = \begin{pmatrix} -v \\ -u \\ 1 \end{pmatrix}$$

$$\text{rot } \mathbf{u}(x,y,z) = (1-(-1), 1-(-1), 1-(-1))^T = (2,2,2)^T$$

$$\Rightarrow \quad \int_F \text{rot } \mathbf{u}(\mathbf{x})\, do = \int_K \left\langle \begin{pmatrix} 2 \\ 2 \\ 2 \end{pmatrix}, \begin{pmatrix} -v \\ -u \\ 1 \end{pmatrix} \right\rangle d(u,v) = 2\int_K 1 - u - v\, d(u,v)$$

$$= 2\int_0^2 \int_0^{2\pi} (1 - r\cos\varphi - r\sin\varphi) r\, d\varphi\, dr$$

$$= 2\int_0^2 \left. (r\varphi - r^2\sin\varphi + r^2\cos\varphi)\right|_0^{2\pi} dr = 2\int_0^2 2\pi r\, dr = 8\pi$$

c) Die Randkurve ∂F kann in folgender Weise durch $\mathbf{c}$ parametrisiert werden:

$$\mathbf{c} : [0, 2\pi] \longrightarrow \mathbb{R}^3 \quad \text{mit} \quad \mathbf{c}(\varphi) = 2(\cos\varphi, \sin\varphi, 2\cos\varphi\sin\varphi)^T\,.$$

$$\Rightarrow \quad \dot{\mathbf{c}}(\varphi) = 2(-\sin\varphi, \cos\varphi, 2(\cos^2\varphi - \sin^2\varphi))^T$$

$$\Rightarrow \quad \oint_{\partial F} \mathbf{u}(\mathbf{x})\, d\mathbf{x} = 4\int_0^{2\pi} \left\langle \begin{pmatrix} 2\cos\varphi\sin\varphi - \sin\varphi \\ \cos\varphi - 2\cos\varphi\sin\varphi \\ \sin\varphi - \cos\varphi \end{pmatrix}, \begin{pmatrix} -\sin\varphi \\ \cos\varphi \\ 2(\cos^2\varphi - \sin^2\varphi) \end{pmatrix} \right\rangle d\varphi$$

$$= 4\int_0^{2\pi} 1 - 2\sin^3\varphi - 2\cos^3\varphi\, d\varphi = 4\int_0^{2\pi} 1\, d\varphi = 8\pi$$

Bemerkung: $\left(\dfrac{\partial \mathbf{p}}{\partial u} \times \dfrac{\partial \mathbf{p}}{\partial v}\right) \times \dot{\mathbf{c}}\,(\varphi)$ zeigt ins Innere der Sattelfläche $f(x,y) = xy$, denn

$$\left(\frac{\partial \mathbf{p}}{\partial u} \times \frac{\partial \mathbf{p}}{\partial v}\right) \times \dot{\mathbf{c}}\,(\varphi) = \begin{vmatrix} \mathbf{e}_1 & \mathbf{e}_2 & \mathbf{e}_3 \\ -2\sin\varphi & -2\cos\varphi & 1 \\ -2\sin\varphi & 2\cos\varphi & 4(\cos^2\varphi - \sin^2\varphi) \end{vmatrix} = \begin{pmatrix} \cdots \\ \cdots \\ -8\sin\varphi\cos\varphi \end{pmatrix}$$

besitzt in der dritten Komponente in den vier Quadranten der x-y-Ebene das richtige Vorzeichenverhalten .

Lösung 19.3.11

a) Die Fläche F kann in folgender Weise durch $\mathbf{p}$ parametrisiert werden:

$$\mathbf{p} : [0,3] \times [0, 2\pi] \longrightarrow \mathbb{R}^3 \quad \text{mit} \quad \mathbf{p}(r, \varphi) = (r\cos\varphi, r\sin\varphi, \cos\varphi - 1)^T .$$

$$\Rightarrow \quad \frac{\partial \mathbf{p}}{\partial r} \times \frac{\partial \mathbf{p}}{\partial \varphi} = \begin{vmatrix} \mathbf{e}_1 & \mathbf{e}_2 & \mathbf{e}_3 \\ \cos\varphi & \sin\varphi & \cos\varphi \\ -r\sin\varphi & r\cos\varphi & -r\sin\varphi \end{vmatrix} = \begin{pmatrix} -r \\ 0 \\ r \end{pmatrix}$$

$$\operatorname{rot} \mathbf{v}(x,y,z) = \left(2y+1, -\frac{1}{(x-z)^2}, -2x^2 y\right)^T$$

$$\Rightarrow \quad \int_F \operatorname{rot} \mathbf{v}(\mathbf{x})\, do = \int_0^3 \int_0^{2\pi} \left\langle \begin{pmatrix} 2r\sin\varphi + 1 \\ -1 \\ -2r^3\cos^2\varphi\sin\varphi \end{pmatrix}, \begin{pmatrix} -r \\ 0 \\ r \end{pmatrix} \right\rangle d\varphi\, dr$$

$$= \int_0^3 \int_0^{2\pi} -2r^2\sin\varphi - r - 2r^4\cos^2\varphi\sin\varphi \, d\varphi\, dr = \int_0^3 \int_0^{2\pi} -r \, d\varphi\, dr = -9\pi$$

b) Die Randkurve ∂F kann in folgender Weise durch $\mathbf{c}$ parametrisiert werden:

$$\mathbf{c} : [0, 2\pi] \longrightarrow \mathbb{R}^3 \quad \text{mit} \quad \mathbf{c}(\varphi) = (3\cos\varphi, 3\sin\varphi, 3\cos\varphi - 1)^T .$$

$$\Rightarrow \quad \dot{\mathbf{c}}\,(\varphi) = 3(-\sin\varphi, \cos\varphi, -\sin\varphi)^T$$

$$\Rightarrow \quad \oint_{\partial F} \mathbf{v}(\mathbf{x})\, d\mathbf{x} = 3\int_0^{2\pi} \left\langle \begin{pmatrix} 9\cos^2\varphi\sin^2\varphi \\ 1 - 3\cos\varphi \\ 9\sin^2\varphi + 1 \end{pmatrix}, \begin{pmatrix} -\sin\varphi \\ \cos\varphi \\ -\sin\varphi \end{pmatrix} \right\rangle d\varphi$$

$$= 3\int_0^{2\pi} -9\sin^3\varphi\cos^2\varphi + \cos\varphi - 3\cos^2\varphi - 3\sin^3\varphi - \sin\varphi \, d\varphi$$

$$= -9\int_0^{2\pi} \cos^2\varphi \, d\varphi = -9\pi$$

Bemerkung: Der Vektor $\left(\dfrac{\partial \mathbf{p}}{\partial r} \times \dfrac{\partial \mathbf{p}}{\partial \varphi}\right) \times \dot{\mathbf{c}}\,(\varphi)$ zeigt ins Innere der Schnittfläche, denn

$$\left(\frac{\partial \mathbf{p}}{\partial r} \times \frac{\partial \mathbf{p}}{\partial \varphi}\right) \times \dot{\mathbf{c}}\,(\varphi) = \begin{vmatrix} \mathbf{e}_1 & \mathbf{e}_2 & \mathbf{e}_3 \\ -3 & 0 & 3 \\ -3\sin\varphi & 3\cos\varphi & -3\sin\varphi \end{vmatrix} = -9\begin{pmatrix} \cos\varphi \\ 2\sin\varphi \\ \cos\varphi \end{pmatrix} .$$

L.20 Gewöhnliche Differentialgleichungen

L.20.1 Einführende Beispiele

Lösung 20.1.1

Der Diffusionsprozess wird beschrieben durch $\Delta S = k \cdot F \cdot (C_1 - c(t)) \cdot \Delta t$, wobei ΔS den Salzmengenzuwachs in der Zeit Δt, k die Proportionalitätskonstante, F die Zelloberfläche, C_1 die Salzkonzentration im Schwimmbecken und $c(t)$ die Salzkonzentration in der Zelle zum Zeitpunkt t angibt. Der Salzkonzentrationszuwachs $\Delta c = \Delta S / V$ führt daher zu folgender Differentialgleichung für die Salzkonzentration in der Zelle:

$$c'(t) = \frac{kF}{V}(C_1 - c(t)).$$

Durch Trennung der Veränderlichen erhält man die Lösung der homogen linearen Differentialgleichung $c'(t) + \dfrac{kF}{V} c(t) = 0$:

$$\int \frac{dc}{c} = -\frac{kF}{V} \int dt \quad \Rightarrow \quad c_h(t) = \exp\left(-\frac{kF}{V}t\right).$$

Durch Variation der Konstanten, d.h. mit dem Ansatz $c_p(t) = K(t)c_h(t)$, ergibt sich aus der Differentialgleichung $c'(t) + \dfrac{kF}{V} c(t) = \dfrac{kFC_1}{V}$ die folgende Gleichung zur Bestimmung von K':

$$K'(t)c_h(t) = \frac{kFC_1}{V} \quad \Rightarrow \quad K(t) = \int \frac{kFC_1}{V} \cdot \exp\left(\frac{kF}{V}t\right) dt = C_1 \cdot \exp\left(\frac{kF}{V}t\right) \quad \Rightarrow \quad c_p(t) = C_1.$$

Die allgemeine Lösung lautet daher $\ c(t) = \tilde{K}c_h(t) + c_p(t) = \tilde{K} \cdot \exp\left(-\dfrac{kF}{V}t\right) + C_1.$

Die Anfangskonzentration C_2 in der Zelle zum Zeitpunkt $t = 0$ ergibt:

$$C_2 = c(0) = \tilde{K} \cdot \exp\left(-\frac{kF}{V} \cdot 0\right) + C_1 \quad \Rightarrow \quad \tilde{K} = C_2 - C_1.$$

Der Konzentrationsverlauf in der Zelle wird also beschrieben durch:

$$c(t) = (C_2 - C_1) \cdot \exp\left(-\frac{kF}{V}t\right) + C_1.$$

Lösung 20.1.2

Beschrieben wird der Mischungsprozess durch den Kalkgehalt $K(t)$ (in Gramm) in der Regentonne.

In der Zeitspanne Δt fließen $2\Delta t$ Liter Wasser aus der Tonne ab und führen damit zu einem Kalkverlust (in Gramm) von

$$\frac{K(t)}{300} \cdot 2\Delta t = \frac{1}{150} \cdot K(t) \cdot \Delta t.$$

In derselben Zeitspanne Δt fließen über die Regenrinne $\ \dfrac{1}{1000} \cdot 2\Delta t = \dfrac{1}{500} \cdot \Delta t$

Gramm in die Regentonne hinein. Die Änderung des Kalkgehaltes (in Gramm) in der Tonne beträgt in der Zeitspanne Δt damit

$$\Delta K = -\frac{1}{150} \cdot K \cdot \Delta t + \frac{1}{500} \cdot \Delta t.$$

Der Kalkgehalt in der Tonne wird also durch folgende Differentialgleichung beschrieben:

$$K'(t) = -\frac{1}{150} \cdot K(t) + \frac{1}{500}.$$

Durch Trennung der Veränderlichen erhält man die Lösung der homogen linearen Differentialgleichung $K'(t) = -\dfrac{1}{150} \cdot K(t)$:

$$\int \frac{dK}{K} = -\frac{1}{150} \int dt \quad \Rightarrow \quad K_h(t) = \exp\left(-\frac{t}{150}\right).$$

Aufgaben und Lösungen zu Mathematik für Ingenieure 2. 4. Auflage.
Rainer Ansorge, Hans Joachim Oberle, Kai Rothe, Thomas Sonar
© 2011 WILEY-VCH Verlag GmbH & Co. KGaA. Published 2011 by WILEY-VCH Verlag GmbH & Co. KGaA.

Durch Variation der Konstanten, d.h. mit dem Ansatz $K_p(t) = c(t)K_h(t)$, ergibt sich aus der Differentialgleichung $K'(t) + \dfrac{K(t)}{150} = \dfrac{1}{500}$ die folgende Gleichung zur Bestimmung von c':

$$c'(t)K_h(t) = \frac{1}{500} \quad \Rightarrow \quad c(t) = \frac{1}{500}\int \exp\left(\frac{t}{150}\right) dt = \frac{150}{500}\cdot \exp\left(\frac{t}{150}\right) \quad \Rightarrow \quad K_p(t) = \frac{3}{10}.$$

Die allgemeine Lösung lautet daher $K(t) = C\cdot K_h(t) + K_p(t) = C\cdot \exp\left(-\dfrac{t}{150}\right) + \dfrac{3}{10}.$

Der Anfangskalkgehalt von 3 g in der Regentonne zum Zeitpunkt $t = 0$ ergibt:

$$3 = K(0) = C + \frac{3}{10} \quad \Rightarrow \quad C = \frac{27}{10}.$$

Der Kalkgehalt in der Regentonne wird also beschrieben durch: $K(t) = \dfrac{27}{10}\cdot \exp\left(-\dfrac{t}{150}\right) + \dfrac{3}{10}.$

L.20.2   Lösungsmethoden für Differentialgleichungen erster Ordnung

Lösung 20.2.1

a) $2y' = 3y + 4 \quad \Rightarrow \quad \dfrac{2y'}{3y+4} = 1 \quad \Rightarrow \quad \displaystyle\int \frac{2y'(x)}{3y(x)+4}\, dx = \int dx$

$\Rightarrow \quad \displaystyle\int \frac{2\,dy}{3y+4} = x + \tilde{c} \quad \Rightarrow \quad \frac{2}{3}\ln|3y+4| = x + \tilde{c}$

$\Rightarrow \quad |3y+4| = e^{3(x+\tilde{c})/2} \quad \Rightarrow \quad y(x) = ce^{3x/2} - \dfrac{4}{3}$

b) $\dfrac{y'}{x} - y^2 - 4 = 0 \quad \Rightarrow \quad y' = x(y^2+4) \quad \Rightarrow \quad \dfrac{y'}{y^2+4} = x$

$\Rightarrow \quad \dfrac{1}{4}\displaystyle\int \frac{y'}{(y/2)^2+1}\, dx = \int x\, dx \quad \Rightarrow \quad \frac{1}{2}\arctan\frac{y}{2} = \frac{x^2}{2} + \tilde{c}$

$\Rightarrow \quad \dfrac{y}{2} = \tan\left(x^2+c\right) \quad \Rightarrow \quad y(x) = 2\tan\left(x^2+c\right)$

c) $\dfrac{y'}{y} = x^2 - \dfrac{x^2}{y} = x^2\left(1 - \dfrac{1}{y}\right) \quad \Rightarrow \quad \displaystyle\int \frac{dy}{y\left(1 - \frac{1}{y}\right)} = \int x^2\, dx$

$\Rightarrow \quad \ln|y-1| = \dfrac{x^3}{3} + \tilde{c} \quad \Rightarrow \quad y(x) = 1 + ce^{x^3/3}$

Lösung 20.2.2

a) Umwandlung in eine Ähnlichkeitsdifferentialgleichung $(x \neq 0)$:

$$x^3 y' - 3xy^2 - x^2 y = 0 \Rightarrow y' = 3\left(\frac{y}{x}\right)^2 + \frac{y}{x}.$$

Substitution $u = \dfrac{y}{x}$ führt auf

$$(xu)' = u + xu' = 3u^2 + u \Rightarrow \boxed{u' = \frac{3u^2}{x}} \Rightarrow \int \frac{du}{u^2} = \int \frac{3\,dx}{x}$$

$\Rightarrow \quad -\dfrac{1}{u} = 3\ln|x| + c \Rightarrow u = \dfrac{-1}{3\ln|x| + c} \Rightarrow y(x) = \dfrac{-x}{3\ln|x| + c}.$

b) $2xy' - y^2 - 2y + x^2 = 0 \Rightarrow 2y' = x\left(\dfrac{y}{x}\right)^2 + \dfrac{2y}{x} - x$

Substitution $u = \dfrac{y}{x}$ führt auf

$2(xu)' = xu^2 + 2u - x \Rightarrow 2u + 2xu' = xu^2 + 2u - x \Rightarrow \boxed{2u' = u^2 - 1}$

Lösung von $2u' = u^2 - 1$ durch Separation:

$\displaystyle \int \frac{2}{u^2 - 1}\, du = \int dx \Rightarrow \int \frac{1}{u-1} - \frac{1}{u+1}\, du = x + \tilde{c}$

$\Rightarrow \ln\left|\dfrac{u-1}{u+1}\right| = x + \tilde{c} \Rightarrow \dfrac{u-1}{u+1} = ce^x$.

Ausnutzen der Anfangsbedingung $0 = y(1) = u(1) \cdot 1 = u(1)$:

$x = 1: \qquad ce^1 = \dfrac{u(1) - 1}{u(1) + 1} = -1 \Rightarrow c = -\dfrac{1}{e} \Rightarrow \dfrac{u-1}{u+1} = -e^{x-1}$

Auflösen nach u: $\quad u - 1 = -(u+1)e^{x-1} \Rightarrow u(1 + e^{x-1}) = 1 - e^{x-1}$

$\Rightarrow \quad u(x) = \dfrac{1 - e^{x-1}}{1 + e^{x-1}} \quad \Rightarrow \quad y(x) = \dfrac{x(1 - e^{x-1})}{1 + e^{x-1}}$.

c) Substitution $u = x + y \Rightarrow y' = u' - 1$

$\Rightarrow \quad u' - 1 = y' = e^{x+y} - 1 = e^u - 1 \quad \Rightarrow \quad \boxed{u' = e^u}$

Separation: $\quad \displaystyle \int \frac{du}{e^u} = \int dx \Rightarrow -e^{-u} = x + c \Rightarrow u(x) = -\ln(-x - c)$.

Ausnutzen der Anfangsbedingung

$x = 1: \qquad -\ln(-1 - c) = u(1) = 1 + y(1) = 1 - 1 = 0 \Rightarrow c = -2$.

Nach Rücksubstitution ergibt sich:

$$y(x) = -\ln(2 - x) - x\,.$$

Lösung 20.2.3

a) Allgemeine Lösung der Differentialgleichung durch Separation:

$$(x^2 + 1)y' - 2x(y^2 + 1) = 0 \Rightarrow \frac{y'}{y^2 + 1} = \frac{2x}{x^2 + 1} \Rightarrow \int \frac{dy}{y^2 + 1} = \int \frac{2x\,dx}{x^2 + 1}$$

$$\Rightarrow \arctan(y) = \ln(x^2 + 1) + C \Rightarrow y(x) = \tan(\ln(x^2 + 1) + C)\,.$$

Lösung der Anfangswertaufgabe:

$$1 = y(0) = \tan(\ln(1) + C) = \tan C \Rightarrow C = \frac{\pi}{4} \Rightarrow y(x) = \tan\left(\ln(x^2 + 1) + \frac{\pi}{4}\right)\,.$$

b) $y' - y - xy^5 = 0$ ist eine Bernoullische Differentialgleichung mit

$$a(x) = -1\,, \quad b(x) = -x\,, \quad \alpha = 5\,.$$

Substitution: $\quad u(x) = (y(x))^{-4}$

Transformierte Gleichung:

$$u'(x) + (1 - \alpha)a(x)u(x) = (\alpha - 1)b(x) \quad \Rightarrow \quad u'(x) + 4u(x) = -4x\,.$$

Lösung der homogenen linearen Differentialgleichung: $\quad u_h(x) = ce^{-4x}$.

Spezieller Ansatz zur Lösung der inhomogenen linearen Differentialgleichung: $\quad u_p(x) = ax + b$

$$\Rightarrow \quad a + 4(ax + b) = 4ax + a + 4b \overset{!}{=} -4x \quad \Rightarrow \quad a = -1\,, \ b = \frac{1}{4}\,.$$

Allgemeine Lösung: $\quad y(x) = u(x)^{-1/4} = \left(ce^{-4x} + \frac{1}{4} - x\right)^{-1/4}$.

c) Substitution:

$$u(x) = y(x) + x \quad \Rightarrow \quad u' = y' + 1 \text{ und } u(0) = 1$$

$$y' = (x+y)^2 \quad \Rightarrow \quad u' - 1 = u^2 \quad \Rightarrow \quad u' = u^2 + 1$$

Separation:

$$\int \frac{du}{u^2 + 1} = \int dx \quad \Rightarrow \quad \arctan u = x + c \quad \Rightarrow \quad u = \tan(x + c)$$

Anfangsbedingung: $1 = u(0) = \tan c \quad \Rightarrow \quad c = \dfrac{\pi}{4}$

Lösung der Anfangswertaufgabe: $y(x) = \tan\left(x + \dfrac{\pi}{4}\right) - x$

Lösung 20.2.4

a) Die Differentialgleichung ist linear und inhomogen. Berechnung der allgemeinen Lösung von $y' + xy = 0$ durch Trennung der Veränderlichen:

$$y' = -xy \Rightarrow \int \frac{dy}{y} = -\int x\, dx \Rightarrow \ln y = -\frac{x^2}{2} + c \rightarrow y_h = C \cdot \exp\left(-\frac{x^2}{2}\right)$$

Berechnung einer speziellen Lösung von $y' + xy = x$ durch Variation der Konstanten. Mit dem Ansatz $y_p(x) = c(x)y_h(x)$ ergibt sich aus der Differentialgleichung:

$$c'(x) = x \cdot \exp\left(\frac{x^2}{2}\right) \Rightarrow c(x) = \int x \cdot \exp\left(\frac{x^2}{2}\right) dx = \exp\left(\frac{x^2}{2}\right) \Rightarrow y_p(x) = 1$$

Die allgemeine Lösung lautet daher: $y(x) = y_h(x) + y_p(x) = C \cdot \exp\left(-\dfrac{x^2}{2}\right) + 1$

b) Die Differentialgleichung ist separierbar.

$$y' = \frac{2\cos^2 y}{1 - x^2} \Rightarrow \frac{y'}{\cos^2 y} = \frac{1}{1+x} + \frac{1}{1-x} \Rightarrow \int \frac{dy}{\cos^2 y} = \int \frac{1}{1+x} + \frac{1}{1-x} dx$$

$$\Rightarrow \tan y = \ln|1+x| - \ln|1-x| + C \Rightarrow y = \arctan\left(\ln\left(\frac{|1+x|}{|1-x|}\right) + C\right)$$

c) Bei $y' - 2x^2 y + xy^2 = 1 - x^3$ handelt es sich um eine Riccatische Differentialgleichung. Setzt man $y(x) = ax + b$ in die Differentialgleichung ein, so ergibt sich die partikuläre Lösung $y_p(x) = x$. Der Ansatz $y(x) = y_p(x) + \dfrac{1}{u(x)}$ in die Differentialgleichung eingesetzt, liefert:

$$y_p' - \frac{u'}{u^2} - 2x^2\left(y_p + \frac{1}{u}\right) + x\left(y_p^2 + \frac{2y_p}{u} + \frac{1}{u^2}\right) = 1 - x^3$$

$$\Rightarrow u' + (2x^2 - 2 \cdot x \cdot x)u = x \Rightarrow u = \frac{x^2}{2} + C \Rightarrow y(x) = x + \frac{2}{x^2 + 2C}$$

d) $y' = \dfrac{4y^3 + x^3}{3xy^2} = \dfrac{x^3(4\,(y/x)^3 + 1)}{x^3(3\,(y/x)^2)} = \dfrac{4\,(y/x)^3 + 1}{3\,(y/x)^2} = f\left(\dfrac{y}{x}\right)$

Es handelt sich um eine Ähnlichkeitsdifferentialgleichung. Der Ansatz $y(x) = x \cdot u(x)$, eingesetzt in die Differentialgleichung, liefert:

$$u' = \frac{\dfrac{4u^3 + 1}{3u^2} - u}{x} = \frac{u^3 + 1}{3u^2 x} \Rightarrow \int \frac{3u^2\, du}{u^3 + 1} = \int \frac{dx}{x} \Rightarrow \ln|u^3 + 1| = \ln x + c \Rightarrow y(x) = x\sqrt[3]{Cx - 1}$$

e) $y' + 2y + \dfrac{x}{y} = 0$ ist eine Bernoullische Differentialgleichung. Mit der Substitution $y(x) = \sqrt{u(x)}$ ergibt sich, eingesetzt in die Differentialgleichung: $u' + 4u = -2x$.

$u' + 4u = 0$ wird durch $u_h(x) = Ce^{-4x}$ und $u' + 4u = -2x$ wird durch $u_p(x) = \dfrac{1}{8} - \dfrac{x}{2}$ gelöst.

Damit ergibt sich $y(x) = \sqrt{Ce^{-4x} + \dfrac{1}{8} - \dfrac{x}{2}}$.

Lösung 20.2.5

a) Die Differentialgleichung ist linear und inhomogen. Berechnung der allgemeinen Lösung von $y' + \dfrac{y}{x} = 0$ durch Trennung der Veränderlichen:

$$y' = -\frac{y}{x} \;\Rightarrow\; \int \frac{dy}{y} = -\int \frac{dx}{x} \;\Rightarrow\; \ln y = -\ln x + c \;\Rightarrow\; y_h = C\frac{1}{x}$$

Berechnung einer speziellen Lösung von $y' + \dfrac{y}{x} = 2$ durch Variation der Konstanten. Mit dem Ansatz $y_p(x) = c(x)y_h(x)$ ergibt sich aus der Differentialgleichung:

$$c'(x) = 2x \;\Rightarrow\; c(x) = x^2 \;\Rightarrow\; y_p(x) = x$$

Die allgemeine Lösung lautet daher: $y(x) = y_h(x) + y_p(x) = \dfrac{C}{x} + x$.

b) Bei $y' + (x-1)^2 y + x\left(1 - \dfrac{x}{2}\right)y^2 = \dfrac{x^2}{2} - x + 1$ handelt es sich um eine Riccatische Differentialgleichung. Setzt man $y(x) = ax + b$ in die Differentialgleichung ein, so ergibt sich die partikuläre Lösung $y_p(x) = 1$. Der Ansatz $y(x) = y_p(x) + \dfrac{1}{u(x)}$ in die Differentialgleichung eingesetzt, liefert:

$$y_p' - \frac{u'}{u^2} + (x-1)^2\left(y_p + \frac{1}{u}\right) + x\left(1 - \frac{x}{2}\right)\left(y_p^2 + \frac{2y_p}{u} + \frac{1}{u^2}\right) = \frac{x^2}{2} - x + 1$$

$$\Rightarrow\; u' - ((x-1)^2 + 2x - x^2)u = x\left(1 - \frac{x}{2}\right) \quad\Rightarrow\quad u' - u = x\left(1 - \frac{x}{2}\right)$$

$$\Rightarrow\; u_h = C\cdot e^x \quad\wedge\quad u_p = \frac{x^2}{2} \;\Rightarrow\; y(x) = 1 + \frac{1}{u_h + u_p} = 1 + \frac{2}{2Ce^x + x^2}$$

c) $y' = \dfrac{y^2 + xy + x^2}{x^2} = \left(\dfrac{y}{x}\right)^2 + \dfrac{y}{x} + 1 = f\left(\dfrac{y}{x}\right)$

Es handelt sich um eine Ähnlichkeitsdifferentialgleichung. Der Ansatz $y(x) = x \cdot u(x)$, eingesetzt in die Differentialgleichung, liefert:

$$u' = \frac{u^2 + u + 1 - u}{x} = \frac{u^2 + 1}{x} \;\Rightarrow\; \int \frac{du}{u^2 + 1} = \int \frac{dx}{x} \;\Rightarrow\; \arctan u = \ln x + c$$

$$\Rightarrow\; y(x) = x\tan(\ln x + c)$$

d) $y' + y + \left(\dfrac{1}{3} - x\right)y^4 = 0$ ist eine Bernoullische Differentialgleichung. Mit der Substitution $y(x) = \dfrac{1}{\sqrt[3]{u(x)}}$ ergibt sich, eingesetzt in die Differentialgleichung: $u' - 3u = 1 - 3x$.

$u' - 3u = 0$ wird durch $u_h(x) = Ce^{3x}$ und $u' - 3u = 1 - 3x$ wird durch $u_p(x) = x$ gelöst. Damit ergibt sich $y(x) = \dfrac{1}{\sqrt[3]{u_h(x) + u_p(x)}} = \dfrac{1}{\sqrt[3]{Ce^{3x} + x}}$.

Lösung 20.2.6

a) (i) Die allgemeine Lösung der homogenen Gleichung $y' = \dfrac{y}{t}$ lautet: $y(t) = c\underbrace{t}_{=y_h(t)}$

(ii) Eine spezielle Lösung der inhomogenen Gleichung $y' = \dfrac{y}{t} - \dfrac{1}{t}$ berechnet sich über Variation der Konstanten mit dem Ansatz

$$y_p(t) = c(t)y_h(t)$$

$$\Rightarrow\quad y_p'(t) = c'(t)y_h(t) + c(t)y_h'(t) \stackrel{!}{=} \frac{y_p(t)}{t} - \frac{1}{t}$$

$$\Rightarrow\quad c'(t)y_h(t) = -\frac{1}{t} \quad\Rightarrow c'(t) = -\frac{1}{t^2}$$

$$\Rightarrow\quad c(t) = \frac{1}{t} \quad\Rightarrow y_p(t) = 1$$

(iii) Die allgemeine Lösung der inhomogenen Gleichung $y' = \dfrac{y}{t} - \dfrac{1}{t}$ lautet damit: $y(t) = cy_h(t) + y_p(t) = ct + 1$

b) $\lim\limits_{t\to\infty} \dfrac{y(t)}{t} = \lim\limits_{t\to\infty} \dfrac{ct+1}{t} = c = 5$

   $\Rightarrow\quad y(t) = 5t + 1 \quad \Rightarrow \quad y(1) = 6 =: y_0$

Lösung 20.2.7

a) Allgemeine Lösung der homogenen linearen Differentialgleichung durch Separation:

$$y' + \frac{3y}{x} = 0 \;\Rightarrow\; \frac{y'}{y} = -\frac{3}{x} \;\Rightarrow\; \int \frac{dy}{y} = -\int \frac{3dx}{x}$$

$$\Rightarrow\; \ln|y| = -3\ln|x| + C \;\Rightarrow\; y(x) = \frac{c}{x^3}, \quad y_h(x) := \frac{1}{x^3}$$

Spezielle Lösung der inhomogenen linearen Differentialgleichung durch Variation der Konstanten mit dem Ansatz $y_p(x) = c(x)y_h(x)$ führt auf die Bestimmungsgleichung:

$$c'(x)y_h(x) = 5x - \frac{3}{x} \;\Rightarrow\; c'(x) = 5x^4 - 3x^2 \;\Rightarrow\; c(x) = x^5 - x^3$$

$$\Rightarrow\; y_p(x) = (x^5 - x^3)y_h(x) = x^2 - 1$$

Die allgemeine Lösung lautet: $y(x) = \dfrac{C}{x^3} + x^2 - 1$.

Lösung der Anfangswertaufgabe:

$$1 = y(1) = \frac{C}{1^3} + 1^2 - 1 = C \;\Rightarrow\; y(x) = \frac{1}{x^3} + x^2 - 1.$$

b) Die gegebene Differentialgleichung ist exakt, denn mit
$g(x,y) = -1 - 2x + y\cos x$ und $h(x,y) = 2 + \sin x$ gilt: $g_y = \cos x = h_x$.

Berechnung des zum Vektorfeld $(g(x,y), h(x,y))^T$ mit Definitionsbereich $\mathbb{R}^2$ gehörigen Potentials $v(x,y)$:

$v_x = g = -1 - 2x + y\cos x \;\Rightarrow\; v = -x - x^2 + y\sin x + k(y)$

$\Rightarrow\; v_y = \sin x + k'(y) = h = 2 + \sin x \;\Rightarrow\; k'(y) = 2$

$\Rightarrow\; k(y) = 2y + C \;\Rightarrow\; v = -x - x^2 + y\sin x + 2y + C$

Die allgemeine Lösung ist also durch folgende implizite Gleichung gegeben:

$$0 = v(x, y(x)) = -x - x^2 + y(x)\sin x + 2y(x) + C.$$

Auflösen nach $y(x)$ ergibt:

$$y(x) = \frac{x^2 + x - C}{2 + \sin x}.$$

Lösung 20.2.8

Es wird untersucht, ob es sich bei der vorliegenden Differentialgleichung um eine exakte ($g(x,y) + h(x,y)\cdot y' = 0$) handelt.

Wenn es gelingt ein Potential Φ zu berechnen, mit grad $\Phi(x,y) = (g(x,y), h(x,y))$, so liegt die Lösung $y(x)$ in der impliziten Gleichung $\Phi(x, y(x)) = C$ vor, denn

$$\frac{\partial}{\partial x}\Phi(x, y(x)) = \Phi_x(x,y) + \Phi_y(x,y)\, y' = 0.$$

Die Gleichungen, aus denen Φ zu bestimmen ist, lauten also:

$$\Phi_x(x,y) = 1 - 2x + 4y^3 + \frac{2x}{x^2 + y^2}$$

$$\Rightarrow \quad \Phi(x,y) = x - x^2 + 4xy^3 + \ln(x^2 + y^2) + c(y)$$

und

$$\Phi_y(x,y) = 1 + 12xy^2 + \frac{2y}{x^2 + y^2}$$

$$\Rightarrow \quad 12xy^2 + \frac{2y}{x^2 + y^2} + c'(y) = 1 + 12xy^2 + \frac{2y}{x^2 + y^2} \quad \Rightarrow \quad c'(y) = 1$$

$$\Rightarrow \quad c(y) = y + \tilde{c}$$

$$\Rightarrow \quad \Phi(x,y) = x + y - x^2 + 4xy^3 + \ln(x^2 + y^2) + \tilde{c}$$

Unter welchen Bedingungen ein Potential Φ berechnet werden kann (rot = 0) und welche Methoden zur Verfügung stehen, wird in der Analysis geklärt.

Lösung 20.2.9

a) Die notwendige Bedingung für den integrierenden Faktor ergibt sich aus der Integrabilitätsbedingung

$$\frac{\partial}{\partial t}(m(\mu(t,y)) \cdot h(t,y)) = \frac{\partial}{\partial y}(m(\mu(t,y)) \cdot g(t,y)).$$

(i) Mit $\mu(t,y) = ty$ ergibt sich $y\frac{dm}{d\mu}h + mh_t = t\frac{dm}{d\mu}g + mg_y \quad \Rightarrow \quad \frac{dm}{d\mu} = \frac{g_y - h_t}{yh - tg}m =: a \cdot m$

(ii) Mit $\mu(t,y) = t^2 + y^2$ ergibt sich

$$2t\frac{dm}{d\mu}h + mh_t = 2y\frac{dm}{d\mu}h + mg_y \quad \Rightarrow \quad \frac{dm}{d\mu} = \frac{g_y - h_t}{2(th - yg)}m =: a \cdot m$$

Ist $a = a(\mu)$, so kann unter der Voraussetzung, dass das Gebiet einfach zusammenhängend ist und g und h hinreichend glatt sind, ein integrierender Faktor m aus der Differentialgleichung $m'(\mu) = a(\mu)m(\mu)$ berechnet werden.

b) (i) Die Differentialgleichung $\quad t + \sqrt{t^2 + y^2} + (y + \sqrt{t^2 + y^2})y' = 0$ ist nicht exakt, denn $g_y - h_t = \frac{y - t}{\sqrt{t^2 + y^2}} \neq 0$. Angenommen, es gibt einen integrierenden Faktor der Form $m(\mu)$ mit $\mu = t^2 + y^2$, dann ergibt sich

$$a = \frac{y - t}{\sqrt{t^2 + y^2}\,2(t(y + \sqrt{t^2 + y^2}) - y(t + \sqrt{t^2 + y^2}))} = -\frac{1}{2(t^2 + y^2)} = -\frac{1}{2\mu}$$

$$\Rightarrow \quad m'(\mu) = -\frac{m}{2\mu} \quad \Rightarrow \quad m = \frac{1}{\sqrt{\mu}} = \frac{1}{\sqrt{t^2 + y^2}}.$$

Damit ist $\quad \frac{t}{\sqrt{t^2 + y^2}} + 1 + (\frac{y}{\sqrt{t^2 + y^2}} + 1)y' = 0 \quad$ exakt, und aus dem Potential

$u(t,y) = \sqrt{t^2 + y^2} + t + y$ zu $(g(t,y), h(t,y))$ ergibt sich die implizite Lösungsdarstellung $\sqrt{t^2 + y(t)^2} + t + y(t) = c$.

(ii) Die Differentialgleichung

$$y + ty^3 + (t + 2t^2y^2)y' = 0$$

ist nicht exakt, denn $g_y - h_t = 1 + 3ty^2 - (1 + 4ty^2) = -ty^2 \neq 0$. Angenommen, es gibt einen integrierenden Faktor der Form $m(\mu)$ mit $\mu = ty$, dann ergibt sich

$$a = \frac{-ty^2}{y(t + 2t^2y^2) - t(y + ty^3)} = -\frac{ty^2}{t^2y^3} = -\frac{1}{\mu} \Rightarrow m'(\mu) = -\frac{m}{\mu} \Rightarrow m = \frac{1}{\mu} = \frac{1}{ty}.$$

Damit ist

$$\frac{1}{t} + y^2 + \left(\frac{1}{y} + 2ty \right) y' = 0$$

exakt, und aus dem Potential $u(t, y) = \ln(ty) + ty^2$ zu $(g(t, y), h(t, y))$ ergibt sich die implizite Lösungsdarstellung $\ln(ty(t)) + ty(t)^2 = c$.

Lösung 20.2.10

a) Die notwendige Bedingung für den integrierenden Faktor ergibt sich aus der Integrabilitätsbedingung

$$\frac{\partial}{\partial t} (m(\mu(t, y)) \cdot h(t, y)) = \frac{\partial}{\partial y} (m(\mu(t, y)) \cdot g(t, y)) .$$

(i) Mit $\mu(t, y) = t + y$ ergibt sich $\frac{dm}{d\mu} h + m h_t = \frac{dm}{d\mu} g + m g_y \Rightarrow \frac{dm}{d\mu} = \frac{g_y - h_t}{h - g} m =: a \cdot m$.

(ii) Mit $\mu(t, y) = t^2 y^2$ ergibt sich

$$2ty^2 \frac{dm}{d\mu} h + m h_t = 2yt^2 \frac{dm}{d\mu} g + m g_y \quad \Rightarrow \quad \frac{dm}{d\mu} = \frac{g_y - h_t}{2ty(yh - tg)} m =: a \cdot m .$$

Ist $a = a(\mu)$, so kann unter der Voraussetzung, dass das Gebiet einfach zusammenhängend ist und g und h hinreichend glatt sind, ein integrierender Faktor m aus der Differentialgleichung $m'(\mu) = a(\mu)m$ berechnet werden.

b) (i) Die Differentialgleichung

$$2t^2 + 2ty + (t + y)\cos(t + y) + (2ty + 2y^2 + (t + y)\cos(t + y))y' = 0$$

ist nicht exakt, denn
$g_y - h_t = 2t + \cos(t + y) - (t + y)\sin(t + y) - (2y + \cos(t + y) - (t + y)\sin(t + y))$
$= 2(t - y) \neq 0$. Angenommen, es gibt einen integrierenden Faktor der Form $m(\mu)$ mit $\mu = t + y$, dann ergibt sich

$$a = \frac{2(t - y)}{2y^2 - 2t^2} = -\frac{1}{t + y} \Rightarrow m'(\mu) = -\frac{m}{\mu} \Rightarrow m = \frac{1}{\mu} = \frac{1}{t + y} .$$

Damit ist $2t + \cos(t + y) + (2y + \cos(t + y))y' = 0$ exakt, und aus dem Potential $u(t, y) = \sin(t + y) + t^2 + y^2$ zu $(g(t, y), h(t, y))$ ergibt sich die implizite Lösungsdarstellung $\sin(t + y(t)) + t^2 + y(t)^2 = c$.

(ii) Die Differentialgleichung

$$\frac{2e^{t^2 y^2}}{t} + \left(\frac{2e^{t^2 y^2}}{y} + \frac{2}{t^2 y} \right) y' = 0$$

ist nicht exakt, denn $g_y - h_t = 4tye^{t^2 y^2} - 4tye^{t^2 y^2} + \frac{4}{t^3 y} = \frac{4}{t^3 y} \neq 0$. Angenommen, es gibt einen integrierenden Faktor der Form $m(\mu)$ mit $\mu = t^2 y^2$, dann ergibt sich

$$a = \frac{4}{t^3 y (4tye^{t^2 y^2} + 4y/t - 4tye^{t^2 y^2})} = \frac{1}{t^2 y^2} = \frac{1}{\mu} \Rightarrow m'(\mu) = \frac{m}{\mu} \Rightarrow m = \mu = t^2 y^2 .$$

Damit ist $2ty^2 e^{t^2 y^2} + (2yt^2 e^{t^2 y^2} + 2y)y' = 0$ exakt, und aus dem Potential $u(t, y) = e^{t^2 y^2} + y^2$ zu $(g(t, y), h(t, y))$ ergibt sich die implizite Lösungsdarstellung $e^{t^2 y(t)^2} + y(t)^2 = c$.

Lösung 20.2.11

Die Differentialgleichung $\quad \underbrace{2xy}_{=g(x,y)} + \underbrace{\left(2x^2 + \frac{\cos y}{y} \right)}_{=h(x,y)} y' = 0$

ist nicht exakt, denn $g_y = 2x \neq h_x = 4x$.

Multipliziert man mit $m = m(y)$, so lautet die Integrabilitätsbedingung:

$$\left(m(y) \cdot 2xy\right)_y = \left(m(y)\left(2x^2 + \frac{\cos y}{y}\right)\right)_x \Leftrightarrow m'(y) \cdot 2xy + m(y) \cdot 2x = m(y) \cdot 4x \,.$$

Man erhält $\quad m'(y) = \dfrac{m(y)}{y} \quad \Rightarrow \quad m(y) = y \,.$

Multiplikation mit m ergibt daher die exakte Differentialgleichung

$$2xy^2 + \left(2x^2y + \cos y\right) y' = 0 \,.$$

Berechnung des zugehörigen Potentials $v(x, y)$:

$v_x = 2xy^2$

$\Rightarrow \quad v(x, y) = x^2 y^2 + \varphi(y)$

$\Rightarrow \quad v_y(x, y) = 2x^2 y + \varphi'(y) = 2x^2 y + \cos y$

$\Rightarrow \quad \varphi(y) = \sin y + K$

$\Rightarrow \quad v(x, y) = x^2 y^2 + \sin y + K$

Die Lösung der Differentialgleichung ist damit gegeben durch

$$x^2 y^2 + \sin y = C \,.$$

Lösung 20.2.12

a) $y' = \left(1 + \dfrac{2}{x}\right) y \Rightarrow \displaystyle\int \frac{dy}{y} = \int 1 + \frac{2}{x} \, dx \Rightarrow \ln y = x + 2\ln x + c = x + \ln x^2 + c$

$\Rightarrow y(x) = Cx^2 \mathrm{e}^x$ mit $C \in \mathbb{R}$.

b) Der Potenzreihenansatz $y(x) = \displaystyle\sum_{i=0}^{\infty} a_i x^i$ wird in die Differentialgleichung eingesetzt:

$$\left(\sum_{i=0}^{\infty} a_i x^i\right)' = \left(1 + \frac{2}{x}\right) \sum_{i=0}^{\infty} a_i x^i \quad \Rightarrow \quad x\left(\sum_{i=0}^{\infty} a_i x^i\right)' = (x+2) \sum_{i=0}^{\infty} a_i x^i \quad .$$

Im Konvergenzintervall $J := (-r, r)$ der Potenzreihe darf nun gliedweise differenziert werden, und man erhält über einen Koeffizientenvergleich Bestimmungsgleichungen für die a_i:

$$x\left(\sum_{i=0}^{\infty} a_i x^i\right)' = (x+2) \sum_{i=0}^{\infty} a_i x^i \quad \Rightarrow \quad \sum_{i=1}^{\infty} i a_i x^i = \sum_{i=0}^{\infty} a_i x^{i+1} + \sum_{i=0}^{\infty} 2 a_i x^i$$

$$\Rightarrow \quad -2a_0 + \sum_{i=1}^{\infty} (i a_i - a_{i-1} - 2 a_i) x^i = 0 \quad \Rightarrow \quad a_0 = 0 \ \wedge \ (i-2) a_i - a_{i-1} = 0 \quad \text{für } i = 1, 2, 3 \ldots$$

Für $i = 1, 2$ ergibt sich $a_1 = 0$ und für $i \geq 3$ folgt $a_i = \dfrac{a_{i-1}}{i-2} = \cdots = \dfrac{a_2}{(i-2)!}$ mit $a_2 \in \mathbb{R}$.

Man erhält also für die Lösung der Differentialgleichung $y(x)$ folgende Potenzreihe

$$y(x) = a_2 \sum_{i=2}^{\infty} \frac{1}{(i-2)!} x^i = a_2 x^2 \sum_{i=0}^{\infty} \frac{x^i}{i!} = a_2 x^2 \mathrm{e}^x \quad \text{mit } a_2 \in \mathbb{R} \quad .$$

Der Konvergenzradius der Potenzreihe von $y(x)$ ist gleich dem der Potenzreihe der Exponentialfunktion, nämlich $r = +\infty$.

Lösung 20.2.13

a) $y' = xy \;\Rightarrow\; \int \dfrac{dy}{y} = \int x\,dx \;\Rightarrow\; \ln|y| = \dfrac{x^2}{2} + c \;\Rightarrow\; y(x) = C\mathrm{e}^{x^2/2}$ mit $C \in \mathbb{R}$.

b) Der Potenzreihenansatz $y(x) = \displaystyle\sum_{i=0}^{\infty} a_i x^i$ wird in die Differentialgleichung eingesetzt:

$$\left(\sum_{i=0}^{\infty} a_i x^i\right)' = x \sum_{i=0}^{\infty} a_i x^i \quad .$$

Im Konvergenzintervall $J := (-r, r)$ der Potenzreihe darf nun gliedweise differenziert werden, und man erhält über einen Koeffizientenvergleich Bestimmungsgleichungen für die a_i:

$$\left(\sum_{i=0}^{\infty} a_i x^i\right)' = x \sum_{i=0}^{\infty} a_i x^i \quad\Rightarrow\quad \sum_{i=1}^{\infty} i a_i x^{i-1} = \sum_{i=0}^{\infty} a_i x^{i+1}$$

$$\Rightarrow\quad a_1 + \sum_{i=1}^{\infty} \big((i+1)a_{i+1} - a_{i-1}\big)x^i = 0 \quad\Rightarrow\quad a_1 = 0 \;\wedge\; a_{i+1} = \frac{a_{i-1}}{i+1} \quad\text{für } i = 1,2,3\ldots$$

Für $i = 2j$ ergibt sich $a_{2j+1} = \dfrac{a_{2j-1}}{2j+1} = \cdots = \dfrac{a_1}{(2j+1)\cdot\;\cdots\;\cdot 3} = 0$.

Für $i = 2j - 1$ ergibt sich $a_{2j} = \dfrac{a_{2j-2}}{2j} = \cdots = \dfrac{a_0}{2j(2j-2)\cdot\;\cdots\;\cdot 2} = \dfrac{a_0}{2^j \cdot j!}$.

Man erhält also für die Lösung der Differentialgleichung $y(x)$ folgende Potenzreihe:

$$y(x) \;=\; \sum_{j=0}^{\infty} \frac{a_0}{2^j \cdot j!} x^{2j} \;=\; a_0 \sum_{i=0}^{\infty} \frac{1}{j!}\left(\frac{x^2}{2}\right)^j \;=\; a_0 \cdot \exp\left(\frac{x^2}{2}\right) \quad\text{mit } a_0 \in \mathbb{R}\,.$$

Der Konvergenzradius der Potenzreihe von $y(x)$ ist gleich dem der Potenzreihe der Exponentialfunktion, nämlich $r = +\infty$.

Lösung 20.2.14

Ein Vergleich der allgemeinen Clairautschen Differentialgleichungsdarstellung $y = xy' + \psi(y')$ mit $y = xy' + \mathrm{e}^{y'}$ ergibt $\psi(y') = \mathrm{e}^{y'}$.

Die allgemeinen Lösungen sind daher durch die Geradenschar $y(x) = Cx + \mathrm{e}^C$ mit $C \in \mathbb{R}$ gegeben.

Die 'singuläre Lösung' ergibt sich durch Elimination von p aus den Gleichungen

$$y = px + \psi(p) = px + \mathrm{e}^p \quad (*)$$

und

$$x + \psi'(p) = x + \mathrm{e}^p = 0 \quad (**)\,.$$

Für $x < 0$ erhält man aus $(**)$ $p = \ln(-x)$, eingesetzt in $(*)$ ergibt sich

$$y_s(x) = x\ln(-x) - x\,.$$

Zur geometrischen Deutung der singulären Lösung:

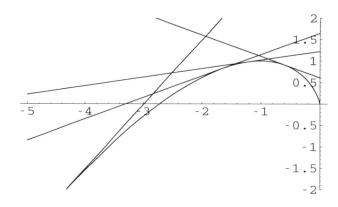

Bild 20.2.14   Geradenschar $y(x) = Cx + \mathrm{e}^C$ und $y_s(x) = x\ln(-x) - x$

Wegen $y_s'(x) = \ln(-x)$ lautet das Taylor-Polynom ersten Grades von $y_s(x)$ im Punkt $x_0 < 0$

$$T_{y_s}(x; x_0) = x_0 \ln(-x_0) - x_0 + \ln(-x_0)(x - x_0) = -x_0 + x\ln(-x_0)\,.$$

Mit $C = \ln(-x_0)$ ergibt sich $T_{y_s}(x; x_0) = Cx + \mathrm{e}^C$, d.h. die allgemeinen Lösungen sind die Tangenten an $y_s(x)$ oder andersherum ausgedrückt, die singuläre Lösung ist die Einhüllende der Geradenschar, die durch die allgemeine Lösung gegeben ist.

L.20.3   Lösungsmethoden für Differentialgleichungen zweiter Ordnung

Lösung 20.3.1

a)   Bei

$$y^2 y'' - (y')^3 = 0 \;\Leftrightarrow\; y'' = \frac{(y')^3}{y^2} = f(y, y')$$

liegt DGl-Typ 2 vor.

Setze $v(y) = y'(x(y)) \;\Rightarrow\; y''(x) = \dfrac{d}{dx}(v(y(x))) = \dfrac{dv}{dy} \cdot \dfrac{dy}{dx} = v'(y)v(y)$

$$\Rightarrow\quad v'(y) = \frac{f(y, v)}{v} = \frac{v^3}{vy^2}\,.$$

Trennung der Variablen ergibt

$$\frac{v'}{v^2} = \frac{1}{y^2} \;\Rightarrow\; \frac{1}{v} = \frac{1}{y} + c \;\Rightarrow\; v = y' = \frac{y}{1 + cy}\,.$$

Erneute Trennung der Variablen ergibt

$$\int \frac{1 + cy}{y}\, dy = \int \frac{1}{y} + c\, dy = \int dx \;\Rightarrow\; \ln y + cy = x + d\,.$$

Im Fall $c = 0$ kann sogar die explite Darstellung $y = De^x$ angegeben werden.

b)   Bei

$$y'' + y = 0$$

wird wie in DGl-Typ 3 mit y' multipliziert und anschließend nach x integriert (Substitution $dy' = y''dx$ und $dy = y'dx$):

$$y''y' + yy' = 0 \;\Rightarrow\; \int y''y' + yy'dx = \int 0dx \;\Rightarrow\; \int y'dy' + \int ydy = \frac{c}{2}$$

$$\Rightarrow \frac{(y')^2}{2} + \frac{y^2}{2} = \frac{c}{2} \geq 0 \quad \Rightarrow \quad (y')^2 + y^2 = k^2$$

$$\Rightarrow y' = \pm\sqrt{k^2 - y^2} \Rightarrow \int \frac{dy}{\sqrt{k^2 - y^2}} = \pm \int dx \Rightarrow \arcsin\frac{y}{k} = \pm(x + d)$$

$$\Rightarrow \quad y = k\sin(\pm(x+d)) = K\sin(x+d)$$

$$\Rightarrow \quad y = K(\sin x \cos d + \sin d \cos x) = C_1 \sin x + C_2 \cos x$$

c) Die Differentialgleichung

$$2xy'' - y' - x = 0$$

hängt nicht explizit von y ab. Es liegt also DGl-Typ 1 vor.

Man setzt $y' = z$ und erhält die lineare inhomogene Differentialgleichung erster Ordnung

$$2xz' - z - x = 0 \Rightarrow z' = \frac{z+x}{2x} = \frac{z}{2x} + \frac{1}{2x}.$$

Allgemeine Lösung der homogenen Gleichung: (Trennung der Veränderlichen)

$$\frac{z'}{z} = \frac{1}{2x} \quad \Rightarrow \quad \int \frac{dz}{z} = \frac{1}{2}\int \frac{dx}{x} \quad \Rightarrow \quad z_h = c\sqrt{x}.$$

Spezielle Lösung der inhomogenen Gleichung: (Variation der Konstanten)

$$z_p = x.$$

Allgemeine Lösung der inhomogenen Gleichung: (Superposition)

$$z = c\sqrt{x} + x.$$

Wegen $z = y'$ muss nochmals integriert werden und man erhält

$$y = Cx^{3/2} + \frac{x^2}{2} + D.$$

Lösung 20.3.2

a) Die Differentialgleichung der Phasenkurve für $\varphi''(t) = f(\varphi(t), \varphi'(t))$ ergibt sich mit $v(\varphi) = \varphi'(t(\varphi))$ durch

$$\frac{dv}{d\varphi} = \frac{f(\varphi, v)}{v} = -\frac{g\sin\varphi}{\ell v}.$$

Trennung der Veränderlichen ergibt

$$\int v \, dv = -\frac{g}{\ell}\int \sin\varphi \, d\varphi \Rightarrow \frac{v^2}{2} = \frac{g}{\ell}\cos\varphi + c \Rightarrow h(\varphi, v) = \frac{v^2}{2} - \frac{g}{\ell}\cos\varphi = c.$$

b) $\operatorname{grad} h(\varphi, v) = \left(\frac{g}{\ell}\sin\varphi, v\right) = 0 \quad \Rightarrow \quad \sin\varphi = 0 \wedge v = 0$. Singuläre Punkte sind also $(k\pi, 0)$ mit $k \in \mathbb{Z}$.

$$\det \mathbf{H}h(k\pi, 0) = \det\begin{pmatrix} \frac{g}{\ell}\cos k\pi & 0 \\ 0 & 1 \end{pmatrix} = \frac{g}{\ell}\cos k\pi.$$

Also sind $(2m\pi, 0)$ mit $m \in \mathbb{Z}$ isolierte Punkte und $((2m+1)\pi, 0)$ Doppelpunkte.

c) Punkte mit horizontaler Tangente ergeben sich folgendermaßen: $h_\varphi = \frac{g}{\ell}\sin\varphi = 0 \quad \Rightarrow \quad \varphi = k\pi$ mit $k \in \mathbb{Z}$, wobei $v \neq 0$ ist.

Aus $c = h(k\pi, v) = \frac{v^2}{2} - \frac{g}{\ell}\cos k\pi$ folgt $v = \pm\sqrt{2\left(\frac{g}{\ell}\cos k\pi + c\right)}$.

Punkte horizontaler Tangente: $(\varphi, v) = \left(k\pi, \pm\sqrt{2\left(\frac{g}{\ell}\cos k\pi + c\right)}\right)$. Punkte mit vertikaler Tangente ergeben sich entsprechend: $h_v = v = 0$ und aus $c = h(\varphi, 0) = -\frac{g}{\ell}\cos\varphi$ folgt $\varphi = \arccos\left(-\frac{c\ell}{g}\right)$. Punkte vertikaler Tangente sind also $(\varphi, v) = \left(\arccos\left(-\frac{c\ell}{g}\right), 0\right)$.

d)

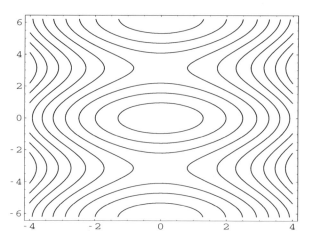

Bild 20.3.2 $h(\varphi, v) = \dfrac{v^2}{2} - \dfrac{g}{\ell}\cos\varphi$ mit $\ell = 5$

Lösung 20.3.3

a) Die Differentialgleichung der Phasenkurve für $u''(t) = f(u(t), u'(t))$ ergibt sich mit $v(u) = u'(t(u))$ durch

$$\frac{dv}{du} = \frac{f(u,v)}{v} = -\frac{k^2 u}{v}.$$

Trennung der Veränderlichen ergibt

$$\int v\,dv = -k^2 \int u\,du \quad \Rightarrow \quad \frac{v^2}{2} = -k^2\frac{u^2}{2} + c \quad \Rightarrow \quad h(u,v) = k^2\frac{u^2}{2} + \frac{v^2}{2} = c.$$

b) grad $h(u,v) = (k^2 u, v) = 0 \quad \Rightarrow \quad u = 0 \wedge v = 0$. Einziger singulärer Punkt ist damit $(u,v) = (0,0)$.

det $\mathbf{H}h(0,0) = \det \begin{pmatrix} k^2 & 0 \\ 0 & 1 \end{pmatrix} = k^2 > 0 \quad$ wegen $\quad k \neq 0$. Also ist $(u,v) = (0,0)$ isolierter Punkt.

c) Punkte mit horizontaler Tangente ergeben sich folgendermaßen:

$h_u = k^2 u = 0 \quad \Rightarrow \quad u = 0$, wobei $v \neq 0$ ist. Aus $c = h(0,v) = \dfrac{v^2}{2}$ folgt $v = \pm\sqrt{2c}$.

Punkte mit horizontaler Tangente sind also: $(u,v) = \left(0, \pm\sqrt{2c}\right)$

Punkte mit vertikaler Tangente ergeben sich entsprechend:

$h_v = v = 0$, wobei $v \neq 0$ ist. Aus $c = h(u,0) = k^2\dfrac{u^2}{2}$ folgt $u = \pm\sqrt{\dfrac{2c}{k^2}}$.

Punkte mit vertikaler Tangente sind somit: $(u,0) = \left(\pm\sqrt{\dfrac{2c}{k^2}}, 0\right)$

d) Die Höhenlinien der impliziten Gleichung $h(u,v) = c$ werden durch Ellipsen mit den Halbachsenlängen $\sqrt{\dfrac{2c}{k^2}}$ in u-Richtung und $\sqrt{2c}$ in v-Richtung beschrieben. Im Spezialfall $k = 1$ sind es sogar Kreise:

$$\left(\frac{v}{\sqrt{2c}}\right)^2 + \left(u/\sqrt{\frac{2c}{k^2}}\right)^2 = 1.$$

Lösung 20.3.4

a) Der Laplace-Operator für radialsymmetrische Funktionen $u(r)$ im $\mathbb{R}^n$ ist gegeben durch:

$$\Delta u = u''(r) + \frac{n-1}{r} u'(r) \,.$$

Speziell für $n = 2$ und mit $v = u'$ (DGl-Typ 1) ist folgende Differentialgleichung zu lösen

$$v'(r) + \frac{1}{r} v(r) = 1 \,.$$

Die Lösung der homogenen linearen Differentialgleichung erfolgt durch Trennung der Veränderlichen:

$$v' + \frac{1}{r} v(r) = 0 \quad \Rightarrow \quad \frac{v'}{v} = -\frac{1}{r} \quad \Rightarrow \quad \ln v = -\ln r + \ln c$$

$$\Rightarrow \quad \ln v = \ln \frac{c}{r} \quad \Rightarrow \quad v = \frac{c}{r} \,.$$

Eine spezielle Lösung der inhomogenen linearen Differentialgleichung erhält man durch Variation der Konstanten, mit dem Ansatz $v_p(r) = \dfrac{c(r)}{r}$:

$$\Rightarrow \quad \frac{c'(r)}{r} = 1 \quad \Rightarrow \quad c'(r) = r \quad \Rightarrow \quad c(r) = \frac{r^2}{2} \quad \Rightarrow \quad v_p(r) = \frac{r}{2} \,.$$

Die allgemeine Lösung lautet daher:

$$u'(r) = v(r) = \frac{c}{r} + \frac{r}{2} \quad \Rightarrow \quad u(r) = c \ln r + \frac{r^2}{2} + d \,.$$

b) Anpassen der allgemeinen Lösung aus a) an die Randwerte:

$$0 = u(1) = c \ln 1 + \frac{1}{4} + d \quad \Rightarrow \quad d = -\frac{1}{4}$$

$$0 = u(2) = c \ln 2 + \frac{2^2}{4} - \frac{1}{4} \quad \Rightarrow \quad c = -\frac{3}{4 \ln 2}$$

Die Lösung der Randwertaufgabe lautet daher:

$$u(r) = -\frac{3 \ln r}{4 \ln 2} + \frac{1}{4}(r^2 - 1) \,.$$

L.21   Theorie der Anfangswertaufgaben

L.21.1   Existenz und Eindeutigkeit für Anfangswertaufgaben

Lösung 21.1.1

a) Zu Überprüfen sind die Voraussetzungen des Satzes von Picard-Lindelöf:

(i) Die Funktion $f(x,y) = x^2 + y^2$ ist stetig im $\mathbb{R}^2$, also auch auf dem Quader

$$Q := \left\{ \begin{pmatrix} x \\ y \end{pmatrix} \in \mathbb{R}^2 \,\middle|\, |x| \le \frac{1}{2} \,\wedge\, |y| \le b \right\} \quad.$$

(ii) Für alle $(x,y)^T \in Q$ gilt $|f(x,y)| = |x^2 + y^2| \le \dfrac{1}{4} + b^2 =: M$

(iii) Für alle $(x,y)^T, (x,\tilde{y})^T \in Q$ gilt nach dem Mittelwertsatz mit $\theta \in\,]0, 1[$

$$|f(x,\tilde{y}) - f(x,y)| \;=\; \left| \operatorname{grad} f(x + \theta(x-x), \underbrace{y + \theta(\tilde{y}-y)}_{=:\hat{y}}) \cdot \begin{pmatrix} x - x \\ \tilde{y} - y \end{pmatrix} \right|$$

$$=\; |f_y(x,\hat{y}) \cdot (\tilde{y} - y)| \;=\; 2|\hat{y}| \cdot |\tilde{y} - y| \;\le\; \underbrace{2b}_{=:L} \cdot |\tilde{y} - y|$$

Damit besitzt die gegebene Anfangswertaufgabe nach dem Satz von Picard-Lindelöf eine eindeutig bestimmte Lösung im Intervall $[-\varepsilon, \varepsilon]$ mit $\varepsilon = \min\left(\dfrac{1}{2}, \dfrac{b}{M} \right)$. Da die Existenz und Eindeutigkeit für $0 \le x \le \dfrac{1}{2}$ gewährleistet sein soll, ist noch $\dfrac{b}{M} \ge \dfrac{1}{2}$ zu fordern:

$$\frac{1}{2} \le \frac{b}{M} = \frac{b}{1/4 + b^2} \quad\Rightarrow\quad b^2 - 2b + \frac{1}{4} \le 0 \quad\Rightarrow\quad b \in \left[1 - \frac{\sqrt{3}}{2}, 1 + \frac{\sqrt{3}}{2} \right] .$$

Für $b = 1 + \dfrac{\sqrt{3}}{2}$ ist die obige Forderung also erfüllt.

b) Der Mittelwertsatz $y(b) - y(a) = (b-a)y'(\xi)$ ergibt für $a = 0$ und $0 \le b = x \le 1$:

$$y(x) - y(0) = x \cdot y'(\xi) = x \cdot f(\xi, y(\xi)) = x \cos(\xi \cdot y(\xi)) \ge -1 \;\Rightarrow\; y(x) \ge y(0) - 1 = 1 .$$

Lösung 21.1.2

a) Bei $y'(t) + y(t) + y^{2/3}(t) = 0$ handelt es sich um eine Bernoullische Differentialgleichung mit $\alpha = \frac{2}{3}$, daher führt die Substitution $u = y^{1-\alpha} = y^{1/3}$ auf:

$$u' = \frac{1}{3} y^{-2/3} y' = \frac{1}{3} y^{-2/3} (-y - y^{2/3}) = -\frac{1}{3}(y^{1/3} + 1) = -\frac{1}{3}(u + 1) ,$$

mit der allgemeinen Lösung $u(t) = c e^{-t/3} - 1$.

Eine Lösung der Anfangswertaufgabe ergibt sich damit durch:

$$y(t) = u^3(t) = \left(c e^{-t/3} - 1 \right)^3 \;\Rightarrow\; 1 = y(0) = (c-1)^3 \;\Rightarrow\; c = 2,$$

Eine Lösung lautet also: $y(t) = \left(2 e^{-t/3} - 1 \right)^3$

b) $0 = y(t) = \left(2 e^{-t/3} - 1 \right)^3 \;\Rightarrow\; 2 e^{-t/3} = 1 \;\Rightarrow\; t = 3\ln 2 \;\Rightarrow\; y(t) > 0$ für $t \in [0, 3\ln 2[$.

Aufgaben und Lösungen zu Mathematik für Ingenieure 2. 4. Auflage.
Rainer Ansorge, Hans Joachim Oberle, Kai Rothe, Thomas Sonar
© 2011 WILEY-VCH Verlag GmbH & Co. KGaA. Published 2011 by WILEY-VCH Verlag GmbH & Co. KGaA.

Die Eindeutigkeit der Lösung im Intervall $[0, 3\ln 2]$ wird nun über den Satz von Picard-Lindelöf nachgewiesen.

$$y'(t) + y(t) + y^{2/3}(t) = 0 \quad \Rightarrow \quad y'(t) = -y(t) - y^{2/3}(t) =: f(t, y)$$

Wegen $f_y(t, y) = -1 - \dfrac{2}{3y^{1/3}}$ ist f eine C^1-Funktion und Lipschitz-stetig bzgl. der y-Koordinate im Quader $[a, b] \times [c, d]$ mit $0 \le a < b < 3\ln 2$ und $0 < c < d$.

Als Lipschitz-Konstante L kann

$$|f_y(t, y)| = \left| -1 - \frac{2}{3y^{1/3}} \right| \le 1 + \frac{2}{3c^{1/3}} =: L$$

gewählt werden. Damit ist die Lösung $y(t)$ eindeutig bestimmt im Intervall $[a, b]$ und damit auch in $[0, 3\ln 2]$.

c) Nach a) löst $y_1(t) = \left(2e^{-t/3} - 1 \right)^3$ die Anfangswertaufgabe im Intervall $[0, b]$ mit $b \in \mathbb{R}$.

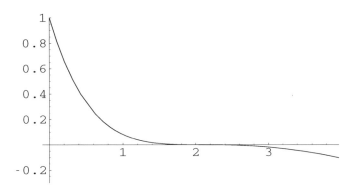

Bild 21.1.2 $y_1(t) = \left(2e^{-t/3} - 1 \right)^3$

Es gilt $y_1(3\ln 2) = 0$ und aus der Differentialgleichung folgt

$y_1'(3\ln 2) = -y_1(3\ln 2) - y_1^{2/3}(3\ln 2) = 0$.

Außerdem löst $y^* \equiv 0$ die Differentialgleichung. Daher ist

$$y_2(t) := \begin{cases} \left(2e^{-t/3} - 1 \right)^3 & , 0 \le t \le 3\ln 2 \\ 0 & 3\ln 2 < t \le b \end{cases}$$

eine C^1-Funktion auf $[0, b]$, die ebenfalls die Differentialgleichung löst und die Anfangsbedingung erfüllt, also Lösung der Anfangswertaufgabe ist.

L.21.2   Näherungsverfahren

Lösung 21.2.1

$y' + 2xy = 2x \quad \Rightarrow \quad y' = 2x(1-y) =: f(x,y)$

Eulersches Polygonzugverfahren ($h = 0.1$):

$y_{n+1} = y_n + h \cdot f(x_n, y_n) = y_n + 0.2 x_n (1 - y_n)$

mit $x_0 = 0$, $x_i = 0.1 \cdot i$ und $y_0 = 2$

$y_1 = 2 + 0.2 \cdot 0 \cdot (1 - 2) = 2 \approx y(0.1)$

$y_2 = 2 + 0.2 \cdot 0.1 \cdot (1 - 2) = 1.98 \approx y(0.2)$

Lösung 21.2.2

Sukzessive Approximation: mit $y^{[0]}(t) = y_0 = 2$

$$y^{[1]}(t) = y_0 + \int_0^t 2y^{[0]}(\tau)\, d\tau = 2 + \int_0^t 4\, d\tau = 2 + 4t$$

$$y^{[2]}(t) = y_0 + \int_0^t 2y^{[1]}(\tau)\, d\tau = 2 + \int_0^t 4 + 8\tau\, d\tau = 2 + 4t + 4t^2$$

$$y^{[3]}(t) = y_0 + \int_0^t 2y^{[2]}(\tau)\, d\tau = 2 + \int_0^t 4 + 8\tau + 8\tau^2\, d\tau = 2 + 4t + 4t^2 + \frac{8}{3}t^3$$

Lösung 21.2.3

a) Das Eulersche Polygonzugverfahren

$$y_{i+1} = y_i + h_i f(t_i, y_i) \quad , \quad t_{i+1} = t_i + h_i \quad , \quad i = 0, 1, 2, \ldots ,$$

wird durchgeführt mit $t_0 = 0$, $y_0 = y(0) = 2$, $h_i = 0.25$ und $f(t,y) = t^2(y-1)$:

$$
\begin{aligned}
y_1 &= y_0 + 0.25 \cdot t_0^2(y_0 - 1) &&= 2 \\
y_2 &= y_1 + 0.25 \cdot t_1^2(y_1 - 1) &&\approx 2.015625 \\
y_3 &= y_2 + 0.25 \cdot t_2^2(y_2 - 1) &&\approx 2.079102 \\
y_4 &= y_3 + 0.25 \cdot t_3^2(y_3 - 1) &&\approx 2.230850 \approx y(1) .
\end{aligned}
$$

b) Das Verfahren der sukzessiven Approximation lautet:

$$y^{[0]}(t) = y_0 \quad , \quad y^{[k+1]}(t) = y_0 + \int_{t_0}^t f(\tau, y^{[k]}(\tau))d\tau \quad , \quad k = 0, 1, 2, \ldots ,$$

wobei $t_0 = 0$, $y_0 = y(0) = 2$ und $f(t,y) = t^2(y-1) \Rightarrow$

$$
\begin{aligned}
y^{[1]}(t) &= 2 + \int_0^t \tau^2(y^{[0]}(\tau) - 1)d\tau &&= 2 + \frac{1}{3}t^3 \\[2mm]
y^{[2]}(t) &= 2 + \int_0^t \tau^2(y^{[1]}(\tau) - 1)d\tau &&= 2 + \frac{1}{3}t^3 + \frac{1}{18}t^6 \\[2mm]
y^{[3]}(t) &= 2 + \int_0^t \tau^2(y^{[2]}(\tau) - 1)d\tau &&= 2 + \frac{1}{3}t^3 + \frac{1}{18}t^6 + \frac{1}{162}t^9 \quad .
\end{aligned}
$$

Damit erhält man $y^{[3]}(1) \approx 2.395062$.

c) Die Differentialgleichung ist separierbar:

$$y' = t^2(y-1) \Rightarrow \frac{y'}{y-1} = t^2 \Rightarrow \int \frac{dy}{y-1} = \int t^2 dt \Rightarrow \ln|y-1| = \frac{t^3}{3} + c$$

$$\Rightarrow \quad y(t) = 1 + C \cdot \exp\left(\frac{t^3}{3}\right).$$

Die Lösung der Anfangswertaufgabe $y(0) = 2$ liefert $C = 1$, und man erhält

$$y(t) = 1 + \exp\left(\frac{t^3}{3}\right) = 1 + \sum_{k=0}^{\infty} \frac{t^{3k}}{3^k \cdot k!} \quad \Rightarrow \quad y(1) = 1 + \exp\left(\frac{1}{3}\right) \approx 2.395612.$$

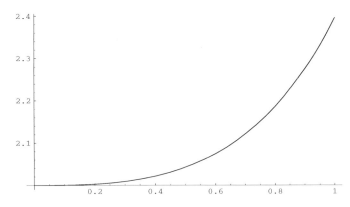

Bild 21.2.3   Lösung $y(t) = 1 + \exp\left(\dfrac{t^3}{3}\right)$

L.22 Lineare Differentialgleichungen

L.22.1 Systeme erster Ordnung

Lösung 22.1.1

Für die Lösung in Polynomform je Komponente führt der Ansatz

$$\mathbf{y}^2(x) = \begin{pmatrix} ax + b \\ cx + d \end{pmatrix},$$

eingesetzt in die Differentialgleichung und nach einem Koeffizientenvergleich je Komponente, auf $a = -1$, $b = 0$, $c = 1$ und $d = -1$. Zur Berechnung einer weiteren linear unabhängigen Lösung $\mathbf{y}^1(x)$ wird der Reduktionsansatz

$$\mathbf{y}^1(x) = w(x)\mathbf{y}^2(x) + \mathbf{z}(x) = w(x)\begin{pmatrix} -x \\ x-1 \end{pmatrix} + \begin{pmatrix} z_1(x) \\ z_2(x) \end{pmatrix}$$

in die Differentialgleichung eingesetzt, und man erhält

$$z_1' = z_1 + z_2 + w'x,$$

$$z_2' = z_1 + \frac{x+1}{x-1}z_2 - w'(x-1).$$

Wählt man $w' = \dfrac{z_1}{x-1}$, so wird die zweite Gleichung von der ersten entkoppelt und besitzt $z_2 = 0$ als Lösung. Die erste Gleichung lautet damit

$$z_1' = z_1 + \frac{z_1}{x-1}x = \left(2 + \frac{1}{x-1}\right)z_1.$$

Trennung der Veränderlichen führt auf die Lösung $z_1(x) = (x-1)\mathrm{e}^{2x}$. Damit ergibt sich $w' = \mathrm{e}^{2x}$, also $w(x) = \dfrac{1}{2}\mathrm{e}^{2x}$, und man erhält als weitere linear unabhängige Lösung:

$$\mathbf{y}^1(x) = \frac{1}{2}\mathrm{e}^{2x}\begin{pmatrix} -x \\ x-1 \end{pmatrix} + \begin{pmatrix} (x-1)\mathrm{e}^{2x} \\ 0 \end{pmatrix} = \frac{1}{2}\mathrm{e}^{2x}\begin{pmatrix} x-2 \\ x-1 \end{pmatrix}.$$

Die allgemeine Lösung lautet daher

$$\mathbf{y}(x) = c_1\mathbf{y}^1 + c_2\mathbf{y}^2 = c_1\begin{pmatrix} -x \\ x-1 \end{pmatrix} + c_2\mathrm{e}^{2x}\begin{pmatrix} x-2 \\ x-1 \end{pmatrix} \quad \text{mit} \quad c_1, c_2 \in \mathbb{R}.$$

Lösung 22.1.2

Für die Lösung in Polynomform je Komponente führt der Ansatz

$$\mathbf{y}^1(x) = \begin{pmatrix} ax^2 + bx + c \\ dx^2 + ex + f \end{pmatrix},$$

eingesetzt in die Differentialgleichung, auf

$$\begin{pmatrix} 2ax + b \\ 2dx + \mathrm{e} \end{pmatrix} = \begin{pmatrix} -4(ax^2 + bx + c)/x - 4(dx^2 + ex + f)/x^3 \\ 2x(ax^2 + bx + c) + 4(dx^2 + ex + f)/x \end{pmatrix}$$

$$\Rightarrow \begin{pmatrix} (2ax + b)x^3 \\ (2dx + \mathrm{e})x \end{pmatrix} = \begin{pmatrix} -4x^2(ax^2 + bx + c) - 4(dx^2 + ex + f) \\ 2x^2(ax^2 + bx + c) + 4(dx^2 + ex + f) \end{pmatrix}$$

$$\Rightarrow \begin{pmatrix} 2ax^4 + bx^3 \\ 2dx^2 + \mathrm{e}x \end{pmatrix} = \begin{pmatrix} -4ax^4 - 4bx^3 - 4(c+d)x^2 - 4ex - 4f \\ 2ax^4 + 2bx^3 + 2(c+2d)x^2 + 4ex + 4f \end{pmatrix}.$$

Nach einem Koeffizientenvergleich je Komponente ergibt sich

$$a = b = e = f = 0, \quad c + d = 0 \quad \Rightarrow \quad c = -d \in \mathbb{R}.$$

Aufgaben und Lösungen zu Mathematik für Ingenieure 2. 4. Auflage.
Rainer Ansorge, Hans Joachim Oberle, Kai Rothe, Thomas Sonar
© 2011 WILEY-VCH Verlag GmbH & Co. KGaA. Published 2011 by WILEY-VCH Verlag GmbH & Co. KGaA.

Wählt man $c = 1 \Rightarrow d = -1$, so löst

$$\mathbf{y}^1(x) = \begin{pmatrix} 1 \\ -x^2 \end{pmatrix}$$

das Differentialgleichungssystem.

Zur Berechnung einer weiteren davon linear unabhängigen Lösung $\mathbf{y}^2(x)$ wird der Reduktionsansatz

$$\mathbf{y}^2(x) := w(x)\mathbf{y}^1(x) + \mathbf{z}(x) = w(x)\begin{pmatrix} 1 \\ -x^2 \end{pmatrix} + \begin{pmatrix} z_1(x) \\ z_2(x) \end{pmatrix}$$

in die Differentialgleichung eingesetzt:

$$w'\mathbf{y}^1 + w(\mathbf{y}^1)' + \mathbf{z}' = \mathbf{A}(w\mathbf{y}^1 + \mathbf{z}) = w\mathbf{A}\mathbf{y}^1 + \mathbf{A}\mathbf{z}\,.$$

Wegen $w(\mathbf{y}^1)' = w\mathbf{A}\mathbf{y}^1$ erhält man $\mathbf{z}' = \mathbf{A}\mathbf{z} - w'\mathbf{y}^1$:

$$z_1' = -\frac{4}{x}z_1 - \frac{4}{x^3}z_2 - w'\,,$$

$$z_2' = 2xz_1 + \frac{4}{x}z_2 + w'x^2\,.$$

Wählt man

$$2xz_1 + w'x^2 = 0 \Rightarrow w' = -\frac{2}{x}z_1,$$

so wird die zweite Gleichung von der ersten entkoppelt, d.h. man erhält $z_2' = \frac{4}{x}z_2$. Diese Gleichung besitzt $z_2 = 0$ als Lösung.

Die erste Gleichung lautet damit

$$z_1' = -\frac{4}{x}z_1 - w' = -\frac{4}{x}z_1 + \frac{2}{x}z_1 = -\frac{2}{x}z_1\,.$$

Trennung der Veränderlichen führt auf die Lösung $z_1(x) = \dfrac{1}{x^2}$.

Damit ergibt sich

$$w' = -\frac{2}{x}z_1 = -\frac{2}{x^3} \Rightarrow w(x) = \frac{1}{x^2}\,,$$

und man erhält als weitere linear unabhängige Lösung:

$$\mathbf{y}^2(x) = \frac{1}{x^2}\begin{pmatrix} 1 \\ -x^2 \end{pmatrix} + \begin{pmatrix} 1/x^2 \\ 0 \end{pmatrix} = \begin{pmatrix} 2/x^2 \\ -1 \end{pmatrix}\,.$$

Die allgemeine Lösung lautet daher

$$\mathbf{y}(x) = c_1\mathbf{y}^1 + c_2\mathbf{y}^2 = c_1\begin{pmatrix} 1 \\ -x^2 \end{pmatrix} + c_2\begin{pmatrix} 2/x^2 \\ -1 \end{pmatrix} \quad \text{mit} \quad c_1, c_2 \in \mathbb{R}\,.$$

L.22.2   Systeme erster Ordnung mit konstanten Koeffizienten

Lösung 22.2.1

Das charakteristische Polynom der Systemmatrix $\mathbf{A}$ ergibt sich durch

$$p_{\mathbf{A}}(\lambda) = \begin{vmatrix} 2 - \lambda & 1 \\ 1 & 2 - \lambda \end{vmatrix} = (2 - \lambda)^2 - 1\,.$$

Damit ergeben sich die Eigenwerte $\lambda_1 = 3$, $\lambda_2 = 1$.

Die zugehörigen Eigenvektoren lauten dann

$$\mathbf{v}_1 = \begin{pmatrix} 1 \\ 1 \end{pmatrix}, \quad \mathbf{v}_2 = \begin{pmatrix} 1 \\ -1 \end{pmatrix}\,.$$

Die allgemeine Lösung des homogenen Systems lautet daher

$$\mathbf{y}_h(t) = c_1 e^{3t} \begin{pmatrix} 1 \\ 1 \end{pmatrix} + c_2 e^t \begin{pmatrix} 1 \\ -1 \end{pmatrix} = \underbrace{\begin{pmatrix} e^{3t} & e^t \\ e^{3t} & -e^t \end{pmatrix}}_{\mathbf{Y}(t)} \begin{pmatrix} c_1 \\ c_2 \end{pmatrix} .$$

Zur Berechnung einer speziellen Lösung des inhomogenen Systems wird ein Ansatz über Variation der Konstanten gemacht, d.h. $\mathbf{y}_p(t) = \mathbf{Y}(t)\mathbf{c}(t)$. Einsetzen in die Differentialgleichung ergibt die Bestimmungsgleichung für $\dot{\mathbf{c}}$

$$\begin{pmatrix} e^{3t} & e^t \\ e^{3t} & -e^t \end{pmatrix} \dot{\mathbf{c}}(t) = -\begin{pmatrix} 2+t \\ 2t \end{pmatrix}$$

$$\begin{pmatrix} e^{3t} & e^t & \bigm| & -2-t \\ e^{3t} & -e^t & \bigm| & -2t \end{pmatrix} \rightarrow \begin{pmatrix} e^{3t} & e^t & \bigm| & -2-t \\ & -2e^t & \bigm| & 2-t \end{pmatrix} \Rightarrow \dot{\mathbf{c}}(t) = \begin{pmatrix} (-1-3t/2)e^{-3t} \\ (t/2-1)e^{-t} \end{pmatrix}$$

$$\Rightarrow \mathbf{c}(t) = \begin{pmatrix} \int(-1-3t/2)e^{-3t}dt \\ \int(t/2-1)e^{-t}dt \end{pmatrix} = \begin{pmatrix} (t+1)e^{-3t}/2 \\ -(t-1)e^{-t}/2 \end{pmatrix}$$

$$\Rightarrow \mathbf{y}_p(t) = \begin{pmatrix} e^{3t} & e^t \\ e^{3t} & -e^t \end{pmatrix} \begin{pmatrix} (t+1)e^{-3t}/2 \\ -(t-1)e^{-t}/2 \end{pmatrix} = \begin{pmatrix} 1 \\ t \end{pmatrix} .$$

Damit lautet die allgemeine Lösung der inhomogenen Gleichung

$$\mathbf{y}(t) = \begin{pmatrix} 1 \\ t \end{pmatrix} + \begin{pmatrix} e^{3t} & e^t \\ e^{3t} & -e^t \end{pmatrix} \begin{pmatrix} c_1 \\ c_2 \end{pmatrix} .$$

Berechnung von (c_1, c_2) aus der Anfangsvorgabe:

$$\begin{pmatrix} 2 \\ -1 \end{pmatrix} = \mathbf{y}(0) = \begin{pmatrix} 1 \\ 0 \end{pmatrix} + \begin{pmatrix} 1 & 1 \\ 1 & -1 \end{pmatrix} \begin{pmatrix} c_1 \\ c_2 \end{pmatrix}$$

$$\Rightarrow \begin{pmatrix} 1 & 1 \\ 1 & -1 \end{pmatrix} \begin{pmatrix} c_1 \\ c_2 \end{pmatrix} = \begin{pmatrix} 1 \\ -1 \end{pmatrix} \Rightarrow \begin{pmatrix} c_1 \\ c_2 \end{pmatrix} = \begin{pmatrix} 0 \\ 1 \end{pmatrix} .$$

Lösung 22.2.2

a) Charakteristisches Polynom:

$p(\lambda) = (7-\lambda)(-8-\lambda) + 54 = \lambda^2 + \lambda - 2 = (\lambda-1)(\lambda+2) = 0 \quad \Rightarrow$

Eigenwerte: $\lambda_1 = 1$, $\lambda_2 = -2$

Eigenvektoren:

zu $\lambda_1 = 1$: $\begin{pmatrix} 6 & -3 & \bigm| & 0 \\ 18 & -9 & \bigm| & 0 \end{pmatrix} \rightarrow \begin{pmatrix} 6 & -3 & \bigm| & 0 \\ 0 & 0 & \bigm| & 0 \end{pmatrix} \Rightarrow \mathbf{v}_1 = \begin{pmatrix} 1 \\ 2 \end{pmatrix}$

zu $\lambda_1 = -2$: $\begin{pmatrix} 9 & -3 & \bigm| & 0 \\ 18 & -6 & \bigm| & 0 \end{pmatrix} \rightarrow \begin{pmatrix} 9 & -3 & \bigm| & 0 \\ 0 & 0 & \bigm| & 0 \end{pmatrix} \Rightarrow \mathbf{v}_2 = \begin{pmatrix} 1 \\ 3 \end{pmatrix}$

Allgemeine Lösung des homogenen Systems

$$\mathbf{y}_h(x) = c_1 e^x \begin{pmatrix} 1 \\ 2 \end{pmatrix} + c_2 e^{-2x} \begin{pmatrix} 1 \\ 3 \end{pmatrix}$$

b) Mit dem Fundamentalsystem $\mathbf{Y}(x) = \begin{pmatrix} e^x & e^{-2x} \\ 2e^x & 3e^{-2x} \end{pmatrix}$ führt Variation der Konstanten $\mathbf{y}_p(x) = \mathbf{Y}(x)\mathbf{c}(x)$ auf

$$\mathbf{Y}(x)\mathbf{c}'(x) = \begin{pmatrix} 5 \\ 14 \end{pmatrix} \Leftrightarrow \begin{pmatrix} e^x & e^{-2x} & \bigm| & 5 \\ 2e^x & 3e^{-2x} & \bigm| & 14 \end{pmatrix} \rightarrow \begin{pmatrix} e^x & e^{-2x} & \bigm| & 5 \\ 0 & e^{-2x} & \bigm| & 4 \end{pmatrix}$$

$$\Rightarrow \mathbf{c}'(x) = \begin{pmatrix} e^{-x} \\ 4e^{2x} \end{pmatrix} \Rightarrow \mathbf{c}(x) = \begin{pmatrix} -e^{-x} \\ 2e^{2x} \end{pmatrix}$$

$$\Rightarrow \mathbf{y}_p(x) = \begin{pmatrix} e^x & e^{-2x} \\ 2e^x & 3e^{-2x} \end{pmatrix} \begin{pmatrix} -e^{-x} \\ 2e^{2x} \end{pmatrix} = \begin{pmatrix} 1 \\ 4 \end{pmatrix} .$$

c) Die allgemeine Lösung des inhomogenen Systems lautet

$$\mathbf{y}(x) = \begin{pmatrix} 1 \\ 4 \end{pmatrix} + c_1 e^x \begin{pmatrix} 1 \\ 2 \end{pmatrix} + c_2 e^{-2x} \begin{pmatrix} 1 \\ 3 \end{pmatrix}.$$

Mit der Anfangsvorgabe erhält man

$$\begin{pmatrix} 0 \\ 0 \end{pmatrix} = \begin{pmatrix} 1 \\ 4 \end{pmatrix} + c_1 \begin{pmatrix} 1 \\ 2 \end{pmatrix} + c_2 \begin{pmatrix} 1 \\ 3 \end{pmatrix}.$$

$$\Leftrightarrow \left(\begin{array}{cc|c} 1 & 1 & -1 \\ 2 & 3 & -4 \end{array} \right) \rightarrow \left(\begin{array}{cc|c} 1 & 1 & -1 \\ 0 & 1 & -2 \end{array} \right) \Rightarrow \begin{pmatrix} c_1 \\ c_2 \end{pmatrix} = \begin{pmatrix} 1 \\ -2 \end{pmatrix}$$

Die Lösung der Anfangswertaufgabe lautet

$$\mathbf{y}(x) = \begin{pmatrix} 1 \\ 4 \end{pmatrix} + e^x \begin{pmatrix} 1 \\ 2 \end{pmatrix} 2e^{-2x} \begin{pmatrix} 1 \\ 3 \end{pmatrix}.$$

d) $\mathbf{0} = \begin{pmatrix} 7 & -3 \\ 18 & -8 \end{pmatrix} \mathbf{y} + \begin{pmatrix} 5 \\ 14 \end{pmatrix}$ wird gelöst durch $\mathbf{y}_p(x) = \begin{pmatrix} 1 \\ 4 \end{pmatrix}$.

Dies ist der einzige Gleichgewichtspunkt, da die Koeffizientenmatrix wegen $\lambda_1 = 1$, $\lambda_2 = -2$ regulär ist.

Bei $\mathbf{y}_p(x) = \begin{pmatrix} 1 \\ 4 \end{pmatrix}$ handelt es sich, wiederum wegen $\lambda_1 = 1$, $\lambda_2 = -2$, um einen instabilen Sattelpunkt.

Lösung 22.2.3

a) Charakteristisches Polynom: $p(\lambda) = (7 - \lambda)^2 = 0 \quad \Rightarrow$

Eigenwerte: $\lambda_{1,2} = 7$

Eigenvektor: $\mathbf{v}_1 = \begin{pmatrix} 1 \\ 0 \end{pmatrix}$,   zugehöriger Hauptvektor : $\mathbf{v}_2 = \frac{1}{7} \begin{pmatrix} 0 \\ 1 \end{pmatrix}$.

Fundamentalmatrix: $\mathbf{Y}(t) = \begin{pmatrix} e^{7t} & te^{7t} \\ 0 & e^{7t}/7 \end{pmatrix}$

b) $p(\lambda) = \begin{vmatrix} 1 - \lambda & 1 \\ -1 & 1 - \lambda \end{vmatrix} = (\lambda - 1)^2 + 1 = 0$

Eigenwerte: $\lambda_1 = 1 + i$, $\lambda_2 = 1 - i$

zugehörige Eigenvektoren: $\mathbf{v}_1 = \begin{pmatrix} 1 \\ i \end{pmatrix}$, $\mathbf{v}_2 = \begin{pmatrix} 1 \\ -i \end{pmatrix}$

Allgemeine komplexe Lösung der homogenen Differentialgleichung:

$$\mathbf{y}_h(x) = c_1 \begin{pmatrix} 1 \\ i \end{pmatrix} e^{(1+i)x} + c_2 \begin{pmatrix} 1 \\ -i \end{pmatrix} e^{(1-i)x}$$

$$\begin{pmatrix} 1 \\ i \end{pmatrix} e^{(1+i)x} = e^x(\cos x + i \sin x) \left(\begin{pmatrix} 1 \\ 0 \end{pmatrix} + i \begin{pmatrix} 0 \\ 1 \end{pmatrix} \right)$$

$$= e^x \begin{pmatrix} \cos x \\ -\sin x \end{pmatrix} + ie^x \begin{pmatrix} \sin x \\ \cos x \end{pmatrix}$$

Allgemeine reelle Lösung der homogenen Differentialgleichung:

$$\mathbf{y}_h(x) = c_1 e^x \begin{pmatrix} \cos x \\ -\sin x \end{pmatrix} + c_2 e^x \begin{pmatrix} \sin x \\ \cos x \end{pmatrix}$$

Spezieller Ansatz für eine inhomogene Lösung:

$$\mathbf{y}_p(x) = \begin{pmatrix} a \\ b \end{pmatrix} \quad \Rightarrow$$

$$\begin{pmatrix} 0 \\ 0 \end{pmatrix} = \begin{pmatrix} 1 & 1 \\ -1 & 1 \end{pmatrix} \begin{pmatrix} a \\ b \end{pmatrix} + \begin{pmatrix} 0 \\ 2 \end{pmatrix} \quad \Rightarrow \quad \begin{pmatrix} a \\ b \end{pmatrix} = \begin{pmatrix} 1 \\ -1 \end{pmatrix}$$

Allgemeine reelle Lösung der inhomogenen Differentialgleichung:

$$\mathbf{y}(x) = c_1 \mathrm{e}^x \begin{pmatrix} \cos x \\ -\sin x \end{pmatrix} + c_2 \mathrm{e}^x \begin{pmatrix} \sin x \\ \cos x \end{pmatrix} + \begin{pmatrix} 1 \\ -1 \end{pmatrix}$$

Lösung 22.2.4

Das Lösen der Aufgabe

$$\begin{pmatrix} \dot{x} \\ \dot{y} \\ \dot{z} \end{pmatrix} = \underbrace{\begin{pmatrix} -1 & -1 & 1 \\ 0 & -2 & 1 \\ 0 & -1 & -2 \end{pmatrix}}_{=:\mathbf{A}} \begin{pmatrix} x \\ y \\ z \end{pmatrix} + \underbrace{\begin{pmatrix} 2 \\ 1 \\ 3 \end{pmatrix}}_{=:\mathbf{h}} \quad \text{mit} \quad \begin{pmatrix} x(0) \\ y(0) \\ z(0) \end{pmatrix} = \begin{pmatrix} 3 \\ 3 \\ 1 \end{pmatrix}$$

erfordert

a) Allgemeine Lösung der homogenen linearen Differentialgleichung:
$p_{\mathbf{A}}(\lambda) = -(1+\lambda)((\lambda+2)^2+1) = 0$ liefert die Eigenwerte $\lambda_1 = -1$, $\lambda_2 = -2+i$ und $\lambda_3 = -2-i$ mit zugehörigen Eigenvektoren $\mathbf{v}_1 = (1,0,0)^t$, $\mathbf{v}_2 = (1,1,i)^T$ und $\mathbf{v}_3 = (1,1,-i)^T$. Damit ergibt sich die allgemeine Lösung der homogenen Gleichung in komplexer Form mit $d_1, d_2, d_3 \in \mathbb{C}$:

$$\mathbf{y}_h(t) = d_1 \mathrm{e}^{-t} \begin{pmatrix} 1 \\ 0 \\ 0 \end{pmatrix} + d_2 \mathrm{e}^{(-2+i)t} \begin{pmatrix} 1 \\ 1 \\ i \end{pmatrix} + d_3 \mathrm{e}^{(-2-i)t} \begin{pmatrix} 1 \\ 1 \\ -i \end{pmatrix},$$

beziehungsweise in reeller Form mit $c_1, c_2, c_3 \in \mathbb{R}$:

$$\mathbf{y}_h(t) = c_1 \mathrm{e}^{-t} \begin{pmatrix} 1 \\ 0 \\ 0 \end{pmatrix} + c_2 \mathrm{e}^{-2t} \begin{pmatrix} \cos t \\ \cos t \\ -\sin t \end{pmatrix} + c_3 \mathrm{e}^{-2t} \begin{pmatrix} \sin t \\ \sin t \\ \cos t \end{pmatrix}.$$

b) Spezielle Lösung der inhomogenen Gleichung berechnen:
Da die Inhomogenität $\mathbf{h}$ in Form eines konstanten Vektors vorliegt und die Systemmatrix $\mathbf{A}$ regulär ist, liegt auch eine spezielle Lösung $\mathbf{y}_p(t) = \mathbf{w}$ in Form eines konstanten Vektors $\mathbf{w}$ vor. Diese ergibt sich durch Einsetzen in die Differentialgleichung, also aus $\mathbf{A}\mathbf{w} = -\mathbf{h}$ zu $\mathbf{w} = (2,1,1)^T$.

c) Allgemeine Lösung der inhomogenen Gleichung:

$$\mathbf{y}(t) = c_1 \mathrm{e}^{-t} \begin{pmatrix} 1 \\ 0 \\ 0 \end{pmatrix} + c_2 \mathrm{e}^{-2t} \begin{pmatrix} \cos t \\ \cos t \\ -\sin t \end{pmatrix} + c_3 \mathrm{e}^{-2t} \begin{pmatrix} \sin t \\ \sin t \\ \cos t \end{pmatrix} + \begin{pmatrix} 2 \\ 1 \\ 1 \end{pmatrix}.$$

d) Lösung der Anfangswertaufgabe:
Die Anfangswerte $(x(0), y(0), z(0)) = (3, 3, 1)$, eingesetzt in die allgemeine Lösung der inhomogenen Gleichung, ergeben $c_1 = -1$, $c_2 = 2$ und $c_3 = 0$, also wird die Anfangswertaufgabe durch

$$\mathbf{y}(t) = \mathrm{e}^{-t} \left(-\begin{pmatrix} 1 \\ 0 \\ 0 \end{pmatrix} + 2\mathrm{e}^{-t} \begin{pmatrix} \cos t \\ \cos t \\ -\sin t \end{pmatrix} \right) + \begin{pmatrix} 2 \\ 1 \\ 1 \end{pmatrix}.$$

gelöst.

e) Wegen $\lim\limits_{t\to\infty} \mathrm{e}^{-t} = 0$ erhält man $\lim\limits_{t\to\infty} \mathbf{y}(t) = \begin{pmatrix} 2 \\ 1 \\ 1 \end{pmatrix}$.

Lösung 22.2.5
Das Lösen der Aufgabe

$$
\begin{pmatrix} \dot{x} \\ \dot{y} \\ \dot{z} \end{pmatrix} = \underbrace{\begin{pmatrix} 5 & -2 & -4 \\ -2 & 8 & -2 \\ -4 & -2 & 5 \end{pmatrix}}_{=:\mathbf{A}} \begin{pmatrix} x \\ y \\ z \end{pmatrix} \quad \text{mit} \quad \begin{pmatrix} x(0) \\ y(0) \\ z(0) \end{pmatrix} = \begin{pmatrix} 1 \\ -3 \\ 5 \end{pmatrix}
$$

erfordert

a) Die allgemeine Lösung der homogenen linearen Differentialgleichung:

   Berechnung der Eigenwerte:

$$
p_{\mathbf{A}}(\lambda) = \begin{vmatrix} 5-\lambda & -2 & -4 \\ -2 & 8-\lambda & -2 \\ -4 & -2 & 5-\lambda \end{vmatrix} = (9-\lambda)^2 \lambda \quad \Rightarrow \quad \lambda_{1,2} = 9, \quad \lambda_3 = 0
$$

   Berechnung der zugehörigen Eigenvektoren:

   für $\lambda_{1,2} = 9$: $\quad (\mathbf{A} - 9\mathbf{I})\mathbf{v} = \begin{pmatrix} -4 & -2 & -4 \\ -2 & -1 & -2 \\ -4 & -2 & -4 \end{pmatrix} \mathbf{v} = \mathbf{0}$

$$
\Rightarrow \quad \mathbf{v}_1 = \begin{pmatrix} -1 \\ 0 \\ 1 \end{pmatrix}, \quad \mathbf{v}_2 = \begin{pmatrix} -1 \\ 2 \\ 0 \end{pmatrix}
$$

   Analog ergibt sich für $\lambda_3 = 0$ aus $\mathbf{A}\mathbf{v} = \mathbf{0}$: $\quad \mathbf{v}_3 = \begin{pmatrix} 2 \\ 1 \\ 2 \end{pmatrix}$

   Damit ergibt sich die allgemeine Lösung der homogenen Gleichung mit $c_1, c_2, c_3 \in \mathbb{R}$:

$$
\mathbf{y}_h(t) = c_1 e^{9t} \begin{pmatrix} -1 \\ 0 \\ 1 \end{pmatrix} + c_2 e^{9t} \begin{pmatrix} -1 \\ 2 \\ 0 \end{pmatrix} + c_3 \begin{pmatrix} 2 \\ 1 \\ 2 \end{pmatrix}.
$$

b) Die Lösung der Anfangswertaufgabe:

   Die Anfangswerte $(x(0), y(0), z(0)) = (1, -3, 5)$, eingesetzt in die allgemeine Lösung, ergeben

$$
c_1 = 3 \,, \; c_2 = -2 \,, \; c_3 = 1 \,,
$$

   also wird die Anfangswertaufgabe durch

$$
\mathbf{y}(t) = 3 e^{9t} \begin{pmatrix} -1 \\ 0 \\ 1 \end{pmatrix} - 2 e^{9t} \begin{pmatrix} -1 \\ 2 \\ 0 \end{pmatrix} + \begin{pmatrix} 2 \\ 1 \\ 2 \end{pmatrix}
$$

   gelöst.

Lösung 22.2.6
Das Lösen der Aufgabe

$$
\begin{pmatrix} y_1' \\ y_2' \\ y_3' \end{pmatrix} = \underbrace{\begin{pmatrix} -3 & 7 & -3 \\ -4 & 7 & -2 \\ -3 & 3 & 1 \end{pmatrix}}_{=:\mathbf{A}} \begin{pmatrix} y_1 \\ y_2 \\ y_3 \end{pmatrix} + \underbrace{\begin{pmatrix} -4 \\ -1 \\ 4 \end{pmatrix}}_{=:\mathbf{b}}
$$

erfordert:

a) Die allgemeine Lösung der homogenen Differentialgleichung:

Berechnung der Eigenwerte:

$$p_{\mathbf{A}}(\lambda) = \begin{vmatrix} -3-\lambda & 7 & -3 \\ -4 & 7-\lambda & -2 \\ -3 & 3 & 1-\lambda \end{vmatrix} = (1-\lambda)(2-\lambda)^2 \Rightarrow \lambda_1 = 1, \ \lambda_2 = 2$$

Berechnung der zugehörigen Eigen- und Hauptvektoren:

Eigenvektor zu λ_1: $\mathbf{v}_1 = (1,1,1)^T$.

Die Eigenvektoren zu $\lambda_2 = 2$ berechnen sich aus $(\mathbf{A}-2\mathbf{I})\mathbf{v} = \mathbf{0}$:

$$\left(\begin{array}{ccc|c} -5 & 7 & -3 & 0 \\ -4 & 5 & -2 & 0 \\ -3 & 3 & -1 & 0 \end{array} \right) \rightarrow \left(\begin{array}{ccc|c} -5 & 7 & -3 & 0 \\ 0 & -3 & 2 & 0 \\ 0 & 0 & 0 & 0 \end{array} \right) \Rightarrow \mathbf{v}_2 = \begin{pmatrix} 1 \\ 2 \\ 3 \end{pmatrix}.$$

Da $1 = g(\lambda_2) < a(\lambda_2) = 2$ gilt, ist ein Hauptvektor erster Stufe über den Ansatz $(\mathbf{A}-2\mathbf{I})\mathbf{v}_3 = \mathbf{v}_2$ zu berechnen:

$$\left(\begin{array}{ccc|c} -5 & 7 & -3 & 1 \\ -4 & 5 & -2 & 2 \\ -3 & 3 & -1 & 3 \end{array} \right) \rightarrow \left(\begin{array}{ccc|c} -5 & 7 & -3 & 1 \\ 0 & -3 & 2 & 6 \\ 0 & 0 & 0 & 0 \end{array} \right) \Rightarrow \mathbf{v}_3 = \begin{pmatrix} -3 \\ -2 \\ 0 \end{pmatrix}.$$

Damit ergibt sich die allgemeine Lösung der homogenen Gleichung mit $c_1, c_2, c_3 \in \mathbb{R}$:

$$\mathbf{y}_h(x) = c_1 e^x \begin{pmatrix} 1 \\ 1 \\ 1 \end{pmatrix} + c_2 e^{2x} \begin{pmatrix} 1 \\ 2 \\ 3 \end{pmatrix} + c_3 e^{2x} \left(x \begin{pmatrix} 1 \\ 2 \\ 3 \end{pmatrix} + \begin{pmatrix} -3 \\ -2 \\ 0 \end{pmatrix} \right).$$

b) Eine spezielle Lösung der inhomogenen Differentialgleichung ergibt sich aus dem Ansatz $\mathbf{y}_p(x) = \mathbf{c}$ mit dem konstanten Vektor $\mathbf{c} \in \mathbb{R}^3$. Eingesetzt in die Differentialgleichung ergibt sich $\mathbf{c}$ aus $\mathbf{Ac} = -\mathbf{b}$:

$$\begin{pmatrix} -3 & 7 & -3 \\ -4 & 7 & -2 \\ -3 & 3 & 1 \end{pmatrix} \mathbf{c} = \begin{pmatrix} 4 \\ 1 \\ -4 \end{pmatrix} \Rightarrow \mathbf{y}_p(x) = \mathbf{c} = \begin{pmatrix} 2 \\ 1 \\ -1 \end{pmatrix}.$$

c) Die allgemeine Lösung der inhomogenen Gleichung lautet mit $c_1, c_2, c_3 \in \mathbb{R}$ daher:

$$\begin{aligned} \mathbf{y}(x) = {} & c_1 e^x \begin{pmatrix} 1 \\ 1 \\ 1 \end{pmatrix} + c_2 e^{2x} \begin{pmatrix} 1 \\ 2 \\ 3 \end{pmatrix} \\ & + c_3 e^{2x} \left(x \begin{pmatrix} 1 \\ 2 \\ 3 \end{pmatrix} + \begin{pmatrix} -3 \\ -2 \\ 0 \end{pmatrix} \right) + \begin{pmatrix} 2 \\ 1 \\ -1 \end{pmatrix}. \end{aligned}$$

Lösung 22.2.7

a) Das charakteristische Polynom von $\mathbf{A}$ ergibt sich durch

$$p_{\mathbf{A}}(\lambda) = \begin{vmatrix} 1-\lambda & 1 & -2 \\ 0 & 3-\lambda & 6 \\ 0 & -3 & -3-\lambda \end{vmatrix} = (1-\lambda)(\lambda^2+9).$$

Damit ergeben sich die Eigenwerte $\lambda_1 = 1$, $\lambda_2 = 3i$ und $\lambda_3 = -3i$. Die zugehörigen Eigenvektoren lauten dann

$$\mathbf{v}_1 = \begin{pmatrix} 1 \\ 0 \\ 0 \end{pmatrix}, \quad \mathbf{v}_2 = \begin{pmatrix} -i \\ 1+i \\ -1 \end{pmatrix}, \quad \mathbf{v}_3 = \begin{pmatrix} i \\ 1-i \\ -1 \end{pmatrix}.$$

b)   Ein komplexes Fundamentalsystem ist gegeben durch

$$\mathbf{y}_1(t) = \begin{pmatrix} 1 \\ 0 \\ 0 \end{pmatrix} e^t , \quad \tilde{\mathbf{y}}_2(t) = \begin{pmatrix} -i \\ 1+i \\ -1 \end{pmatrix} e^{3it} , \quad \tilde{\mathbf{y}}_3(t) = \begin{pmatrix} i \\ 1-i \\ -1 \end{pmatrix} e^{-3it} .$$

Wegen $\lambda_3 = \bar{\lambda}_2$ und $\mathbf{v}_3 = \bar{\mathbf{v}}_2$ und

$$\begin{aligned}
\tilde{\mathbf{y}}_2(t) &= (\cos(3t) + i \sin(3t)) \left\{ \begin{pmatrix} 0 \\ 1 \\ -1 \end{pmatrix} + i \begin{pmatrix} -1 \\ 1 \\ 0 \end{pmatrix} \right\} \\
&= \begin{pmatrix} \sin(3t) \\ \cos(3t) - \sin(3t) \\ -\cos(3t) \end{pmatrix} + i \begin{pmatrix} -\cos(3t) \\ \cos(3t) + \sin(3t) \\ -\sin(3t) \end{pmatrix}
\end{aligned}$$

erhält man das reelle Fundamentalsystem

$$\mathbf{y}_1(t) = \begin{pmatrix} e^t \\ 0 \\ 0 \end{pmatrix} , \quad \mathbf{y}_2(t) = \begin{pmatrix} \sin(3t) \\ \cos(3t) - \sin(3t) \\ -\cos(3t) \end{pmatrix} , \quad \mathbf{y}_3(t) = \begin{pmatrix} -\cos(3t) \\ \cos(3t) + \sin(3t) \\ -\sin(3t) \end{pmatrix} .$$

c)   Der Ansatz $\mathbf{y}(t) = \mathbf{v}\, e^{2t}$ mit $\mathbf{v} \in \mathbb{R}^3$, für die partikuläre Lösung eingesetzt in die inhomogene Differentialgleichung, ergibt

$$\dot{\mathbf{y}} = 2\mathbf{v}\, e^{2t} = \mathbf{A}\mathbf{y} + \mathbf{b} = \mathbf{A}\mathbf{v}\, e^{2t} + \begin{pmatrix} 2 \\ -5 \\ 2 \end{pmatrix} e^{2t} \quad \Rightarrow \quad (\mathbf{A} - 2\mathbf{I})\mathbf{v} = \begin{pmatrix} -2 \\ 5 \\ -2 \end{pmatrix}$$

mit der Lösung $\mathbf{v} = (-1, -1, 1)^T$. Die allgemeine reelle Lösung des Differentialgleichungssystem lautet daher

$$\mathbf{y}(t) = \begin{pmatrix} -1 \\ -1 \\ 1 \end{pmatrix} e^{2t} + c_1 \begin{pmatrix} e^t \\ 0 \\ 0 \end{pmatrix} + c_2 \begin{pmatrix} \sin(3t) \\ \cos(3t) - \sin(3t) \\ -\cos(3t) \end{pmatrix} + c_3 \begin{pmatrix} -\cos(3t) \\ \cos(3t) + \sin(3t) \\ -\sin(3t) \end{pmatrix} .$$

Lösung 22.2.8
Zur Berechnung des Fundamentalsystems des homogenen linearen Differentialgleichungssystems benötigt man Eigenwerte und Eigenvektoren der Systemmatrix

$$\mathbf{A} = \begin{pmatrix} 4 & 0 & 3 & 0 \\ 1 & 1 & 0 & 0 \\ -2 & 0 & -1 & 0 \\ 0 & 0 & 0 & 1 \end{pmatrix} .$$

$p_{\mathbf{A}}(\lambda) = (2-\lambda)(1-\lambda)^3 = 0$ liefert die Eigenwerte $\lambda_1 = 2$ und $\lambda_{2,3,4} = 1$ mit zugehörigen Eigenvektoren $\mathbf{v}_1 = (-3, -3, 2, 0)^T$, $\mathbf{v}_2 = (0, 0, 0, 1)^T$ und $\mathbf{v}_3 = (0, 1, 0, 0)^T$. Außerdem gibt es noch einen Hauptvektor erster Stufe $\mathbf{v}_4 = (1, 0, -1, 0)^T$, der mit $\mathbf{v}_3$ eine Kette bildet, d.h. $(\mathbf{A} - \mathbf{I})\mathbf{v}_4 = \mathbf{v}_3$.

Damit ergibt sich das Fundamentalsystem

$$\mathbf{Y}(t) = \left(e^{2t}\mathbf{v}_1, e^t\mathbf{v}_2, e^t\mathbf{v}_3, e^t(t\mathbf{v}_3 + \mathbf{v}_4) \right) = \begin{pmatrix} -3e^{2t} & 0 & 0 & e^t \\ -3e^{2t} & 0 & e^t & te^t \\ 2e^{2t} & 0 & 0 & -e^t \\ 0 & e^t & 0 & 0 \end{pmatrix} .$$

L.22.3   Einzelgleichungen höherer Ordnung

Lösung 22.3.1

Die im Hinweis angegebene Polynomlösung sei $u(t) = at^3 + bt^2 + ct + d$. Einsetzen in die Differentialgleichung $y'' - \frac{1}{t}y' - \frac{3}{t^2}y = 0$ ergibt $6at + 2b - \frac{1}{t}(3at^2 + 2bt + c) - \frac{3}{t^2}(at^3 + bt^2 + ct + d) = 0$
$\Rightarrow -3bt^2 - 4ct - 3d = 0$. Damit folgt $b = c = d = 0$ und $a \in \mathbb{R}$. Also ist $u(t) = t^3$ eine Lösung der Differentialgleichung.

Zur Berechnung einer weiteren Lösung wird der Reduktionsansatz $y(t) = u(t)z(t)$ in die Differentialgleichung eingesetzt, und man erhält

$$0 = \underbrace{\left(u'' - \frac{1}{t}u' - \frac{3}{t^2}u \right)}_{=0} z + \left(2u' - \frac{1}{t}u \right) z' + uz'' \,.$$

Mit $w = z'$ ergibt sich die um eine Ordnung reduzierte Differentialgleichung $w' = -\frac{1}{u}\left(2u' - \frac{1}{t}u \right) w$
$= -\frac{5}{t}w$, die mittels Seperation zur Lösung $z'(t) = w(t) = \frac{1}{t^5}$ führt. Integrieren ergibt $z(t) = -\frac{1}{4t^4}$,
und eine zu $u(t) = t^3$ linear unabhängige Lösung ist durch $y(t) = u(t)z(t) = -\frac{1}{4t^4}t^3 = -\frac{1}{4t}$ gegeben.
Ein Fundamentalsystem bilden daher $y_1(t) = t^3$ und $y_2(t) = \frac{1}{t}$.

Lösung 22.3.2

a) Die Koeffizienten der polynomialen Lösung $u(x) = ax + b$ ergeben sich durch Einsetzen von u in die homogene Differentialgleichung:

$$\begin{aligned}
0 &= x^2 \cdot 0 - x(x+2)a + (x+2)(ax+b) \\
&= x^2(a-a) + x(2a+b-2a) + 2b \\
&= bx + 2b \Rightarrow b = 0 \,, \ a \in \mathbb{R} \,, \ \text{wähle z.B. } a = 1, \ \text{also } u(x) = x
\end{aligned}$$

Reduktionsansatz für eine weitere linear unabhängige Lösung:

$$y(x) = u(x) \cdot z(x) \,.$$

Einsetzen in die Differentialgleichung liefert:

$$\begin{aligned}
0 &= x^2(u''z + 2u'z' + uz'') - x(x+2)(u'z + uz') + (x+2)uz \\
0 &= x^2uz'' + (2x^2u' - x(x+2)u)z' + \underbrace{(x^2u'' - x(x+2)u' + (x+2)u)}_{=0}z \\
0 &= x^3(z'' - z') \Rightarrow w' - w = 0 \quad \text{mit } w = z' \,.
\end{aligned}$$

Die resultierende Differentialgleichung $w' - w = 0$ wird durch $w(x) = \mathrm{e}^x$ gelöst. Damit ergibt sich $z(x) = \mathrm{e}^x$.

Die weitere linear unabhängige Lösung aus dem Reduktionsansatz lautet daher:

$$y(x) = u(x) \cdot z(x) = x\mathrm{e}^x \,.$$

Als Fundamentalsystem kann also $y_1(x) = x$, $y_2(x) = x\mathrm{e}^x$ gewählt werden.

b) Nach Normierung der Differentialgleichung ergibt sich

$$\begin{pmatrix} x & x\mathrm{e}^x \\ 1 & (x+1)\mathrm{e}^x \end{pmatrix} \begin{pmatrix} c_1'(x) \\ c_2'(x) \end{pmatrix} = \begin{pmatrix} 0 \\ -x \end{pmatrix}$$

$$\Rightarrow \quad \begin{pmatrix} c_1'(x) \\ c_2'(x) \end{pmatrix} = \begin{pmatrix} 1 \\ -\mathrm{e}^{-x} \end{pmatrix}$$

$$\Rightarrow \quad \begin{pmatrix} c_1(x) \\ c_2(x) \end{pmatrix} = \begin{pmatrix} x \\ \mathrm{e}^{-x} \end{pmatrix}$$

$$\Rightarrow \quad \begin{pmatrix} \tilde{y}_p(x) \\ \tilde{y}_p'(x) \end{pmatrix} = \begin{pmatrix} x & x\mathrm{e}^x \\ 1 & (x+1)\mathrm{e}^x \end{pmatrix} \begin{pmatrix} x \\ \mathrm{e}^{-x} \end{pmatrix} = \begin{pmatrix} x^2 + x \\ 2x + 1 \end{pmatrix}.$$

Als spezielle Lösung der inhomogenen Gleichung kann daher $y_p(x) = x^2$ gewählt werden.

c) Die allgemeine Lösung der Differentialgleichung lautet

$$y(x) = x^2 + c_1 x + c_2 x \mathrm{e}^x.$$

Lösung 22.3.3

Setzt man zur Berechnung einer Polynomlösung den Ansatz $u(t) = at^2 + bt + c$ in die Differentialgleichung $y'' - \frac{3}{t}y' + \frac{4}{t^2}y = 0$ ein, so ergibt sich etwa $u(t) = t^2$ als Lösung. Der Reduktionsansatz $y(t) = u(t)z(t)$, in die Differentialgleichung eingesetzt, ergibt mit $w(t) = z'(t)$ die um eine Ordnung reduzierte Gleichung in w, die mit Separation gelöst wird:

$$w' = -\frac{1}{t}w \quad \Rightarrow \quad z'(t) = w(t) = \frac{1}{t} \quad \Rightarrow \quad z(t) = \ln t.$$

Damit bilden $y_1(t) = t^2$ und $y_2(t) = t^2 \ln t$ ein Fundamentalsystem.

Nach dem Umschreiben der Differentialgleichung zweiter Ordnung in ein System erster Ordnung mit $\mathbf{y}(t) = (y(t), y'(t))^T$ führt der Ansatz der Variation der Konstanten, d.h. $\mathbf{y}_p(t) = (y_p(t), y_p'(t))^T = \mathbf{Y}(t)\mathbf{c}(t)$, auf das Lösen des Gleichungssystems $\mathbf{Y}(t)\mathbf{c}'(t) = (0, t)^T$, wobei $\mathbf{Y}(t)$ die Fundamentalmatrix ist, die sich aus dem oben ermittelten Fundamentalsystem ergibt.

$$\left(\begin{array}{cc|c} t^2 & t^2 \ln t & 0 \\ 2t & 2t \ln t + t & t \end{array} \right) \rightarrow \left(\begin{array}{cc|c} t^2 & t^2 \ln t & 0 \\ 0 & t & t \end{array} \right) \Rightarrow \begin{pmatrix} c_1'(t) \\ c_2'(t) \end{pmatrix} = \begin{pmatrix} -\ln t \\ 1 \end{pmatrix}$$

$$\Rightarrow \begin{pmatrix} c_1(t) \\ c_2(t) \end{pmatrix} = \begin{pmatrix} -(t \ln t - t) \\ t \end{pmatrix} \Rightarrow y_p(t) = c_1(t)y_1(t) + c_2(t)y_2(t) = t^3$$

Die allgemeine Lösung der inhomogenen Gleichung lautet daher: $y(t) = t^3 + c_1 t^2 + c_2 t^2 \ln t$.

Aus den beiden Gleichungen der Anfangswerte $y(1) = 0$ und $y'(1) = 0$ werden noch die Konstanten c_1 und c_2 berechnet, und man erhält die Lösung der Aufgabe

$$y(t) = t^3 - t^2 - t^2 \ln t.$$

L.22.4   Einzelgleichungen höherer Ordnung mit konstanten Koeffizienten

Lösung 22.4.1

a) Zur Berechnung der allgemeinen Lösung des homogenen linearen Differentialgleichungssystems benötigt man Eigenwerte und Eigenvektoren der Systemmatrix

$$\mathbf{A} = \begin{pmatrix} 2 & 0 & 1 \\ 0 & 2 & -1 \\ -1 & 0 & 2 \end{pmatrix}.$$

$p_{\mathbf{A}}(\lambda) = (2 - \lambda)((2 - \lambda)^2 + 1) = 0$ liefert die Eigenwerte $\lambda_1 = 2$, $\lambda_2 = 2 + i$ und $\lambda_3 = 2 - i$ mit zugehörigen Eigenvektoren $\mathbf{v}_1 = (0, 1, 0)^T$, $\mathbf{v}_2 = (1, -1, i)^T$ und $\mathbf{v}_3 = (1, -1, -i)^T$. Damit lautet die allgemeine Lösung

$$\mathbf{y}(t) = c_1 \mathrm{e}^{\lambda_1 t}\mathbf{v}_1 + c_2 \mathrm{e}^{\lambda_2 t}\mathbf{v}_2 + c_3 \mathrm{e}^{\lambda_3 t}\mathbf{v}_3 = c_1 \mathrm{e}^{2t} \begin{pmatrix} 0 \\ 1 \\ 0 \end{pmatrix} + c_2 \mathrm{e}^{(2+i)t} \begin{pmatrix} 1 \\ -1 \\ i \end{pmatrix} + c_3 \mathrm{e}^{\lambda_3 t} \begin{pmatrix} 1 \\ -1 \\ -i \end{pmatrix}.$$

Die allgemeine reelle Lösung ergibt sich wegen $\lambda_3 = \bar\lambda_2$ und $\mathbf{v}_3 = \bar{\mathbf{v}}_2$ durch

$$\mathbf{y}(t) = c_1 e^{\lambda_1 t} \mathbf{v}_1 + \tilde c_2 \mathrm{Re}\left(e^{\lambda_2 t} \mathbf{v}_2\right) + \tilde c_3 \mathrm{Im}\left(e^{\lambda_2 t}\mathbf{v}_2\right)$$

$$= c_1 e^{2t}\begin{pmatrix} 0 \\ 1 \\ 0 \end{pmatrix} + \tilde c_2 e^{2t}\begin{pmatrix} \cos t \\ -\cos t \\ -\sin t \end{pmatrix} + \tilde c_3 e^{2t}\begin{pmatrix} \sin t \\ -\sin t \\ \cos t \end{pmatrix}.$$

b) Das charakteristische Polynom der Differentialgleichung $y''' - 4y'' + 4y' = 0$ lautet

$$p(\lambda) = \lambda^3 - 4\lambda^2 + 4\lambda = \lambda(\lambda - 2)^2$$

und besitzt die Nullstellen $\lambda_1 = 0$ und $\lambda_{2,3} = 2$. Man erhält das Fundamentalsystem

$$y_1(t) = 1, \quad y_2(t) = e^{2t}, \quad y_3(t) = te^{2t},$$

und damit die allgemeine Lösung $y(t) = c_1 y_1(t) + c_2 y_2(t) + c_3 y_3(t) = c_1 + c_2 e^{2t} + c_3 t e^{2t}$.

Lösung 22.4.2

a) Das charakteristische Polynom $p(\lambda) = \lambda^5 - 3\lambda^4 + \lambda^3 + \lambda^2 + 4 = (\lambda - 2)^2(\lambda + 1)(\lambda^2 + 1)$ besitzt die Nullstellen $\lambda_{1,2} = 2$, $\lambda_3 = -1$ und $\lambda_{4,5} = \pm i$. Damit ergibt sich das reelle Fundamentalsystem $y_1(t) = e^{2t}$, $y_2(t) = te^{2t}$, $y_3(t) = e^{-t}$, $y_4(t) = \cos t$ und $y_5(t) = \sin t$.

b) Das charakteristische Polynom $p(\lambda) = \lambda^3 + 3\lambda^2 + 3\lambda + 1 = (\lambda + 1)^3$ besitzt die Nullstellen $\lambda_{1,2,3} = -1$. Entsprechend der Inhomogenität wird für eine spezielle Lösung der inhomogenen Gleichung der Ansatz $y_p(t) = e^t(at + b)$ gewählt. Einsetzen in die Differentialgleichung und Koeffizientenvergleich ergibt $a = 3$ und $b = -2$. Damit ergibt sich die allgemeine Lösung der inhomogenen Gleichung

$$y(t) = c_1 e^{-t} + c_2 te^{-t} + c_3 t^2 e^{-t} + e^t(3t - 2).$$

Lösung 22.4.3

a) $p(\lambda) = \lambda^3 - 4\lambda^2 + 5\lambda - 2 = (\lambda - 1)(\lambda^2 - 3\lambda + 2) = (\lambda - 1)(\lambda - 1)(\lambda - 2) = 0$

Allgemeine Lösung der homogenen Gleichung:

$$y_h(x) = c_1 e^x + c_2 xe^x + c_3 e^{2x}$$

Ansatz für spezielle Lösung der inhomogenen Gleichung: $y_p(x) = a$

$$0 - 4 \cdot 0 + 5 \cdot 0 - 2a \overset{!}{=} 1 \quad \Rightarrow \quad a = -\frac{1}{2}$$

Allgemeine Lösung der homogenen Differentialgleichung:

$$y(x) = c_1 e^x + c_2 xe^x + c_3 e^{2x} - \frac{1}{2}$$

b) Charakteristisches Polynom:

$p(\lambda) = \lambda^3 + \lambda^2 - 4\lambda - 4 = (\lambda + 1)(\lambda + 2)(\lambda - 2) = 0 \quad \Rightarrow$

Nullstellen: $\lambda_1 = -1$, $\lambda_2 = -2$, $\lambda_3 = 2$

Allgemeine Lösung: $y(t) = ae^{-t} + be^{-2t} + ce^{2t}$

Anfangswerte: $y(0) = 1$, $y'(0) = 0$, $y''(0) = -2$

$$\begin{pmatrix} 1 & 1 & 1 & \bigm| & 1 \\ -1 & -2 & 2 & \bigm| & 0 \\ 1 & 4 & 4 & \bigm| & -2 \end{pmatrix} \rightarrow \begin{pmatrix} 1 & 1 & 1 & \bigm| & 1 \\ 0 & -1 & 3 & \bigm| & 1 \\ 0 & 3 & 3 & \bigm| & -3 \end{pmatrix} \rightarrow \begin{pmatrix} 1 & 1 & 1 & \bigm| & 1 \\ 0 & -1 & 3 & \bigm| & 1 \\ 0 & 0 & 12 & \bigm| & 0 \end{pmatrix}$$

$$\Rightarrow \begin{pmatrix} a \\ b \\ c \end{pmatrix} = \begin{pmatrix} 2 \\ -1 \\ 0 \end{pmatrix}$$

Lösung der Anfangswertaufgabe: $y(t) = 2e^{-t} - e^{-2t}$

Lösung 22.4.4

Die allgemeine Lösung der homogenen Differentialgleichung ergibt sich durch
$p(\lambda) = \lambda^2 + \lambda - 2 = (\lambda + 2)(\lambda - 1) = 0 \quad \Rightarrow \quad \lambda_1 = -2, \lambda_2 = 1 \quad$ zu

$$y_h(x) = c_1 e^{-2x} + c_2 e^x .$$

Die Differentialgleichung, aufgefasst als System, besäße daher folgendes Fundamentalsystem:

$$\begin{pmatrix} y \\ y' \end{pmatrix}' = \begin{pmatrix} 0 & 1 \\ 2 & -1 \end{pmatrix} \begin{pmatrix} y \\ y' \end{pmatrix} + \begin{pmatrix} 0 \\ 2 - 4x \end{pmatrix} \quad \leftrightarrow \quad \mathbf{Y}(x) = \begin{pmatrix} e^{-2x} & e^x \\ -2e^{-2x} & e^x \end{pmatrix} .$$

a) Spezieller Ansatz: $y_p(x) = ax + b$.
Eingesetzt in die Differentialgleichung ergibt sich

$$0 + a - 2(ax + b) = -2ax + a - 2b = -4x + 2 \Rightarrow a = 2, b = 0 \Rightarrow y_p(x) = 2x .$$

b) Für die Variation der Konstanten ist das folgende Gleichungssystem zu lösen:

$$\mathbf{Y}(x)\mathbf{c}'(x) = \begin{pmatrix} e^{-2x} & e^x \\ -2e^{-2x} & e^x \end{pmatrix} \begin{pmatrix} c_1'(x) \\ c_2'(x) \end{pmatrix} = \begin{pmatrix} 0 \\ 2 - 4x \end{pmatrix} .$$

$$\rightarrow \begin{pmatrix} e^{-2x} & e^x & \Big| & 0 \\ 0 & 3e^x & \Big| & 2 - 4x \end{pmatrix} \Rightarrow \begin{pmatrix} c_1'(x) \\ c_2'(x) \end{pmatrix} = \begin{pmatrix} -(2 - 4x)e^{2x}/3 \\ (2 - 4x)e^{-x}/3 \end{pmatrix}$$

$$\Rightarrow \begin{pmatrix} c_1(x) \\ c_2(x) \end{pmatrix} = \begin{pmatrix} \int -(2 - 4x)e^{2x}/3 \, dx \\ \int (2 - 4x)e^{-x}/3 \, dx \end{pmatrix} = \begin{pmatrix} 2(x - 1)e^{2x}/3 \\ (4x + 2)e^{-x}/3 \end{pmatrix}$$

$$\Rightarrow \begin{pmatrix} y_p(x) \\ y_p'(x) \end{pmatrix} = \begin{pmatrix} e^{-2x} & e^x \\ -2e^{-2x} & e^x \end{pmatrix} \begin{pmatrix} 2(x - 1)e^{2x}/3 \\ (4x + 2)e^{-x}/3 \end{pmatrix} = \begin{pmatrix} 2x \\ 2 \end{pmatrix} .$$

c) Die Greensche Funktion wird bestimmt über die Lösung $w(x)$ der Anfangswertaufgabe (hier $x_0 = 0$)

$$\begin{pmatrix} w \\ w' \end{pmatrix}' = \begin{pmatrix} 0 & 1 \\ 2 & -1 \end{pmatrix} \begin{pmatrix} w \\ w' \end{pmatrix} \quad , \quad \begin{pmatrix} w(0) \\ w'(0) \end{pmatrix} = \begin{pmatrix} 0 \\ 1 \end{pmatrix} .$$

$$\begin{pmatrix} 0 \\ 1 \end{pmatrix} = \begin{pmatrix} w(0) \\ w'(0) \end{pmatrix} = \mathbf{Y}(0)\mathbf{c} = \begin{pmatrix} 1 & 1 \\ -2 & 1 \end{pmatrix} \begin{pmatrix} c_1 \\ c_2 \end{pmatrix} \Rightarrow \begin{pmatrix} c_1 \\ c_2 \end{pmatrix} = \begin{pmatrix} -1/3 \\ 1/3 \end{pmatrix}$$

$$\Rightarrow \quad w(x) = -\frac{1}{3}e^{-2x} + \frac{1}{3}e^x \quad \Rightarrow \quad G(x, \tau) = -\frac{1}{3}e^{-2(x-\tau)} + \frac{1}{3}e^{x-\tau} \quad \Rightarrow$$

$$\begin{aligned}
y_p(x) &= \int_0^x G(x, \tau)h(\tau) \, d\tau = \int_0^x \left(-\frac{1}{3}e^{-2(x-\tau)} + \frac{1}{3}e^{x-\tau} \right)(2 - 4\tau) \, d\tau \\
&= \frac{2}{3} \left(-e^{-2x} \int_0^x e^{2\tau}(1 - 2\tau) \, d\tau + e^x \int_0^x e^{-\tau}(1 - 2\tau) \, d\tau \right) \\
&= \frac{2}{3} \left(-e^{-2x} \left((1 - \tau)e^{2\tau} \right)\Big|_0^x + e^x \left((1 + 2\tau)e^{-\tau} \right)\Big|_0^x \right) \\
&= \frac{2}{3} \left(-e^{-2x} \left((1 - x)e^{2x} - 1 \right) + e^x \left((1 + 2x)e^{-x} - 1 \right) \right) \\
&= \frac{2}{3} \left(-(1 - x) + e^{-2x} + (1 + 2x) - e^x \right) \\
&= 2x + \frac{2}{3}e^{-2x} - \frac{2}{3}e^x .
\end{aligned}$$

Damit lautet die allgemeine Lösung der Differentialgleichung

$$y(x) = y_h(x) + y_p(x) = c_1 e^{-2x} + c_2 e^x + 2x \quad \text{mit} \quad c_1, c_2 \in \mathbb{R} .$$

Lösung 22.4.5

Es sind folgende Lösungsschritte erforderlich:

a) Das charakteristische Polynom $p(\lambda) = \lambda^3 - \lambda^2 - 2\lambda = \lambda(\lambda + 1)(\lambda - 2)$ besitzt die Nullstellen $\lambda_1 = 0$, $\lambda_2 = -1$ und $\lambda_3 = 2$. Damit ergibt sich die allgemeine Lösung der homogenen Gleichung $y_h(t) = c_1 + c_2 e^{-t} + c_3 e^{2t}$.

b) (i) Das Grundlösungsverfahren erfordert die Lösung $w(t)$ der homogenen Gleichung zu den Anfangswerten $w(0) = 0$, $w'(0) = 0$ und $w''(0) = 1$. Nach Berechnung der Koeffizienten c_1, c_2 und c_3 erhält man

$$w(t) = -\frac{1}{2} + \frac{1}{3}e^{-t} + \frac{1}{6}e^{2t} \,.$$

Damit ergibt sich eine spezielle Lösung der inhomogenen Gleichung durch

$$y_p(t) = \int_0^t \left(-\frac{1}{2} + \frac{1}{3}e^{-(t-\tau)} + \frac{1}{6}e^{2(t-\tau)} \right)(-6\tau^2 - 6\tau + 8)d\tau = t^3 - t + 2e^{-t} \,.$$

(ii) Wählt man für die spezielle Lösung der inhomogenen Gleichung den der Inhomogenität angepassten Ansatz $y_p(t) = t(at^2 + bt + c)$, so ergeben sich nach Einsetzen in die Differentialgleichung und Koeffizientenvergleich $a = 1$, $b = 0$ und $c = -1$.

c) Die allgemeine Lösung der inhomogenen Differentialgleichung lautet daher:
$$y(t) = c_1 + c_2 e^{-t} + c_3 e^{2t} + t^3 - t \,.$$

d) Mit den Anfangswerten $y(0) = 1$, $y'(0) = 3$ und $y''(0) = 2$ erhält man als Lösung der Aufgabe
$$y(t) = 2 - 2e^{-t} + e^{2t} + t^3 - t \,.$$

Lösung 22.4.6

a) charakteristisches Polynom: $p(\lambda) = \lambda^2 + 8\lambda + 16 = (\lambda + 4)^2 = 0$

allgemeine Lösung der homogenen Differentialgleichung:

$$y_h(x) = c_1 e^{-4x} + c_2 x e^{-4x}$$

Lösungsansatz für die inhomogene Gleichung: $y_p(x) = ax^2 + bx + c$
$$\Rightarrow 2a + 8(2ax + b) + 16(ax^2 + bx + c) = 16ax^2 + 16(a + b)x + 2a + 8b + 16c$$
$$= 16x^2 - 6 \Rightarrow a = 1, \, b = -1, \, c = 0$$

allgemeine Lösung der inhomogenen Differentialgleichung:

$$y(x) = c_1 e^{-4x} + c_2 x e^{-4x} + x^2 - x$$

b) (i) charakteristisches Polynom: $p(\lambda) = \lambda^2 - 6\lambda + 13 = (\lambda - 3)^2 + 4 = 0$
allgemeine komplexe Lösung: $y(x) = d_1 e^{(3+2i)x} + d_2 e^{(3-2i)x}$
allgemeine reelle Lösung: $y(x) = c_1 e^{3x} \cos(2x) + c_2 e^{3x} \sin(2x)$

(ii)

$$\begin{pmatrix} y \\ y' \end{pmatrix}' = \begin{pmatrix} 0 & 1 \\ -13 & 6 \end{pmatrix} \begin{pmatrix} y \\ y' \end{pmatrix}$$

(iii) Wie oben: $p(\lambda) = \lambda^2 - 6\lambda + 13 = 0$
Eigenwerte: $\lambda_1 = 3 + 2i$, $\lambda_2 = 3 - 2i$
Damit ist die Systemmatrix regulär und $P = (0, 0)^T$ ist einziger stationärer Punkt.

(iv) Da $\mathrm{Re}(\lambda_1) = \mathrm{Re}(\lambda_2) = 3 > 0$ gilt, ist P instabiler Strudelpunkt.

L.22.5   Stabilität

Lösung 22.5.1

a) $p(\lambda) = \begin{vmatrix} 5-\lambda & -6 \\ 7 & 5-\lambda \end{vmatrix} = (\lambda - 5)^2 + 42 = 0 \quad \Rightarrow$

Eigenwerte: $\lambda_{1,2} = 5 \pm i\sqrt{42} \Rightarrow \mathbf{y}^* = \mathbf{0}$ ist instabiler Strudelpunkt

b) $p(\lambda) = \begin{vmatrix} -6-\lambda & 1 \\ 1 & -6-\lambda \end{vmatrix} = (\lambda + 6)^2 - 1 = 0 \Rightarrow \lambda_{1,2} = -6 \pm 1$

Eigenwerte: $\lambda_1 = -5$, $\lambda_2 = -7 \Rightarrow$

$\mathbf{y}^* = \mathbf{0}$ ist asymptotisch stabiler Knotenpunkt 2. Art

c) $p(\lambda) = \begin{vmatrix} 1-\lambda & 1 \\ 4 & 1-\lambda \end{vmatrix} = (\lambda - 1)^2 - 4 = (\lambda - 3)(\lambda + 1) = 0$

Eigenwerte: $\lambda_1 = 3$, $\lambda_2 = -1 \Rightarrow \mathbf{y}^* = \mathbf{0}$ ist instabiler Sattelpunkt

d) $p(\lambda) = \begin{vmatrix} -\lambda & -3 \\ 4 & -\lambda \end{vmatrix} = \lambda^2 + 12 = (\lambda - i\sqrt{12})(\lambda + i\sqrt{12}) = 0$

Eigenwerte: $\lambda_{1,2} = \pm i\sqrt{12} \Rightarrow \mathbf{y}^* = \mathbf{0}$ ist stabiler Wirbelpunkt

Lösung 22.5.2

a) (i) Berechnung des Gleichgewichtspunktes $\mathbf{y}^* = (x^*, y^*)^T$:

$$\underbrace{\begin{pmatrix} -3 & 1 \\ 1 & -3 \end{pmatrix}}_{=\mathbf{A}} \begin{pmatrix} x \\ y \end{pmatrix} + \begin{pmatrix} 9 \\ -11 \end{pmatrix} = \begin{pmatrix} 0 \\ 0 \end{pmatrix} \quad \Rightarrow \quad \begin{pmatrix} x^* \\ y^* \end{pmatrix} = \begin{pmatrix} 2 \\ -3 \end{pmatrix}$$

(ii) Transformation auf den Standardfall $\dot{\mathbf{z}} = \mathbf{A}\mathbf{z}$ mit Gleichgewichtspunkt $\mathbf{z}^* = \mathbf{0}$ durch $\mathbf{z} = \mathbf{y} - \mathbf{y}^*$.

Stabilitätsuntersuchung von $\mathbf{z}^* = \mathbf{0}$:

$$\det \begin{pmatrix} -3-\lambda & 1 \\ 1 & -3-\lambda \end{pmatrix} = (3+\lambda)^2 - 1 = 0$$

$\Rightarrow \quad \lambda_1 = -2$, $\lambda_2 = -4 \quad \Rightarrow \quad \mathbf{v}_1 = (1,1)^T$, $\mathbf{v}_2 = (1,-1)^T$

$\Rightarrow \quad \mathbf{z}^* = \mathbf{0}$ ist, und damit auch $\mathbf{y}^*$, strikt stabil.

(iii) Wegen $\lambda_1 < 0$, $\lambda_2 < 0$ und $\lambda_1 \neq \lambda_2$ ist $\mathbf{y}^*$ asymptotisch stabiler Knotenpunkt 2. Art.

(iv)

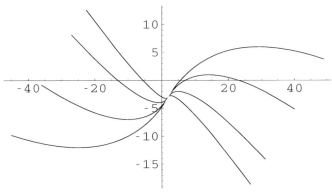

Bild 22.5.2 a)   asymptotisch stabiler Knotenpunkt 2. Art

Die allgemeine Lösung des autonomen Systems lautet

$$\mathbf{y}(t) = \begin{pmatrix} 2 \\ -3 \end{pmatrix} + c_1 e^{-2t} \begin{pmatrix} 1 \\ 1 \end{pmatrix} + c_2 e^{-4t} \begin{pmatrix} 1 \\ -1 \end{pmatrix}.$$

b)   (i)   Berechnung des Gleichgewichtspunktes $\mathbf{y}^* = (x^*, y^*)^T$:

$$\underbrace{\begin{pmatrix} 4 & 5 \\ -5 & -4 \end{pmatrix}}_{=\mathbf{A}} \begin{pmatrix} x \\ y \end{pmatrix} = \begin{pmatrix} 0 \\ 0 \end{pmatrix} \quad \Rightarrow \quad \begin{pmatrix} x^* \\ y^* \end{pmatrix} = \begin{pmatrix} 0 \\ 0 \end{pmatrix}$$

(ii)   Stabilitätsuntersuchung von $\mathbf{y}^* = \mathbf{0}$:

$$\det \begin{pmatrix} 4-\lambda & 5 \\ -5 & -4-\lambda \end{pmatrix} = -(4-\lambda)(4+\lambda) + 25 = \lambda^2 + 9 = 0$$

$\Rightarrow \quad \lambda_1 = 3i \,, \quad \lambda_2 = -3i$

$\left(\Rightarrow \quad \mathbf{v}_1 = (5, -4+3i)^T \,, \quad \mathbf{v}_2 = (5, -4-3i)^T \right)$

$\Rightarrow \quad \mathbf{y}^* = \mathbf{0}$ ist gleichmäßig stabil.

(iii)   Wegen $\lambda_1 = \overline{\lambda_2} = 3i$ ist $\mathbf{y}^*$ stabiler Wirbelpunkt.

(iv)   Die allgemeine reelle Lösung des autonomen Systems lautet

$$\mathbf{y}(t) = c_1 \begin{pmatrix} 5\cos 3x \\ -4\cos 3x - 3\sin 3x \end{pmatrix} + c_2 \begin{pmatrix} 5\sin 3x \\ 3\cos 3x - 4\sin 3x \end{pmatrix}$$

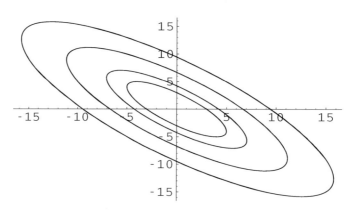

Bild 22.5.2 b)   stabiler Wirbelpunkt

Lösung 22.5.3

a) $$y''' - 4y'' - y' + 4y = 0 \quad \Rightarrow \quad \begin{pmatrix} y \\ y' \\ y'' \end{pmatrix}' = \underbrace{\begin{pmatrix} 0 & 1 & 0 \\ 0 & 0 & 1 \\ -4 & 1 & 4 \end{pmatrix}}_{=\mathbf{A}} \begin{pmatrix} y \\ y' \\ y'' \end{pmatrix}$$

b)   Da $\mathbf{A}$ regulär ist, gibt es nur den Gleichgewichtspunkt $(y, y', y'') = (0, 0, 0)$.

$$\det \begin{pmatrix} -\lambda & 1 & 0 \\ 0 & -\lambda & 1 \\ -4 & 1 & 4-\lambda \end{pmatrix} = -\lambda^3 + 4\lambda^2 + \lambda - 4 = (4-\lambda)(\lambda^2 - 1) = 0$$

Die Eigenwerte lauten: $\lambda_1 = -1 \,, \quad \lambda_2 = 1 \,, \quad \lambda_3 = 4$.

Daher ist der Gleichgewichtspunkt instabil.

c)   Zu den Eigenwerten können folgende Eigenvektoren gewählt werden:

$$\mathbf{v}_1 = \begin{pmatrix} 1 \\ -1 \\ 1 \end{pmatrix} \,, \quad \mathbf{v}_2 = \begin{pmatrix} 1 \\ 1 \\ 1 \end{pmatrix} \,, \quad \mathbf{v}_3 = \begin{pmatrix} 1 \\ 4 \\ 16 \end{pmatrix} \,.$$

Damit lautet die allgemeine Lösung des Systems

$$\begin{pmatrix} y \\ y' \\ y'' \end{pmatrix} = c_1 \mathrm{e}^{-t} \begin{pmatrix} 1 \\ -1 \\ 1 \end{pmatrix} + c_2 \mathrm{e}^{t} \begin{pmatrix} 1 \\ 1 \\ 1 \end{pmatrix} + c_3 \mathrm{e}^{4t} \begin{pmatrix} 1 \\ 4 \\ 16 \end{pmatrix} \,.$$

d) Die zur Einzelgleichung $y''' - 4y'' - y' + 4y = 0$ gehörige charakteristische Gleichung lautet
$p(\lambda) = \lambda^3 - 4\lambda^2 - \lambda + 4 = (\lambda - 4)(\lambda^2 - 1) = 0$.

Damit lautet die allgemeine Lösung

$$y(t) = c_1 \mathrm{e}^{-t} + c_2 \mathrm{e}^{t} + c_3 \mathrm{e}^{4t} \,.$$

Dies ist gerade die erste Gleichung der allgemeinen Lösung des Systems.

Lösung 22.5.4

a) $\begin{pmatrix} \dot{x} \\ \dot{y} \end{pmatrix} = \underbrace{\begin{pmatrix} 8 & 5 \\ -10 & -7 \end{pmatrix}}_{\mathbf{A}} \begin{pmatrix} x \\ y \end{pmatrix} \quad \Rightarrow \quad p_{\mathbf{A}}(\lambda) = \lambda^2 - \lambda - 6 \quad \Rightarrow \quad \lambda_1 = 3\,, \lambda_2 = -2\,.$

Damit ist der Gleichgewichtspunkt $\mathbf{0}$ ein instabiler Sattelpunkt. Zu $\lambda_1 = 3$ und $\lambda_2 = -2$ lassen sich die Eigenvektoren $\mathbf{v}_1 = (1, -1)^T$ und $\mathbf{v}_2 = (1, -2)^T$ wählen, und man erhält so die allgemeine Lösung

$$\begin{pmatrix} x(t) \\ y(t) \end{pmatrix} = c_1 \mathrm{e}^{3t} \begin{pmatrix} 1 \\ -1 \end{pmatrix} + c_2 \mathrm{e}^{-2t} \begin{pmatrix} 1 \\ -2 \end{pmatrix} \,.$$

Aus der Anfangsbedingung $x(0) = 0$ und $y(0) = 1$ ergeben sich $c_1 = 1$ und $c_2 = -1$.

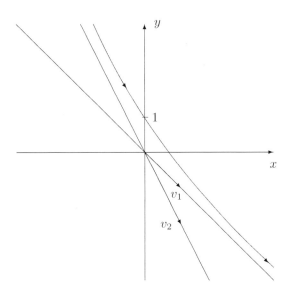

Bild 22.5.4   Phasenkurve $(x(t), y(t))$

b) Aus $0 = x^2 + xy = x(x + y)$ und $0 = xy - 2x + y - 2 = (x + 1)(y - 2)$ folgt: $x + 1 = 0$
$\Rightarrow x = -1 \Rightarrow y = 1$ oder $y - 2 = 0 \Rightarrow y = 2 \Rightarrow x = 0 \vee x = -2$. Die Gleichgewichtspunkte lauten also

$$\mathbf{y}_1 = \begin{pmatrix} -1 \\ 1 \end{pmatrix}\,, \quad \mathbf{y}_2 = \begin{pmatrix} 0 \\ 2 \end{pmatrix} \quad \text{und} \quad \mathbf{y}_3 = \begin{pmatrix} -2 \\ 2 \end{pmatrix} \,.$$

Für die Linearisierung benötigt man $\mathbf{Jf}(\mathbf{y}) = \begin{pmatrix} 2x + y & x \\ y - 2 & x + 1 \end{pmatrix}$

$\mathbf{Jf}(\mathbf{y}_1) = \begin{pmatrix} -1 & -1 \\ -1 & 0 \end{pmatrix} \Rightarrow p(\lambda) = \lambda^2 + \lambda - 1 \Rightarrow \lambda_{1,2} = \dfrac{-1 \pm \sqrt{5}}{2}$
$\Rightarrow \quad \mathbf{y}_1$ ist instabiler Sattelpunkt

$$\mathbf{Jf}(\mathbf{y}_2) = \begin{pmatrix} 2 & 0 \\ 0 & 1 \end{pmatrix} \quad \Rightarrow \quad \mathbf{y}_2 \text{ ist instabiler Knotenpunkt 2. Art}$$

$$\mathbf{Jf}(\mathbf{y}_3) = \begin{pmatrix} -2 & -2 \\ 0 & -1 \end{pmatrix} \Rightarrow \mathbf{y}_3 \text{ ist asymptotisch stabiler Knotenpunkt 2. Art}$$

Lösung 22.5.5

Die stationären Punkte P_i ergeben sich aus

$$\begin{aligned} \dot{x} &= (x+2)(10+6x+x^2+y) &= 0\,, \\ \dot{y} &= (y-1)(y-x-2) &= 0\,. \end{aligned}$$

1. Fall $x = -2 \wedge y = 1 \quad \Rightarrow \quad P_1 = (-2,1)^T$

2. Fall $x = -2 \wedge y \neq 1 \quad \Rightarrow \quad P_2 = (-2,0)^T$

3. Fall $x \neq -2 \wedge y = 1 \quad \Rightarrow \quad 0 = 10 + 6x + x^2 + 1 = (x+3)^2 + 2 \Rightarrow$ keine reellen Lösungen

4. Fall $x \neq -2 \wedge y \neq 1 \quad \Rightarrow \quad y = x + 2 \wedge x^2 + 6x + 10 + y = 0$

$$\Rightarrow \quad x^2 + 7x + 12 = (x+3)(x+4) = 0$$

$$\Rightarrow \quad P_3 = (-3,-1)^T \vee P_4 = (-4,-2)^T\,.$$

Die Linearisierung von

$$\mathbf{f}(x,y) \;=\; \begin{pmatrix} (x+2)(10+6x+x^2+y) \\ (y-1)(y-x-2) \end{pmatrix} \;=\; \begin{pmatrix} x^3 + 8x^2 + 22x + 20 + y(x+2) \\ y^2 - xy - 3y + x + 2 \end{pmatrix}$$

erfordert die Jacobi-Matrix $\mathbf{Jf}(x,y) \;=\; \begin{pmatrix} 3x^2 + 16x + 22 + y & x+2 \\ -y+1 & 2y-x-3 \end{pmatrix}\,.$

$$\mathbf{Jf}(-2,1) \;=\; \begin{pmatrix} 3 & 0 \\ 0 & 1 \end{pmatrix} \quad \Rightarrow \quad \text{Eigenwerte sind } \lambda_1 = 3,\, \lambda_2 = 1 \Rightarrow P_1 \text{ ist instabil}$$

$$\mathbf{Jf}(-2,0) \;=\; \begin{pmatrix} 2 & 0 \\ 1 & -1 \end{pmatrix} \quad \Rightarrow \quad \text{Eigenwerte sind } \lambda_1 = 2,\, \lambda_2 = -1 \Rightarrow P_2 \text{ ist instabil}$$

$$\mathbf{Jf}(-3,-1) \;=\; \begin{pmatrix} 0 & -1 \\ 2 & -2 \end{pmatrix} \quad \Rightarrow \quad \text{Eigenwerte sind } \lambda_{1,2} = -1 \pm i \Rightarrow P_3 \text{ ist strikt stabil}$$

$$\mathbf{Jf}(-4,-2) \;=\; \begin{pmatrix} 4 & -2 \\ 3 & -3 \end{pmatrix} \quad \Rightarrow \quad \text{Eigenwerte sind } \lambda_1 = 3,\, \lambda_2 = -2 \Rightarrow P_4 \text{ ist instabil}$$

Lösung 22.5.6

a)   Aus $0 = xy + x - y - 1 = (x-1)(y+1)$ und $0 = y^2 - x^2 = (y-x)(y+x)$ folgt:

$x - 1 = 0 \Rightarrow x = 1 \Rightarrow y = 1 \vee y = -1$ oder $y + 1 = 0 \Rightarrow y = -1 \Rightarrow x = -1 \vee x = 1$.

Man erhält damit die Gleichgewichtspunkte

$$\mathbf{y}_1 = \begin{pmatrix} 1 \\ 1 \end{pmatrix}, \quad \mathbf{y}_2 = \begin{pmatrix} 1 \\ -1 \end{pmatrix} \quad \text{und} \quad \mathbf{y}_3 = \begin{pmatrix} -1 \\ -1 \end{pmatrix} \quad .$$

Für die Linearisierung benötigt man $\mathbf{Jf}(\mathbf{y}) = \begin{pmatrix} y+1 & x-1 \\ -2x & 2y \end{pmatrix}$

$$\mathbf{Jf}(\mathbf{y}_1) = \begin{pmatrix} 2 & 0 \\ -2 & 2 \end{pmatrix} \Rightarrow p(\lambda) = (\lambda - 2)^2 \Rightarrow \lambda_{1,2} = 2 \wedge g(\lambda_{1,2}) = 1$$

$\Rightarrow \quad \mathbf{y}_1$ ist instabiler Knotenpunkt 3. Art

$$\mathbf{Jf}(\mathbf{y}_2) = \begin{pmatrix} 0 & 0 \\ -2 & -2 \end{pmatrix} \Rightarrow p(\lambda) = \lambda(\lambda + 2) \Rightarrow \lambda_1 = 0\,, \, \lambda_2 = -2$$

$\Rightarrow$ $\mathbf{y}_2$ ist in der Linearisierung stabiler nicht isolierter Gleichgewichtspunkt.

$\mathbf{Jf}(\mathbf{y}_3) = \begin{pmatrix} 0 & -2 \\ 2 & -2 \end{pmatrix} \Rightarrow p(\lambda) = (\lambda + 1)^2 + 3 \Rightarrow \lambda_{1,2} = -1 \pm i\sqrt{3}$

$\Rightarrow$ $\mathbf{y}_3$ ist asymptotisch stabiler Strudelpunkt

b) $\begin{pmatrix} \dot{x} \\ \dot{y} \end{pmatrix} = \underbrace{\begin{pmatrix} 0 & b \\ -b & 0 \end{pmatrix}}_{\mathbf{A}} \begin{pmatrix} x \\ y \end{pmatrix} \quad \Rightarrow \quad p_{\mathbf{A}}(\lambda) = \lambda^2 + b^2$

Die Eigenwerte sind damit $\lambda_{1,2} = \pm ib$, und die zugehörigen Eigenvektoren lauten $\mathbf{v}_1 = (1, i)^T$ und $\mathbf{v}_2 = (1, -i)^T$, und man erhält die allgemeine Lösung in reeller Darstellung

$$\begin{pmatrix} x(t) \\ y(t) \end{pmatrix} = c_1 \begin{pmatrix} \cos(bt) \\ -\sin(bt) \end{pmatrix} + c_2 \begin{pmatrix} \sin(bt) \\ \cos(bt) \end{pmatrix} \quad .$$

Die Konstanten c_1, c_2 ergeben sich aus den Anfangswerten $c_1 = x(0) = 1$ und $c_2 = y(0) = 0$. Die Lösung der Anfangswertaufgabe ist daher gegeben durch

$$\begin{pmatrix} x(t) \\ y(t) \end{pmatrix} = \begin{pmatrix} \cos(bt) \\ -\sin(bt) \end{pmatrix} \quad .$$

Der Gleichgewichtspunkt $\mathbf{y}^* = \mathbf{0}$ ist ein stabiler Wirbelpunkt.

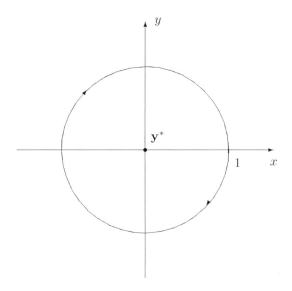

Bild 22.5.6   Phasenkurve $(x(t), y(t))$ und Wirbelpunkt $\mathbf{y}^* = \mathbf{0}$

Lösung 22.5.7

a) Man erhält alle Gleichgewichtspunkte eines autonomen Systems $\mathbf{y}' = \mathbf{f}(\mathbf{y})$ durch Lösen von:

$$\mathbf{0} = \mathbf{f}(\mathbf{y}) = \begin{pmatrix} y_2 \\ -y_1 - y_1^3 \end{pmatrix} = \begin{pmatrix} y_2 \\ -y_1(1 + y_1^2) \end{pmatrix} \quad \Rightarrow \quad \begin{pmatrix} y_1 \\ y_2 \end{pmatrix} = \begin{pmatrix} 0 \\ 0 \end{pmatrix} \quad .$$

Einziger stationärer Punkt ist also $\mathbf{y}^* = \mathbf{0}$.

b) $\mathbf{Jf}(\mathbf{y}) = \begin{pmatrix} 0 & 1 \\ -1 - 3y_1^2 & 0 \end{pmatrix} \quad \Rightarrow \quad \det(\mathbf{Jf}(\mathbf{0}) - \lambda\mathbf{I}) = \lambda^2 + 1$

Damit ergeben sich die Eigenwerte von $\mathbf{Jf}(\mathbf{0})$ durch $\lambda_{1,2} = \pm i$, und Stabilitätssatz III ist nicht anwendbar, da $\text{Re}(\lambda_{1,2}) = 0$.

c) Aus dem Ansatz $V(\mathbf{y}) = ay_1^2 + by_1^4 + cy_2^2$ für die Ljapunov-Funktion folgt
grad $V(\mathbf{y}) = (2ay_1 + 4by_1^3, 2cy_2)$, und damit ergibt sich:

$$\text{grad } V(\mathbf{y}) \cdot \mathbf{f}(\mathbf{y}) \;=\; (2ay_1 + 4by_1^3, 2cy_2) \begin{pmatrix} y_2 \\ -y_1 - y_1^3 \end{pmatrix} \;=\; y_1 y_2 (2a - 2c) + y_1^3 y_2 (4b - 2c).$$

Damit ist grad $V(\mathbf{y}) \cdot \mathbf{f}(\mathbf{y}) \le 0$ für alle $\|\mathbf{y}\| \le R$ nur erfüllbar, falls $a = c = 2b$ gilt. Für $b = 1$ ergibt sich also die Ljapunov-Funktion $V(\mathbf{y}) = 2y_1^2 + y_1^4 + 2y_2^2$, die auch noch die Bedingung $V(\mathbf{0}) = 0$ und $V(\mathbf{y}) > 0$ für $\mathbf{y} \ne 0$ erfüllt.

Aus Stabilitätssatz IV folgt damit, dass $\mathbf{y}^* = 0$ ein gleichmäßig stabiler Gleichgewichtpunkt ist. Auf asymptotische Stabilität kann hier nicht geschlossen werden, da $V(\mathbf{y})$ keine strenge Ljapunov-Funktion ist.

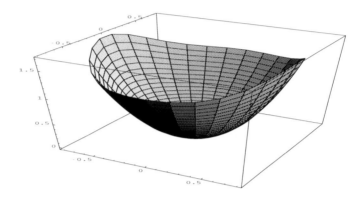

Bild 22.5.7   Ljapunov-Funktion $V(\mathbf{y}) = 2y_1^2 + y_1^4 + 2y_2^2$

Lösung 22.5.8

a) Man erhält alle stationären Punkte eines autonomen Systems $\mathbf{y}' = \mathbf{f}(\mathbf{y})$ durch Lösen von:

$$\mathbf{0} = \mathbf{f}(\mathbf{y}) = \begin{pmatrix} y_2 \\ -2y_1^3 - 8y_1^5 \end{pmatrix} = \begin{pmatrix} y_2 \\ -2y_1^3(1 + 4y_1^2) \end{pmatrix} \;\Rightarrow\; \begin{pmatrix} y_1 \\ y_2 \end{pmatrix} = \begin{pmatrix} 0 \\ 0 \end{pmatrix}.$$

Einziger stationärer Punkt ist also $\mathbf{y}^* = \mathbf{0}$.

b) $\mathbf{Jf}(\mathbf{y}) = \begin{pmatrix} 0 & 1 \\ -6y_1^2 - 40y_1^4 & 0 \end{pmatrix}$

Damit sind $\lambda_{1,2} = 0$ die Eigenwerte von $\mathbf{Jf}(\mathbf{0})$, und Stabilitätssatz III ist nicht anwendbar, da $\text{Re}(\lambda_{1,2}) = 0$.

c) Aus dem Ansatz $V(\mathbf{y}) = ay_1^4 + by_1^6 + cy_2^2$ für die Ljapunov-Funktion folgt
grad$V(\mathbf{y}) = (4ay_1^3 + 6by_1^5, 2cy_2)$, und damit ergibt sich:

$$\text{grad}V(\mathbf{y}) \cdot \mathbf{f}(\mathbf{y}) \;=\; (4ay_1^3 + 6by_1^5, 2cy_2) \begin{pmatrix} y_2 \\ -2y_1^3 - 8y_1^5 \end{pmatrix} \;=\; y_1^3 y_2 (4a - 4c) + y_1^5 y_2 (6b - 16c).$$

Damit ist grad$V(\mathbf{y}) \cdot \mathbf{f}(\mathbf{y}) \le 0$ nur für alle $\|\mathbf{y}\| \le R$ erfüllbar, falls $a = c$ und $b = \dfrac{8}{3}c$ gilt.
Für $c = 3$ ergibt sich also die Ljapunov-Funktion $V(\mathbf{y}) = 3y_1^4 + 8y_1^6 + 3y_2^2$, die auch noch die Bedingung $V(\mathbf{0}) = 0$ und $V(\mathbf{y}) > 0$ für $\mathbf{y} \ne 0$ erfüllt. Aus Stabilitätssatz IV folgt damit, dass $\mathbf{y}^* = 0$ ein gleichmäßig stabiler stationärer Punkt ist. Auf asymptotische Stabilität kann hier nicht geschlossen werden, da $V(\mathbf{y})$ keine strenge Ljapunov-Funktion ist.

L.23 Randwertaufgaben

L.23.1 Lineare Randwertaufgaben bei Systemen

Lösung 23.1.1

a) $\mathbf{y}' = \underbrace{\begin{pmatrix} 0 & 1 & 2 \\ 1 & 0 & 2 \\ 2 & 2 & 3 \end{pmatrix}}_{\mathbf{A}} \mathbf{y} \quad , \quad \mathbf{y}(0) - \mathbf{y}(b) = \begin{pmatrix} 1 \\ 0 \\ 2 \end{pmatrix}$

b) Die Systemmatrix $\mathbf{A}$ besitzt die Eigenwerte $\lambda_1 = 5$, $\lambda_{2,3} = -1$ mit den zugehörigen Eigenvektoren

$$\mathbf{v}_1 = \begin{pmatrix} 1 \\ 1 \\ 2 \end{pmatrix} , \quad \mathbf{v}_2 = \begin{pmatrix} 1 \\ 1 \\ -1 \end{pmatrix} , \quad \mathbf{v}_3 = \begin{pmatrix} 1 \\ -1 \\ 0 \end{pmatrix} .$$

Mit dem Fundamentalsystem $\mathbf{Y}(t)$ lautet die allgemeine Lösung daher

$$\mathbf{y}(t) = \underbrace{\begin{pmatrix} e^{5t} & e^{-t} & e^{-t} \\ e^{5t} & e^{-t} & -e^{-t} \\ 2e^{5t} & -e^{-t} & 0 \end{pmatrix}}_{\mathbf{Y}(t)} \mathbf{c} , \quad \mathbf{c} \in \mathbb{R}^3 .$$

c) Die Randwertaufgabe ist nach Satz 23.1.6 des Lehrbuches eindeutig lösbar, falls die Matrix $\mathbf{E} := \mathbf{B}_0 \mathbf{Y}(0) + \mathbf{B}_b \mathbf{Y}(b)$ regulär ist. Aus a) ergibt sich $\mathbf{B}_0 = \mathbf{I}$ und $\mathbf{B}_b = -\mathbf{I}$.

$$\det \mathbf{E} = \begin{vmatrix} 1 - e^{5b} & 1 - e^{-b} & 1 - e^{-b} \\ 1 - e^{5b} & 1 - e^{-b} & -1 + e^{-b} \\ 2 - 2e^{5b} & -1 + e^{-b} & 0 \end{vmatrix} = \begin{vmatrix} 1 - e^{5b} & 1 - e^{-b} & 1 - e^{-b} \\ 0 & 0 & -2 + 2e^{-b} \\ 0 & -3 + 3e^{-b} & -2 + 2e^{-b} \end{vmatrix}$$

$$= -6(1 - e^{5b})(1 - e^{-b})^2$$

Damit ist die Randwertaufgabe für $b \neq 0$ eindeutig lösbar.

d) Im Falle $b = 0$ liegt eine Anfangswertaufgabe vor, und es gibt keine Lösung, denn

$$\mathbf{y}(0) - \mathbf{y}(b) = \mathbf{0} \neq \begin{pmatrix} 1 \\ 0 \\ 2 \end{pmatrix} .$$

Lösung 23.1.2

a) Die Systemmatrix

$$\mathbf{A} = \begin{pmatrix} 0 & 1 & -1 \\ 0 & 1 & 0 \\ 1 & 0 & 0 \end{pmatrix}$$

besitzt die Eigenwerte $\lambda_1 = 1$, $\lambda_2 = i$ und $\lambda_3 = -i$ mit den zugehörigen Eigenvektoren

$$\mathbf{v}_1 = \begin{pmatrix} 1 \\ 2 \\ 1 \end{pmatrix} , \quad \mathbf{v}_2 = \begin{pmatrix} 1 \\ 0 \\ -i \end{pmatrix} , \quad \mathbf{v}_3 = \begin{pmatrix} 1 \\ 0 \\ i \end{pmatrix} .$$

Damit erhält man das reelle Fundamentalsystem

$$\mathbf{Y}(t) = \begin{pmatrix} e^t & \cos t & \sin t \\ 2e^t & 0 & 0 \\ e^t & \sin t & -\cos t \end{pmatrix} .$$

Aufgaben und Lösungen zu Mathematik für Ingenieure 2. 4. Auflage.
Rainer Ansorge, Hans Joachim Oberle, Kai Rothe, Thomas Sonar
© 2011 WILEY-VCH Verlag GmbH & Co. KGaA. Published 2011 by WILEY-VCH Verlag GmbH & Co. KGaA.

Eine spezielle Lösung $\mathbf{y}_p(t)$ des inhomogenen Systems mit der konstanten Inhomogenität $\mathbf{h} = -(1,1,2)^T$ ist gegeben durch einen konstanten Vektor $\mathbf{w}$, der sich nach Einsetzen in die Differentialgleichung aus dem Gleichungssystem $\mathbf{Aw} = -\mathbf{h}$ zu $\mathbf{y}_p(t) = \mathbf{w} = (2,1,0)^T$ berechnet. Die allgemeine Lösung mit $\mathbf{c} \in \mathbb{R}^3$ ohne Randwertvorgabe lautet daher

$$\mathbf{y}(t) = \begin{pmatrix} e^t & \cos t & \sin t \\ 2e^t & 0 & 0 \\ e^t & \sin t & -\cos t \end{pmatrix} \mathbf{c} + \begin{pmatrix} 2 \\ 1 \\ 0 \end{pmatrix} \; .$$

b) Die Randwertaufgabe ist nach Satz 23.1.3 des Lehrbuches genau dann eindeutig lösbar, wenn die Matrix $\mathbf{E} := \mathbf{B}_0 \mathbf{Y}(0) + \mathbf{B}_b \mathbf{Y}(b)$ regulär ist. Aus a) ergibt sich

$$\mathbf{B}_0 = \mathbf{B}_b = \begin{pmatrix} 1 & 5 & 7 \\ 0 & 7 & 1 \\ 0 & 0 & -8 \end{pmatrix} \; .$$

$$\det \mathbf{E} = \det \mathbf{B}_0 \cdot \det(\mathbf{Y}(0) + \mathbf{Y}(b)) = -56 \begin{vmatrix} 1 + e^b & 1 + \cos b & \sin b \\ 2 + 2e^b & 0 & 0 \\ 1 + e^b & \sin b & -(1 + \cos b) \end{vmatrix}$$

$$= 112(1 + e^b)(-(1 + \cos b)^2 - \sin^2 b) = -224(1 + e^b)(1 + \cos b) \; .$$

(i) Für $b \neq (2k-1)\pi$ mit $k \in \mathbb{N}$ ist $\det \mathbf{E} \neq 0$, und die Aufgabe ist eindeutig lösbar.

(ii) Für $b = b_k = (2k-1)\pi$ mit $k \in \mathbb{N}$ ist $\det \mathbf{E} = 0$, und es gibt entweder keine oder unendlich viele Lösungen. Es muss nämlich mit der Inhomogenität $\mathbf{d} = (1,1,1)^T$ aus der Randwertvorgabe die Lösbarkeit von $\mathbf{Ec} = \mathbf{B}_0(\mathbf{Y}(0) + \mathbf{Y}(b_k))\mathbf{c} = \mathbf{d} - \mathbf{B}_0 \mathbf{y}_p(0) - \mathbf{B}_0 \mathbf{y}_p(b_k)$ $= \mathbf{d} - 2\mathbf{B}_0\mathbf{w}$ überprüft werden, also

$$\begin{pmatrix} 1 & 5 & 7 \\ 0 & 7 & 1 \\ 0 & 0 & -8 \end{pmatrix} \begin{pmatrix} 1 + e^{b_k} & 0 & 0 \\ 2 + 2e^{b_k} & 0 & 0 \\ 1 + e^{b_k} & 0 & 0 \end{pmatrix} \mathbf{c} = \begin{pmatrix} 1 \\ 1 \\ 1 \end{pmatrix} - 2 \begin{pmatrix} 1 & 5 & 7 \\ 0 & 7 & 1 \\ 0 & 0 & -8 \end{pmatrix} \begin{pmatrix} 2 \\ 1 \\ 0 \end{pmatrix}$$

$$\Rightarrow \quad c_1(1 + e^{b_k}) \begin{pmatrix} 18 \\ 15 \\ -8 \end{pmatrix} = \begin{pmatrix} -13 \\ -13 \\ 1 \end{pmatrix} \; .$$

Da die letzte Gleichung für alle $c_1 \in \mathbb{R}$ unlösbar ist, besitzt die Randwertaufgabe keine Lösung.

Lösung 23.1.3

a) Die lineare Randwertaufgabe erster Ordnung lässt sich mit $\mathbf{y} = (y_1, y_2, y_3)^T$ schreiben als

$$\dot{\mathbf{y}} = \underbrace{\begin{pmatrix} -4 & 0 & -5 \\ 0 & 2 & 0 \\ 1 & 0 & 2 \end{pmatrix}}_{=:\mathbf{A}} \mathbf{y}$$

mit Randbedingungen

$$\underbrace{\begin{pmatrix} 1 & 0 & 0 \\ 0 & 1 & 0 \\ 0 & 0 & 3 \end{pmatrix}}_{=:\mathbf{B}_0} \mathbf{y}(0) + \underbrace{\begin{pmatrix} -3 & 0 & 0 \\ 0 & -1 & 0 \\ 0 & 0 & -1 \end{pmatrix}}_{=:\mathbf{B}_1} \mathbf{y}(1) = \underbrace{\begin{pmatrix} 0 \\ 1 - e^2 \\ 0 \end{pmatrix}}_{=:\mathbf{b}} \; .$$

b) Fundamentalsystem:

$$\det(\mathbf{A} - \lambda \mathbf{I}) = \begin{pmatrix} -4 - \lambda & 0 & -5 \\ 0 & 2 - \lambda & 0 \\ 1 & 0 & 2 - \lambda \end{pmatrix} = (2 - \lambda)((\lambda + 4)(\lambda - 2) + 5)$$

$$= (2 - \lambda)(\lambda^2 + 2\lambda - 3) = (2 - \lambda)(\lambda - 1)(\lambda + 3) \stackrel{!}{=} 0.$$

Die Matrix $\mathbf{A}$ hat also die Eigenwerte $\lambda_1 = 1, \lambda_2 = 2, \lambda_3 = -3$.

Als zugehörige Eigenvektoren können gewählt werden:

$$\mathbf{v}_1 = \begin{pmatrix} 1 \\ 0 \\ -1 \end{pmatrix}, \mathbf{v}_2 = \begin{pmatrix} 0 \\ 1 \\ 0 \end{pmatrix}, \mathbf{v}_3 = \begin{pmatrix} 5 \\ 0 \\ -1 \end{pmatrix}.$$

Die allgemeine Lösung lautet mit Fundamentalsystem $\mathbf{Y}(t)$:

$$\mathbf{y}(t) = \underbrace{\begin{pmatrix} \mathrm{e}^t & 0 & 5\mathrm{e}^{-3t} \\ 0 & \mathrm{e}^{2t} & 0 \\ -\mathrm{e}^t & 0 & -\mathrm{e}^{-3t} \end{pmatrix}}_{=:\mathbf{Y}(t)} \mathbf{c}, \quad \mathbf{c} \in \mathbb{R}^3.$$

c) Einsetzen der allgemeinen Lösung in die Randbedingungen führt auf das Gleichungssystem

$$\underbrace{(\mathbf{B}_0\mathbf{Y}(0) + \mathbf{B}_1\mathbf{Y}(1))}_{\mathbf{E}}\mathbf{c} = \mathbf{b}.$$

$$\mathbf{E} = \begin{pmatrix} 1 & 0 & 5 \\ 0 & 1 & 0 \\ -3 & 0 & -3 \end{pmatrix} + \begin{pmatrix} -3e & 0 & -15\mathrm{e}^{-3} \\ 0 & -\mathrm{e}^2 & 0 \\ e & 0 & \mathrm{e}^{-3} \end{pmatrix} = \begin{pmatrix} 1-3e & 0 & 5-15\mathrm{e}^{-3} \\ 0 & 1-\mathrm{e}^2 & 0 \\ -3+\mathrm{e} & 0 & -3+\mathrm{e}^{-3} \end{pmatrix}.$$

Die Lösung des Gleichungssystems

$$(\mathbf{Ec} =) \begin{pmatrix} 1-3e & 0 & 5-15\mathrm{e}^{-3} \\ 0 & 1-\mathrm{e}^2 & 0 \\ -3+\mathrm{e} & 0 & -3+\mathrm{e}^{-3} \end{pmatrix} \mathbf{c} = \begin{pmatrix} 0 \\ 1-\mathrm{e}^2 \\ 0 \end{pmatrix} (= \mathbf{b})$$

lautet $\mathbf{c} = (0,1,0)^T$. Damit wird das Randwertproblem gelöst durch

$$\mathbf{y}(t) = \mathrm{e}^{2t} \begin{pmatrix} 0 \\ 1 \\ 0 \end{pmatrix}.$$

L.23.2   Grundbegriffe der Variationsrechnung

Lösung 23.2.1

a) Da mit $f = f(y, y') = y\sqrt{1 - y'^2}$ das Problem autonom ist, ergeben sich die Extremalkandidaten der Aufgabe über die Hamilton-Funktion

$$H = f - f_{y'}y' = y\sqrt{1 - y'^2} + \frac{yy'}{\sqrt{1 - y'^2}}y' = \frac{y}{\sqrt{1 - y'^2}} = C.$$

Der Fall $C = 0$ ergibt nur $y \equiv 0$ für alle $t \in [0, 1]$, erfüllt also nicht die Randbedingung $y(1) = \dfrac{2}{\pi}$. Für $C \neq 0$ und $y(0) = 0$ ergibt sich

$$y' = \sqrt{1 - \frac{y^2}{C^2}} \quad \Rightarrow \quad \int_{y(0)}^y \frac{dz}{\sqrt{1 - \dfrac{z^2}{C^2}}} = \int_0^t ds \quad \overset{z = C\sin x}{\Rightarrow} \quad C\int_0^{\arcsin(y/C)} dx = t$$

$$\Rightarrow \quad \arcsin\frac{y}{C} = \frac{t}{C} \quad \Rightarrow \quad y(t) = C\sin\frac{t}{C}.$$

Die Randbedingung $y(1) = \dfrac{2}{\pi} = C\sin\dfrac{1}{C}$ führt auf $C = \pm\dfrac{2}{\pi}$.

Als Extremalkandidat ergibt sich damit $y(t) = \dfrac{2}{\pi}\sin\dfrac{\pi t}{2}$

$$\Rightarrow \quad I[y] = \int_0^1 \frac{2}{\pi}\sin\frac{\pi t}{2}\sqrt{1 - \cos^2\frac{\pi t}{2}}\, dt = \frac{2}{\pi}\int_0^1 \sin^2\frac{\pi t}{2}\, dt = \frac{1}{\pi}.$$

b) Wird die Randbedingung $y(1) = \dfrac{2}{\pi}$ fallen gelassen, so stellt sich die natürliche Randbedingung ein:

$$f_{y'}(1, y(1), y'(1)) = -\frac{y(1)y'(1)}{\sqrt{1 - y'^2(1)}} = 0 \quad \Rightarrow \quad y(1)y'(1) = 0 \wedge y'(1) \neq \pm 1 \,.$$

Im obigen Fall $C = 0$ wird damit $y \equiv 0$ Extremalkandidat mit dem Zielfunktionswert $I[y] = 0$. Für $C \neq 0$ ergibt sich

$$0 = y(1)y'(1) = \sin\frac{1}{C}\cos\frac{1}{C} = \frac{1}{2}\sin\frac{2}{C} \overset{k \neq 0}{\Rightarrow} C = \frac{2}{k\pi} \Rightarrow y(t) = \frac{2}{k\pi}\sin\frac{k\pi t}{2}$$

$$\Rightarrow y'(t) = \cos\frac{k\pi t}{2} \Rightarrow y'(1) = \cos\frac{k\pi}{2} \neq \pm 1 \Rightarrow k = 2n - 1 \Rightarrow y'(1) = 0 \,.$$

Als natürliche Randbedingung stellt sich also $y'(1) = 0$ ein. Für den Wert des Zielfunktionals ergibt sich $I[y] = \dfrac{1}{(2n-1)\pi}$.

Lösung 23.2.2

Wegen $f = f(y, y') = \sqrt{y(1 + (y')^2)}$ ist das Problem autonom, und die Extremalkandidaten der Aufgabe ergeben sich in Vereinfachung der Euler-Lagrange-Gleichung über die Hamilton-Funktion

$$H = f - f_{y'}y' = \sqrt{y}\left\{ \sqrt{1 + (y')^2} - \frac{(y')^2}{\sqrt{1 + (y')^2}} \right\} = \frac{\sqrt{y}}{\sqrt{1 + (y')^2}} = \tilde{C} \,.$$

Daraus ergibt sich mit $C > 0$ $y = C(1 + (y')^2) \quad \Rightarrow \quad y' = \pm\sqrt{\dfrac{y}{C} - 1}$.

Trennung der Veränderlichen liefert die Extremalkandidaten

$$\int \frac{y'(t)}{\sqrt{\dfrac{y(t)}{C} - 1}}\, dt = \pm \int dt \quad \Rightarrow \quad 2C\sqrt{\frac{y(t)}{C} - 1} = \pm(t + \alpha)$$

$$\Rightarrow \quad \frac{y(t)}{C} - 1 = \frac{1}{4C^2}(t + \alpha)^2 \quad \Rightarrow \quad y(t) = C\left[\left(\frac{t + \alpha}{2C}\right)^2 + 1\right] \,.$$

Lösung 23.2.3

a) Die Euler-Lagrange-Gleichung für $f = \dfrac{(y')^2(t)}{2} - y(t)$, als notwendige Bedingung für die Funktionalminimierung, liefert

$$f_y - \frac{d}{dt}f_{y'} = -1 - y'' = 0$$

mit der natürlichen Randbedingung $f_{y'}|_{t=1} = y'(1) = 0$. Die eindeutig bestimmte Lösung dieser Randwertaufgabe mit $0 \leq t \leq 1$ ist gegeben durch

$$y_e(t) = -\frac{t^2}{2} + t + y_0 \,.$$

b) y_e, der einzige Extremalkandidat aus a), ist striktes globales Minimum, denn für $y(t) = y_e(t) + \eta(t)$ mit $\eta \in C^1[0, 1]$ und $\eta(0) = 0$ erhält man

$$I[y] - I[y_e] = \int_0^1 \frac{(y_e' + \eta')^2 - (y_e')^2}{2} - (y_e + \eta) + y_e\, dt = \int_0^1 y_e'\eta' + \frac{(\eta')^2}{2} - \eta\, dt$$

$$= \underbrace{y_e'\eta|_0^1}_{=0} + \int_0^1 \underbrace{(-y_e'' - 1)}_{=0}\eta\, dt + \int_0^1 \frac{(\eta')^2}{2}\, dt \geq 0 \,.$$

L.23.3   Lineare Randwertaufgaben zweiter Ordnung

Lösung 23.3.1

Die allgemeine Lösung der Differentialgleichung $y'' + y = 0$ lautet:

$$y(x) = c_1 \sin x + c_2 \cos x \quad \text{mit } c_1, c_2 \in \mathbb{R}.$$

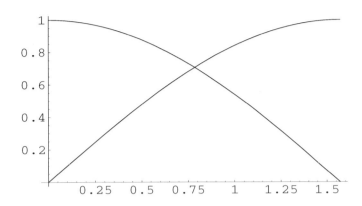

Bild 23.3.1   Fundamentalsystem $\sin x$, $\cos x$

Einsetzen der Randbedingungen liefert:

a) $y(0) = c_1 \sin 0 + c_2 \cos 0 = c_2 = 0$, $y'(\pi/2) = c_1 \cos(\pi/2) = 0 \neq 1$

   $\Rightarrow$ es gibt keine Lösung

b) $y(0) = c_1 \sin 0 + c_2 \cos 0 = c_2 = 0$, $y(\pi/2) = c_1 \sin(\pi/2) = c_1 = 2$

   $\Rightarrow$ es gibt genau eine Lösung: $y(x) = 2 \sin x$

c) $y(0) = c_1 \sin 0 + c_2 \cos 0 = c_2 = 0$, $y'(\pi/2) = c_1 \cos(\pi/2) = 0$

   $\Rightarrow$ es gibt unendlich viele Lösungen: $y(x) = c_1 \sin x$, $c_1 \in \mathbb{R}$

Lösung 23.3.2

a) Charakteristisches Polynom:

   $p(\lambda) = \lambda^2 - 3\lambda - 4 = (\lambda - 4)(\lambda + 1) = 0$ $\Rightarrow$

   Nullstellen: $\lambda_1 = 4$, $\lambda_2 = -1$

   Allgemeine Lösung: $y(t) = a\mathrm{e}^{4t} + b\mathrm{e}^{-t}$

   Randwerte:

   $0 = y(0) = a + b$ $\Rightarrow$ $b = -a$,

   $1 = y(1) = a\mathrm{e}^4 + b\mathrm{e}^{-1} = a\mathrm{e}^4 - a\mathrm{e}^{-1} = a\dfrac{\mathrm{e}^5 - 1}{\mathrm{e}}$

   $\Rightarrow$ $a = \dfrac{\mathrm{e}}{\mathrm{e}^5 - 1}$, $b = -\dfrac{\mathrm{e}}{\mathrm{e}^5 - 1}$

   Lösung der Randwertaufgabe: $y(t) = \dfrac{\mathrm{e}^{4t+1}}{\mathrm{e}^5 - 1} - \dfrac{\mathrm{e}^{-t+1}}{\mathrm{e}^5 - 1}$

b) $p(\lambda) = \lambda^2 - 1 = 0$ $\Rightarrow$ $\lambda_{1,2} = \pm 1$

   Allgemeine Lösung der homogenen Gleichung:

   $$y(x) = c_1\mathrm{e}^x + c_2\mathrm{e}^{-x} \quad \left(\Rightarrow \quad y'(x) = c_1\mathrm{e}^x - c_2\mathrm{e}^{-x}\right)$$

   Anpassen an die Randbedingungen:

   $1 = y'(0) = c_1 - c_2$ $\Rightarrow$ $c_2 = c_1 - 1$

$$1 = y'(1) = c_1 \mathrm{e} - (c_1 - 1)\mathrm{e}^{-1} = c_1(\mathrm{e} - \mathrm{e}^{-1}) + \mathrm{e}^{-1}$$

$$\Rightarrow \quad c_1 = \frac{1 - \mathrm{e}^{-1}}{\mathrm{e} - \mathrm{e}^{-1}} = \frac{\mathrm{e} - 1}{\mathrm{e}^2 - 1} = \frac{1}{\mathrm{e} + 1} \quad \Rightarrow \quad c_2 = \frac{1}{\mathrm{e} + 1} - 1 = -\frac{\mathrm{e}}{\mathrm{e} + 1}$$

Lösung 23.3.3

Für die homogene Differentialgleichung $y''(t) - \frac{3}{t}y'(t) + \frac{4}{t^2}y(t) = 0$ kann mit einem Polynomansatz der Form $at^2 + bt + c$ die Lösung $y_1(t) = t^2$ ermittelt werden. Das Verfahren der Reduktion der Ordnung liefert die weitere Lösung $y_2(t) = t^2 \ln t$. Damit besitzt die homogene Differentialgleichung das Fundamentalsystem

$$y_1(t) = t^2 \quad , \quad y_2(t) = t^2 \ln t \, .$$

Der Ansatz für die Greensche Funktion lautet:

$$G(t, \tau) = \begin{cases} (a_1(\tau) + b_1(\tau))y_1(t) + (a_2(\tau) + b_2(\tau))y_2(t) \quad : \quad \tau \le t \\[2mm] (a_1(\tau) - b_1(\tau))y_1(t) + (a_2(\tau) - b_2(\tau))y_2(t) \quad : \quad t \le \tau \, . \end{cases}$$

Stetigkeit und Sprungbedingung in der Ableitung führen auf:

$$\left. \begin{aligned} b_1(t)y_1(t) + b_2(t)y_2(t) &= 0 \\[2mm] b_1(t)y_1'(t) + b_2(t)y_2'(t) &= \frac{1}{2} \end{aligned} \right\} \quad \Rightarrow \quad b_1(t) = -\frac{1}{2t}\ln t \quad , \quad b_2(t) = \frac{1}{2t} \quad .$$

Mit den Randbedingungen $y(1) = 0, y(2) - \frac{1}{2}y'(2) = 0$ werden a_1 und a_2 berechnet:

$$\left\{ \begin{aligned} (a_1(\tau) - b_1(\tau))y_1(1) + (a_2(\tau) - b_2(\tau))y_2(1) &= 0 \\[2mm] (a_1(\tau) + b_1(\tau))\left(y_1(2) - \frac{1}{2}y_1'(2)\right) + (a_2(\tau) + b_2(\tau))\left(y_2(2) - \frac{1}{2}y_2'(2)\right) &= 0 \end{aligned} \right\}$$

$$\Rightarrow \quad \left\{ \begin{aligned} a_1(\tau) - b_1(\tau) &= 0 \\[2mm] 2(a_1(\tau) + b_1(\tau)) + (2\ln 2 - 1)(a_2(\tau) + b_2(\tau)) &= 0 \end{aligned} \right\}$$

$$\Rightarrow \quad a_1(\tau) + b_1(\tau) = -\frac{\ln \tau}{\tau} \, , \quad a_2(\tau) + b_2(\tau) = \frac{2\ln \tau}{(2\ln 2 - 1)\tau} \, , \quad a_2(\tau) - b_2(\tau) = \frac{2\ln \tau}{(2\ln 2 - 1)\tau} - \frac{1}{\tau} \, .$$

Mit den nun berechneten Koeffizienten der Greenschen Funktion und der Inhomogenität $h(t) = t$ ergibt sich die Lösung $y(t)$ der Randwertaufgabe folgendermaßen:

$$y(t) = \int_1^2 G(t, \tau)\tau \, d\tau = \int_1^t G(t, \tau)\tau \, d\tau + \int_t^2 G(t, \tau)\tau \, d\tau \, ,$$

wobei

$$\int_1^t G(t, \tau)\tau \, d\tau = \int_1^t ((a_1(\tau) + b_1(\tau))y_1(t) + (a_2(\tau) + b_2(\tau))y_2(t))\tau \, d\tau$$

$$= \int_1^t -y_1(t)\ln \tau + \frac{2y_2(t)\ln \tau}{2\ln 2 - 1} \, d\tau = \left(\frac{2t^2 \ln t}{2\ln 2 - 1} - t^2\right)(1 - t + t\ln t)$$

und

$$\int_t^2 G(t, \tau)\tau \, d\tau = \int_t^2 ((a_1(\tau) - b_1(\tau))y_1(t) + (a_2(\tau) - b_2(\tau))y_2(t))\tau \, d\tau$$

$$= \int_t^2 \frac{2y_2(t)\ln \tau}{2\ln 2 - 1} - y_2(t) \, d\tau = t^2 \ln t \left(\frac{2(2\ln 2 - 2)}{2\ln 2 - 1} - 2 - \frac{2(t\ln t - t)}{2\ln 2 - 1} + t\right) \, .$$

Damit ergibt sich die Lösung der Randwertaufgabe

$$y(t) = \int_1^2 G(t,\tau)\tau \, d\tau = t^3 - t^2 \quad .$$

Lösung 23.3.4

Das der Differentialgleichung $\quad y''(t) + y'(t) = h(t) \quad$ zugeordnete charakteristische Polynom $p(\lambda) = \lambda^2 + \lambda = 0$ besitzt die Nullstellen $\lambda_1 = 0$ und $\lambda_2 = -1$. Damit erhält man das Fundamentalsystem

$$y_1(t) = 1 \quad , \quad y_2(t) = \mathrm{e}^{-t} \quad .$$

Der Ansatz für die Greensche Funktion lautet:

$$G(t,\tau) = \begin{cases} (a_1(\tau) + b_1(\tau))y_1(t) + (a_2(\tau) + b_2(\tau))y_2(t) & : \quad \tau \le t \\[2mm] (a_1(\tau) - b_1(\tau))y_1(t) + (a_2(\tau) - b_2(\tau))y_2(t) & : \quad t \le \tau. \end{cases}$$

Die Stetigkeit und Sprungbedingung in der Ableitung führen auf b_1 und b_2:

$$\begin{aligned} b_1(t)y_1(t) + b_2(t)y_2(t) &= 0 & b_1(t) + b_2(t)\mathrm{e}^{-t} &= 0 \\[2mm] b_1(t)y_1'(t) + b_2(t)y_2'(t) &= \frac{1}{2} && \Rightarrow & -b_2(t)\mathrm{e}^{-t} &= \frac{1}{2} \end{aligned} \quad \Rightarrow \quad b_1(t) = \frac{1}{2} \,,\, b_2(t) = -\frac{\mathrm{e}^t}{2} \quad .$$

Mit den Randbedingungen $y(0) = 0$, $y'(0) - y'(1) = 0$ werden a_1 und a_2 berechnet:

$$\begin{cases} G(0,\tau) = (a_1(\tau) - b_1(\tau))y_1(0) + (a_2(\tau) - b_2(\tau))y_2(0) = 0 \\[2mm] \begin{aligned} G_t(0,\tau) - G_t(1,\tau) = \ & (a_1(\tau) - b_1(\tau))y_1'(0) + (a_2(\tau) - b_2(\tau))y_2'(0) \\ & -(a_1(\tau) + b_1(\tau))y_1'(1) - (a_2(\tau) + b_2(\tau))y_2'(1) = 0 \end{aligned} \end{cases}$$

$$\Rightarrow \quad \begin{cases} a_1(\tau) - b_1(\tau) + a_2(\tau) - b_2(\tau) = 0 \\[2mm] -(a_2(\tau) - b_2(\tau)) + (a_2(\tau) + b_2(\tau))\mathrm{e}^{-1} = 0 \end{cases}$$

$$\Rightarrow \quad \begin{cases} a_1(\tau) + a_2(\tau) = b_1(\tau) + b_2(\tau) = \dfrac{1}{2}(1 - \mathrm{e}^\tau) \,, \\[3mm] a_2(\tau)\left(1 - \mathrm{e}^{-1}\right) = b_2(\tau)\left(1 + \mathrm{e}^{-1}\right) = -\dfrac{\mathrm{e}^\tau}{2}\left(1 + \mathrm{e}^{-1}\right) \end{cases}$$

$$\Rightarrow \quad a_2(\tau) = -\frac{\mathrm{e}^\tau}{2} \cdot \frac{\mathrm{e}+1}{\mathrm{e}-1} \,, \quad a_1(\tau) = \frac{1}{2}(1 - \mathrm{e}^\tau) + \frac{\mathrm{e}^\tau}{2} \cdot \frac{\mathrm{e}+1}{\mathrm{e}-1} = \frac{1}{2} + \frac{\mathrm{e}^\tau}{\mathrm{e}-1}$$

$$\Rightarrow \quad G(t,\tau) = \begin{cases} \left(1 + \dfrac{\mathrm{e}^\tau}{\mathrm{e}-1}\right) + \left(-\dfrac{\mathrm{e}^\tau}{2} \cdot \dfrac{\mathrm{e}+1}{\mathrm{e}-1} - \dfrac{\mathrm{e}^\tau}{2}\right)\mathrm{e}^{-t} & : \quad \tau \le t \\[4mm] \dfrac{\mathrm{e}^\tau}{\mathrm{e}-1} + \left(-\dfrac{\mathrm{e}^\tau}{2} \cdot \dfrac{\mathrm{e}+1}{\mathrm{e}-1} + \dfrac{\mathrm{e}^\tau}{2}\right)\mathrm{e}^{-t} & : \quad t \le \tau \end{cases}$$

$$= \begin{cases} 1 + \dfrac{\mathrm{e}^\tau}{\mathrm{e}-1}\left(1 - \mathrm{e}^{1-t}\right) & : \quad \tau \le t \\[4mm] \dfrac{\mathrm{e}^\tau}{\mathrm{e}-1}\left(1 - \mathrm{e}^{-t}\right) & : \quad t \le \tau \end{cases}$$

$$\Rightarrow y(t) = \int_0^t \left(1 + \frac{e^\tau}{e-1}\left(1 - e^{1-t}\right)\right)\tau\,d\tau + \int_t^1 \frac{\tau e^\tau}{e-1}\left(1 - e^{-t}\right)\,d\tau$$

$$= \left[\frac{\tau^2}{2} + \frac{(\tau-1)e^\tau}{e-1}\left(1 - e^{1-t}\right)\right]\Big|_0^t + \left[\frac{(\tau-1)e^\tau}{e-1}\left(1 - e^{-t}\right)\right]\Big|_t^1$$

$$= \frac{t^2}{2} + \frac{(t-1)e^t}{e-1}\left(1 - e^{1-t}\right) + \frac{1}{e-1}\left(1 - e^{1-t}\right) - \frac{(t-1)e^t}{e-1}\left(1 - e^{-t}\right)$$

$$= \frac{t^2}{2} + \frac{(t-1)e}{e-1} - \frac{e^{1-t}}{e-1} + \frac{t}{e-1}.$$

L.23.4   Eigenwertaufgaben

Lösung 23.4.1

Setzt man den Lösungsansatz $y(x) = x^\alpha$ in die Differentialgleichung $x^2 y'' + 3xy' + \lambda y = 0$ ein , so ergibt sich

$$\alpha^2 + 2\alpha + \lambda = 0 \quad \Rightarrow \quad \alpha_{1,2} = -1 \pm \sqrt{1 - \lambda}$$

Man unterscheidet folgende Fälle:

a) $\lambda < 1$: Die allgemeine Lösung lautet dann $y(x) = c_1 x^{\alpha_1} + c_2 x^{\alpha_2}$, und die Randbedingungen $y(1) = y(e) = 0$ ergeben $c_1 = 0 = c_2$. In diesem Fall existieren also keine Eigenlösungen.

b) $\lambda = 1$: Aus dem Ansatz ergibt sich nur die eine Lösung $y_1(x) = \frac{1}{x}$. Mittels Reduktion berechnet man die weitere Lösung $y_2(x) = \frac{1}{x}\int_1^x \exp\left(-\frac{s^2}{2}\right)\,ds$. Die allgemeine Lösung lautet $y(x) = c_1 y_1(x) + c_2 y_2(x)$, und die Randbedingungen $y(1) = 0 = y(e)$ liefern $c_1 = 0 = c_2$, so dass auch hier keine Eigenlösungen existieren.

c) $\lambda > 1$: Man erhält $\alpha_1 = \bar\alpha_2 = -1 + i\sqrt{\lambda - 1}$ und daraus die Lösungen

$$u(x) = x^{-1 \pm i\sqrt{\lambda-1}} = e^{(-1 \pm i\sqrt{\lambda-1})\ln x} = \frac{1}{x}\left(\cos(\sqrt{\lambda-1}\,\ln x) \pm i\sin(\sqrt{\lambda-1}\,\ln x)\right).$$

Man erhält die allgemeine reelle Lösung $\quad y(x) = c_1\frac{1}{x}\cos(\sqrt{\lambda-1}\,\ln x) + c_2\frac{1}{x}\sin(\sqrt{\lambda-1}\,\ln x)$.

Die Randbedingung $y(1) = 0$ ergibt $c_1 = 0$, und aus der anderen Randbedingung erhält man $0 = y(e) = c_2\frac{1}{e}\sin(\sqrt{\lambda-1}\,\ln e)$. Eigenlösungen existieren nur für $c_2 \neq 0$. Damit muss $\sin(\sqrt{\lambda-1}) = 0$ gelten. Dies ist der Fall für $\sqrt{\lambda-1} = k\pi$. Für $k \neq 0$ ergeben sich daher die Eigenwerte $\lambda_k = 1 + (k\pi)^2$ mit den zugehörigen Eigenfunktionen $y_k(x) = \frac{1}{x}\sin(k\pi\ln x)$.

Man erhält $\lambda_1 \doteq 10.869$, $\lambda_2 \doteq 40.478$, $\lambda_3 \doteq 89.826$ und $\lambda_4 \doteq 158.91$.

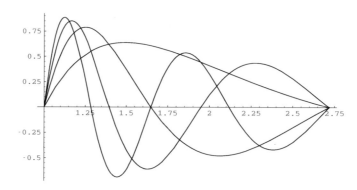

Bild 23.4.1   Eigenfunktionen $y_k(x) = \frac{1}{x}\sin(k\pi\ln x)$ für $k = 1, 2, 3, 4$

L.24 Numerik für Anfangswertaufgaben

L.24.1 Einschrittverfahren

Lösung 24.1.1

a) $y' = \dfrac{y - x}{y + x}$ mit $y(0) = 1$

	Eulersches Polygonzugverfahren		verbessertes Polygonzugverfahren	
	$h = 0.1$	$h = 0.05$	$h = 0.1$	$h = 0.05$
x	$y(x)$	$y(x)$	$y(x)$	$y(x)$
0	1.000000000	1.000000000	1.000000000	1.000000000
0.5	1.369193015	1.354020392	1.338759143	1.339092941
1.0	1.547062298	1.522524124	1.497754668	1.498142634
1.5	1.617285919	1.583809993	1.549888751	1.550314037
2.0	1.605924330	1.562875865	1.519062607	1.519525400

b) $y' = \dfrac{x + y}{10\mathrm{e}^x}$ mit $y(0) = 5$

	Eulersches Polygonzugverfahren		verbessertes Polygonzugverfahren	
	$h = 0.1$	$h = 0.05$	$h = 0.1$	$h = 0.05$
x	$y(x)$	$y(x)$	$y(x)$	$y(x)$
0	5.000000000	5.000000000	5.000000000	5.000000000
0.5	5.217669888	5.213719095	5.209771113	5.209786272
1.0	5.367035166	5.360094439	5.353162574	5.353196870
1.5	5.467217663	5.458154032	5.449105009	5.449156113
2.0	5.533396452	5.522881237	5.512385028	5.512448990

c) $y' = \sin(xy)$ mit $y(0) = 5$

	Eulersches Polygonzugverfahren		verbessertes Polygonzugverfahren	
	$h = 0.1$	$h = 0.05$	$h = 0.1$	$h = 0.05$
x	$y(x)$	$y(x)$	$y(x)$	$y(x)$
0	5.000000000	5.000000000	5.000000000	5.000000000
0.5	5.319226851	5.336746498	5.353615506	5.350729646
1.0	5.111571257	5.090646631	5.068295069	5.068637027
1.5	4.985391868	5.008894185	5.028443979	5.031759493
2.0	5.184267793	5.166123682	5.143711480	5.147134024

Lösung 24.1.2

a)
$$y_{n+1} = y_n + h \cdot \underbrace{\frac{1}{6}\,(k_1 + k_2 + 4k_3)}_{\Phi} \quad \text{mit}$$

$$k_1 = f(x_n, y_n), \quad k_2 = f(x_n + h, y_n + hk_1), \quad k_3 = f\left(x_n + \frac{h}{2}, y_n + \frac{h}{4}(k_1 + k_2)\right)$$

b) Der lokale Diskretisierungsfehler $\tau(x_n, y_n, h)$ mit $y_n = y(x_n)$, wobei man beachte, dass im Allgemeinen $y_{n+1} \neq y(x_{n+1})$ gilt, ergibt sich aus

$$\tau(x_n, y_n, h) = \Delta(x_n, y_n, h) - \Phi(x_n, y_n, h) \quad \text{(vgl. (24.2.4) im Lehrbuch)} .$$

Für das exakte Inkrement $\Delta(x_n, y_n, h)$ liefert die Taylor-Entwicklung um $h = 0$ wegen $y'(x) = f(x, y(x))$

$$\Delta(x_n, y_n, h) = \frac{y(x_n + h) - y_n}{h}$$

$$= f + \frac{h}{2}\,(f_x + f_y f) + \frac{h^2}{6}\left(f_{xx} + f_x f_y + f_y^2 f + 2f_{xy} f + f_{yy} f^2\right) + O(h^3) .$$

Aufgaben und Lösungen zu Mathematik für Ingenieure 2. 4. Auflage.
Rainer Ansorge, Hans Joachim Oberle, Kai Rothe, Thomas Sonar
© 2011 WILEY-VCH Verlag GmbH & Co. KGaA. Published 2011 by WILEY-VCH Verlag GmbH & Co. KGaA.

Die Taylor-Entwicklung um $h = 0$ der Verfahrensfunktion $\Phi(x_n, y_n, h)$ ergibt

$$k_1 = f$$

$$k_2 = f + h\left(f_x + f_y f\right) + \frac{h^2}{2}\left(f_{xx} + 2f_{xy}f + f_{yy}f^2\right) + O(h^3)$$

$$k_3 = f + h\left(\frac{1}{2}f_x + \frac{1}{4}f_y(k_1 + k_2)\right) + \frac{h^2}{2}\left\{\frac{1}{2}\left(\frac{1}{2}f_{xx} + \frac{1}{4}f_{xy}(k_1 + k_2)\right)\right.$$
$$\left. + \frac{1}{4}\left(\frac{1}{2}f_{xy} + \frac{1}{4}f_{yy}(k_1 + k_2)\right)(k_1 + k_2)\right\} + O(h^3)$$

$$= f + \frac{h}{2}\left(f_x + \frac{1}{2}f_y\left(2f + h\left(f_x + f_y f\right) + O(h^2)\right)\right)$$
$$+ \frac{h^2}{8}\left\{f_{xx} + f_{xy}(2f + O(h)) + \frac{1}{4}f_{yy}(2f + O(h))^2\right\} + O(h^3)$$

$$= f + \frac{h}{2}\left(f_x + f_y f\right) + \frac{h^2}{8}\left\{2(f_x f_y + f_y^2 f) + f_{xx} + 2f_{xy}f + f_{yy}f^2\right\} + O(h^3)$$

$$\Phi = \frac{1}{6}\left(k_1 + k_2 + 4k_3\right)$$

$$= \frac{1}{6}\left(f + f + 4f\right) + \frac{h}{6}\left(f_x + f_y f + 2(f_x + f_y f)\right)$$
$$+ \frac{h^2}{12}\left\{2\left(f_{xx} + 2f_{xy}f + f_{yy}f^2\right) + 2\left(f_x f_y + f_y^2 f\right)\right\} + O(h^3)$$

$$= f + \frac{h}{2}\left(f_x + f_y f\right) + \frac{h^2}{6}\left\{f_{xx} + 2f_{xy}f + f_{yy}f^2 + f_x f_y + f_y^2 f\right\} + O(h^3)$$

Damit besitzt das Verfahren mindestens die Ordnung $p = 3$.

Lösung 24.1.3

a) Bei $y' = y - \dfrac{2x}{y}$ handelt es sich um eine Bernoullische Differentialgleichung. Man substituiert daher $z(x) = (y(x))^2$ und erhält folgende lineare inhomogene Differentialgleichung in z

$$z' = 2yy' = 2y^2 - 4x = 2z - 4x\,.$$

Die allgemeine Lösung der homogenen linearen Differentialgleichung ist durch $z_h(x) = Ce^{2x}$ gegeben, und für eine spezielle Lösung der inhomogenen linearen Differentialgleichung ergibt sich aus dem Ansatz $z_{sp}(x) = ax + b$ durch Einsetzen in die Differentialgleichung $a = 2$ und $b = 1$. Die allgemeine Lösung der Bernoullischen Differentialgleichung lautet daher

$$y(x) = \pm\sqrt{2x + 1 + Ce^{2x}}\,.$$

Der Anfangswert $y(0) = 1$ liefert die Lösung $y(x) = \sqrt{2x + 1}$, für die sich speziell $y(2) = \sqrt{5} = 2.236067977$ ergibt.

b) Die Näherung y_h für $y(2)$ nach dem klassischen Runge-Kutta-Verfahren

$$y_{n+1} = y_n + \frac{h}{6}\left(k_1 + 2k_2 + 2k_3 + k_4\right) \quad \text{mit}$$

$$k_1 = f(x_n, y_n) \quad , \quad k_2 = f\left(x_n + \frac{h}{2}, y_n + \frac{h}{2}k_1\right)$$

$$k_3 = f\left(x_n + \frac{h}{2}, y_n + \frac{h}{2}k_2\right) \quad , \quad k_4 = f\left(x_n + h, y_n + hk_3\right)$$

ergibt sich aus folgender Tabelle

h	y_h	$e_h = y_h - y(2)$	p
0.4	2.244802037	$8.734 \cdot 10^{-3}$	
0.2	2.236624097	$5.561 \cdot 10^{-4}$	3.973
0.1	2.236102107	$3.412 \cdot 10^{-5}$	4.027
0.05	2.236070074	$2.096 \cdot 10^{-6}$	4.025
0.025	2.236068108	$1.305 \cdot 10^{-7}$	4.006

c) Die Ordnung p des Einschrittverfahrens für die unter b) berechneten Werte (letzte Spalte der Tabelle in b)) ergibt sich unter Vernachlässigung der Terme höherer Ordnung näherungsweise aus

$$|y_h - y(2)| \approx Ch^p \quad \Rightarrow \quad \frac{|y_{2h} - y(2)|}{|y_h - y(2)|} \approx \frac{C(2h)^p}{Ch^p} = 2^p \quad \Rightarrow \quad p \approx \frac{\log|e_{2h}/e_h|}{\log 2} .$$

L.24.2   Mehrschrittverfahren

Lösung 24.2.1

a) Für die einzelnen Terme des Mehrschrittverfahrens

$$y_{n+4} = y_n + \frac{h}{3}\left(8f_{n+3} - 4f_{n+2} + 8f_{n+1}\right) .$$

werden Taylor-Entwicklungen um den Punkt t vorgenommen, und man erhält:

$$y(t+4h) - y(t) - \frac{h}{3}\left(8y'(t+3h) - 4y'(t+2h) + 8y'(t+h)\right)$$

$$= y(t) + 4hy'(t) + \frac{16h^2}{2}y''(t) + \frac{64h^3}{6}y'''(t) + \frac{64h^4}{6}y^{(4)}(t) + O(h^5) - y(t)$$

$$- \frac{8h}{3}y'(t) - 8h^2y''(t) - \frac{24h^3}{2}y'''(t) - \frac{24h^4}{2}y^{(4)}(t) - O(h^5)$$

$$+ \frac{4h}{3}y'(t) + \frac{8h^2}{3}y''(t) + \frac{8h^3}{3}y'''(t) + \frac{16h^4}{9}y^{(4)}(t) + O(h^5)$$

$$- \frac{8h}{3}y'(t) - \frac{8h^2}{3}y''(t) - \frac{4h^3}{3}y'''(t) - \frac{4h^4}{9}y^{(4)}(t) - O(h^5)$$

$$= O(h^5) \quad \left(= \frac{14h^5}{45}y^{(5)}(t) + O(h^6) \right)$$

b) Die charakteristische Gleichung $\rho(z) = \rho^4 - 1$ des Mehrschrittverfahrens besitzt die einfachen Nullstellen $z_1 = 1$, $z_2 = i$, $z_3 = -1$ und $z_4 = -i$. Da $|z_i| = 1$ für $i = 1, 2, 3, 4$, ist das Mehrschrittverfahren nicht stark stabil, sondern nur schwach stabil.

L.24.3   Anfangswertmethoden für Randwertaufgaben

Lösung 24.3.1

a) Setzt man $z(x) = y'(x)$, so ist zunächst $z' = 2z^{3/2}$ mit $z(0) = s > 0$ mittels Seperation zu lösen:

$$\frac{1}{2}\int_{z(0)}^{z}\frac{dv}{v^{3/2}} = \int_0^x dr \quad \Rightarrow \quad -\left(\frac{1}{\sqrt{z}} - \frac{1}{\sqrt{s}}\right) = x \quad \Rightarrow \quad z(x) = \frac{s}{(\sqrt{s}x - 1)^2}.$$

Unter Berücksichtigung von $y(0) = 0$ ergibt sich

$$y(x,s) = \int_0^x z(r)\,dr = \int_0^x \frac{s}{(\sqrt{s}r - 1)^2}\,dr = \frac{\sqrt{s}}{1 - \sqrt{s}x} - \sqrt{s} .$$

Die Lösung besitzt die Singularität $x_\infty(s) = \dfrac{1}{\sqrt{s}}$.

$$x_\infty(s) \in [0,1] \quad \Rightarrow \quad \frac{1}{\sqrt{s}} \leq 1 \quad \Rightarrow \quad 1 \leq s \,.$$

Lösungen der Differentialgleichung in $[0,1]$ ergeben sich also nur für $0 \leq s < 1$. Der in der Aufgabenstellung ausgeschlossene Fall $s = 0$, der auf die triviale Lösung $y \equiv 0$ führt, ist in obiger Lösungsdarstellung enthalten.

b) Das s^*, das die Randvorgabe $y(1) = 1$ erfüllt, erhält man aus

$$1 = y(1) = \frac{\sqrt{s^*}}{1 - \sqrt{s^*}} - \sqrt{s^*} \quad \Rightarrow \quad (s^*)^2 - 3s^* + 1 = 0$$

$$\Rightarrow \quad s_1^* = \frac{3 - \sqrt{5}}{2} = 0.381966\ldots \quad \wedge \quad s_2^* = \frac{3 + \sqrt{5}}{2} = 2.618033\ldots$$

Da für s_2^* die Singularität $x_\infty(s_2^*) = 0.618033\ldots$ im Intervall $[0,1]$ liegt, wird die Randwertaufgabe nur durch $s^* = s_1^*$ gelöst.

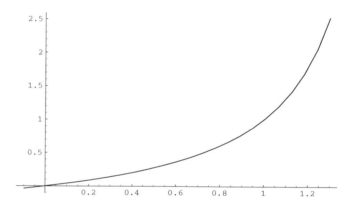

Bild 24.3.1   Lösung $y(x, s_1^*) = \dfrac{\sqrt{s_1^*}}{1 - \sqrt{s_1^* x}} - \sqrt{s_1^*}$

c) Das Nullstellenproblem für das einfache Schießverfahren lautet:

$$\tilde{F}(s) = y(1,s) - y(1) = \frac{\sqrt{s}}{1 - \sqrt{s}} - \sqrt{s} - 1 = 0 \,.$$

Vereinfacht ergibt sich wiederum obiges Polynom $\quad F(s) = s^2 - 3s + 1 = \left(s - \dfrac{3}{2}\right)^2 - \dfrac{5}{4} = 0$.

Aus dem Funktionsverlauf von $F(s)$ ergibt sich, dass das Newton-Verfahren für alle Startwerte $s_0 \in\,]-\infty, 1.5[$ gegen $s^* = 0.381966$ konvergiert.

L.25 Partielle Differentialgleichungen

L.25.1 Grundlegende Begriffe und Beispiele

Lösung 25.1.1

a) (i) $x^2 u_x + y^2 u_y + 3\sin(x)u = e^{x+y}$, skalar, linear, 1. Ordnung

   (ii) $u^2 u_x + y^2 u_y + 3\sin(x)u = e^{x+y+u}$, skalar, quasilinear, 1. Ordnung

   (iii) $(u_{xx})^2 + \sin(u_y) = u^2$, skalar, nichtlinear, 2. Ordnung

   (iv) $\Delta u = u^2$, skalar, semilinear, 2. Ordnung,

   (v) $\begin{pmatrix} u_x \\ u_y \end{pmatrix} = \begin{pmatrix} v_y \\ -v_x \end{pmatrix}$, vektoriell, linear, 1. Ordnung,

   (Cauchy-Riemannsche Dgln)

b) (i) $\Delta v_1 = (x^4 - 6x^2 y^2 + y^4)_{xx} + (x^4 - 6x^2 y^2 + y^4)_{yy}$
   $= 12x^2 - 12y^2 - 12x^2 + 12y^2 = 0$

   (ii) $\Delta v_2 = (4x^3 y - 4xy^3)_{xx} + (4x^3 y - 4xy^3)_{yy} = 24xy - 24xy = 0$

   (iii) $z^2 = (x + iy)^2 = x^2 - y^2 + 2ixy$

$$\begin{aligned}
\cos z &= \frac{e^{iz} + e^{-iz}}{2} = \frac{e^{i(x+iy)} + e^{-i(x+iy)}}{2} \\
&= \frac{e^{-y}(\cos x + i\sin x) + e^{y}(\cos x - i\sin x)}{2} \\
&= \cos x \cosh y - i \sin x \sinh y \\
\Delta v_3 &= (-\sin x \sinh y + 2xy)_{xx} + (-\sin x \sinh y + 2xy)_{yy} \\
&= \sin x \sinh y - \sin x \sinh y = 0
\end{aligned}$$

Lösung 25.1.2

a) Fasst man x als Parameter auf, so kann diese partielle Differentialgleichung als gewöhnliche Differentialgleichung aufgefasst werden in $v(y) := u(x, y)$:

$$v'' + 2xv' + (x^2 - 1)v = x^2 y^2 - y^2 + 4xy + 2 \,.$$

Lösung der homogenen gewöhnlichen Differentialgleichung

$$v'' + 2xv' + (x^2 - 1)v = 0$$

mit dem üblichen Ansatz $v(y) = e^{\lambda y}$, dabei kann λ von x abhängen, also $\lambda = \lambda(x)$ gelten.

$p(\lambda) = \lambda^2 + 2x\lambda + x^2 - 1 = (\lambda + x)^2 - 1 = 0 \quad \Rightarrow \quad \lambda = -x \pm 1$

$\Rightarrow \quad v_h(x) = c_1(x)e^{(-x+1)y} + c_2(x)e^{(-x-1)y}$

mit beliebigen Funktionen $c_1(x)$ und $c_2(x)$.

Lösung der inhomogenen gewöhnlichen Differentialgleichung

$$v'' + 2xv' + (x^2 - 1)v = x^2 y^2 - y^2 + 4xy + 2$$

mit dem üblichen Ansatz $v_p(y) = a(x)y^2 + b(x)y + c(x)$:

$v'' + 2xv' + (x^2 - 1)v = 2a + 2x(2ay + b) + (x^2 - 1)(ay^2 + by + c)$
$= a(x^2 - 1)y^2 + (4ax + b(x^2 - 1))y + (2a + 2bx + c(x^2 - 1))$
$= (x^2 - 1)y^2 + 4xy + 2$

$\Rightarrow \quad -y^2 a = -y \ \wedge \ -y^2 b = y^3 \quad \Rightarrow \quad a = 1 \wedge b = 0 \wedge c = 0 \quad \Rightarrow \quad v_p(x) = y^2$

$\Rightarrow \quad u(x, y) = v_h(x) + v_p(x) = c_1(x)e^{(-x+1)y} + c_2(x)e^{(-x-1)y} + y^2$

b) $u_{xy} = (u_x)_y = e^x + \cos y + 1 \quad \Rightarrow \quad u_x = ye^x + \sin y + y + c(x)$

$\Rightarrow \quad u(x, y) = ye^x + x\sin y + yx + f(x) + g(y)$

mit beliebigen und differenzierbaren Funktionen g und f, wobei $f'(x) = c(x)$ gilt.

Aufgaben und Lösungen zu Mathematik für Ingenieure 2. 4. Auflage.
Rainer Ansorge, Hans Joachim Oberle, Kai Rothe, Thomas Sonar
© 2011 WILEY-VCH Verlag GmbH & Co. KGaA. Published 2011 by WILEY-VCH Verlag GmbH & Co. KGaA.

c) Setze $v(x,y) := u_y(x,y)$, dann erhält man:

$$(x^2 - 1)u_{xy} = 2u_y \quad \Rightarrow \quad v_x = \frac{2v}{x^2 - 1} \quad \Rightarrow \quad \frac{v_x}{v} = \frac{1}{x - 1} - \frac{1}{x + 1}$$

$$\Rightarrow \quad \int \frac{dv}{v} = \int \frac{1}{x - 1} - \frac{1}{x + 1} \, dx \quad \Rightarrow \quad \ln|v| = \ln\left|\frac{x - 1}{x + 1}\right| + k(y)$$

$$\Rightarrow \quad u_y = v = c(y) \cdot \frac{x - 1}{x + 1} \quad \Rightarrow \quad u(x,y) = g(y) \cdot \frac{x - 1}{x + 1} + f(x)$$

mit beliebigen und differenzierbaren Funktionen f und g, wobei $g'(y) = c(y)$ gilt.

Lösung 25.1.3

$$u_{xx} = 2x|y| \quad \Rightarrow \quad u_x = x^2|y| + w(y)$$

Damit existiert u_{xy} im Nullpunkt nicht, d.h. $u \notin C^2(\mathbb{R}^2)$.

Lösung 25.1.4

a) $u(x,y) = e^{\alpha x + \beta y} \quad \Rightarrow$

$$u_x = \alpha u, \quad u_y = \beta u, \quad u_{xx} = \alpha^2 u, \quad u_{xy} = \alpha\beta u, \quad u_{yy} = \beta^2 u$$

 (i) $0 = u_{xy} + u_x - u_y - u = \alpha\beta u + \alpha u - \beta u - u$

  $\overset{u \neq 0}{\Rightarrow} \quad \alpha(\beta + 1) = \beta + 1 \quad \Rightarrow$

  $\alpha = 1$, d.h. $u(x,y) = e^{x + \beta y} \quad$ oder $\quad \beta = -1$, d.h. $u(x,y) = e^{\alpha x - y}$

 (ii) $0 = u_{xx} + u_{yy} = \alpha^2 u + \beta^2 u \quad \overset{u \neq 0}{\Rightarrow} \quad \alpha^2 + \beta^2 = 0 \quad \Rightarrow \quad \beta = \pm i\alpha$

  $\Rightarrow \quad u(x,y) = e^{\alpha x \pm i\alpha y} = e^{\alpha x}(\cos(\alpha y) \pm i\sin(\alpha y))$

  reelle Lösungen sind damit

  $u_1(x,y) = e^{\alpha x}\cos(\alpha y) \quad$ und $\quad u_2(x,y) = e^{\alpha x}\sin(\alpha y)$

b) $u(x,y,t) = e^{\alpha x + \beta y + \gamma t} \quad \Rightarrow \quad u_t = \gamma u, \quad u_{xx} = \alpha^2 u, \quad u_{yy} = \beta^2 u$

$$u_t = u_{xx} + u_{yy} + 2u \quad \Rightarrow \quad \gamma u = \alpha^2 u + \beta^2 u + 2u$$

$$\overset{u \neq 0}{\Rightarrow} \quad \gamma = \alpha^2 + \beta^2 + 2 \quad \Rightarrow \quad u(x,y,t) = e^{\alpha x + \beta y + (\alpha^2 + \beta^2 + 2)t}$$

Lösung 25.1.5

Die partiellen Ableitungen für u in der Produktform $u(x,y) = v(x)w(y)$ lauten:

$$u_x = v'(x)w(y), \quad u_y = v(x)w'(y), \quad u_{yy} = v(x)w''(y), \quad u_{yyyy} = v(x)w''''(y).$$

a) Eingesetzt in die Differentialgleichung $xy^2 u_{yy} - xy u_y = u_x$ erhält man:

$$xy^2 vw'' - xy vw' = v'w \quad \Rightarrow \quad \frac{y^2 w''(y) - y w'(y)}{w(y)} = \frac{v'(x)}{xv(x)} =: \lambda.$$

Da die linke Seite nur von y und die rechte Seite nur von x abhängt und die Gleichheit für alle x und y gelten soll, sind beide Seiten konstant gleich λ. Damit ergeben sich zur Bestimmung von v und w die gewöhnlichen Differentialgleichungen:

$$y^2 w'' - y w' - \lambda w = 0 \quad \text{und} \quad v' - \lambda x v = 0.$$

Die Differentialgleichung in w ist eine Eulersche Differentialgleichung, für die der Ansatz $w(y) = y^\nu$ Lösungen erzeugt. Eingesetzt in die Differentialgleichung ergibt sich:

$$0 = y^2 \nu(\nu - 1)y^{\nu - 2} - y\nu y^{\nu - 1} - \lambda y^\nu = y^\nu \left(\nu^2 - 2\nu - \lambda\right).$$

Aus $\nu^2 - 2\nu - \lambda = 0$ ergeben sich zwei unabhängige Lösungen für $\nu = 1 + \sqrt{1 + \lambda}$ und $\nu = 1 - \sqrt{1 + \lambda}$. Damit lautet die allgemeine Lösung für $\lambda \neq -1$

$$w(y) = c_1 y^{1 + \sqrt{1 + \lambda}} + c_2 y^{1 - \sqrt{1 + \lambda}}.$$

Die Differentialgleichung in v wird durch Separation gelöst, und die allgemeine Lösung lautet

$$v(x) = c_3 \cdot \exp\left(\frac{\lambda x^2}{2}\right) .$$

Es ergeben sich die Produktformlösungen der partiellen Differentialgleichung

$$u(x, y) = \left(ay^{1+\sqrt{1+\lambda}} + by^{1-\sqrt{1+\lambda}}\right) \exp\left(\frac{\lambda x^2}{2}\right) \quad \text{mit} \quad a, b \in \mathbb{R} \quad \text{und} \quad \lambda \neq -1 .$$

b) Eingesetzt in die Differentialgleichung $16u_{yyyy} + u_x = 0$ erhält man:

$$16vw'''' + v'w = 0 \quad \Rightarrow \quad \frac{16w''''}{w} = -\frac{v'}{v} =: \lambda .$$

Es ergeben sich analog zu a) für v und w gewöhnliche Differentialgleichungen:

$$v' + \lambda v = 0 \quad \text{und} \quad w'''' - \frac{\lambda w}{16} = 0 .$$

Die allgemeinen Lösungen lauten $v(x) = c_1 e^{-\lambda x}$ und für $\lambda \neq 0$

$$w(y) = c_2 \cdot \exp\left(\frac{\sqrt[4]{\lambda}y}{2}\right) + c_3 \cdot \exp\left(\frac{-\sqrt[4]{\lambda}y}{2}\right) + c_4 \cdot \exp\left(\frac{i\sqrt[4]{\lambda}y}{2}\right) + c_5 \cdot \exp\left(\frac{-i\sqrt[4]{\lambda}y}{2}\right) .$$

Mit $a, b, c, d \in \mathbb{R}$ erhält man so für $\lambda \neq 0$ die Lösungen in Produktform der partiellen Differentialgleichung

$$u(x, y) = e^{-\lambda x} \left(a \cdot \exp\left(\frac{\sqrt[4]{\lambda}y}{2}\right) + b \cdot \exp\left(\frac{-\sqrt[4]{\lambda}y}{2}\right) + c \cdot \exp\left(\frac{i\sqrt[4]{\lambda}y}{2}\right) + d \cdot \exp\left(\frac{-i\sqrt[4]{\lambda}y}{2}\right)\right) .$$

Für $\lambda = 0$ ergibt sich $u(x, y) = ay^3 + by^2 + cy + d$.

Lösung 25.1.6
Die partiellen Ableitungen für u in der Produktform $u(x, y) = v(x)w(y)$ lauten:

$$u_y = v(x)w'(y) , \quad u_{xx} = v''(x)w(y) , \quad u_{xxyy} = v''(x)w''(y) .$$

a) Eingesetzt in die Differentialgleichung $u_{xxyy} + u_y + u = 0$ erhält man:

$$v''w'' + vw' + vw = 0 \quad \Rightarrow \quad -\frac{w'(y) + w(y)}{w''(y)} = \frac{v''(x)}{v(x)} =: \lambda .$$

Da die linke Seite nur von y und die rechte Seite nur von x abhängt und die Gleichheit für alle x und y gelten soll, sind beide Seiten konstant gleich λ. Damit ergeben sich zur Bestimmung von v und w die gewöhnlichen Differentialgleichungen

$$w'' + \frac{1}{\lambda}w' + \frac{1}{\lambda}w = 0 \quad \text{und} \quad v'' - \lambda v = 0 .$$

Die allgemeinen Lösungen für $\lambda \neq 0$ und $\lambda \neq 1/4$ lauten

$$v(x) = a \cdot \exp\left(\sqrt{\lambda}x\right) + b \cdot \exp\left(-\sqrt{\lambda}x\right) ,$$

$$w(y) = c \cdot \exp\left(\frac{-1 + \sqrt{1-4\lambda}}{2\lambda}\, y\right) + d \cdot \exp\left(\frac{-1 - \sqrt{1-4\lambda}}{2\lambda}\, y\right) .$$

Aus dem Produktansatz erhält man so die folgenden Lösungen der partiellen Differentialgleichung:

$$\begin{aligned}
u(x, y) &= \left(a \cdot \exp\left(\sqrt{\lambda}x\right) + b \cdot \exp\left(-\sqrt{\lambda}x\right)\right) \\
&\quad \cdot \left(c \cdot \exp\left(\frac{-1 + \sqrt{1-4\lambda}}{2\lambda}\, y\right) + d \cdot \exp\left(\frac{-1 - \sqrt{1-4\lambda}}{2\lambda}\, y\right)\right)
\end{aligned}$$

mit $a, b, c, d \in \mathbb{R}$.

b) Eingesetzt in die Differentialgleichung $2yu_{xx} - (1 + y^2)u_y + 4yu = 0$ erhält man:

$$2yv''w - (1 + y^2)vw' + 4yvw = 0 \quad \Rightarrow \quad \frac{v''}{v} + 2 = \frac{(1 + y^2)w'}{2yw} =: \lambda \,.$$

Es ergeben sich analog zu a) für v und w gewöhnliche Differentialgleichungen:

$$v'' - (\lambda - 2)v = 0 \quad \text{und} \quad w' = \frac{2\lambda yw}{1 + y^2} \,.$$

Die allgemeinen Lösungen für $\lambda \neq 2$ lauten

$$v(x) = c_1 \cdot \exp\left(\sqrt{\lambda - 2}x\right) + c_2 \cdot \exp\left(-\sqrt{\lambda - 2}x\right) \quad \text{und} \quad w(y) = c_3(1 + y^2)^\lambda \,.$$

Man erhält so die Lösungen in Produktform der partiellen Differentialgleichung

$$u(x,y) = \left(a \cdot \exp\left(\sqrt{\lambda - 2}x\right) + b \cdot \exp\left(-\sqrt{\lambda - 2}x\right)\right)(1 + y^2)^\lambda \quad \text{mit} \quad a, b \in \mathbb{R} \,.$$

Lösung 25.1.7

a) Es sei $\xi = 2x + 3y$. Der Ansatz $u(x,y) = \omega(2x + 3y) = \omega(\xi)$ führt auf die Ableitungen

$$u_x = 2\omega'(\xi) \,, \quad u_y = 3\omega'(\xi) \,, \quad u_{xy} = 6\omega''(\xi) \,.$$

Damit ergibt sich für die gesuchte Funktion ω aus $u_{xy} = (u_y)^2 - 9u_x + 9$ die gewöhnliche Differentialgleichung

$$6\omega''(\xi) = 9(\omega'(\xi))^2 - 18\omega'(\xi) + 9 \,.$$

Die Anfangsvorgaben $u = u_y = 0$ längs der Geraden $y = -\frac{2x}{3}$ führen auf $\omega(0) = 0 = \omega'(0)$. Die gewöhnliche Differentialgleichung geht mit $z = \omega'$ über in:

$$6z' = 9z^2 - 18z + 9 = 9(z - 1)^2 \quad \Rightarrow \quad \frac{z'}{(z - 1)^2} = \frac{3}{2} \,.$$

Trennung der Veränderlichen liefert mit $z(0) = 0$: $\left.\frac{-1}{v - 1}\right|_0^z = \frac{3\xi}{2} \quad \Rightarrow \quad z = 1 - \frac{1}{1 + \dfrac{3\xi}{2}} = \omega' \,.$

Mit $\omega(0) = 0$ ergibt sich $\omega(\xi) = \xi - \frac{2}{3}\ln\left|1 + \frac{3\xi}{2}\right| \,.$

Die Lösung der Anfangswertaufgabe lautet daher $u(x,y) = 2x + 3y - \frac{2}{3}\ln\left|1 + \frac{3(2x + 3y)}{2}\right| \,.$

b) Die Funktion u ist für $1 + \dfrac{3(2x + 3y)}{2} = 0$, also auf der Geraden $y = -\dfrac{2x}{3} - \dfrac{2}{9}$, nicht definiert. Wegen der Anfangsvorgabe auf der Geraden $y = -\dfrac{2x}{3}$ besitzt die Lösung der Anfangswertaufgabe als Definitionsbereich D den oberen Halbraum

$$D := \left\{ \begin{pmatrix} x \\ y \end{pmatrix} \in \mathbb{R}^2 \;\middle|\; y > -\frac{2x}{3} - \frac{2}{9} \right\} \,,$$

in der Lösungsdarstellung können die Betragsstriche für das Argument des Logarithmus also weggelassen werden.

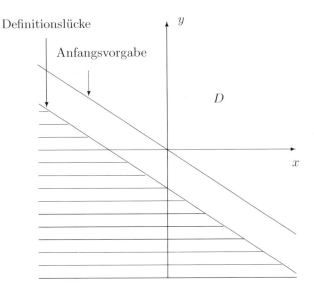

Bild 25.1.7   Definitionsbereich D

Lösung 25.1.8

Der Laplace-Operator in n Raumdimensionen ($\mathbf{x} = (x_1, \cdots, x_n)^T$) berechnet sich für radialsymmetrische Funktionen $\tilde{u}(r(\mathbf{x}), t) := u(\mathbf{x}, t)$ mit $r(\mathbf{x}) = ||\mathbf{x}||_2$ nach der Kettenregel:

$$\Delta_n u = u_{x_1 x_1} + \cdots + u_{x_n x_n} = (\tilde{u}_r r_{x_1})_{x_1} + \cdots + (\tilde{u}_r r_{x_n})_{x_n} = \left(\tilde{u}_r \frac{x_1}{r}\right)_{x_1} + \cdots + \left(\tilde{u}_r \frac{x_n}{r}\right)_{x_n}$$

$$= \tilde{u}_{rr}\left(\frac{x_1^2}{r}\right)^2 + \tilde{u}_r \frac{r - x_1^2/r}{r^2} + \cdots + \tilde{u}_{rr}\left(\frac{x_n^2}{r}\right)^2 + \tilde{u}_r \frac{r - x_n^2/r}{r^2} = \tilde{u}_{rr} + \frac{n-1}{r}\tilde{u}_r \,.$$

Damit lautet die Wellengleichung für radialsymmetrische Funktionen

$$0 = u_{tt} - c^2 \Delta_2 u = \tilde{u}_{tt} - c^2\left(\tilde{u}_{rr} + \frac{n-1}{r}\tilde{u}_r\right) \,.$$

Lösung 25.1.9

a) Der Produktansatz $u(x, t) = X(x) \cdot T(t)$ in Verbindung mit der Randbedingung $u(0, t) = 3\sin(2t)$ ergibt $T(t) = \dfrac{3}{X(0)}\sin(2t)$. Setzt man dies in die Differentialgleichung ein, so erhält man

$$0 = u_{tt} - u_{xx} + 2u_t + u$$

$$= -\frac{12X(x)}{X(0)}\sin(2t) - \frac{3X''(x)}{X(0)}\sin(2t) + \frac{6X(x)}{X(0)}\cos(2t) + \frac{3X(x)}{X(0)}\sin(2t)$$

$$= \underbrace{\left(-\frac{9X(x)}{X(0)} - \frac{3X''(x)}{X(0)}\right)}_{=0}\sin(2t) + \underbrace{\left(\frac{6X(x)}{X(0)}\right)}_{=0}\cos(2t) \,.$$

Einzige Lösung ist damit $X \equiv 0$. Dies führt auf $u \equiv 0$, der Produktansatz liefert hier also keine Lösung.

b) Der Lösungsansatz $u(x, t) = 3\mathrm{e}^{-ax}\sin(2t - bx)$ erfüllt die Randbedingungen und $a > 0$ sorgt für die Beschränktheit von u für $x \to \infty$. Eingesetzt in die Differentialgleichung ergibt sich

$$0 = u_{tt} - u_{xx} + 2u_t + u = \mathrm{e}^{-ax}\left\{\sin(2t - bx)\underbrace{(3(b^2 - a^2) - 9)}_{=0} + \cos(2t - bx)\underbrace{(12 - 6ab)}_{=0}\right\} \,.$$

Das resultierende nichtlineare Gleichungssystem $ab = 2$ $\wedge$ $b^2 - a^2 = 3$ besitzt die Lösungen $a = 1$ und $b = 2$, und die Lösung der Telegraphengleichung lautet $u(x, t) = 3\mathrm{e}^{-x}\sin(2t - 2x)$.

Lösung 25.1.10

Es gilt $\mathbf{q}_t = (\rho\mathbf{u})_t = \rho_t\mathbf{u} + \rho\mathbf{u}_t$ und $\dfrac{1}{\rho}\langle\mathbf{q}, \nabla\rangle\mathbf{q} = \langle\mathbf{u}, \nabla\rangle(\rho\mathbf{u}) = \langle\mathbf{u}, \nabla\rho\rangle\mathbf{u} + \rho\langle\mathbf{u}, \nabla\rangle\mathbf{u}$.

Aus der Euler-Gleichung $\mathbf{q}_t + \dfrac{1}{\rho}\langle\mathbf{q}, \nabla\rangle\mathbf{q} + \operatorname{div}\left(\dfrac{1}{\rho}\mathbf{q}\right)\mathbf{q} + \nabla p = \mathbf{e}$ ergibt sich damit

$$(\rho_t + \langle\mathbf{u}, \nabla\rho\rangle + \rho\operatorname{div}\mathbf{u})\,\mathbf{u} + \rho(\mathbf{u}_t + \langle\mathbf{u}, \nabla\rangle\mathbf{u}) + \nabla p = \mathbf{e}. \qquad (*)$$

Die Kontinuitätsgleichung lässt sich umschreiben in $0 = \rho_t + \operatorname{div}(\rho\mathbf{u}) = \rho_t + \langle\mathbf{u}, \nabla\rho\rangle + \rho\operatorname{div}\mathbf{u}$.

Eingesetzt in $(*)$ erhält man $\mathbf{u}_t + \langle\mathbf{u}, \nabla\rangle\mathbf{u} + \dfrac{1}{\rho}\nabla p = \dfrac{1}{\rho}\mathbf{e}$.

Lösung 25.1.11

Wegen rot $\mathbf{u} = \dfrac{\partial v}{\partial x} - \dfrac{\partial u}{\partial y} = 0$ gilt die zweite Gleichung des Systems.

Die Euler-Gleichungen $\rho\langle\mathbf{u}, \nabla\rangle\mathbf{u} + \nabla p = \mathbf{0}$ lauten explizit

$$\rho(u\,u_x + v\,u_y) + p_x = 0, \quad \rho(u\,v_x + v\,v_y) + p_y = 0. \qquad (*)$$

Die Kontinuitätsgleichung ergibt ausgeschrieben

$$0 = \operatorname{div}(\rho\mathbf{u}) = (\rho u)_x + (\rho v)_y = \rho_x u + \rho_y v + \rho(u_x + v_y). \qquad (**)$$

Mit $\rho = \rho(p(x, y), s(x, y))$ erhält man $\rho_x = \rho_p p_x + \rho_s s_x$ und $\rho_y = \rho_p p_y + \rho_s s_y$.

Eingesetzt in die Kontinuitätsgleichung $(**)$ liefert dies

$$\rho_p(p_x u + p_y v) + \rho_s\underbrace{(s_x u + s_y v)}_{=0} + \rho(u_x + v_y) = 0.$$

Mit den Euler-Gleichungen $(*)$ ergibt sich daraus

$$\begin{aligned} 0 &= -\rho_p\{(u\,u_x + v\,u_y)u + (u\,v_x + v\,v_y)v\} + u_x + v_y \\ &= (1 - \rho_p u^2)u_x + (1 - \rho_p v^2)v_y - \rho_p uv(u_y + v_x). \end{aligned}$$

Mit $\dfrac{1}{c^2} = \dfrac{\partial\rho}{\partial p}$ folgt die erste Gleichung des Systems

$$\left(1 - \frac{u^2}{c^2}\right)\frac{\partial u}{\partial x} + \left(1 - \frac{v^2}{c^2}\right)\frac{\partial v}{\partial y} - \frac{uv}{c^2}\left(\frac{\partial u}{\partial y} + \frac{\partial v}{\partial x}\right) = 0.$$

L.25.2   Differentialgleichungen erster Ordnung

Lösung 25.2.1

a) Die lineare Transformation $\begin{pmatrix} \nu \\ \mu \end{pmatrix} = \begin{pmatrix} b & a \\ b & -a \end{pmatrix}\begin{pmatrix} x \\ y \end{pmatrix}$

   ist regulär mit der Umkehrabbildung $\begin{pmatrix} x \\ y \end{pmatrix} = \dfrac{-1}{2ab}\begin{pmatrix} -a & -a \\ -b & b \end{pmatrix}\begin{pmatrix} \nu \\ \mu \end{pmatrix}$.

   Für $u(x, y) = \tilde{u}(\nu(x, y), \mu(x, y)) =: \tilde{u}(\nu, \mu)$ transformieren sich die partiellen Ableitungen nach der Kettenregel:
   $$\begin{aligned} u_x &= \tilde{u}_\nu\nu_x + \tilde{u}_\mu\mu_x = b\tilde{u}_\nu + b\tilde{u}_\mu, \\ u_y &= \tilde{u}_\nu\nu_y + \tilde{u}_\mu\mu_y = a\tilde{u}_\nu - a\tilde{u}_\mu. \end{aligned}$$

Damit erhält man

$$au_x + bu_y = ab\tilde{u}_\nu + ab\tilde{u}_\mu + ab\tilde{u}_\nu - ab\tilde{u}_\mu = 2ab\tilde{u}_\nu = g\left(\frac{\nu+\mu}{2b}, \frac{\nu-\mu}{2a}\right) =: \tilde{g}(\nu,\mu)\,.$$

Es ergibt sich für $\tilde{u}$ die gewöhnliche Differentialgleichung bezüglich ν

$$\tilde{u}_\nu = \frac{1}{2ab}\tilde{g}(\nu,\mu) \qquad (\,\mu \text{ ist als Parameter aufzufassen})\,.$$

b) Mit $\nu = 3t + x$ und $\mu = 3t - x$ transformiert sich $u_t + 3u_x = 36t + 12x$ nach a) in

$$\tilde{u}_\nu = \frac{1}{6}\left(36\frac{\nu+\mu}{6} + 12\frac{\nu-\mu}{2}\right) = 2\nu \Rightarrow \tilde{u} = \nu^2 + f(\mu) \Rightarrow u = (3t+x)^2 + f(3t-x)\,.$$

Mit der Anfangsbedingung $u(x,0) = 0$ wird die unbekannte Funktion f bestimmt:

$$u(x,0) = (3\cdot 0 + x)^2 + f(3\cdot 0 - x) = x^2 + f(-x) = 0 \quad \Rightarrow \quad f(x) = -x^2\,.$$

Die Lösung des Anfangswertproblems lautet also $u(x,t) = (3t+x)^2 - (3t-x)^2 = 12tx\,.$

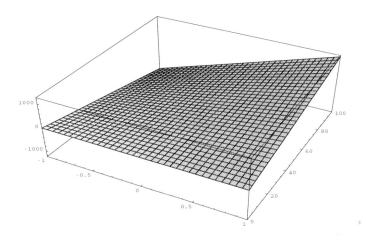

Bild 25.2.1   Lösung $u(x,y)$

Lösung 25.2.2

a) Der inhomogenen linearen PDG erster Ordnung in den Variablen (x,y) wird das erweiterte Problem in den Variablen (x,y,u) zugeordnet:

$$U_x - U_y + (1 + 2x + 2y)U_u = 0\,.$$

Für dieses Problem werden die charakteristischen Differentialgleichungen gelöst:

(i) Standardlösungsmethode für lineare Systeme mit konstanten Koeffizienten:

$$\begin{aligned} \dot{x}(t) &= 1 \\ \dot{y}(t) &= -1 \\ \dot{u}(t) &= 1 + 2x + 2y \end{aligned} \quad \Leftrightarrow \quad \begin{pmatrix} \dot{x}(t) \\ \dot{y}(t) \\ \dot{u}(t) \end{pmatrix} = \underbrace{\begin{pmatrix} 0 & 0 & 0 \\ 0 & 0 & 0 \\ 2 & 2 & 0 \end{pmatrix}}_{=\mathbf{A}} \begin{pmatrix} x(t) \\ y(t) \\ u(t) \end{pmatrix} + \begin{pmatrix} 1 \\ -1 \\ 1 \end{pmatrix}$$

$$p_{\mathbf{A}}(\lambda) = \det(\mathbf{A} - \lambda\mathbf{I}) = -\lambda^3 = 0 \quad \Rightarrow \quad \text{Eigenwerte} \quad \lambda_{1,2,3} = 0$$

$$\text{Eigenvektoren:} \quad \mathbf{v}_1 = \begin{pmatrix} 0 \\ 0 \\ 1 \end{pmatrix}, \quad \mathbf{v}_2 = \begin{pmatrix} 1 \\ -1 \\ 0 \end{pmatrix}$$

Hauptvektor: $\mathbf{v}_3 = \dfrac{1}{2}\begin{pmatrix} 0 \\ 1 \\ 0 \end{pmatrix}$ (zu $\mathbf{v}_1$)

Allgemeine Lösung des homogenen Systems:

$$\mathbf{v}_h(t) = c_0\begin{pmatrix} 0 \\ 0 \\ 1 \end{pmatrix} + c_1\left(t\begin{pmatrix} 0 \\ 0 \\ 1 \end{pmatrix} + \frac{1}{2}\begin{pmatrix} 0 \\ 1 \\ 0 \end{pmatrix}\right) + c_2\begin{pmatrix} 1 \\ -1 \\ 0 \end{pmatrix}$$

Spezielle Lösung des inhomogenen Systems:

$$\mathbf{v}_s(t) = t\begin{pmatrix} 1 \\ -1 \\ 1 \end{pmatrix}$$

Allgemeine Lösung des inhomogenen Systems:

$$\mathbf{v}(t) = \mathbf{v}_h(t) + \mathbf{v}_s(t) = \begin{pmatrix} c_2 + t \\ c_1/2 - c_2 - t \\ c_0 + c_1 t + t \end{pmatrix} = \begin{pmatrix} x(t) \\ y(t) \\ u(t) \end{pmatrix}$$

Parametrisierungsforderung $x(0) = 0 \;\Rightarrow\; c_2 = 0 \;\Rightarrow\;$

$$\begin{pmatrix} x(t) \\ y(t) \\ u(t) \end{pmatrix} = \begin{pmatrix} t \\ c_1/2 - t \\ c_0 + t(c_1 + 1) \end{pmatrix} \;\overset{x=t}{\Rightarrow}$$

$$\begin{aligned} y &= -x + c_1/2 \\ u &= c_0 + x(c_1 + 1) = c_0 + x(2x + 2y + 1) = x + 2xy + 2x^2 + c_0 \end{aligned}$$

(ii)   Alternative kurze Lösung:

$$\dot{x}(t) = 1 \qquad\qquad \Rightarrow\; x(t) = t + C_1 \,,\; C_1 = 0 \;\Rightarrow\; t = x$$

$$\dot{y}(t) = -1 \qquad\qquad \Rightarrow\; y = -t + C_2 = -x + C_2$$

$$\dot{u}(t) = 1 + 2x + 2y \qquad \Rightarrow\; \dot{u}(t) = 1 + 2(t + C_1) + 2(-t + C_2)$$

$$= 1 + 2C_2 \;\Rightarrow$$

$$u(t) = (1 + 2C_2)t + C_3 \quad \Rightarrow\; u = (1 + 2(x + y))x + C_3$$

$$= x + 2xy + 2x^2 + C_3$$

Auflösen nach $C_2 = c_1/2$ und $C_3 = c_0$:

$$C_2 = x + y\,, \quad C_3 = u - x - 2xy - 2x^2$$

Damit wird die Lösung u beschrieben durch folgende implizite Gleichung:

$$U(x,y,u) = \Phi(C_2, C_3) = \Phi(x + y, u - x - 2xy - 2x^2) = 0.$$

Setzt man die Auflösbarkeit nach der zweiten Variablen voraus, so ergibt sich die allgemeine Lösung mit einer noch frei wählbaren Funktion Ψ:

$$u - x - 2xy - 2x^2 = \Psi(x + y) \;\Rightarrow\; u(x,y) = x + 2xy + 2x^2 + \Psi(x + y).$$

Durch Einsetzen der Anfangsbedingung wird Ψ bestimmt:

$$x = u(x,x) = x + 2x^2 + 2x^2 + \Psi(2x) \;\Rightarrow\; \Psi(2x) = -4x^2 \;\Rightarrow\; \Psi(x) = -x^2.$$

Daraus erhält man die Lösung der Anfangswertaufgabe:

$$u(x,y) = x + 2xy + 2x^2 - (x + y)^2 = x + x^2 - y^2.$$

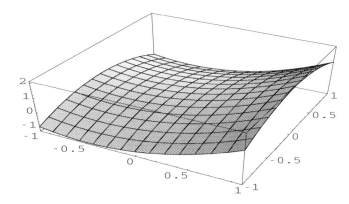

Bild 25.2.2 $u(x,y) = x + x^2 - y^2$ für $-1 \le x, y \le 1$

b) $u(x,y) = f(x) + g(y)$

$\Rightarrow$ $u_x = f'(x)\,,$ $u_y = g'(y)$

In die Differentialgleichung einsetzen:

$u_x - u_y = 1 + 2x + 2y$

$\Rightarrow$ $f'(x) - g'(y) = 1 + 2x + 2y$

$\Rightarrow$ $f'(x) - 2x = g'(y) + 1 + 2y = \lambda$ $(= \text{const.})$

$\Rightarrow$ $f'(x) = 2x + \lambda$ $\Rightarrow$ $f(x) = x^2 + \lambda x + c_1$

$\Rightarrow$ $g'(y) = -2y - 1 + \lambda$ $\Rightarrow$ $g(y) = -y^2 + \lambda y - y + c_2$

Anfangsbedingung ausnutzen:

$x = u(x,x) = f(x) + g(x) = x^2 + \lambda x + c_1 - x^2 + \lambda x - x + c_2$

$\Rightarrow$ $2x(\lambda - 1) + c_1 + c_2 = 0$

$\Rightarrow$ $\lambda = 1$ $\wedge$ $c_1 + c_2 = 0$

$\Rightarrow$ $f(x) = x^2 + x + c_1$ $\wedge$ $g(y) = -y^2 + c_2$

$\Rightarrow$ $u(x,y) = f(x) + g(y) = x^2 + x - y^2 + c_1 + c_2 = x^2 + x - y^2$

Lösung 25.2.3

Der inhomogenen Differentialgleichung in $u(x,y)$ wird eine homogene Differentialgleichung in $U(x,y,u)$ als Hilfsproblem zugeordnet:

$$3u_x + y^2 u_y = \frac{xu}{y} \quad \leftrightarrow \quad 3U_x + y^2 U_y + \frac{xu}{y} U_u = 0\,.$$

Das charakteristische Differentialgleichungssystem des Hilfsproblems lautet:

$$\dot{x} = 3 \Rightarrow x = 3t\,, \quad \dot{y} = y^2 \Rightarrow y' = \frac{y^2}{3} \Rightarrow \frac{y'}{y^2} = \frac{1}{3} \Rightarrow -\frac{1}{y} = \frac{x}{3} - C_1 \Rightarrow C_1 = \frac{1}{y} + \frac{x}{3} =: \varphi_1(x,y,u)\,,$$

$$\dot{u} = \frac{xu}{y} \Rightarrow \frac{u'}{u} = \frac{x}{3}\frac{1}{y} \Rightarrow \frac{u'}{u} = \frac{x}{3}\left(C_1 - \frac{x}{3}\right) \Rightarrow \ln u = C_1 \frac{x^2}{6} - \frac{x^3}{27} + C_2\,,$$

$$\Rightarrow C_2 = \ln u - \left(\frac{1}{y} + \frac{x}{3}\right)\frac{x^2}{6} + \frac{x^3}{27} =: \varphi_2(x,y,u) \quad \left(\text{mit}\,\dot{} = \frac{d}{dt} \text{ und } ' = \frac{d}{dx}\right)\,.$$

Aus der allgemeinen Lösung des Hilfsproblems erhält man damit eine implizite Lösungsdarstellung für u mit einer beliebigen C^1-Funktion Φ:

$$0 = U(x,y,u) = \Phi(\varphi_1(x,y,u), \varphi_2(x,y,u)) = \Phi\left(\frac{1}{y} + \frac{x}{3}, \ln u - \frac{x^2}{6y} - \frac{x^3}{54}\right)\,.$$

Lösung 25.2.4

$$yu_x - xu_y - \frac{y}{z}u_z = 0 \quad \overset{y \neq 0}{\Leftrightarrow} \quad u_x - \frac{x}{y}u_y - \frac{1}{z}u_z = 0$$

Das charakteristische Differentialgleichungssystem der linken Gleichung lautet:

$$\dot{x} = 1 \,, \quad \dot{y} = -\frac{x}{y} \,, \quad \dot{z} = -\frac{1}{z} \,.$$

$$\dot{x} = 1 \quad \Rightarrow \quad x = t \quad \Rightarrow \quad y(t) = y(x) \quad \wedge \quad z(t) = z(x) \quad \wedge \quad \frac{d}{dt} = \frac{d}{dx} \,,$$

$$\dot{y} = -\frac{x}{y} \Rightarrow yy' = -x \Rightarrow \frac{y^2}{2} = -\frac{x^2}{2} + \frac{C_1}{2} \Rightarrow C_1 = x^2 + y^2 =: \varphi_1(x,y,z) \,,$$

$$\dot{z} = -\frac{1}{z} \Rightarrow zz' = -1 \Rightarrow \frac{z^2}{2} = -x + \frac{C_2}{2} \Rightarrow C_2 = 2x + z^2 =: \varphi_2(x,y,z) \,.$$

Damit lautet die allgemeine Lösung mit einer beliebigen C^1-Funktion Φ:

$$u(x,y,z) = \Phi(\varphi_1(x,y,z), \varphi_2(x,y,z)) = \Phi(x^2 + y^2, 2x + z^2) \,.$$

Die Lösung, die der Anfangsbedingung $u(x,x,z) = x^2 + z^2$ für $x \geq 0$ genügt, erhält man durch:

$$u(x,x,z) = \Phi(\underbrace{2x^2}_{=:\xi}, \underbrace{2x + z^2}_{=:\eta}) \quad \Rightarrow \quad x = \sqrt{\frac{\xi}{2}} \quad \Rightarrow \quad z^2 = \eta - \sqrt{2\xi}$$

$$\Rightarrow \quad \Phi(\xi, \eta) = x^2(\xi, \eta) + z^2(\xi, \eta) = \frac{\xi}{2} + \eta - \sqrt{2\xi}$$

$$\Rightarrow \quad u(x,y,z) = \Phi(x^2 + y^2, 2x + z^2) = \frac{x^2 + y^2}{2} + 2x + z^2 - \sqrt{2(x^2 + y^2)} \,.$$

Lösung 25.2.5

Das charakteristische Differentialgleichungssystem von $u_x - yu_y - u_z = 0$ lautet:

$$\dot{x} = 1 \,, \quad \dot{y} = -y \,, \quad \dot{z} = -1 \,.$$

$$\dot{x} = 1 \quad \Rightarrow \quad x = t \quad \Rightarrow \quad y(t) = y(x) \quad \wedge \quad z(t) = z(x) \quad \wedge \quad \frac{d}{dt} = \frac{d}{dx} \,,$$

$$\dot{y} = -y \Rightarrow \frac{y'}{y} = -1 \Rightarrow y = C_1 \mathrm{e}^{-x} \Rightarrow C_1 = y\mathrm{e}^x =: \varphi_1(x,y,z) \,,$$

$$\dot{z} = -1 \Rightarrow z = -x + C_2 \Rightarrow C_2 = x + z =: \varphi_2(x,y,z) \,.$$

Damit lautet die allgemeine Lösung mit einer beliebigen C^1-Funktion Φ:

$$u(x,y,z) = \Phi(\varphi_1(x,y,z), \varphi_2(x,y,z)) = \Phi(y\mathrm{e}^x, x + z) \,.$$

Die Lösung, die der Anfangsbedingung $u(x,y,x) = x + y$ genügt, erhält man durch:

$$u(x,y,x) = \Phi(\underbrace{y\mathrm{e}^x}_{=:\xi}, \underbrace{2x}_{=:\eta}) \Rightarrow x = \frac{\eta}{2} \Rightarrow y = \xi\mathrm{e}^{-\eta/2} \Rightarrow \Phi(\xi, \eta) = x(\xi, \eta) + y(\xi, \eta) = \frac{\eta}{2} + \xi\mathrm{e}^{-\eta/2}$$

$$\Rightarrow \quad u(x,y,z) = \Phi(y\mathrm{e}^x, x + z) = \frac{x + z}{2} + y\mathrm{e}^x\mathrm{e}^{-(x+z)/2} = \frac{x + z}{2} + y\mathrm{e}^{(x-z)/2} \,.$$

Lösung 25.2.6

Der inhomogenen Differentialgleichung $u_x + u_y + u_z = x + y + z + u$ wird eine homogene Differentialgleichung in $U(x,y,z,u)$ als Hilfsproblem zugeordnet

$$U_x + U_y + U_z + (x + y + z + u)U_u = 0 \,.$$

Das charakteristische Differentialgleichungssystem des Hilfsproblems lautet

$$\frac{dx}{dt} = \frac{dy}{dt} = \frac{dz}{dt} = 1 \quad , \quad \frac{du}{dt} = x + y + z + u \quad .$$

Damit ergeben sich die Phasendifferentialgleichungen

$$\frac{dy}{dx} = \frac{dz}{dx} = 1 \,, \quad \frac{du}{dx} = x + y + z + u \quad \Rightarrow \quad y = x + C_1 \,, \quad z = x + C_2 \,, \quad \frac{du}{dx} = 3x + C_1 + C_2 + u \,.$$

Die Differentialgleichung in u besitzt $u_h = C_3 \mathrm{e}^x$ als Lösung der zugehörigen homogenen und $u_i = -(3x + 3 + C_1 + C_2)$ als spezielle Lösung der inhomogenen Gleichung, und man erhält

$$u = -(3x + 3 + C_1 + C_2) + C_3 \mathrm{e}^x \quad \Rightarrow \quad C_3 = (u + x + y + z + 3)\mathrm{e}^{-x} \,.$$

Aus der allgemeinen Lösung des Hilfsproblems erhält man damit eine implizite Lösungsdarstellung für u mit einer beliebigen C^1-Funktion Φ:

$$0 = U(x, y, z, u) = \Phi \left(y - x, z - x, (u + x + y + z + 3)\mathrm{e}^{-x} \right) \,.$$

Wegen $U_u \neq 0$ ergibt sich die allgemeine Lösung des Ausgangsproblems

$$u(x, y, z) = -(x + y + z + 3) + \mathrm{e}^x \Psi(y - x, z - x) \,.$$

Die Lösung der Anfangswertaufgabe $u(y + z, y, z) = y - z$ erhält man durch

$$y - z = u(y + z, y, z) = -(2y + 2z + 3) + \mathrm{e}^{y+z} \Psi(-z, -y) \,.$$

Mit $\xi = -z$ und $\eta = -y$ erhält man $\Psi(\xi, \eta) = (-3\eta - \xi + 3)\mathrm{e}^{\xi+\eta}$.

Damit ergibt sich die Lösung der Anfangswertaufgabe

$$u(x, y, z) = -(x + y + z + 3) + (4x - y - 3z + 3)\mathrm{e}^{y+z-x} \,.$$

Lösung 25.2.7

a) (i) $v := u_x \quad \Rightarrow \quad zv_y - yv_z = 0$

   (ii) Phasendifferentialgleichung bzgl. y: $v_y - \dfrac{y}{z}v_z = 0$

   Charakteristische Differentialgleichungen:

$$\dot{x}(t) = 0, \quad \dot{y}(t) = 1, \quad \dot{z}(t) = -\frac{y(t)}{z(t)}$$

$$\dot{x}(t) = 0 \quad \Rightarrow \quad x(t) = C_1$$
$$\dot{y}(t) = 1 \quad \Rightarrow \quad y(t) = t, \quad \text{wobei } y(0) = 0 \text{ gewählt wurde.}$$
$$\dot{z}(t) = -\frac{y(t)}{z(t)} \quad \Leftrightarrow \quad z'(y) = -\frac{y}{z(y)}$$
$$\Rightarrow \quad \int z(y)z'(y)dy = -\int y\,dy$$
$$\Rightarrow \quad \frac{z^2}{2} = -\frac{y^2}{2} + \frac{C_2}{2} \quad \Rightarrow \quad C_2 = y^2 + z^2$$
$$\Rightarrow \quad v(x, y, z) = \Phi(C_1, C_2) = \Phi(x, y^2 + z^2)$$

   (iii) $u_x(x, y, z) = \Phi(x, y^2 + z^2)$

$$\Rightarrow \quad u(x, y, z) = \int \Phi(x, y^2 + z^2)\,dx + \phi(y, z)$$

b) Der Produktansatz $u(x, y, z) = f(x)g(y)h(z)$ eingesetzt in die Differentialgleichung ergibt

$$\begin{aligned}
0 &= x^2 u_x + u_y + \frac{u_z}{z} + \left(x + \frac{2}{y} + 1\right)u \\
&= x^2 f'(x)g(y)h(z) + f(x)g'(y)h(z) + \frac{f(x)g(y)h'(z)}{z} \\
&\quad + \left(x + \frac{2}{y} + 1\right)f(x)g(y)h(z) \,.
\end{aligned}$$

Division durch $f(x)g(y)h(z)$ führt auf

$$\underbrace{x^2\frac{f'(x)}{f(x)} + x}_{=\lambda} + \underbrace{\frac{g'(y)}{g(y)} + \frac{2}{y}}_{=\mu} + \underbrace{\frac{h'(z)}{zh(z)} + 1}_{=-\lambda-\mu} = 0\,.$$

Lösen der drei entstehenden gewöhnlichen Differentialgleichungen:

(i) $x^2\dfrac{f'(x)}{f(x)} + x = \lambda \quad\Rightarrow\quad \dfrac{f'(x)}{f(x)} = \dfrac{\lambda}{x^2} - \dfrac{1}{x}$

$\quad\Rightarrow\quad \ln|f(x)| = -\dfrac{\lambda}{x} - \ln|x| + k_1$

$\quad\Rightarrow\quad |f(x)| = e^{-\lambda/x - \ln|x| + k_1} \quad\Rightarrow\quad f(x) = \dfrac{c_1}{x}\,e^{-\lambda/x}\,, \quad c_1 \in \mathbb{R}$

(ii) $\dfrac{g'(y)}{g(y)} + \dfrac{2}{y} = \mu \quad\Rightarrow\quad \dfrac{g'(y)}{g(y)} = \mu - \dfrac{2}{y}$

$\quad\Rightarrow\quad \ln|g(y)| = \mu y - 2\ln|y| + k_2$

$\quad\Rightarrow\quad |g(y)| = e^{\mu y - 2\ln|y| + k_2} \quad\Rightarrow\quad g(y) = \dfrac{c_2}{y^2}\,e^{\mu y}\,, \quad c_2 \in \mathbb{R}$

(iii) $\dfrac{h'(z)}{zh(z)} + 1 = -\lambda - \mu \quad\Rightarrow\quad \dfrac{h'(z)}{h(z)} = -(1 + \lambda + \mu)z$

$\quad\Rightarrow\quad \ln|h(z)| = -\dfrac{(1 + \lambda + \mu)z^2}{2} + k_3 \quad\Rightarrow\quad |h(z)| = e^{-(1+\lambda+\mu)z^2/2 + k_3}$

$\quad\Rightarrow\quad h(z) = c_3 e^{-(1+\lambda+\mu)z^2/2}\,, \quad c_3 \in \mathbb{R}$

Damit lauten partikuläre Lösungen aus dem Produktansatz

$$u(x,y,z) = \frac{c}{xy^2}\,e^{-\lambda/x + \mu y - (1+\lambda+\mu)z^2/2}\,, \quad c, \lambda, \mu \in \mathbb{R}\,.$$

Lösung 25.2.8

a) $2uu_x - 4xuu_y = x^3 \quad\Rightarrow\quad u_x - 2xu_y = \dfrac{x^3}{2u} \quad\Rightarrow\quad U_x - 2xU_y + \dfrac{x^3}{2u}U_u = 0$

Lösen der Phasendifferentialgleichungen bzgl x:

$\dot{x} = 1 \quad\Rightarrow\quad x = t + C_0$

Durch die Parametrisierungsforderung $x(0) = 0$ wird $C_0 = 0$ festgelegt.

Man erhält $x = t \Rightarrow \dfrac{d}{dt} = \dfrac{d}{dx}$.

$y' = -2x \Rightarrow y = -x^2 + C_1 \Rightarrow C_1 = y + x^2$

$u' = \dfrac{x^3}{2u} \Rightarrow 2uu' = x^3 \Rightarrow u^2 = \dfrac{x^4}{4} + C_2 \Rightarrow C_2 = u^2 - \dfrac{x^4}{4}$

Damit wird die allgemeine Lösung durch die folgende implizite Gleichung mit einer C^1-Funktion Φ beschrieben:

$$U(x,y,u) = \Phi\left(y + x^2, u^2 - \frac{x^4}{4}\right) = 0\,.$$

b)   Angenommen die implizite Lösungsdarstellung

$$\Phi\left(y + x^2, u^2 - \frac{x^4}{4}\right) = 0$$

lässt sich nach dem Satz über implizite Funktionen nach der zweiten Komponente auflösen, so erhält man mit einer unbekannten Funktion ψ

$$u^2(x,y) - \frac{x^4}{4} = \psi\left(y + x^2\right)\,.$$

Die Anfangsbedingung $u(x, x^2) = x^2$ führt auf

$$u^2(x, x^2) - \frac{x^4}{4} = \frac{3x^4}{4} = \psi\left(x^2 + x^2\right) = \psi\left(2x^2\right) \quad \overset{s=2x^2}{\Rightarrow} \quad \psi\left(s\right) = \frac{3s^2}{16}.$$

Die Lösung der Anfangswertaufgabe lautet also

$$u^2(x, y) = \frac{x^4}{4} + \frac{3(y + x^2)^2}{16} \quad \Rightarrow \quad u(x, y) = \sqrt{\frac{4x^4 + 3(y + x^2)^2}{16}}.$$

c) Anfangsbedingung:

$$u(x, x^2) = \sqrt{\frac{4x^4 + 3(x^2 + x^2)^2}{16}} = x^2.$$

Differentialgleichung:

$$2u\left(\sqrt{\frac{4x^4 + 3(y + x^2)^2}{16}}\right)_x - 4xu\left(\sqrt{\frac{4x^4 + 3(y + x^2)^2}{16}}\right)_y$$

$$= \frac{16x^3 + 3 \cdot 2 \cdot 2x(y + x^2)}{16} - 2x \cdot \frac{3 \cdot 2 \cdot (y + x^2)}{16}$$

$$= x^3$$

Lösung 25.2.9

a) Der quasilinearen Burgers-Gleichung

$$0 = u_t + \left(\frac{u^2}{2}\right)_x = u_t + uu_x$$

wird das erweiterte Problem

$$U_t + uU_x + 0 \cdot U_u = 0$$

zugeordnet. Lösen der Phasendifferentialgleichungen:

$\dot{t}(s) = 1 \quad \Rightarrow \quad t = s + C_0$

Durch die Parametrisierungsforderung $t(0) = 0$ wird $C_0 = 0$ festgelegt.

Man erhält $t = s \Rightarrow \dfrac{d}{ds} = \dfrac{d}{dt}$.

$u'(t) = 0 \Rightarrow u(t) = C$

$x'(t) = u = C \Rightarrow x = Ct + D \Rightarrow D = x - ut$

Damit wird die allgemeine Lösung durch die folgende implizite Gleichung mit einer C^1-Funktion Φ beschrieben:

$$U(t, x, u) = \Phi\left(u, x - ut\right) = 0.$$

Angenommen diese implizite Lösungsdarstellung lässt sich nach dem Satz über implizite Funktionen nach der ersten Komponente auflösen, so erhält man mit einer unbekannten Funktion ψ die implizite Lösungsdarstellung

$$u(x, t) = \psi\left(x - u(x, t)t\right).$$

b) (i) Die Anfangsbedingung $u(x, 0) = 5 + x$ führt auf

$$5 + x = u(x, 0) = \psi\left(x - u(x, 0) \cdot 0\right) = \psi(x).$$

Die implizite Lösungsdarstellung der Anfangswertaufgabe lautet also

$$u(x, t) = \psi\left(x - u(x, t)t\right) = 5 + \left(x - u(x, t)t\right).$$

Auflösen nach u ergibt für alle $(x, t) \in \mathbb{R} \times (0, \infty)$ die explizite Darstellung

$$u(x, t) = \frac{x + 5}{t + 1}.$$

Charakteristische Grundkurve: $(x(t), t)$ mit $x(0) = x_0$

$x(t) = Ct + D \Rightarrow x_0 = x(0) = D$ und

$C = u(x(t), t) = u(x(0), 0) = u_0(x_0)$, also

$$x(t) = u_0(x_0)t + x_0 = (5 + x_0)t + x_0 \, .$$

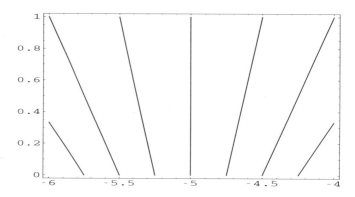

Bild 25.2.9 b) (i) $x(t) = (5 + x_0)t + x_0$

(ii)   Die Anfangsbedingung $u(x, 0) = 5 - x$ führt auf

$$5 - x = u(x, 0) = \psi\left(x - u(x, 0) \cdot 0\right) = \psi(x) \, .$$

Die implizite Lösungsdarstellung der Anfangswertaufgabe lautet also

$$u(x, t) = \psi\left((x - u(x, t)t\right) = 5 - (x - u(x, t)t) \, .$$

Auflösen nach u ergibt für alle $(x, t) \in \mathbb{R} \times (0, 1)$ die explizite Darstellung

$$u(x, t) = \frac{5 - x}{1 - t} \, .$$

Für $T = 1$ besitzt diese Lösung eine Singularität.

Charakteristische Grundkurve: $x(t) = (5 - x_0)t + x_0$.

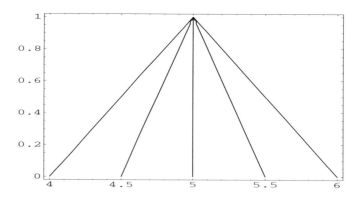

Bild 25.2.9 b) (ii) $x(t) = (5 - x_0)t + x_0$

Im Punkt $(x, t) = (5, 1)$ schneiden sich alle charakteristischen Grundkurven.

L.25.3   Normalformen linearer Differentialgleichungen zweiter Ordnung

Lösung 25.3.1

a)
$$u_{xx} + 2u_{xy} + 3u_{yy} + \mathrm{e}^y u_x - \sin(x)u_y = \tan(x^2 + y^2)$$

$$\Leftrightarrow \quad \nabla^T \underbrace{\begin{pmatrix} 1 & 1 \\ 1 & 3 \end{pmatrix}}_{=:\mathbf{A}} \nabla u + (\mathrm{e}^y, -\sin x)\nabla u = \tan(x^2 + y^2)$$

$$\det(\mathbf{A} - \lambda\mathbf{I}) = (1-\lambda)(3-\lambda) - 1 = (\lambda - 2)^2 - 2 \quad \Rightarrow \quad \lambda_{1,2} = 2 \pm \sqrt{2} > 0$$

Damit ist die Differentialgleichung in ganz $\mathbb{R}^2$ von elliptischem Typ.

b) $\quad x^3 u_{xx} + 2u_{xy} + y^3 u_{yy} + u_x - yu_y = \mathrm{e}^x \quad \Leftrightarrow \quad \nabla^T \underbrace{\begin{pmatrix} x^3 & 1 \\ 1 & y^3 \end{pmatrix}}_{=:\mathbf{A}} \nabla u + (1 - 3x^2, -y - 3y^2)\nabla u = \mathrm{e}^x$

$$\lambda_1\lambda_2 = \det \mathbf{A} = (xy)^3 - 1 \begin{cases} > 0 \quad \text{(elliptisch) für} & x > 0 \Rightarrow y > \dfrac{1}{x}, \quad x < 0 \Rightarrow y < \dfrac{1}{x} \\[2mm] = 0 \quad \text{(parabolisch) für} & y = \dfrac{1}{x} \\[2mm] < 0 \quad \text{(hyperbolisch) für} & x > 0 \Rightarrow y < \dfrac{1}{x}, \quad x < 0 \Rightarrow y > \dfrac{1}{x} \\[2mm] & x = 0 \,, \; y \in \mathbb{R} \end{cases}$$

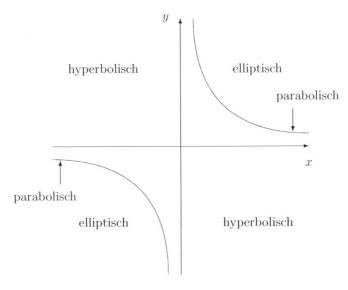

Bild 25.3.1   Gebiete unterschiedlichen Typs

Lösung 25.3.2

a) $\quad 2u_{xx} + 4u_{xy} + 2u_{yy} + 2u_x + 4u_y = 2u \quad \Leftrightarrow \quad \nabla^T \underbrace{\begin{pmatrix} 2 & 2 \\ 2 & 2 \end{pmatrix}}_{=:\mathbf{A}} \nabla u + (2,4)\nabla u = 2u$

$$\det(\mathbf{A} - \lambda\mathbf{I}) = \lambda(\lambda - 2) \quad \Rightarrow \quad \lambda_1 = 0 \,, \; \lambda_2 = 2$$

Damit ist die Differentialgleichung in ganz $\mathbb{R}^2$ von parabolischem Typ.

b) $yu_{xx} + 2xu_{xy} + yu_{yy} = y^2 + \ln(1+x^2) \quad \Leftrightarrow \quad \nabla^T \underbrace{\begin{pmatrix} y & x \\ x & y \end{pmatrix}}_{=:\mathbf{A}} \nabla u - (0,2)\nabla u = y^2 + \ln(1+x^2)$

$\det \mathbf{A} = y^2 - x^2 = (y+x)(y-x) \begin{cases} > 0 & \text{(elliptisch) für } (y < -x \wedge y < x) \vee (y > -x \wedge y > x) \\ = 0 & \text{(parabolisch) für } y = x \vee y = -x \\ < 0 & \text{(hyperbolisch) für} \\ & (y > -x \wedge y < x) \vee (y < -x \wedge y > x) \end{cases}$

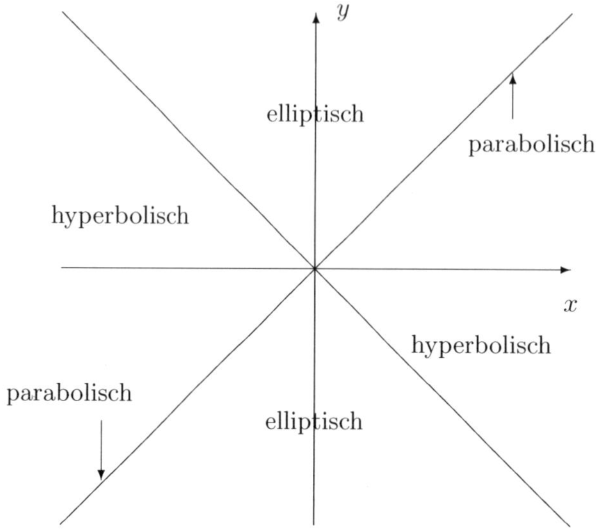

Bild 25.3.2   Gebiete unterschiedlichen Typs

Lösung 25.3.3

a) $11u_{xx} + 11u_{yy} + 14u_{zz} - 2u_{xy} - 8u_{xz} - 8u_{yz} = 0 \quad \Leftrightarrow \quad \nabla^T \underbrace{\begin{pmatrix} 11 & -1 & -4 \\ -1 & 11 & -4 \\ -4 & -4 & 14 \end{pmatrix}}_{=:\mathbf{A}} \nabla u = 0$

$$\det(\mathbf{A} - \lambda \mathbf{I}) = -(\lambda - 6)(\lambda - 12)(\lambda - 18) \quad \Rightarrow \quad \lambda_1 = 6, \ \lambda_2 = 12, \ \lambda_3 = 18$$

Damit ist die Differentialgleichung in ganz $\mathbb{R}^3$ von elliptischem Typ.

b) $u_{xx} + u_{yy} - 2u_{zz} + 2u_{xy} + 8u_{xz} + 8u_{yz} - 5xyu_z + 3u = x^2$

$$\Leftrightarrow \quad \nabla^T \underbrace{\begin{pmatrix} 1 & 1 & 4 \\ 1 & 1 & 4 \\ 4 & 4 & -2 \end{pmatrix}}_{=:\mathbf{A}} \nabla u + (0,0,-5xy)\nabla u + 3u = x^2$$

$$\det(\mathbf{A} - \lambda \mathbf{I}) = -\lambda(\lambda - 6)(\lambda + 6) \quad \Rightarrow \quad \lambda_1 = 0, \ \lambda_2 = 6, \ \lambda_3 = -6$$

Damit ist die Differentialgleichung in ganz $\mathbb{R}^3$ von parabolischem Typ.

c) $7u_{xx} + 7u_{yy} - 2u_{zz} - 10u_{xy} + 8u_{xz} + 8u_{yz} + 8u_{yz} + 4\sin y u_x + 9u_y - 3xu_z = 0$

$$\Leftrightarrow \quad \nabla^T \underbrace{\begin{pmatrix} 7 & -5 & 4 \\ -5 & 7 & 4 \\ 4 & 4 & -2 \end{pmatrix}}_{=:\mathbf{A}} \nabla u + (4\sin y, 9, -3x)\nabla u = 0$$

$$\det(\mathbf{A} - \lambda \mathbf{I}) = -(\lambda - 6)(\lambda - 12)(\lambda + 6) \quad \Rightarrow \quad \lambda_1 = 6, \ \lambda_2 = 12, \ \lambda_3 = -6$$

Damit ist die Differentialgleichung in ganz $\mathbb{R}^3$ von hyperbolischem Typ.

Lösung 25.3.4

a)
$$-\frac{1}{2}u_{xx} + 3u_{xy} - \frac{1}{2}u_{yy} + \sqrt{2}u_x - \sqrt{2}u_y = x + y$$

$$\Leftrightarrow \quad \nabla^T \underbrace{\begin{pmatrix} -\dfrac{1}{2} & \dfrac{3}{2} \\[2mm] \dfrac{3}{2} & -\dfrac{1}{2} \end{pmatrix}}_{=:\mathbf{A}} \nabla u + (\sqrt{2}, -\sqrt{2})\nabla u = x + y$$

$$\det(\mathbf{A} - \lambda\mathbf{I}) = (\lambda - 1)(\lambda + 2) \quad \Rightarrow \quad \lambda_1 = 1,\ \lambda_2 = -2$$

Es handelt sich also in ganz $\mathbb{R}^2$ um eine hyperbolische Differentialgleichung.

b) Eigenvektoren $\mathbf{v}_1$ und $\mathbf{v}_2$ von $\mathbf{A}$ und Transformationsmatrix $\mathbf{S}$:

$$\mathbf{v}_1 = \frac{1}{\sqrt{2}}\begin{pmatrix} 1 \\ 1 \end{pmatrix}, \quad \mathbf{v}_2 = \frac{1}{\sqrt{2}}\begin{pmatrix} 1 \\ -1 \end{pmatrix}, \quad \mathbf{S} = \frac{1}{\sqrt{2}}\begin{pmatrix} 1 & 1 \\ 1 & -1 \end{pmatrix}.$$

Mit den neuen Variablen $\begin{pmatrix} \xi \\ \eta \end{pmatrix} := \dfrac{1}{\sqrt{2}}\begin{pmatrix} 1 & 1 \\ 1 & -1 \end{pmatrix}\begin{pmatrix} x \\ y \end{pmatrix}$

wird die Ausgangsgleichung nach der Kettenregel transformiert und in eine Gleichung in $\tilde{u}(\xi(x,y), \eta(x,y)) := u(x,y)$ übergeführt:

$$\tilde{u}_{\xi\xi} - 2\tilde{u}_{\eta\eta} + 2\tilde{u}_\eta = \sqrt{2}\xi.$$

Erneute Transformation mit den Variablen $\mu := \xi$, $\nu := \dfrac{\eta}{\sqrt{2}}$ führt auf die hyperbolische Normalform in $\hat{u}(\mu(\xi,\eta), \nu(\xi,\eta)) := \tilde{u}(\xi,\eta)$

$$\hat{u}_{\mu\mu} - \hat{u}_{\nu\nu} + \sqrt{2}\hat{u}_\nu = \sqrt{2}\mu.$$

Lösung 25.3.5

a) Ein Vergleich von $\quad 4x^2 u_{xx} - 4xy u_{xy} + y^2 u_{yy} + 3y u_y = 3u \quad$ mit der Standardform $au_{xx} + 2bu_{xy} + cu_{yy} = f(x,y,u,u_x,u_y) \quad$ ergibt $\quad a = 4x^2, b = -2xy$ und $c = y^2$. Wegen $ac - b^2 = 4x^2y^2 - (-2xy)^2 = 0$ ist die Differentialgleichung in ganz $\mathbb{R}^2$ parabolisch.

b) Zur Transformation auf Normalform sind die charakteristischen gewöhnlichen Differentialgleichungen zu lösen. Im parabolischen Fall ergibt sich jedoch nur eine Gleichung:

$$0 = a(y')^2 - 2by' + c = 4x^2(y')^2 + 4xy y' + y^2 = 4x^2\left(y' + \frac{y}{2x}\right)^2$$

$$\Rightarrow \quad y' = -\frac{y}{2x} \quad \Rightarrow \quad \ln y = \ln\frac{1}{\sqrt{x}} + \ln C \quad \Rightarrow \quad y = \frac{C}{\sqrt{x}} \quad \Rightarrow \quad C = y\sqrt{x}.$$

Man erhält die Charakteristik $\xi = y\sqrt{x}$. Zur Transformation auf parabolische Normalform wähle man die neuen Variablen

$$\xi = y\sqrt{x} \quad \text{und} \quad \eta = y\ .$$

Für $\tilde{u}(\xi(x,y), \eta(x,y)) := u(x,y)$ ergibt sich nach der Kettenregel: $\quad u_y = \tilde{u}_\xi \xi_y + \tilde{u}_\eta \eta_y$,

$u_{xx} = \tilde{u}_{\xi\xi}(\xi_x)^2 + 2\xi_x \eta_x \tilde{u}_{\xi\eta} + \tilde{u}_{\eta\eta}(\eta_x)^2 + \tilde{u}_\xi \xi_{xx} + \tilde{u}_\eta \eta_{xx}$,

$u_{xy} = \tilde{u}_{\xi\xi}\xi_x\xi_y + (\xi_x\eta_y + \xi_y\eta_x)\tilde{u}_{\xi\eta} + \tilde{u}_{\eta\eta}\eta_x\eta_y + \tilde{u}_\xi \xi_{xy} + \tilde{u}_\eta \eta_{xy}$,

$u_{yy} = \tilde{u}_{\xi\xi}(\xi_y)^2 + 2\xi_y\eta_y\tilde{u}_{\xi\eta} + \tilde{u}_{\eta\eta}(\eta_y)^2 + \tilde{u}_\xi \xi_{yy} + \tilde{u}_\eta \eta_{yy}$.

Die weitere Rechnung erfordert die partiellen Ableitungen von $\xi(x,y)$ und $\eta(x,y)$:

$$\xi_x = \frac{y}{2\sqrt{x}}, \quad \xi_y = \sqrt{x}, \quad \xi_{xx} = \frac{-y}{4x^{1.5}}, \quad \xi_{xy} = \frac{1}{2\sqrt{x}}, \quad \xi_{yy} = 0\ .$$

$$\eta_x = 0, \quad \eta_y = 1, \quad \eta_{xx} = 0, \quad \eta_{xy} = 0, \quad \eta_{yy} = 0\ .$$

Die transformierte Gleichung lautet

$$A\tilde{u}_{\xi\xi} + 2B\tilde{u}_{\xi\eta} + C\tilde{u}_{\eta\eta} = D\tilde{u}_{\xi} + E\tilde{u}_{\eta} + 3\tilde{u} \,,$$

mit den Koeffizienten

$$A = 4x^2\xi_x^2 - 4xy\xi_x\xi_y + y^2\xi_y^2 = 0 \,,$$
$$B = 4x^2\xi_x\eta_x - 2xy(\xi_x\eta_y + \xi_y\eta_x) + y^2\xi_y\eta_y = 0 \,,$$
$$C = 4x^2\eta_x^2 - 4xy\eta_x\eta_y + y^2\eta_y^2 = y^2 = \eta^2 \,,$$
$$D = -(4x^2\xi_{xx} - 4xy\xi_{xy} + y^2\xi_{yy} + 3y\xi_y) = 0 \,,$$
$$E = -(4x^2\eta_{xx} - 4xy\eta_{xy} + y^2\eta_{yy} + 3y\eta_y) = -3y = -3\eta \,.$$

Die Differentialgleichung besitzt also die Normalform

$$\eta^2\tilde{u}_{\eta\eta} + 3\eta\tilde{u}_{\eta} - 3\tilde{u} = 0 \,.$$

c) Die parabolische Normalform aus b) ist eine gewöhnliche Differentialgleichung bezüglich η mit Parameter ξ. Genauer handelt es sich um eine Eulersche Differentialgleichung, für die man mit dem Ansatz $\tilde{u}(\xi, \eta) = f(\xi)\eta^\lambda$ Lösungen konstruiert. Eingesetzt in die Differentialgleichung ergibt sich

$$0 = \eta^2\lambda(\lambda-1)f(\xi)\eta^{\lambda-2} + 3\eta\lambda f(\xi)\eta^{\lambda-1} - 3f(\xi)\eta^\lambda = f(\xi)\eta^\lambda(\lambda^2 + 2\lambda - 3) \,.$$

Aus $\lambda^2 + 2\lambda - 3 = 0$ ergeben sich für $\lambda = 1$ und $\lambda = -3$ zwei unabhängige Lösungen, so dass die allgemeine Lösung der Eulerschen Differentialgleichung durch $g(\xi)\eta + h(\xi)\eta^{-3}$ gegeben ist. Damit erhält man die allgemeine Lösung der parabolischen Gleichung

$$u(x, y) = g(y\sqrt{x})y + \frac{h(y\sqrt{x})}{y^3} \,.$$

Lösung 25.3.6

a) Ein Vergleich von $u_{xx} + 2xu_{xy} - u_{yy} = 0$ mit der Standardform $au_{xx} + 2bu_{xy} + cu_{yy} = f(x, y, u, u_x, u_y)$ ergibt $a = 1, b = x$ und $c = -1$.
Wegen $ac - b^2 = -1 - x^2 < 0$ ist die Differentialgleichung in ganz $\mathbb{R}^2$ hyperbolisch.

b) Zur Berechnung der Charakteristiken sind die charakteristischen gewöhnlichen Differentialgleichungen zu lösen:

$$0 = a(y')^2 - 2by' + c = (y')^2 - 2xy' - 1 \quad \Rightarrow$$

$$y' = x \pm \sqrt{1+x^2} \quad \Rightarrow \quad y_{1,2} = \frac{1}{2}\left\{x^2 \pm \left(x\sqrt{1+x^2} + \ln(x + \sqrt{1+x^2})\right) + C_{1,2}\right\} \,.$$

Daraus ergeben sich die Charakteristiken

$$\xi = 2y - x^2 - x\sqrt{1+x^2} - \ln(x + \sqrt{1+x^2}) \,, \quad \eta = 2y - x^2 + x\sqrt{1+x^2} + \ln(x + \sqrt{1+x^2}) \,.$$

c) Die Transformation der gegebenen Differentialgleichung in u auf die hyperbolische Normalform in $\tilde{u}(\xi(x, y), \eta(x, y)) := u(x, y)$ erfolgt nach der Kettenregel:

$$u_{xx} = \tilde{u}_{\xi\xi}(\xi_x)^2 + 2\xi_x\eta_x\tilde{u}_{\xi\eta} + \tilde{u}_{\eta\eta}(\eta_x)^2 + \tilde{u}_\xi\xi_{xx} + \tilde{u}_\eta\eta_{xx} \,,$$
$$u_{xy} = \tilde{u}_{\xi\xi}\xi_x\xi_y + (\xi_x\eta_y + \xi_y\eta_x)\tilde{u}_{\xi\eta} + \tilde{u}_{\eta\eta}\eta_x\eta_y + \tilde{u}_\xi\xi_{xy} + \tilde{u}_\eta\eta_{xy} \,,$$
$$u_{yy} = \tilde{u}_{\xi\xi}(\xi_y)^2 + 2\xi_y\eta_y\tilde{u}_{\xi\eta} + \tilde{u}_{\eta\eta}(\eta_y)^2 + \tilde{u}_\xi\xi_{yy} + \tilde{u}_\eta\eta_{yy} \,.$$

Die transformierte Gleichung lautet

$$A\tilde{u}_{\xi\xi} + 2B\tilde{u}_{\xi\eta} + C\tilde{u}_{\eta\eta} = \tilde{u}_\xi(-\xi_{xx} - 2x\xi_{xy} + \xi_{yy}) + \tilde{u}_\eta(-\eta_{xx} - 2x\eta_{xy} + \eta_{yy}) \,.$$

Die Koeffizienten A und C sind per Konstruktion gleich 0. Die Berechnung der anderen Koeffizienten erfordert die partiellen Ableitungen von $\xi(x, y)$ und $\eta(x, y)$:

$$\xi_x = -2(x + \sqrt{1+x^2}) \,, \ \xi_y = 2 \,, \ \xi_{xx} = -2\left(1 + \frac{x}{\sqrt{1+x^2}}\right) \,, \ \xi_{xy} = 0 \,, \ \xi_{yy} = 0 \,.$$

$$\eta_x = -2(x - \sqrt{1+x^2})\,,\ \eta_y = 2\,,\ \eta_{xx} = -2\left(1 - \frac{x}{\sqrt{1+x^2}}\right)\,,\ \eta_{xy} = 0\,,\ \eta_{yy} = 0\,.$$

Damit ergibt sich

$$B = \xi_x\eta_x + x(\xi_x\eta_y + \xi_y\eta_x) - \xi_y\eta_y = -8(1+x^2)$$

$$-\xi_{xx} - 2x\xi_{xy} + \xi_{yy} = 2(1 + \frac{x}{\sqrt{1+x^2}})$$

$$-\eta_{xx} - 2x\eta_{xy} + \eta_{yy} = 2(1 - \frac{x}{\sqrt{1+x^2}})\,.$$

Die Normalform lautet daher

$$\tilde{u}_{\xi\eta} = \frac{-1}{8(1+x^2(\xi,\eta))}\left(\left(1 + \frac{x(\xi,\eta)}{\sqrt{1+x^2(\xi,\eta)}}\right)\tilde{u}_\xi + \left(1 - \frac{x(\xi,\eta)}{\sqrt{1+x^2(\xi,\eta)}}\right)\tilde{u}_\eta\right)\,,$$

wobei $x(\xi,\eta)$ die erste Komponente der Umkehrfunktion der Transformation ist. Die Umkehrfunktion existiert lokal, denn für die Transformationsdeterminante gilt:

$$\begin{vmatrix} \xi_x & \xi_y \\ \eta_x & \eta_y \end{vmatrix} = \xi_x\eta_y - \xi_y\eta_x = -8\sqrt{1+x^2} \neq 0\,.$$

Lösung 25.3.7

a) Ein Vergleich von $x^4 u_{xx} + y^4 u_{yy} = 1/(xy)$ mit der Standardform

$$a u_{xx} + 2b u_{xy} + c u_{yy} = f(x, y, u, u_x, u_y)$$

ergibt $a = x^4$, $b = 0$ und $c = y^4$. Wegen $ac - b^2 = (xy)^4 > 0$ ist die Differentialgleichung elliptisch für $xy \neq 0$.

b) Die charakteristischen gewöhnlichen Differentialgleichungen sind

$$0 = a(y')^2 - 2by' + c = x^4(y')^2 + y^4 \ \Rightarrow\ y' = \pm i\frac{y^2}{x^2} \ \Rightarrow\ C_{1,2} = \frac{1}{y} \mp i\frac{1}{x}\,.$$

Als neue Variable für die Transformation auf Normalform wähle man

$$\xi = \frac{1}{y} \quad \text{und} \quad \eta = \frac{1}{x}\,.$$

Die weitere Rechnung erfordert einige partielle Ableitungen von $\xi(x,y)$ und $\eta(x,y)$:

$$\xi_x = 0\,,\quad \xi_y = -\frac{1}{y^2}\,,\quad \xi_{xx} = 0\,,\quad \xi_{yy} = \frac{2}{y^3}\,,$$

$$\eta_x = -\frac{1}{x^2}\,,\quad \eta_y = 0\,,\quad \eta_{xx} = \frac{2}{x^3}\,,\quad \eta_{yy} = 0\,.$$

Nach der Kettenregel für $\tilde{u}(\xi(x,y),\eta(x,y)) := u(x,y)$ erhält man

$$u_{xx} = \frac{1}{x^4}\tilde{u}_{\eta\eta} + \frac{2}{x^3}\tilde{u}_\eta \quad \text{und} \quad u_{yy} = \frac{1}{y^4}\tilde{u}_{\xi\xi} + \frac{2}{y^3}\tilde{u}_\xi\,.$$

Die Normalform lautet daher

$$\tilde{u}_{\xi\xi} + \tilde{u}_{\eta\eta} + \frac{2}{\xi}\tilde{u}_\xi + \frac{2}{\eta}\tilde{u}_\eta = \xi\eta\,.$$

Lösung 25.3.8

Ein Vergleich von $y u_{xx} + u_{yy} = 0$ mit der allgemeinen Form $a u_{xx} + 2b u_{xy} + c u_{yy} = g$ ergibt $a = y$, $b = 0$ und $c = 1$. Wegen $ac - b^2 = y$ ist die Differentialgleichung auf der Halbebene

$$H := \left\{ \begin{pmatrix} x \\ y \end{pmatrix} \in \mathbb{R}^2 \ \middle|\ y < 0 \right\} \text{ hyperbolisch.}$$

Zur Berechnung der Charakteristiken sind die charakteristischen gewöhnlichen Differentialgleichungen zu lösen:

$$0 = a(y')^2 - 2by' + c = y(y')^2 + 1 \quad \Rightarrow \quad (y')^2 = \frac{1}{-y} \quad \Rightarrow \quad \sqrt{-y}\, y' = \pm 1$$

$$\Rightarrow \quad \frac{2}{3}(-y)^{3/2} = \mp x + C_j \,, \quad j = 1, 2 \,. \text{ Daraus ergeben sich die Charakteristiken}$$

$$\xi = x + \frac{2}{3}(-y)^{3/2} \quad \text{und} \quad \eta = -x + \frac{2}{3}(-y)^{3/2} \,,$$

mit den partiellen Ableitungen

$$\xi_x = 1 \,, \quad \xi_y = -\sqrt{-y} \,, \quad \xi_{xx} = 0 \,, \quad \xi_{xy} = 0 \,, \quad \xi_{yy} = \frac{1}{2\sqrt{-y}} \,,$$

$$\eta_x = -1 \,, \quad \eta_y = -\sqrt{-y} \,, \quad \eta_{xx} = 0 \,, \quad \eta_{xy} = 0 \,, \quad \eta_{yy} = \frac{1}{2\sqrt{-y}} \,.$$

Die Koordinatentransformation ist wegen $\xi_x \eta_y - \xi_y \eta_x = -2\sqrt{-y} \neq 0$ zulässig.

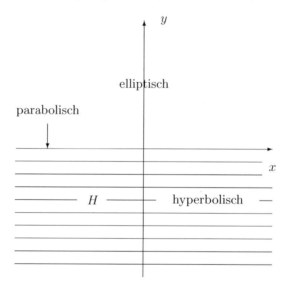

Bild 25.3.8   Gebiete unterschiedlichen Typs

Die Transformation der Tricomi-Differentialgleichung in u auf hyperbolische Normalform in $\tilde{u}(\xi(x,y), \eta(x,y)) := u(x,y)$ in der Halbebene H erfolgt nach der Kettenregel:

$$\begin{aligned}
u_{xx} &= \tilde{u}_{\xi\xi}(\xi_x)^2 + 2\xi_x \eta_x \tilde{u}_{\xi\eta} + \tilde{u}_{\eta\eta}(\eta_x)^2 + \tilde{u}_\xi \xi_{xx} + \tilde{u}_\eta \eta_{xx} \\
&= \tilde{u}_{\xi\xi} - 2\tilde{u}_{\xi\eta} + \tilde{u}_{\eta\eta} \\
u_{yy} &= \tilde{u}_{\xi\xi}(\xi_y)^2 + 2\xi_y \eta_y \tilde{u}_{\xi\eta} + \tilde{u}_{\eta\eta}(\eta_y)^2 + \tilde{u}_\xi \xi_{yy} + \tilde{u}_\eta \eta_{yy} \\
&= -y\tilde{u}_{\xi\xi} - 2y\tilde{u}_{\xi\eta} - y\tilde{u}_{\eta\eta} + \frac{1}{2\sqrt{-y}}\tilde{u}_\xi + \frac{1}{2\sqrt{-y}}\tilde{u}_\eta \,.
\end{aligned}$$

Damit erhält man

$$0 = yu_{xx} + u_{yy} = -4y\tilde{u}_{\xi\eta} + \frac{1}{2\sqrt{-y}}\tilde{u}_\xi + \frac{1}{2\sqrt{-y}}\tilde{u}_\eta \quad \Rightarrow \quad \tilde{u}_{\xi\eta} = -\frac{\tilde{u}_\xi + \tilde{u}_\eta}{8(-y)^{3/2}} \,.$$

Aus $\xi + \eta = \frac{4}{3}(-y)^{3/2}$ folgt $-y = \left(\dfrac{3(\xi+\eta)}{4}\right)^{2/3}$.

Die hyperbolische Normalform lautet daher $\quad \tilde{u}_{\xi\eta} = -\dfrac{\tilde{u}_\xi + \tilde{u}_\eta}{6(\xi+\eta)}$.

Lösung 25.3.9

a) Ein Vergleich von $(1 - x^2)u_{xx} - u_{yy} = 0$ mit der Standardform

$$au_{xx} + 2bu_{xy} + cu_{yy} = f(x, y, u, u_x, u_y)$$

ergibt $a = 1 - x^2, b = 0$ und $c = -1$. Der Typ ergibt sich aus

$$xac - b^2 = x^2 - 1 \begin{cases} = 0 & \text{für } |x| = 1 \quad \Rightarrow \text{ parabolisch}, \\ < 0 & \text{für } |x| < 1 \quad \Rightarrow \text{ hyperbolisch}, \\ > 0 & \text{für } |x| > 1 \quad \Rightarrow \text{ elliptisch}. \end{cases}$$

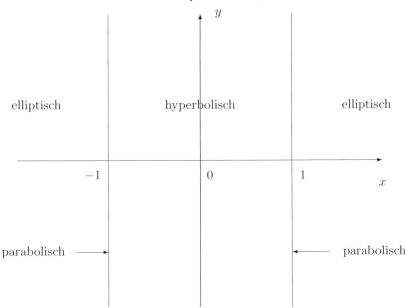

Bild 25.3.9   Gebiete unterschiedlichen Typs

b) Die charakteristischen gewöhnlichen Differentialgleichungen für $|x| < 1$ sind

$$0 = a(y')^2 - 2by' + c = (1 - x^2)(y')^2 - 1 \Rightarrow y' = \frac{\pm 1}{\sqrt{1 - x^2}} \Rightarrow C_{1,2} = y \pm \arcsin x.$$

Als neue Variable für die Transformation auf Normalform wähle man

$$\xi = y + \arcsin x \quad \text{und} \quad \eta = y - \arcsin x.$$

Die weitere Rechnung erfordert einige partielle Ableitungen von $\xi(x, y)$ und $\eta(x, y)$:

$$\xi_x = \frac{1}{\sqrt{1 - x^2}}, \quad \xi_y = 1, \quad \xi_{xx} = \frac{x}{(1 - x^2)^{3/2}}, \quad \xi_{yy} = 0,$$

$$\eta_x = \frac{-1}{\sqrt{1 - x^2}}, \quad \eta_y = 1, \quad \eta_{xx} = \frac{-x}{(1 - x^2)^{3/2}}, \quad \eta_{yy} = 0.$$

Nach der Kettenregel für $\tilde{u}(\xi(x, y), \eta(x, y)) := u(x, y)$ erhält man

$$u_{xx} = \frac{1}{1 - x^2}\left(\tilde{u}_{\xi\xi} - 2\tilde{u}_{\xi\eta} + \tilde{u}_{\eta\eta}\right) + \frac{x}{(1 - x^2)^{3/2}}\left(\tilde{u}_\xi - \tilde{u}_\eta\right) \quad \text{und}$$

$$u_{yy} = \tilde{u}_{\xi\xi} + 2\tilde{u}_{\xi\eta} + \tilde{u}_{\eta\eta}.$$

Eingesetzt in die Differentialgleichung ergibt sich:

$$-4\tilde{u}_{\xi\eta} + \frac{x}{\sqrt{1 - x^2}}\left(\tilde{u}_\xi - \tilde{u}_\eta\right) = 0.$$

Mit $x = \sin\dfrac{\xi - \eta}{2}$ lautet die Normalform daher

$$\tilde{u}_{\xi\eta} = \frac{1}{4}\tan\frac{\xi - \eta}{2}\left(\tilde{u}_\xi - \tilde{u}_\eta\right).$$

L.25.4   Die Laplace-Gleichung

Lösung 25.4.1

Die Lösung des Randwertproblems erfolgt in Teilschritten. Zunächst wird eine bilineare Funktion $h(x,y) = a + bx + cy + dxy$ bestimmt, die die Randwerte in den vier Eckpunkten interpoliert. Hier ist $h(x,y) = \dfrac{xy}{2\pi}$. Da $\Delta h = 0$ gilt, ist jetzt noch das folgende Problem in $v(x,y) := u(x,y) - h(x,y)$ zu lösen:

$$
\begin{aligned}
\Delta v &= 0\,, & 0 < x < 2\pi\,, \quad 0 < y < \pi\,, \\
v(x,0) &= 0\,, & 0 \le x \le 2\pi\,, \\
v(x,\pi) &= 0\,, & 0 \le x \le 2\pi\,, \\
v(0,y) &= 0\,, & 0 \le y \le \pi\,, \\
v(2\pi,y) &= \frac{y}{\pi}(\pi - y)\,, & 0 \le y \le \pi\,.
\end{aligned}
$$

Dieses Dirichlet-Problem hat jetzt die Eigenschaft, dass v in den Randeckpunkten den Funktionswert 0 annimmt. Solche Probleme setzen sich im Allgemeinen aus der Summe von vier Teillösungen zusammen, wobei jede dieser Teillösungen auf drei Rändern den Wert 0 annimmt und auf dem verbleibenden Rand die Randdaten des Ursprungsproblems erfüllt. Im vorliegenden Fall ist nur eine dieser Teillösungen zu bestimmen. Dies geschieht über einen Produktansatz $v(x,y) = X(x)Y(y)$. Eingesetzt in die Differentialgleichung $\Delta v = 0$ ergibt sich

$$
\frac{X''(x)}{X(x)} = -\frac{Y''(y)}{Y(y)} =: \lambda\,.
$$

Man erhält die beiden gewöhnlichen Differentialgleichungen $X'' - \lambda X = 0$ und $Y'' + \lambda Y = 0$. Die Randbedingungen $0 = v(x,0) = X(x)Y(0)$ und $0 = v(x,\pi) = X(x)Y(\pi)$ ergeben $Y(0) = 0 = Y(\pi)$. Nur die Lösungen ($\lambda > 0$) $Y(y) = \alpha \sin(\sqrt{\lambda}y) + \beta \cos(\sqrt{\lambda}y)$ führen aufgrund der Nullrandbedingungen zu nichttrivialen Lösungen. Aus $Y(0) = 0$ folgt $\beta = 0$, und $Y(\pi) = 0$ liefert die Eigenwerte $\lambda_k = k^2$ mit $k > 0$, und die zugehörigen Eigenfunktionen sind gegeben durch $Y_k(y) = \sin(ky)$. Setzt man $\lambda_k = k^2$ in die Differentialgleichung für $X(x)$ ein, so erhält man dort die allgemeine Lösung $X_k(x) = A_k \sinh(kx) + B_k \cosh(kx)$. Man erhält so die Lösungsdarstellung

$$
v(x,y) = \sum_{k=1}^{\infty} (A_k \sinh(kx) + B_k \cosh(kx)) \sin(ky)\,.
$$

Mit der noch nicht verwendeten Randbedingung $v(0,y) = \sum\limits_{k=1}^{\infty} B_k \sin(ky) = 0$, ergibt sich $B_k = 0$. Die letzte Randbedingung liefert jetzt $v(2\pi,y) = \sum\limits_{k=1}^{\infty} A_k \sinh(2\pi k) \sin(ky) = \dfrac{y}{\pi}(\pi - y)$. Man berechnet A_k als Fourier-Koeffizient

$$
\begin{aligned}
A_k &= \frac{2}{\pi \sinh(2\pi k)} \int_0^{\pi} \left(\frac{y}{\pi}(\pi - y) \right) \sin(ky)\, dy \\
&= \frac{4}{k^3 \pi^2 \sinh(2\pi k)} (1 - \cos kx) = \begin{cases} \dfrac{8}{k^3 \pi^2 \sinh(2\pi k)} & k \text{ ungerade} \\ 0 & \text{sonst} \end{cases}\,.
\end{aligned}
$$

Die Lösung des Ausgangsproblems lautet daher $u(x,y) = \dfrac{xy}{2\pi} + \sum\limits_{n=1}^{\infty} \dfrac{8 \sinh((2n-1)x) \sin((2n-1)y)}{(2n-1)^3 \pi^2 \sinh(2\pi(2n-1))}\,.$

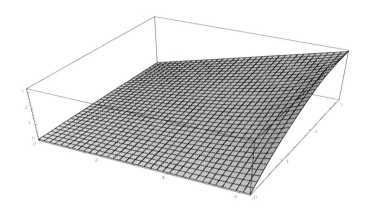

Bild 25.4.1   Lösung $u(x,y)$

Lösung 25.4.2

a)

$$y = \quad w(0,y) \quad = a + cy \quad \Rightarrow \quad a = 0 \,,\, c-1$$

$$-y = \quad w(1,y) \quad = b + y + dy \quad \Rightarrow \quad b = 0 \,,\, d = -2$$

$$\Rightarrow \quad w(x,y) \quad = y - 2xy$$

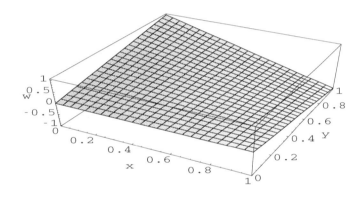

Bild 25.4.2 a)   Lösung $w(x,y)$

b) $v(x,y) := u(x,y) - w(x,y) = u(x,y) - y + 2xy$ führt auf das Randwertproblem

$$\Delta v \quad = \quad 0 \qquad\qquad\qquad \text{für} \quad 0 < x,y < 1 \,,$$

$$v(0,y) \quad = \quad 0 = v(1,y) \qquad \text{für} \quad 0 \le y \le 1 \,,$$

$$v(x,0) \quad = \quad 0 \qquad\qquad\qquad \text{für} \quad 0 \le x \le 1 \,,$$

$$v(x,1) \quad = \quad 2x - 2x^2 = 2x(1-x) \,.$$

c) Der Produktansatz $v(x,y) = f(x) \cdot g(y)$ eingesetzt in $\Delta v = 0$ liefert die folgenden beiden gewöhnlichen Differentialgleichungen

(i) $f'' + \lambda f = 0$ mit $f(0) = 0 = f(1)$ und den nichttrivialen Lösungen

$$\lambda_k = k^2 \pi^2 \quad \text{und} \quad f_k(x) = c_k \sin(k\pi x) \,, \quad k = 1, 2, \ldots$$

(ii) $g'' - \lambda_k g = 0$ mit $g(0) = 0$ und den Lösungen $g_k(y) = \sinh(k\pi y)$.

Daher lautet die sich aus dem Produktansatz ergebende Lösungsdarstellung

$$v(x,y) = \sum_{k=1}^{\infty} c_k \sin(k\pi x) \sinh(k\pi y) \,.$$

Es muss noch die verbleibende Randbedingung erfüllt werden

$$2x(1-x) = v(x,1) = \sum_{k=1}^{\infty} \underbrace{c_k \sinh(k\pi)}_{=:b_k} \sin(k\pi x) \, .$$

Berechnung der Fourier-Koeffizienten

$$
\begin{aligned}
b_k &= 2\int_0^1 2x(1-x)\sin(k\pi x)\,dx \\
&= -\frac{4x(1-x)\cos(k\pi x)}{k\pi}\Big|_0^1 + \int_0^1 \frac{(4-8x)\cos(k\pi x)}{k\pi}\,dx \\
&= \frac{(4-8x)\sin(k\pi x)}{k^2\pi^2}\Big|_0^1 + \int_0^1 \frac{8\sin(k\pi x)}{k^2\pi^2}\,dx \\
&= -\frac{8\cos(k\pi x)}{k^3\pi^3}\Big|_0^1 = \frac{8(1-\cos(k\pi))}{k^3\pi^3}\, .
\end{aligned}
$$

Damit lautet die Lösung

$$v(x,y) = \sum_{k=1}^{\infty} \frac{8(1-\cos(k\pi))}{k^3\pi^3 \sinh(k\pi)} \sin(k\pi x)\sinh(k\pi y)\, .$$

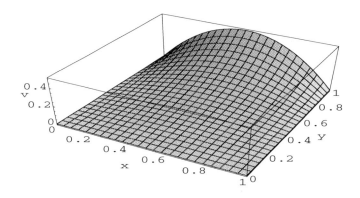

Bild 25.4.2 c) (i)   Lösung $v(x,y)$

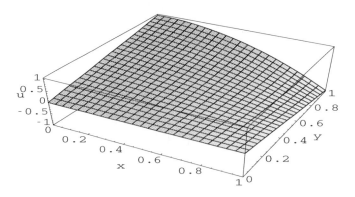

Bild 25.4.2 c) (ii)   Lösung des Gesamtproblems $u(x,y) = w(x,y) + v(x,y)$

Lösung 25.4.3

Das innere Dirichlet-Problem im Kreis mit Radius R besitzt die Lösungsdarstellung

$$u(r,\varphi) = \frac{A_0}{2} + \sum_{k=1}^{\infty} \left(\frac{r}{R}\right)^k \left[A_k\cos(k\varphi) + B_k\sin(k\varphi)\right]\, .$$

Die Randvorgabe $(R = 1)$ $u(1, \varphi) = 1 + 3 \sin \varphi - 3 \cos \varphi - 4 \sin^3 \varphi + 4 \cos^3 \varphi = 1 + \sin(3\varphi) + \cos(3\varphi)$ ergibt im Vergleich mit der obigen Lösung nur die von 0 verschiedenen Koeffizienten $A_0 = 2$, $A_3 = 1$ und $B_3 = 1$. Damit erhält man die Lösung

$$u(r, \varphi) = 1 + r^3 \sin(3\varphi) + r^3 \cos(3\varphi) = 1 + r^3 (3 \sin \varphi - 3 \cos \varphi - 4 \sin^3 \varphi + 4 \cos^3 \varphi) .$$

Umwandlung mittels $x = r \cos \varphi$ und $y = r \sin \varphi$ liefert die Lösung in kartesischen Koordinaten

$$u(x, y) = 1 + 3(x^2 + y^2)(y - x) + 4(x^3 - y^3) .$$

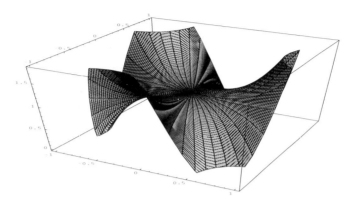

Bild 25.4.3   Lösung $u(r, \varphi)$

Lösung 25.4.4

a) Die Lösung für $\Delta u = 0$ im Kreis $x^2 + y^2 < R^2$ lautet in Polarkoordinaten

$$u(r, \varphi) = \frac{a_0}{2} + \sum_{k=1}^{\infty} [a_k \cos(k\varphi) + b_k \sin(k\varphi)] \, r^k .$$

Differentiation nach r ergibt $\dfrac{\partial u}{\partial r}(r, \varphi) = \displaystyle\sum_{k=1}^{\infty} [a_k \cos(k\varphi) + b_k \sin(k\varphi)] \, k r^{k-1} .$

Speziell für $r = R$ folgt

$$\frac{\partial u}{\partial r}(R, \varphi) = \sum_{k=1}^{\infty} [a_k \cos(k\varphi) + b_k \sin(k\varphi)] \, k R^{k-1} = g(\varphi) = \sum_{k=1}^{\infty} [\alpha_k \cos(k\varphi) + \beta_k \sin(k\varphi)] .$$

Ein Vergleich der Fourier-Koeffizienten für $k \geq 1$ ergibt $a_k = \dfrac{\alpha_k}{k R^{k-1}}$, $b_k = \dfrac{\beta_k}{k R^{k-1}}$, und mit $C = \dfrac{a_0}{2} \in \mathbb{R}$ erhält man die Lösung der Randwertaufgabe

$$u(r, \varphi) = C + \sum_{k=1}^{\infty} [\alpha_k \cos(k\varphi) + \beta_k \sin(k\varphi)] \, \frac{R}{k} \left(\frac{r}{R}\right)^k .$$

b) Die Randvorgabe für $R = 1$ kann umgeformt werden in

$$\begin{aligned}
g(\varphi) &= -\frac{1}{2} + 2 \sin \varphi + \cos^2 \varphi - 4 \sin^3 \varphi \\
&= -\frac{1}{2} + 2 \sin \varphi + \frac{1}{2}(1 + \cos 2\varphi) - 4 \cdot \frac{1}{4}(3 \sin \varphi - \sin 3\varphi) \\
&= -\sin \varphi + \frac{1}{2} \cos 2\varphi - 3 \sin \varphi + \sin 3\varphi .
\end{aligned}$$

Bis auf $\beta_1 = -1$, $\alpha_2 = \dfrac{1}{2}$, $\beta_3 = 1$ sind damit alle anderen Koeffizienten gleich 0 und man erhält die Lösung in Polarkoordinaten

$$u(r, \varphi) = C - r \sin \varphi + \frac{r^2}{4} \cos 2\varphi + \frac{r^3}{3} \sin 3\varphi .$$

Die Lösung in kartesischen Koordinaten $x = r\cos\varphi$ und $y = r\sin\varphi$ mit $r = \sqrt{x^2 + y^2}$ ergibt sich durch

$$
\begin{aligned}
u &= C - r\sin\varphi + \frac{r^2}{4}\cos 2\varphi + \frac{r^3}{3}\sin 3\varphi \\
&= C - r\sin\varphi + \frac{r^2}{4}\left(\cos^2\varphi - \sin^2\varphi\right) + \frac{r^3}{3}\left(3\sin\varphi - 4\sin^3\varphi\right) \\
&= C - y + \frac{x^2 - y^2}{4} + y(x^2 + y^2) - \frac{4y^3}{3}\,.
\end{aligned}
$$

Lösung 25.4.5

Das äußere Dirichlet-Problem im Kreis mit Radius R besitzt die Lösungsdarstellung

$$
u(r,\varphi) = \frac{A_0}{2} + \sum_{k=1}^{\infty}\left(\frac{R}{r}\right)^k \left[A_k\cos(k\varphi) + B_k\sin(k\varphi)\right]\,.
$$

Die Randvorgabe $(R = 3)$ $u(3,\varphi) = 2\sin^2\varphi + 8\cos^4\varphi = 4 + 3\cos(2\varphi) + \cos(4\varphi)$ ergibt im Vergleich mit der obigen Lösung nur die von 0 verschiedenen Koeffizienten $A_0 = 8$, $A_2 = 3$ und $A_4 = 1$. Damit erhält man die Lösung

$$
\begin{aligned}
u(r,\varphi) &= 4 + 3\left(\frac{3}{r}\right)^2\cos(2\varphi) + \left(\frac{3}{r}\right)^4\cos(4\varphi) \\
&= 4 + 3\left(\frac{3}{r}\right)^2\left(\cos^2\varphi - \sin^2\varphi\right) + \left(\frac{3}{r}\right)^4\left(8\cos^4\varphi - 8\cos^2\varphi + 1\right)\,.
\end{aligned}
$$

Umwandlung mittels $x = r\cos\varphi$ und $y = r\sin\varphi$ liefert die Lösung in kartesischen Koordinaten

$$
u(x,y) = 4 + \frac{27}{(x^2 + y^2)^2}(x^2 - y^2) + \frac{648x^4}{(x^2 + y^2)^4} - \frac{648x^2}{(x^2 + y^2)^3} + \frac{81}{(x^2 + y^2)^2}\,.
$$

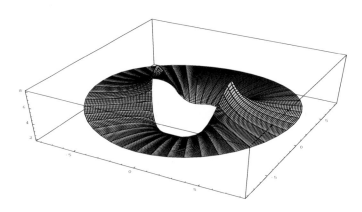

Bild 25.4.5   Lösung $u(r,\varphi)$

Lösung 25.4.6

Das Dirichlet-Problem im Kreisring besitzt die Lösungsdarstellung

$$
u(r,\varphi) = a_0 + b_0\ln r + \sum_{k=1}^{\infty}(a_k r^k + c_k r^{-k})\cos(k\varphi) + (b_k r^k + d_k r^{-k})\sin(k\varphi)\,.
$$

Die Randbedingung

$$
u(1,\varphi) = 1 + 3\cos\varphi + 4\sin(2\varphi) = a_0 + \sum_{k=1}^{\infty}(a_k + c_k)\cos(k\varphi) + (b_k + d_k)\sin(k\varphi)
$$

ergibt $a_0 = 1$, $a_1 + c_1 = 3$, $b_2 + d_2 = 4$, sonst $a_k + c_k = 0 = b_k + d_k$. Die Randbedingung

$$
\begin{aligned}
u(2,\varphi) &= 1 + 2\ln 2 + 6\cos\varphi + \sin(2\varphi) \\
&= 1 + b_0\ln 2 + \sum_{k=1}^{\infty}(2^k a_k + 2^{-k}c_k)\cos(k\varphi) + (2^k b_k + 2^{-k}d_k)\sin(k\varphi)
\end{aligned}
$$

ergibt $b_0 = 2$, $2a_1 + \dfrac{c_1}{2} = 6$, $4b_2 + \dfrac{d_2}{4} = 1$, sonst $2^k a_k + 2^{-k} c_k = 0 = 2^k b_k + 2^{-k} d_k$. Man erhält also nur die von 0 verschiedenen Koeffizienten $a_0 = 1$, $b_0 = 2$, $a_1 = 3$, $d_2 = 4$. Damit lautet die Lösung

$$u(r,\varphi) \;=\; 1 + 2\ln r + 3r\cos\varphi + \frac{4}{r^2}\sin(2\varphi) \;=\; 1 + 2\ln r + 3r\cos\varphi + \frac{4}{r^2}(2\sin\varphi\cos\varphi)\,.$$

Umwandlung mittels $x = r\cos\varphi$ und $y = r\sin\varphi$ liefert die Lösung in kartesischen Koordinaten

$$u(x,y) \;=\; 1 + 2\ln\sqrt{x^2 + y^2} + 3x + \frac{8xy}{(x^2 + y^2)^2}\,.$$

Lösung 25.4.7

Der Produktansatz $u(r,\varphi) = a(r)\Phi(\varphi)$, eingesetzt in die Differentialgleichung, ergibt

$$\frac{r^2 a''(r) + r a'(r)}{a(r)} = -\frac{\Phi''(\varphi)}{\Phi(\varphi)} =: \lambda\,.$$

Man erhält die beiden gewöhnlichen Differentialgleichungen $r^2 a'' + ra' - \lambda a = 0$ und $\Phi'' + \lambda\Phi = 0$. Die Randbedingungen $0 = u(r,0) = a(r)\Phi(0)$ und $0 = u\left(r, \dfrac{\pi}{2}\right) = a(r)\Phi\left(\dfrac{\pi}{2}\right)$ liefern $\Phi(0) = 0 = \Phi\left(\dfrac{\pi}{2}\right)$. Die gewöhnliche Randeigenwertaufgabe für Φ besitzt somit die Eigenwerte $\lambda_k = 4k^2$ mit $k > 0$, und die zugehörigen Eigenlösungen sind gegeben durch $\Phi_k(\varphi) = \sin(2k\varphi)$. Setzt man $\lambda_k = 4k^2$ in die Differentialgleichung für $a(r)$ ein, so erhält man dort die Lösungen $a_k(r) = r^{2k}$ und $a_{-k}(r) = r^{-2k}$. Aus dem Produktansatz ergibt sich damit die Lösung

$$u(r,\varphi) = \sum_{k=1}^{\infty} \sin(2k\varphi)\left(A_k r^{2k} + B_k r^{-2k}\right)\,.$$

Mit den noch nicht verwendeten Randbedingungen werden die Koeffizienten A_k und B_k bestimmt:

$$u(1,\varphi) = \sum_{k=1}^{\infty} \sin(2k\varphi)\underbrace{\left(A_k + B_k\right)}_{c_k} = \varphi^2 - \frac{\pi\varphi}{2}, \quad u(3,\varphi) = \sum_{k=1}^{\infty} \sin(2k\varphi)\left(A_k 3^{2k} + B_k 3^{-2k}\right) = 0\,.$$

Man berechnet die Fourier-Koeffizienten

$$c_k \;=\; \frac{4}{\pi}\int_0^{\pi/2}\left(\varphi^2 - \frac{\pi\varphi}{2}\right)\sin(2k\varphi)\,d\varphi \;=\; \frac{1}{\pi k^3}(\cos(k\pi) - 1) = \begin{cases} -\dfrac{2}{k^3\pi} & k\ \text{ungerade} \\[2mm] 0 & \text{sonst} \end{cases}\,.$$

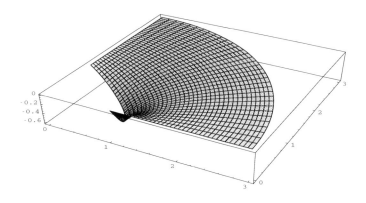

Bild 25.4.7 Lösung $u(r,\varphi)$

Damit sind nur für ungerades k die Koeffizienten A_k und B_k von 0 verschieden und berechnen sich aus

$$A_k + B_k = -\frac{2}{k^3\pi} \;\wedge\; A_k 3^{2k} + B_k 3^{-2k} = 0 \;\Rightarrow\; A_k = \frac{2 \cdot 3^{-2k}}{(3^{2k} - 3^{-2k})\,k^3\pi} \;\wedge\; B_k = \frac{2 \cdot 3^{2k}}{(3^{-2k} - 3^{2k})\,k^3\pi}\,.$$

Da u harmonisch und nicht konstant ist, werden Maximum und Minimum nur auf dem Rand angenommen, können also aus den Randbedingungen abgelesen werden. Der Maximalwert ist gleich 0, und das Minimum liegt im Punkt $(r, \varphi) = \left(1, \dfrac{\pi}{4}\right)$ mit dem Wert

$$u\left(1, \frac{\pi}{4}\right) = \left(\frac{\pi}{4}\right)^2 - \frac{\pi}{2} \cdot \frac{\pi}{4} = -\frac{\pi^2}{16}.$$

Lösung 25.4.8

Der Produktansatz $u(r, \varphi) = a(r)\Phi(\varphi)$, eingesetzt in die Differentialgleichung, ergibt

$$\frac{r^2 a''(r) + r a'(r)}{a(r)} = -\frac{\Phi''(\varphi)}{\Phi(\varphi)} =: \lambda.$$

Man erhält die beiden gewöhnlichen Differentialgleichungen $r^2 a'' + r a' - \lambda a = 0$ und $\Phi'' + \lambda \Phi = 0$. Die Randbedingungen $0 = u(r, 0) = a(r)\Phi(0)$ und $0 = u\left(r, \dfrac{\pi}{4}\right) = a(r)\Phi\left(\dfrac{\pi}{4}\right)$ ergeben $\Phi(0) = 0 = \Phi\left(\dfrac{\pi}{4}\right)$. Nur die Lösungen $(\lambda > 0)$ $\Phi(\varphi) = \alpha \sin(\sqrt{\lambda}\varphi) + \beta \cos(\sqrt{\lambda}\varphi)$ führen aufgrund der Nullrandbedingungen zu nichttrivialen Lösungen. Aus $\Phi(0) = 0$ folgt $\beta = 0$, und $\Phi\left(\dfrac{\pi}{4}\right) = 0$ liefert die Eigenwerte $\lambda_k = 16k^2$ mit $k > 0$, und die zugehörigen Eigenfunktionen sind gegeben durch $\Phi_k(\varphi) = \sin(4k\varphi)$. Setzt man $\lambda_k = 16k^2$ in die Differentialgleichung für $a(r)$ ein, so erhält man dort die Lösungen $a_k(r) = r^{4k}$ und $a_{-k}(r) = r^{-4k}$. Die letzte Lösung scheidet wegen ihrer Singularität im Nullpunkt aus. Aus dem Produktansatz erhält man damit die Lösungsdarstellung

$$u(r, \varphi) = \sum_{k=1}^{\infty} A_k r^{4k} \sin(4k\varphi).$$

Mit der noch nicht verwendeten Randbedingung $u(4, \varphi) = \displaystyle\sum_{k=1}^{\infty} A_k 4^{4k} \sin(4k\varphi) = \cos(2\varphi) - 1 + \dfrac{4\varphi}{\pi}$ berechnet man A_k als Fourier-Koeffizienten

$$A_k = \frac{8}{\pi 4^{4k}} \int_0^{\pi/4} \left(\cos(2\varphi) - 1 + \frac{4\varphi}{\pi}\right) \sin(4k\varphi)\, d\varphi = \frac{8}{\pi 4^{4k}} \left(\frac{k}{(2k+1)(2k-1)} - \frac{1}{4k}\right).$$

Lösung 25.4.9

a) Für $\|\mathbf{y}\| = R$ und $\|\mathbf{x}\| < R$ erhält man $\|\mathbf{y}\| - \|\mathbf{x}\| \leq \|\mathbf{y} - \mathbf{x}\| \leq \|\mathbf{y}\| + \|\mathbf{x}\|$

$$\Rightarrow \quad (\|\mathbf{y}\| - \|\mathbf{x}\|)^3 \leq \|\mathbf{y} - \mathbf{x}\|^3 \leq (\|\mathbf{y}\| + \|\mathbf{x}\|)^3 \quad \Rightarrow \quad \frac{R^2 - \|\mathbf{x}\|^2}{(R + \|\mathbf{x}\|)^3} \leq \frac{R^2 - \|\mathbf{x}\|^2}{\|\mathbf{y} - \mathbf{x}\|^3} \leq \frac{R^2 - \|\mathbf{x}\|^2}{(R - \|\mathbf{x}\|)^3}$$

Multiplikation mit $u(\mathbf{y}) \geq 0$ und Integration über die Kugeloberfläche liefert

$$\int_{\|\mathbf{y}\|=R} \frac{(R^2 - \|\mathbf{x}\|^2)u(\mathbf{y})}{(R + \|\mathbf{x}\|)^3}\, do \leq \int_{\|\mathbf{y}\|=R} \frac{(R^2 - \|\mathbf{x}\|^2)u(\mathbf{y})}{\|\mathbf{y} - \mathbf{x}\|^3}\, do \leq \int_{\|\mathbf{y}\|=R} \frac{(R^2 - \|\mathbf{x}\|^2)u(\mathbf{y})}{(R - \|\mathbf{x}\|)^3}\, do$$

$$\Rightarrow \quad \frac{R - \|\mathbf{x}\|}{(R + \|\mathbf{x}\|)^2} \int_{\|\mathbf{y}\|=R} u(\mathbf{y})\, do \leq (R^2 - \|\mathbf{x}\|^2) \int_{\|\mathbf{y}\|=R} \frac{u(\mathbf{y})}{\|\mathbf{y} - \mathbf{x}\|^3}\, do \leq \frac{R + \|\mathbf{x}\|}{(R - \|\mathbf{x}\|)^2} \int_{\|\mathbf{y}\|=R} u(\mathbf{y})\, do.$$

mit der Poissonschen Integralformel und der Mittelwerteigenschaft folgt

$$\frac{R - \|\mathbf{x}\|}{(R + \|\mathbf{x}\|)^2} 4\pi R^2 u(\mathbf{0}) \leq 4\pi R u(\mathbf{x}) \leq \frac{R + \|\mathbf{x}\|}{(R - \|\mathbf{x}\|)^2} 4\pi R^2 u(\mathbf{0}).$$

$$\Rightarrow \quad \frac{R^2 - R\|\mathbf{x}\|}{(R + \|\mathbf{x}\|)^2} u(\mathbf{0}) \leq u(\mathbf{x}) \leq \frac{R^2 + R\|\mathbf{x}\|}{(R - \|x\|)^2} u(\mathbf{0}).$$

b) Für eine im $\mathbb{R}^3$ beschränkte Funktion u gibt es eine Konstante $C > 0$, so dass $-C \leq u(\mathbf{x}) \leq C$ für alle $\mathbf{x} \in \mathbb{R}^3$ gilt. Da u und konstante Funktionen harmonisch sind, ist auch $v(\mathbf{x}) := u(\mathbf{x}) + C \geq 0$ harmonisch, und die Harnacksche Ungleichung aus a) ergibt

$$\frac{R^2 - R\|\mathbf{x}\|}{(R + \|\mathbf{x}\|)^2}\, v(\mathbf{0}) \;\leq\; v(\mathbf{x}) \;\leq\; \frac{R^2 + R\|x\|}{(R - \|x\|)^2}\, v(\mathbf{0})\,.$$

Daraus folgt für festes $\mathbf{x}$ und $R \to \infty$, dass $v(\mathbf{x}) = v(\mathbf{0})$, also v konstant und damit u konstant ist.

L.25.5   Die Wärmeleitungsgleichung

Lösung 25.5.1

a) Für die Dimension $n = 1$ lautet die Fundamentallösung der Wärmeleitungsgleichung

$$\Phi(x,t) \;=\; \begin{cases} \dfrac{\mathrm{e}^{-x^2/(4t)}}{\sqrt{4\pi t}} & \text{für } x \in \mathbb{R} \text{ und } t > 0\,, \\[2ex] 0 & \text{für } x \in \mathbb{R} \text{ und } t < 0\,. \end{cases}$$

Die Fundamentallösung ist für $t > 0$ folgendermaßen normiert: $\displaystyle\int_{-\infty}^{\infty} \Phi(x,t)\,dx = 1$.

Mit der Fundamentallösung kann die Lösung der Wärmeleitungsgleichung für $t > 0$ dargestellt werden durch

$$\begin{aligned}
u(x,t) &= \int_{-\infty}^{\infty} \Phi(x-y,t) \cdot u(y,0)\,dy = \int_{-\infty}^{\infty} \frac{\mathrm{e}^{-(x-y)^2/(4t)}}{\sqrt{4\pi t}} \cdot \mathrm{e}^{3y-1}\,dy \\[2ex]
&= \frac{\mathrm{e}^{-1}}{\sqrt{4\pi t}} \int_{-\infty}^{\infty} \exp\left(\frac{-(x-y)^2 + 12ty}{4t}\right) dy \\[2ex]
&= \frac{\mathrm{e}^{-1}}{\sqrt{4\pi t}} \int_{-\infty}^{\infty} \exp\left(\frac{-(y^2 - 2(x+6t)y + x^2)}{4t}\right) dy \\[2ex]
&= \frac{\mathrm{e}^{-1}}{\sqrt{4\pi t}} \int_{-\infty}^{\infty} \exp\left(\frac{-((y - (x+6t))^2 + x^2 - (x+6t)^2)}{4t}\right) dy \\[2ex]
&= \mathrm{e}^{3x+9t-1} \cdot \frac{1}{\sqrt{4\pi t}} \int_{-\infty}^{\infty} \exp\left(-\frac{(y - (x+6t))^2}{4t}\right) dy \\[2ex]
&= \mathrm{e}^{3x+9t-1} \int_{-\infty}^{\infty} \Phi(y - (x+6t), t)\,dy = \mathrm{e}^{3x+9t-1} \int_{-\infty}^{\infty} \Phi(p,t)\,dp \\[2ex]
&= \mathrm{e}^{3x+9t-1}\,.
\end{aligned}$$

b) Der Produktansatz $u(x,t) = X(x)T(t)$, eingesetzt in die Differentialgleichung, ergibt

$$\frac{T'(t)}{T(t)} = \frac{X''(x)}{X(x)} =: \mu = (\text{konst})\,.$$

Man erhält die beiden gewöhnlichen Differentialgleichungen

$$T' - \mu T = 0 \quad \Rightarrow \quad T(t) = C\mathrm{e}^{\mu t}\,,$$

$$X'' - \mu X = 0 \quad \Rightarrow \quad X(x) = a_1 \mathrm{e}^{\sqrt{\mu}\,x} + a_2 \mathrm{e}^{-\sqrt{\mu}\,x}$$

und damit die Lösung aus dem Produktansatz

$$u(x,t) = C\mathrm{e}^{\mu t}\left(a_1 \mathrm{e}^{\sqrt{\mu}\,x} + a_2 \mathrm{e}^{-\sqrt{\mu}\,x}\right)\,.$$

Einsetzen der Anfangsbedingung und Koeffizientenvergleich ergibt

$$e^{3x-1} = e^{3x}e^{-1} = u(x,0) = C\left(a_1 e^{\sqrt{\mu}x} + a_2 e^{-\sqrt{\mu}x}\right)$$

$$\Rightarrow \quad Ca_1 = e^{-1}, \ \sqrt{\mu} = 3, \ a_2 = 0.$$

Die Lösung aus dem Produktansatz lautet also

$$u(x,t) = e^{3x+9t-1}.$$

Lösung 25.5.2

Der Produktansatz $u(x,t) = X(x)T(t)$, eingesetzt in die Differentialgleichung, ergibt

$$\frac{T'(t)}{T(t)} = \frac{X''(x)}{X(x)} =: -\lambda = (\text{konst}).$$

Man erhält die beiden gewöhnlichen Differentialgleichungen

$$T' + \lambda T = 0 \quad \text{und} \quad X'' + \lambda X = 0.$$

Die Randbedingungen

$$0 = u(0,t) = X(0)T(t) \quad \text{und} \quad 0 = u(2,t) = X(2)T(t)$$

liefern $X(0) = 0 = X(2)$.

Die gewöhnliche Randeigenwertaufgabe in X besitzt nur für $\lambda > 0$ nichttriviale Lösungen:

$$X(x) = a\cos(\sqrt{\lambda}x) + b\sin(\sqrt{\lambda}x).$$

Einsetzen des Randwertes $X(0) = 0$ ergibt $a = 0$ und $X(2) = 0$ liefert die Eigenwerte

$$\lambda_k = \frac{k^2\pi^2}{4}$$

mit $k \geq 1$ und zugehörigen Eigenfunktionen

$$X_k(x) = b_k \sin\frac{k\pi x}{2}.$$

Setzt man λ_k in die Differentialgleichung für T ein, so erhält man dort die Lösungen

$$T_k(t) = \exp\left(-\frac{k^2\pi^2}{4}t\right).$$

Aus dem Produktansatz und Superposition ergibt sich damit die Lösung

$$u(x,t) = \sum_{k=1}^{\infty} b_k \sin\frac{k\pi x}{2}\exp\left(-\frac{k^2\pi^2}{4}t\right).$$

Mit der noch nicht verwendeten Anfangsbedingung werden die fehlenden Koeffizienten b_k berechnet. Aus dem Bild in der Aufgabenstellung ergibt sich die Anfangsvorgabe

$$u_0(x) = \begin{cases} x & \text{für} \quad 0 \leq x \leq 1, \\ 0 & \text{für} \quad 1 < x \leq 2. \end{cases}$$

$$b_k = \frac{2}{2} \int_0^2 u_0(x) \sin\left(\frac{k\pi x}{2}\right) dx = \int_0^1 x \sin\left(\frac{k\pi x}{2}\right) dx$$

$$= -\frac{2x}{k\pi} \cos\frac{k\pi x}{2}\Big|_0^1 + \frac{2}{k\pi} \int_0^1 \cos\left(\frac{k\pi x}{2}\right) dx$$

$$= -\frac{2}{k\pi} \cos\frac{k\pi}{2} + \left(\frac{2}{k\pi}\right)^2 \sin\frac{k\pi}{2}$$

$$= \begin{cases} (-1)^n \dfrac{4}{(2n+1)^2\pi^2} & : \quad k = 2n+1,\ n = 0,1,\cdots \\[2mm] (-1)^{n+1} \dfrac{1}{n\pi} & : \quad k = 2n,\ n = 1,2,\cdots \end{cases}$$

Mit $u_n(x,t) = \sum\limits_{k=1}^n b_k \sin\frac{k\pi x}{2}\exp\left(-\frac{k^2\pi^2}{4}t\right)$ werden die sich aus dem Abbruch der Reihe bei $k = n$ ergebenden Lösungsnäherungen bezeichnet.

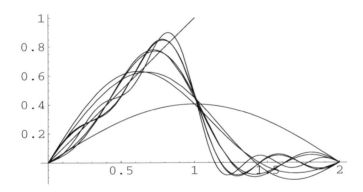

Bild 25.5.2 a)   Lösungsnäherungen $u_1(x,0),\ldots,u_8(x,0)$ mit $0 \le x \le 2$

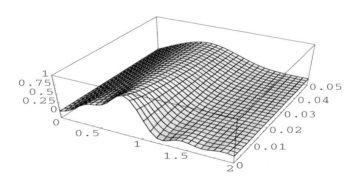

Bild 25.5.2 b)   Lösungsnäherung $u_8(x,t)$ mit $0 \le x \le 2$ und $0 \le t \le 0.05$

Lösung 25.5.3

a) Wegen $(u_\lambda)_t = -\lambda \sin(x)\exp(-t) = (u_\lambda)_{xx}$ ist die Differentialgleichung erfüllt. Wegen $u_\lambda(0,t) = \lambda \sin 0 \mathrm{e}^{-t} = 0 = \lambda \sin \pi \mathrm{e}^{-t} = u_\lambda(\pi,t)$ sind die Randbedingungen erfüllt.

b) Nach a) löst $v(x,t) := w(x,t) - u_\lambda(x,t)$ die Differentialgleichung und nimmt daher in G für $t = 0$ oder $x = 0$ oder $x = \pi$ nach dem Maximum-Minimum Prinzip Maximal- und Minimalwert an. Da v auch die Nullrandbedingungen erfüllt, werden Maximal- und Minimalwert für $t = 0$

angenommen. Der Parameter λ soll also so gewählt werden, dass für
$$f(x) := w(x,0) - u_\lambda(x,0) = x(\pi - x) - \lambda \sin x \text{ gilt } \max_{x \in [0,\pi]} |f(x)| = \min .$$

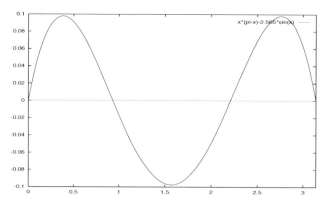

Bild 25.5.3   Funktion $f(x)$

Die Extrema von f werden für $x_1 = \xi$, $x_2 = \frac{\pi}{2}$ und für $x_3 = \pi - \xi$ angenommen, wobei aus Symmetriegründen $f(\xi) = f(\pi - \xi)$ gilt. Für die gesuchten Werte λ und ξ muss nun gelten
$$f'(\xi) = \pi - 2\xi - \lambda \cos \xi = 0 \Rightarrow \lambda = \frac{\pi - 2\xi}{\cos \xi} \quad \text{und} \quad \xi(\pi - \xi) - \lambda \sin \xi = f(\xi) = -f(\frac{\pi}{2}) = \lambda - \frac{\pi^2}{4} .$$

Damit ergibt sich $\xi \in \left] 0, \frac{\pi}{2} \right[$ als Nullstelle von $g(x) = x(\pi - x) - \dfrac{(1 + \sin x)(\pi - 2x)}{\cos x} + \dfrac{\pi^2}{4}$. Das Newton-Verfahren liefert $\xi = 0.3793108\ldots$ Daraus berechnet sich $\lambda = 2.565313393\ldots$

Lösung 25.5.4
Aus Bild 25.5.4 in der Aufgabenstellung ergibt sich die Anfangsvorgabe
$$u_0(x) = \begin{cases} 4x & \text{für} \quad 0 \le x \le \dfrac{1}{2}, \\[2mm] 4(1-x) & \text{für} \quad \dfrac{1}{2} \le x \le 1, \\[2mm] 0 & \text{für} \quad 1 \le x \le 2. \end{cases}$$

Die Lösung der Wärmeleitungsgleichung ist gegeben durch $u(x,t) = \displaystyle\sum_{k=1}^{\infty} b_k \cdot \exp\left(-\frac{\pi^2 k^2 t}{4} \right) \sin\left(\frac{\pi k x}{2} \right)$
mit den Fourier-Koeffizienten
$$\begin{aligned} b_k &= \int_0^2 u_0(x) \sin\left(\frac{\pi k x}{2} \right) dx = \int_0^{1/2} 4x \sin\left(\frac{\pi k x}{2} \right) dx + \int_{1/2}^1 4(1-x) \sin\left(\frac{\pi k x}{2} \right) dx \\[2mm] &= \frac{32}{\pi^2 k^2} \sin\left(\frac{\pi k}{4} \right) - \frac{16}{\pi^2 k^2} \sin\left(\frac{\pi k}{2} \right) . \end{aligned}$$

Nach dem Maximumprinzip wird das Maximum in $G := [0,2] \times [0,T]$ für $x = 0$ oder $x = 2$ oder $t = 0$ angenommen. Speziell in der Aufgabe ergibt sich der Maximalwert also im Punkt $\left(\frac{1}{2}, 0 \right)$ mit dem Funktionswert $u\left(\frac{1}{2}, 0 \right) = u_0\left(\frac{1}{2} \right) = 2$.

Lösung 25.5.5
Die Lösung des Problems erfolgt in drei Schritten:

1. Schritt
Das Problem mit den inhomogenen Randbedingungen $u(0,t) = \varphi_0(t) := t$ und $u(\pi,t) = \varphi_1(t) := t$ wird durch
$$v(x,t) := u(x,t) - \left(\varphi_0(t) + \frac{x}{\pi}(\varphi_1(t) - \varphi_0(t)) \right)$$

in eines mit homogenen Randbedingungen transformiert. Das transformierte Problem in v lautet dann

$$v_t - 2v_{xx} \;=\; -1 \quad \text{für} \quad 0 < x < \pi, \quad 0 < t,$$

$$v(x,0) \;=\; v_0(x) = \begin{cases} 1 & \text{für} \quad \dfrac{\pi}{4} \le x \le \dfrac{3\pi}{4}, \\[2mm] 0 & \text{sonst}, \end{cases} \qquad v(0,t) \;=\; 0 \;=\; v(\pi,t) \quad \text{für} \quad 0 \le t.$$

2. Schritt
Man löst das Problem mit homogener Differentialgleichung und inhomogener Anfangsbedingung

$$v_t - 2v_{xx} \;=\; 0 \quad \text{für} \quad 0 < x < \pi, \quad 0 < t,$$

$$v(x,0) \;=\; v_0(x) = \begin{cases} 1 & \text{für} \quad \dfrac{\pi}{4} \le x \le \dfrac{3\pi}{4}, \\[2mm] 0 & \text{sonst}, \end{cases} \qquad v(0,t) \;=\; 0 \;=\; v(\pi,t) \quad \text{für} \quad 0 \le t.$$

Die Lösung ist gegeben durch: $v^*(x,t) = \displaystyle\sum_{k=1}^{\infty} b_k e^{-2k^2 t} \sin(kx)$ mit den Fourier-Koeffizienten

$$b_k \;=\; \frac{2}{\pi} \int_0^{\pi} v_0(x)\sin(kx)\,dx \;=\; \frac{2}{\pi} \int_{\pi/4}^{3\pi/4} \sin(kx)\,dx \;=\; \frac{2}{\pi k}\left(\cos\frac{k\pi}{4} - \cos\frac{3k\pi}{4}\right).$$

3. Schritt
Man löst das Problem mit inhomogener Differentialgleichung und homogener Anfangsbedingung

$$v_t - 2v_{xx} \;=\; -1 \quad \text{für} \quad 0 < x < \pi, \quad 0 < t,$$

$$v(x,0) \;=\; 0 \quad \text{für} \quad 0 \le x \le \pi, \quad v(0,t) \;=\; 0 \;=\; v(\pi,t) \quad \text{für} \quad 0 \le t.$$

Für die Lösung wird folgender Ansatz gemacht: $\quad v^{**}(x,t) = \displaystyle\sum_{k=1}^{\infty} v_k(t)\sin(kx).$

Die homogene Anfangsbedingung wird durch die Forderung $v_k(0) = 0$ erfüllt. Die rechte Seite wird ebenfalls in eine sin-Reihe entwickelt

$$-1 = \sum_{k=1}^{\infty} f_k(t)\sin(kx) \quad\Rightarrow\quad f_k(t) = \frac{2}{\pi}\int_0^{\pi} -\sin(kx)\,dx \;=\; \begin{cases} -\dfrac{4}{k\pi} & k\ \text{ungerade}, \\[2mm] 0 & k\ \text{gerade}. \end{cases}$$

Eingesetzt in die Differentialgleichung ergibt sich $\displaystyle\sum_{k=1}^{\infty} \big(\dot{v}_k(t) + 2k^2 v_k(t) - f_k(t)\big)\sin(kx) = 0.$ Die Koeffizienten $v_k(t)$ der Lösung v^{**} sind daher aus den folgenden gewöhnlichen Anfangswertaufgaben zu berechnen: $\dot{v}_k(t) + 2k^2 v_k(t) - f_k(t) = 0$ mit $v_k(0) = 0$. Für gerades k ist $v_k \equiv 0$. Für ungerades k erhält man unter Verwendung der Variation der Konstanten die allgemeine Lösung $v_k(t) = -\dfrac{2}{k^3\pi} + c\,e^{-2k^2 t}$. Berücksichtigt man die Anfangsvorgabe, so ergibt sich $v_k(t) = \dfrac{2}{k^3\pi}\left(e^{-2k^2 t} - 1\right)$. Die Lösung des Ausgangsproblems erhält man nun durch

$$u(x,t) = t + v^*(x,t) + v^{**}(x,t).$$

Lösung 25.5.6
Der Produktansatz $u(x,t) = X(x)Y(y)T(t)$ eingesetzt in die Differentialgleichung $u_t = u_{xx} + u_{yy}$ ergibt

$$\frac{T'(t)}{T(t)} = \frac{X''(x)}{X(x)} + \frac{Y''(y)}{Y(y)} =: -\lambda = (\text{konst}).$$

Für T erhält man eine gewöhnliche Differentialgleichung:

$$T' + \lambda T = 0 \quad \Rightarrow \quad T(t) = K e^{-\lambda t} \, ,$$

Nach weiterer Trennung ergeben sich gewöhnliche Differentialgleichungen in X und Y

$$\frac{X''(x)}{X(x)} = -\frac{Y''(y)}{Y(y)} - \lambda = -\mu = (\text{konst}) \, .$$

Die Randbedingungen

$$
\begin{aligned}
0 &= u(0, y, t) &= X(0)Y(y)T(t) \, , \\
0 &= u(1, y, t) &= X(1)Y(y)T(t) \, , \\
0 &= u(x, 0, t) &= X(x)Y(0)T(t) \, , \\
0 &= u(x, 2, t) &= X(x)Y(2)T(t)
\end{aligned}
$$

liefern $X(0) = 0 = X(1)$ und $Y(0) = 0 = Y(2)$.

Die gewöhnliche Randwertaufgabe in X

$$X''(x) + \mu X(x) = 0 \quad \text{mit} \quad X(0) = 0 = X(1)$$

besitzt nur nichttriviale Lösungen für $\mu > 0$

$$X(x) = a \cos(\sqrt{\mu} x) + b \sin(\sqrt{\mu} x) \, .$$

Einsetzen des Randwertes $X(0) = 0$ ergibt $a = 0$ und $X(1) = 0$ liefert $\mu_k = k^2 \pi^2$ mit $k \geq 1$ und $X_k(x) = b_k \sin(k\pi x)$.

Die gewöhnliche Randwertaufgabe in Y

$$Y''(y) + (\lambda - \mu)Y(y) = 0 \quad \text{mit} \quad Y(0) = 0 = Y(2)$$

besitzt nur nichttriviale Lösungen für $\lambda - \mu > 0$

$$Y(y) = c \cos(\sqrt{\lambda - \mu} y) + d \sin(\sqrt{\lambda - \mu} y) \, .$$

Einsetzen des Randwertes $Y(0) = 0$ ergibt $c = 0$ und $Y(2) = 0$ liefert $\lambda_{j,k} - \mu_k = \dfrac{j^2 \pi^2}{4}$ mit $j \geq 1$ und $Y_j(y) = d_j \sin\left(\dfrac{j\pi y}{2}\right)$.

Setzt man $\lambda_{j,k}$ in die Differentialgleichung für T ein, so erhält man dort die Lösungen

$$T_{j,k}(t) = K e^{-\pi^2 (k^2 + j^2/4)t} \, .$$

Aus dem Produktansatz und Superposition ergibt sich damit die Lösung

$$u(x, y, t) = \sum_{k=1}^{\infty} \sum_{j=1}^{\infty} A_{k,j} e^{-\pi^2 (k^2 + j^2/4)t} \sin(k\pi x) \sin\left(\frac{j\pi y}{2}\right) \, .$$

Mit der Anfangsvorgabe ergibt sich

$$7 \sin(2\pi x) \sin(\pi y) + (3\sin(\pi x) - 4\sin^3(\pi x)) \sin(3\pi y/2)$$

$$= u(x, y, 0) = \sum_{k=1}^{\infty} \sum_{j=1}^{\infty} A_{k,j} \sin(k\pi x) \sin\left(\frac{j\pi y}{2}\right) \, .$$

Wegen $\sin 3\alpha = 3 \sin \alpha - 4 \sin^3 \alpha$ gilt

$$(3\sin(\pi x) - 4\sin^3(\pi x)) \sin(3\pi y/2) = \sin(3\pi x) \sin(3\pi y/2)$$

und man erhält mit einem Koeffizientenvergleich $A_{2,2} = 7$, $A_{3,3} = 1$ und $A_{k,j} = 0$ sonst, also die Lösung

$$u(x, y, t) = 7 e^{-5\pi^2 t} \sin(2\pi x) \sin(\pi y) + e^{-45\pi^2 t/4} \sin(3\pi x) \sin(3\pi y/2) \, .$$

Wegen $\quad \lim\limits_{t\to\infty} e^{-5\pi^2 t} = 0 \quad$ und $\quad \lim\limits_{t\to\infty} e^{-45\pi^2 t/4} = 0 \quad$ gilt

$$\lim_{t\to\infty} u(x, y, t) = 0 \, .$$

L.25.6   Die Wellengleichung

Lösung 25.6.1

a) Wegen $u_{xx}(x,t) = f''(x+3t) + g''(x-3t)$ und $u_{tt}(x,t) = 3^2 f''(x+3t) + (-3)^2 g''(x-3t)$
gilt $u_{tt} = 9u_{xx}$.

b) Die Kettenregel liefert für $u(x,y) = \tilde{u}(\xi(x,y), \eta(x,y))$ in den neuen Variablen $\xi = x + 3t$ und $\eta = x - 3t$:

$$u_x = \tilde{u}_\xi \xi_x + \tilde{u}_\eta \eta_x, \quad u_{xx} = \tilde{u}_{\xi\xi}(\xi_x)^2 + 2\xi_x \eta_x \tilde{u}_{\xi\eta} + \tilde{u}_{\eta\eta}(\eta_x)^2 + \tilde{u}_\xi \xi_{xx} + \tilde{u}_\eta \eta_{xx} = \tilde{u}_{\xi\xi} + 2\tilde{u}_{\xi\eta} + \tilde{u}_{\eta\eta},$$

$$u_{tt} = \tilde{u}_{\xi\xi}(\xi_t)^2 + 2\xi_t \eta_t \tilde{u}_{\xi\eta} + \tilde{u}_{\eta\eta}(\eta_t)^2 + \tilde{u}_\xi \xi_{tt} + \tilde{u}_\eta \eta_{tt} = 9\tilde{u}_{\xi\xi} - 18\tilde{u}_{\xi\eta} + 9\tilde{u}_{\eta\eta}.$$

Damit erhält man die transformierte Gleichung $0 = u_{tt} - 9u_{xx} = -36\tilde{u}_{\xi\eta}$

$$\Rightarrow \quad \tilde{u}_{\xi\eta} = 0 \quad \Rightarrow \quad \tilde{u}_\xi = \tilde{f}(\xi) \quad \Rightarrow \quad \tilde{u} = \int \tilde{f}(\xi)\,d\xi + g(\eta) =: f(\xi) + g(\eta).$$

Die allgemeine Lösung der Wellengleichung lautet also: $u(x,y) = f(x+3t) + g(x-3t)$.

c) Setzt man die Anfangswerte in die allgemeine Lösung aus b) ein, so ergibt sich:

$$x^2 = u(x,0) = f(x) + g(x) \quad \wedge \quad \cos x = u_t(x,0) = 3f'(x) - 3g'(x).$$

$$\Rightarrow \quad 3x^2 = 3f(x) + 3g(x) \quad \wedge \quad \sin x + C = 3f(x) - 3g(x)$$

$$\Rightarrow \quad f(x) = \frac{x^2}{2} + \frac{1}{6}\sin x + \frac{C}{6} \quad \wedge \quad g(x) = \frac{x^2}{2} - \frac{1}{6}\sin x - \frac{C}{6}$$

$$\Rightarrow \quad u(x,t) = \frac{1}{2}\left((x+3t)^2 + (x-3t)^2\right) + \frac{1}{6}\left(\sin(x+3t) - \sin(x-3t)\right).$$

Lösung 25.6.2

Die Anfangsvorgabe $u_0(t) = \sin t$ längs der Charakteristik $x - 2t = 0$ ist mit der Anfangsvorgabe $u_1(t) = t$ längs der Charakteristik $x + 2t = 0$ für $t = 0$, d.h. im Nullpunkt, kompatibel, denn $u(0,0) = u_0(0) = u_1(0) = 0$.

Die allgemeine Lösung der Wellengleichung $u_{tt} = 4u_{xx}$ lautet $u(x,y) = f(x-2t) + g(x+2t)$ mit beliebigen C^2-Funktionen f und g. Hieraus ergibt sich $u(0,0) = f(0) + g(0) = 0$.

Durch Auswerten der Anfangsvorgaben ergeben sich f und g in Abhängigkeit von $u_0(t)$ und $u_1(t)$:

$$u(2t,t) = f(0) + g(\underbrace{4t}_{=:\eta}) = u_0(t) := \sin t \quad \Rightarrow \quad g(\eta) = u_0\left(\frac{\eta}{4}\right) - f(0) = \sin\left(\frac{\eta}{4}\right) - f(0)$$

$$u(-2t,t) = f(\underbrace{-4t}_{=:\xi}) + g(0) = u_1(t) := t \quad \Rightarrow \quad f(\xi) = u_1\left(-\frac{\xi}{4}\right) - g(0) = -\frac{\xi}{4} - g(0)$$

$$u(x,t) = f(x-2t) + g(x+2ct) = u_1(x-2t) + u_0(x+2t) - (f(0)+g(0)) = \frac{2t-x}{4} + \sin\left(\frac{x+2t}{4}\right).$$

Die Anfangsvorgaben $u_0(t)$ und $u_1(t)$ längs der Charakteristiken sind nur für $t \geq 0$ definiert. Die Lösung ist daher nur im Bereich $x - 2t \geq 0$ und $x + 2t \geq 0$ erklärt. Der Definitionsbereich lautet also

$$D := \left\{ \begin{pmatrix} x \\ t \end{pmatrix} \in \mathbb{R}^2 \;\middle|\; t \geq 0 \wedge 2t \leq x \right\}.$$

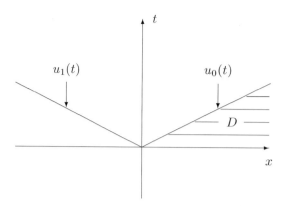

Bild 25.6.2   Definitionsbereich D

Lösung 25.6.3

Eine Lösung der inhomogenen Differentialgleichung $u_{tt} - u_{xx} = -4x$ raten:

$$w(x,t) = -2xt^2.$$

Probe: $w_{tt} - w_{xx} = -4x - 0 = -4x$

Transformation durch $u(x,t) = w(x,t) + v(x,t)$ in ein Anfangswertproblem mit homogener Differentialgleichung in v:

Transformation der Differentialgleichung:

$$u_{tt} - u_{xx} = w_{tt} - w_{xx} + v_{tt} - v_{xx} = -4x   \Rightarrow   v_{tt} - v_{xx} = 0$$

Transformation der Anfangsbedingungen:

$$u(x,0) = w(x,0) + v(x,0) = v(x,0) = 1$$
$$u_t(x,0) = w_t(x,0) + v_t(x,0) = v_t(x,0) = \cos x$$

Die d'Alembertsche Lösungsformel ergibt $(c = 1)$:

$$
\begin{aligned}
v(x,t) &= \frac{1}{2}(1+1) + \frac{1}{2}\int_{x-t}^{x+t} \cos\xi\, d\xi \\
&= 1 + \frac{1}{2}\left(\sin(x+t) - \sin(x-t)\right)
\end{aligned}
$$

Damit ergibt sich die Lösung der Anfangswertaufgabe nach dem Superpositionsprinzip durch:

$$u(x,t) = w(x,t) + v(x,t) = -2xt^2 + 1 + \frac{1}{2}\left(\sin(x+t) - \sin(x-t)\right).$$

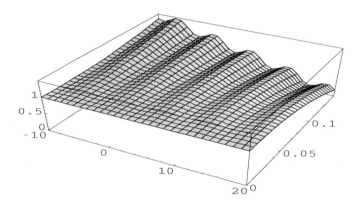

Bild 25.6.3   Lösung $u(x,t)$

Probe:

in die Differentialgleichung einsetzen

$$u_{tt} - u_{xx} = w_{tt} - w_{xx} + v_{tt} - v_{xx}$$

$$= -4x + \frac{1}{2}\left(-\sin(x+t) + \sin(x-t)\right) - \frac{1}{2}\left(-\sin(x+t) + \sin(x-t)\right) = -4x$$

in die Anfangsbedingungen einsetzen

$$u(x,0) = w(x,0) + v(x,0) = 1 + \frac{1}{2}\left(\sin x - \sin x\right) = 1$$

$$u_t(x,0) = w_t(x,0) + v_t(x,0) = \frac{1}{2}\left(\cos x + \cos x\right) = \cos x$$

Lösung 25.6.4

Das Abhängigkeitsdreieck

$$D := \left\{ \begin{pmatrix} \xi \\ \tau \end{pmatrix} \in \mathrm{I\!R}^2 \; \middle| \; 0 \le \tau \le t \; \wedge \; x - c(t-\tau) \le \xi \le x + c(t-\tau) \right\}$$

führt auf

$$u(x,t) = \frac{1}{2c} \int_D f(\xi,\tau)\, d(\xi,\tau) = \frac{1}{2c} \int_0^t \int_{x-c(t-\tau)}^{x+c(t-\tau)} f(\xi,\tau)\, d\xi\, d\tau .$$

Um die Gültigkeit der Differentialgleichung zu überprüfen, muss $u(x,t)$ nach der Regel für parameter-abhängige Integrale differenziert werden:

$$u_t(x,t) = \frac{\partial}{\partial t}\left(\frac{1}{2c} \int_0^t \int_{x-c(t-\tau)}^{x+c(t-\tau)} f(\xi,\tau)\, d\xi\, d\tau \right)$$

$$= \frac{1}{2c} \int_0^t \frac{\partial}{\partial t}\left(\int_{x-c(t-\tau)}^{x+c(t-\tau)} f(\xi,\tau)\, d\xi \right) d\tau + \frac{1}{2c} \int_{x-c(t-t)}^{x+c(t-t)} f(\xi,t)\, d\xi$$

$$= \frac{1}{2c} \int_0^t cf(x+c(t-\tau),\tau) + cf(x-c(t-\tau),\tau)\, d\tau$$

$$u_{tt}(x,t) = \frac{1}{2}\frac{\partial}{\partial t} \int_0^t f(x+c(t-\tau),\tau) + f(x-c(t-\tau),\tau)\, d\tau$$

$$= \frac{1}{2} \int_0^t cf_x(x+c(t-\tau),\tau) - cf_x(x-c(t-\tau),\tau)\, d\tau + \frac{1}{2}\left(f(x+c(t-t),t) + f(x-c(t-t),t)\right)$$

$$= \frac{c}{2} \int_0^t f_x(x+c(t-\tau),\tau) - f_x(x-c(t-\tau),\tau)\, d\tau + f(x,t)$$

$$u_x(x,t) = \frac{\partial}{\partial x}\left(\frac{1}{2c} \int_0^t \int_{x-c(t-\tau)}^{x+c(t-\tau)} f(\xi,\tau)\, d\xi\, d\tau \right) = \frac{1}{2c} \int_0^t \frac{\partial}{\partial x}\left(\int_{x-c(t-\tau)}^{x+c(t-\tau)} f(\xi,\tau)\, d\xi \right) d\tau$$

$$= \frac{1}{2c} \int_0^t f(x+c(t-\tau),\tau) - f(x-c(t-\tau),\tau)\, d\tau$$

$$u_{xx}(x,t) = \frac{\partial}{\partial x}\left(\frac{1}{2c} \int_0^t f(x+c(t-\tau),\tau) - f(x-c(t-\tau),\tau)\, d\tau \right)$$

$$= \frac{1}{2c} \int_0^t f_x(x+c(t-\tau),\tau) - f_x(x-c(t-\tau),\tau)\, d\tau \quad \Rightarrow \quad u_{tt}(x,t) - c^2 u_{xx}(x,t) = f(x,t) .$$

Die Anfangsbedingungen sind auch erfüllt, denn $u(x,0) = \dfrac{1}{2c} \displaystyle\int\limits_{0}^{0} \int\limits_{x-c(0-\tau)}^{x+c(0-\tau)} f(\xi,\tau)\, d\xi\, d\tau = 0$,

$$u_t(x,0) = \frac{1}{2} \int\limits_{0}^{0} f(x+c(0-\tau),\tau) + f(x-c(0-\tau),\tau)\, d\tau = 0\,.$$

Lösung 25.6.5

Die Reflexionsmethode setzt die Anfangsfunktionen ungerade fort, so dass man ein reines Anfangswertproblem mit ungeraden Anfangsfunktionen erhält, auf das dann die d'Alembertsche Lösungsformel angewendet wird.

Die resultierende Lösungsformel lautet:

$$u(x,t) = \begin{cases} \dfrac{1}{2}\left(u_0(x+t) + u_0(x-t)\right) + \dfrac{1}{2}\displaystyle\int\limits_{x-t}^{x+t} v_0(y)\, dy & ,\quad t \le x \\[2ex] \dfrac{1}{2}\left(u_0(x+t) - u_0(t-x)\right) + \dfrac{1}{2}\displaystyle\int\limits_{t-x}^{x+t} v_0(y)\, dy & ,\quad x < t \end{cases}$$

a) Bei der zu berechnenden Lösung handelt es sich um eine C^2-Funktion, denn $u_0(x)$ und $v_0(x)$ sind ungerade, also identisch mit ihren Fortsetzungen, und es gilt $u_0 \in C^2(\mathbb{R})$ und $v_0 \in C^1(\mathbb{R})$.

Die Lösung des Anfangsrandwertproblems ist also die Einschränkung des (ungerade fortgesetzten) Anfangsproblems auf den „1. Quadranten".

$$u(x,t) = \begin{cases} \dfrac{1}{2}\left((x+t)^3 + (x-t)^3\right) + \dfrac{1}{2}\displaystyle\int\limits_{x-t}^{x+t} 2y\, dy & ,\quad t \le x \\[2ex] \dfrac{1}{2}\left((x+t)^3 - (t-x)^3\right) + \dfrac{1}{2}\displaystyle\int\limits_{t-x}^{x+t} 2y\, dy & ,\quad x < t \end{cases}$$

$$= \begin{cases} \dfrac{1}{2}\left((x+t)^3 + (x-t)^3\right) + \dfrac{y^2}{2}\big|_{x-t}^{x+t} & ,\quad t \le x \\[2ex] \dfrac{1}{2}\left((x+t)^3 + (x-t)^3\right) + \dfrac{y^2}{2}\big|_{t-x}^{x+t} & ,\quad x < t \end{cases}$$

$$= x^3 + 3xt^2 + 2xt$$

b)

$$u(x,t) = \begin{cases} \dfrac{1}{2}\left((x+t)^2 + (x-t)^2\right) + \dfrac{1}{2}\displaystyle\int\limits_{x-t}^{x+t} 2\, dy & ,\quad t \le x \\[2ex] \dfrac{1}{2}\left((x+t)^2 - (t-x)^2\right) + \dfrac{1}{2}\displaystyle\int\limits_{t-x}^{x+t} 2\, dy & ,\quad x < t \end{cases}$$

$$= \begin{cases} x^2 + t^2 + 2t & ,\quad t \le x \\[1ex] 2xt + 2x & ,\quad x < t \end{cases}$$

Die Lösung u ist im Dreieck $0 < t < x$ eine C^2-Funktion und erfüllt die Differentialgleichung. Entsprechendes gilt im Dreieck $0 < x < t$.

Auf der Diagonalen $x = t$ liegt jedoch nur Stetigkeit vor. Schon

$$u_t(x,t) = \begin{cases} 2t + 2 & ,\quad t < x \\[1ex] 2x & ,\quad x < t \end{cases}$$

ist dort unstetig. Der Grund liegt darin, dass die ungeraden Fortsetzungen $\tilde{u}_0, \tilde{v}_0$ die aus der d'Alembertschen Lösungsformel ablesbaren Differenzierbarkeitseigenschaften $\tilde{u}_0 \in C^2(\mathbb{R})$ und $\tilde{v}_0 \in C^1(\mathbb{R})$ in $x = 0$ nicht besitzen.

Lösung 25.6.6

Der Produktansatz $u(x,t) = X(x)T(t)$, eingesetzt in die Differentialgleichung, ergibt

$$\frac{T''(t)}{T(t)} = \frac{4X''(x)}{X(x)} =: -\lambda \, .$$

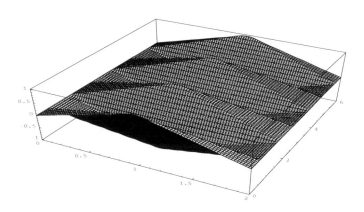

Bild 25.6.6   Lösung $u(x,t)$

Man erhält die beiden gewöhnlichen Differentialgleichungen $T'' + \lambda T = 0$ und $4X'' + \lambda X = 0$. Die Randbedingungen $0 = u(0,t) = X(0)T(t)$ und $0 = u(2,t) = X(2)T(t)$ liefern $X(0) = 0 = X(2)$. Die gewöhnliche Randeigenwertaufgabe für X besitzt somit die Eigenwerte $\lambda_k = k^2\pi^2$ mit $k > 0$, und die zugehörigen Eigenlösungen sind gegeben durch $X_k(x) = \sin\dfrac{k\pi x}{2}$. Setzt man $\lambda_k = k^2\pi^2$ in die Differentialgleichung für T ein, so erhält man dort die Lösungen $T_k(t) = a_k\cos(k\pi t) + b_k\sin(k\pi t)$. Aus dem Produktansatz und Superposition ergibt sich damit die Lösung

$$u(x,t) = \sum_{k=1}^{\infty} \sin\frac{k\pi x}{2}\left(a_k\cos(k\pi t) + b_k\sin(k\pi t)\right) \, .$$

Mit den noch nicht verwendeten Anfangsbedingungen werden die fehlenden Koeffizienten a_k und b_k bestimmt:

$$u_t(x,0) = \sum_{k=1}^{\infty} k\pi b_k \sin\frac{k\pi x}{2} = 0 \quad\Rightarrow\quad b_k = 0 \, , \quad u(x,0) = \sum_{k=1}^{\infty} a_k \sin\frac{k\pi x}{2} = 1 - |x-1|$$

$$\Rightarrow \quad a_k = \int_0^2 (1 - |x-1|)\sin\frac{k\pi x}{2}\,dx = \int_0^1 x\sin\frac{k\pi x}{2}\,dx + \int_1^2 (2-x)\sin\frac{k\pi x}{2}\,dx$$

$$= \frac{8}{k^2\pi^2}\sin\frac{k\pi}{2} = \begin{cases} \dfrac{8\cdot(-1)^{n+1}}{k^2\pi^2} & \text{für } k = 2n-1 \\[2mm] 0 & \text{für } k = 2n \end{cases} \quad \text{mit } n \in \mathbb{N} \quad .$$

Lösung 25.6.7

a) Der Produktansatz $u(x,t) = X(x)T(t)$, eingesetzt in die Differentialgleichung, ergibt

$$\frac{T''(t)}{T(t)} = \frac{9X''(x)}{X(x)} =: -\lambda .$$

Man erhält die beiden gewöhnlichen Differentialgleichungen $T'' + \lambda T = 0$ und $9X'' + \lambda X = 0$. Die Randbedingungen $0 = u(0,t) = X(0)T(t)$ und $0 = u(\pi,t) = X(\pi)T(t)$ liefern $X(0) = 0 = X(\pi)$. Die gewöhnliche Randeigenwertaufgabe für X besitzt somit die Eigenwerte $\lambda_k = 9k^2$ mit $k > 0$, und die zugehörigen Eigenlösungen sind gegeben durch $X_k(x) = \sin(kx)$. Setzt man $\lambda_k = 9k^2$ in die Differentialgleichung für T ein, so erhält man dort die Lösungen $T_k(t) = a_k \cos(3kt) + b_k \sin(3kt)$. Aus dem Produktansatz und Superposition ergibt sich damit die Lösung

$$u(x,t) = \sum_{k=1}^{\infty} \sin(kx) \left(a_k \cos(3kt) + b_k \sin(3kt) \right) .$$

Mit den noch nicht verwendeten Anfangsbedingungen werden die fehlenden Koeffizienten a_k und b_k bestimmt:

$$u(x,0) = \sum_{k=1}^{\infty} a_k \sin(kx) = 0 \quad \Rightarrow \quad a_k = 0$$

$$u_t(x,0) = \sum_{k=1}^{\infty} 3kb_k \sin(kx) = v_0(x) \quad \Rightarrow \quad b_k = \frac{2}{3k\pi} \int_0^{\pi} v_0(x) \sin(kx) \, dx .$$

b) Aus der allgemeinen Lösung $u(x,t) = f(x - 3t) + g(x + 3t)$ ergibt sich durch die Anfangsvorgabe im Bestimmtheitsbereich mit $x \in [0,\pi]$

$$0 = u(x,0) = f(x) + g(x) \quad \Rightarrow \quad u(x,t) = f(x-3t) - f(x+3t) \quad \Rightarrow \quad v_0(x) = u_t(x,0) = -6f'(x)$$

$$\Rightarrow \quad f(x) = -\frac{1}{6} \underbrace{\int v_0(x) \, dx}_{=:V(x)} \quad \Rightarrow \quad u(x,t) = \frac{1}{6} \left(V(x + 3t) - V(x - 3t) \right) .$$

Die Erweiterung der Lösung über den Bestimmtheitsbereich hinaus geschieht unter Verwendung der Randbedingungen $u(0,t) = 0 = u(\pi,t)$:

$$0 = u(0,t) = \frac{1}{6} \left(V(3t) - V(-3t) \right) \quad \Rightarrow \quad V \text{ ist eine gerade Funktion}$$

$$0 = u(\pi,t) = \frac{1}{6} \left(V(\pi + 3t) - V(\pi - 3t) \right) \quad \Rightarrow \quad V(\pi - 3t) = V(\pi + 3t) = V(-\pi - 3t) .$$

Die Funktion V ist also gerade und 2π-periodisch. Damit ist $V' = v_0$ ungerade und 2π-periodisch fortzusetzen, d.h.

$$v_0(x) = \sum_{k=1}^{\infty} B_k \sin(kx) \quad \Rightarrow \quad B_k = \frac{2}{\pi} \int_0^{\pi} v_0(x) \sin(kx) \, dx .$$

Daraus erhält man $V(x) = -\sum_{k=1}^{\infty} \frac{B_k}{k} \cos(kx) + c$. Die Lösung der Anfangsrandwertaufgabe ergibt sich dann folgendermaßen:

$$u(x,t) = \frac{1}{6} \sum_{k=1}^{\infty} \frac{B_k}{k} \left(\cos k(x - 3t) - \cos k(x + 3t) \right) = \sum_{k=1}^{\infty} \frac{B_k}{3k} \sin(kx) \sin(3kt) .$$

c) Für das spezielle v_0 aus der Aufgabenstellung berechnet man

$$B_k = \frac{2}{\pi} \int_{7\pi/16}^{9\pi/16} \pi \sin(kx) \, dx = \frac{2}{k} \left(\cos \frac{7k\pi}{16} - \cos \frac{9k\pi}{16} \right) .$$

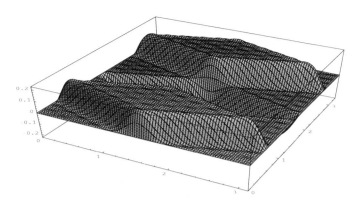

Bild 25.6.7   Lösung $u(x,t)$

Lösung 25.6.8
Aus Bild 25.6.8 in der Aufgabenstellung ergibt sich die Anfangsvorgabe

$$u_0(x) = \begin{cases} -\dfrac{4x}{\pi} & \text{für} \quad 0 \leq x \leq \dfrac{\pi}{4}, \\[2mm] \dfrac{4x}{\pi} - 2 & \text{für} \quad \dfrac{\pi}{4} \leq x \leq \dfrac{3\pi}{4}, \\[2mm] -\dfrac{4x}{\pi} + 4 & \text{für} \quad \dfrac{3\pi}{4} \leq x \leq \pi. \end{cases}$$

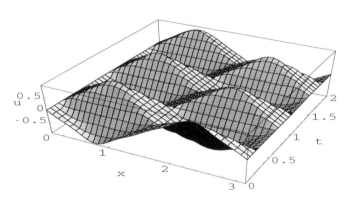

Bild 25.6.8   Lösung $u(x,t)$

Die Lösung der Wellengleichung ist gegeben durch $u(x,t) = \displaystyle\sum_{k=1}^{\infty} b_k \sin kx \cos 4kt$ mit den Fourier-Koeffizienten

$$\begin{aligned} b_k &= \frac{2}{\pi} \int_0^{\pi} u_0(x) \sin kx \, dx \\[2mm] &= \frac{2}{\pi} \left[\int_0^{\pi/4} -\frac{4x}{\pi} \sin kx \, dx + \int_{\pi/4}^{3\pi/4} \left(\frac{4x}{\pi} - 2 \right) \sin kx \, dx + \int_{3\pi/4}^{\pi} \left(-\frac{4x}{\pi} + 4 \right) \sin kx \, dx \right] \\[2mm] &= \frac{2}{\pi} \left[\left(\frac{4x \cos kx}{k\pi} - \frac{4 \sin kx}{k^2\pi} \right) \Big|_0^{\pi/4} + \left(-\frac{(4x - 2\pi) \cos kx}{k\pi} + \frac{4 \sin kx}{k^2\pi} \right) \Big|_{\pi/4}^{3\pi/4} \right. \\[2mm] &\qquad \left. + \left(\frac{(4x - 4\pi) \cos kx}{k\pi} - \frac{4 \sin kx}{k^2\pi} \right) \Big|_{3\pi/4}^{\pi} \right] \\[2mm] &= \frac{16}{k^2\pi^2} \left(\sin \frac{3k\pi}{4} - \sin \frac{k\pi}{4} \right) = \begin{cases} \dfrac{32 \cdot (-1)^n}{k^2\pi^2} & \text{für } k = 2(2n-1),\, n \in \mathbb{N}, \\[2mm] 0 & \text{sonst}. \end{cases} \end{aligned}$$

Lösung 25.6.9

Die Lösung des Problems erfolgt in drei Schritten:

1. Schritt

Das Problem mit den inhomogenen Randbedingungen

$$u(0,t) = \varphi_0(t) := e^{-t} \quad \text{und} \quad u(\pi,t) = \varphi_1(t) := -e^{-t}$$

wird durch

$$v(x,t) := u(x,t) - \varphi_0(t) - \frac{x}{\pi}(\varphi_1(t) - \varphi_0(t))$$

in eines mit homogenen Randbedingungen transformiert. Das transformierte Problem in v lautet dann

$$v_{tt} = c^2 v_{xx} + \sin x + \left(1 - \frac{2x}{\pi}\right) \cdot e^{-t} - \varphi_0''(t) - \frac{x}{\pi}(\varphi_1''(t) - \varphi_0''(t))$$

$$= c^2 v_{xx} + \sin x, \quad \text{für } 0 < x < \pi, \, 0 < t,$$

$$v(x,0) = u(x,0) - \varphi_0(0) - \frac{x}{\pi}(\varphi_1(0) - \varphi_0(0)) = 1 - \frac{2x}{\pi} - 1 + \frac{2x}{\pi} = 0,$$

$$\text{für } 0 \leq x \leq \pi$$

$$v_t(x,0) = u_t(x,0) - \varphi_0'(0) - \frac{x}{\pi}(\varphi_1'(0) - \varphi_0'(0)) = \frac{2x}{\pi} - 1 + 1 - \frac{2x}{\pi} = 0,$$

$$v(0,t) = 0 = v(\pi,t), \quad \text{für } 0 \leq t.$$

2. Schritt

Man löst das Problem mit homogener Differentialgleichung und Anfangsbedingungen

$$v_{tt} = c^2 v_{xx}, \quad \text{für} \quad 0 < x < \pi, \quad 0 < t,$$

$$v(x,0) = 0 = v_t(x,0), \quad \text{für} \quad 0 \leq x \leq \pi,$$

$$v(0,t) = 0 = v(\pi,t), \quad \text{für } 0 \leq t.$$

Das Problem wird gelöst durch $v^* \equiv 0$. Rein rechnerisch ergibt sich dies auch aus der über einen Produktansatz gewonnenen Lösungsdarstellung, die schon die Randbedingungen erfüllt:

$$v^*(x,t) = \sum_{k=1}^{\infty} (A_k \cos(ckt) + B_k \sin(ckt)) \sin(kx)$$

unter Ausnutzung der Anfangsbedingungen mit anschließendem Koeffizientenvergleich.

3. Schritt

Man löst das Problem mit inhomogener Differentialgleichung und homogenen Anfangsbedingungen

$$v_{tt} = c^2 v_{xx} + \sin x, \quad \text{für} \quad 0 < x < \pi, \quad 0 < t,$$

$$v(x,0) = 0 = v_t(x,0), \quad \text{für} \quad 0 \leq x \leq \pi,$$

$$v(0,t) = 0 = v(\pi,t), \quad \text{für } 0 \leq t.$$

Nach der Fourierschen Methode wird für die Lösung in Anlehnung an den zweiten Schritt folgender Ansatz gemacht:

$$v^{**}(x,t) = \sum_{k=1}^{\infty} v_k(t) \sin(kx).$$

Die homogenen Anfangsbedingungen führen auf $v_k(0) = 0$ und $\dot{v}_k(0) = 0$.

Die Inhomogenität der Differentialgleichung wird ebenfalls in eine sin-Reihe entwickelt

$$\sin x = \sum_{k=1}^{\infty} f_k(t) \sin(kx) \quad \Rightarrow \quad f_1(t) = 1 \,, \ f_k(t) = 0 \text{ sonst} .$$

Eingesetzt in die Differentialgleichung ergibt sich

$$\sum_{k=1}^{\infty} \left(\ddot{v}_k(t) + (ck)^2 v_k(t) - f_k(t) \right) \sin(kx) = 0 .$$

Die Koeffizienten $v_k(t)$ der Lösung v^{**} ergeben sich daher aus den folgenden gewöhnlichen Anfangs-wertaufgaben

$$\ddot{v}_k(t) + (ck)^2 v_k(t) - f_k(t) = 0 \quad \text{mit} \quad v_k(0) = 0 = \dot{v}_k(0) .$$

Für $k \neq 1$ ist $v_k \equiv 0$.

Für $k = 1$ erhält man die allgemeine Lösung

$$v_1(t) = A_1 \cos(ct) + B_1 \sin(ct) + \frac{1}{c^2} .$$

Berücksichtigt man die Anfangsvorgaben, so ergibt sich

$$v_1(t) = \frac{1}{c^2} \left(1 - \cos(ct) \right) .$$

Die Lösung des Ausgangsproblems erhält man nun durch

$$u(x,t) \;=\; \varphi_0(t) + \frac{x}{\pi} (\varphi_1(t) - \varphi_0(t)) + v^*(x,t) + v^{**}(x,t)$$

$$=\; e^{-t} \left(1 - \frac{2x}{\pi} \right) + \frac{1}{c^2} \left(1 - \cos(ct) \right) \sin x .$$

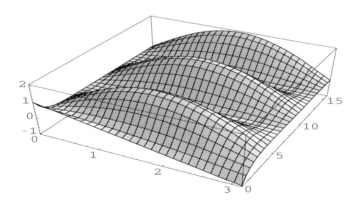

Bild 25.6.9   Lösung $u(x,t)$ für $c = 1$

Lösung 25.6.10

Der Normalenvektor der Einheitssphäre S lautet: $\mathbf{n} = \begin{pmatrix} \cos\varphi\cos\theta \\ \sin\varphi\cos\theta \\ \sin\theta \end{pmatrix}$

Die Liouvillesche Lösungsformel ergibt nun mit $u_0(\mathbf{x}) = 0$ und $v_0(\mathbf{x}) = x + y^2 + z$

$$u(\mathbf{x}, t) = \frac{\partial}{\partial t}\left(\frac{t}{4\pi}\int\limits_S u_0(\mathbf{x} + ct\mathbf{n})\, do\right) + \frac{t}{4\pi}\int\limits_S v_0(\mathbf{x} + ct\mathbf{n})\, do$$

$$= \frac{t}{4\pi}\int\limits_0^{2\pi}\int\limits_{-\pi/2}^{\pi/2} \left(\, (x + ct\cos\varphi\cos\theta) + (y + ct\sin\varphi\cos\theta)^2 + (z + ct\sin\theta)\,\right)\cos\theta\, d\theta\, d\varphi$$

$$= \frac{t}{4\pi}\int\limits_0^{2\pi}\int\limits_{-\pi/2}^{\pi/2} \left(\, (x + y^2 + z) + ct(\cos\varphi\cos\theta + 2y\sin\varphi\cos\theta + \sin\theta) + c^2t^2\sin^2\varphi\cos^2\theta\,\right)\cos\theta\, d\theta\, d\varphi$$

$$= t(x + y^2 + z) + \frac{c^2t^3}{4\pi}\int\limits_0^{2\pi}\sin^2\varphi\, d\varphi\int\limits_{-\pi/2}^{\pi/2}\cos^3\theta\, d\theta = t(x + y^2 + z) + \frac{c^2t^3}{3}$$

Lösung 25.6.11
Die Kugeloberfläche werde mittels Kugelkoordinaten parametrisiert:

$$\mathbf{p} : [0, 2\pi] \times \left[-\frac{\pi}{2}, \frac{\pi}{2}\right] \to \mathbb{R}^3 \quad\text{mit}\quad \mathbf{x} = \mathbf{p}(\varphi, \theta) = \mathbf{x}_0 + \begin{pmatrix} R\cos\varphi\cos\theta \\ R\sin\varphi\cos\theta \\ R\sin\theta \end{pmatrix},$$

$$\frac{\partial\mathbf{p}}{\partial\varphi} \times \frac{\partial\mathbf{p}}{\partial\theta} = \begin{vmatrix} \mathbf{e}_1 & \mathbf{e}_2 & \mathbf{e}_3 \\ -R\sin\varphi\cos\theta & R\cos\varphi\cos\theta & 0 \\ -R\cos\varphi\sin\theta & -R\sin\varphi\sin\theta & R\cos\theta \end{vmatrix} = \begin{pmatrix} R^2\cos\varphi\cos^2\theta \\ R^2\sin\varphi\cos^2\theta \\ R^2\sin\theta\cos\theta \end{pmatrix}.$$

Damit berechnet sich das sphärische Mittel folgendermaßen

$$M_R[f](\mathbf{x}_0) = \frac{1}{4\pi R^2}\int\limits_{||\mathbf{x} - \mathbf{x}_0|| = R} f(\mathbf{x})\, do = \frac{1}{4\pi R^2}\int\limits_0^{2\pi}\int\limits_{-\pi/2}^{\pi/2} f(\mathbf{p}(\varphi, \theta))\left\|\frac{\partial\mathbf{p}}{\partial\varphi} \times \frac{\partial\mathbf{p}}{\partial\theta}\right\|\, d\theta\, d\varphi$$

$$= \frac{1}{4\pi R^2}\int\limits_0^{2\pi}\int\limits_{-\pi/2}^{\pi/2} f\left(\begin{pmatrix} x_{1,0} \\ x_{2,0} \end{pmatrix} + \begin{pmatrix} R\cos\varphi\cos\theta \\ R\sin\varphi\cos\theta \end{pmatrix}\right) R^2\cos\theta\, d\theta\, d\varphi$$

$$= \frac{1}{2\pi}\int\limits_0^{2\pi}\int\limits_{-\pi/2}^{0} f\left(\begin{pmatrix} x_{1,0} \\ x_{2,0} \end{pmatrix} + \begin{pmatrix} R\cos\varphi\cos\theta \\ R\sin\varphi\cos\theta \end{pmatrix}\right)\cos\theta\, d\theta\, d\varphi.$$

Bei der letzten Umformung wurde berücksichtigt, dass der Integrand bezüglich θ eine gerade Funktion ist. Substituiert man $r = R\cos\theta$, so ergibt sich

$$M_R[f](\tilde{\mathbf{x}}_0) = \frac{1}{2\pi}\int\limits_0^{2\pi}\int\limits_0^{R} f\left(\begin{pmatrix} x_{1,0} \\ x_{2,0} \end{pmatrix} + r\begin{pmatrix} \cos\varphi \\ \sin\varphi \end{pmatrix}\right)\frac{r}{R\sqrt{R^2 - r^2}}\, dr\, d\varphi.$$

Setzt man $\tilde{\mathbf{x}} := \begin{pmatrix} x_{1,0} \\ x_{2,0} \end{pmatrix} + r\begin{pmatrix} \cos\varphi \\ \sin\varphi \end{pmatrix}$, so liefert der Transformationssatz

$$M_R[f](\tilde{\mathbf{x}}_0) = \frac{1}{2\pi R}\int\limits_{||\tilde{\mathbf{x}} - \tilde{\mathbf{x}}_0|| \leq R} \frac{f(\tilde{\mathbf{x}})}{\sqrt{R^2 - ||\tilde{\mathbf{x}} - \tilde{\mathbf{x}}_0||^2}}\, d\tilde{\mathbf{x}}.$$

L.25.7   Eigenwertaufgaben

Lösung 25.7.1

Der Produktansatz $u(x,y) = X(x)Y(y)$, eingesetzt in die Differentialgleichung, ergibt

$$-\frac{X''(x)}{X(x)} = \frac{Y''(y)}{Y(y)} + \lambda =: \mu \ .$$

Man erhält die beiden gewöhnlichen Differentialgleichungen $X'' + \mu X = 0$ und $Y'' + \underbrace{(\lambda - \mu)}_{=:\nu} Y = 0$.

Die Randbedingungen $u(0,y) = X(0)Y(y) = 0 = u(a,y) = X(a)Y(y)$ liefern $X(0) = 0 = X(a)$.

Die Randbedingungen $u_y(x,0) = X(x)Y'(0) = 0 = u_y(x,b) = X(x)Y'(b)$ liefern $Y'(0) = 0 = Y'(b)$.

Die gewöhnliche Randeigenwertaufgabe für X besitzt somit die Eigenwerte $\mu_k = \left(\frac{k\pi}{a}\right)^2$ mit $k > 0$,

und die zugehörigen Eigenlösungen sind gegeben durch $X_k(x) = \sin\frac{k\pi x}{a}$. Entsprechend besitzt die

gewöhnliche Randeigenwertaufgabe für Y die Eigenwerte $\nu_k = \left(\frac{n\pi}{b}\right)^2$ mit $n \geq 0$, und die zugehörigen

Eigenlösungen sind gegeben durch $Y_n(x) = \cos\frac{n\pi y}{b}$. Man erhält so die Eigenwerte der Aufgabe

$$\lambda_{k,n} = \mu_k + \nu_n = \left(\frac{k\pi}{a}\right)^2 + \left(\frac{n\pi}{b}\right)^2$$

mit den zugehörigen Eigenfunktionen

$$u_{k,n}(x,y) = X_k(x)Y_n(y) = \sin\frac{k\pi x}{a}\cos\frac{n\pi y}{b} \ .$$

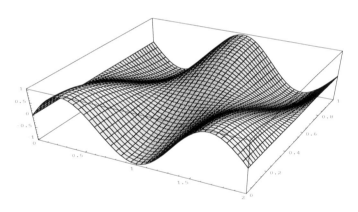

Bild 25.7.1   Eigenfunktion $u_{3,1}(x,y)$

Speziell für $a = 2$ und $b = 1$ ergeben sich die zehn kleinsten Eigenwerte aus der folgenden Tabelle.

(k,n)	$\lambda_{k,n}$	(k,n)	$\lambda_{k,n}$
$(1,0)$	$\dfrac{\pi^2}{4} = 2.4674\ldots$	$(2,0)$	$\pi^2 = 9.8696\ldots$
$(1,1)$	$\dfrac{5\pi^2}{4} = 12.337\ldots$	$(2,1)$	$2\pi^2 = 19.739\ldots$
$(3,0)$	$\dfrac{9\pi^2}{4} = 22.207\ldots$	$(3,1)$	$\dfrac{13\pi^2}{4} = 32.076\ldots$
$(4,0)$	$4\pi^2 = 39.478\ldots$	$(1,2)$	$\dfrac{17\pi^2}{4} = 41.946\ldots$
$(4,1),(2,2)$	$5\pi^2 = 49.348\ldots$	$(5,0),(3,2)$	$\dfrac{25\pi^2}{4} = 61.685\ldots$

Lösung 25.7.2

Der Produktansatz $u(r,\phi) = f(\phi) \cdot g(r)$, eingesetzt in die Differentialgleichung, ergibt

$$-\frac{f''(\phi)}{f(\phi)} = \frac{r^2 g''(r) + r g'(r)}{g(r)} + \lambda r^2 =: \mu \ .$$

Man erhält die beiden gewöhnlichen Differentialgleichungen

$$f'' + \mu f = 0 \quad \text{und} \quad r^2 g'' + r g' + (\lambda r^2 - \mu) g = 0 \ .$$

Die Randbedingung $u(R,\phi) = f(\phi) g(R) = 0$ ergibt $g(R) = 0$.

Die Randbedingungen $u(r,0) = f(0) g(r) = 0 = u(r,\omega) = f(\omega) g(r)$ liefern $f(0) = 0 = f(\omega)$.

Die gewöhnliche Randeigenwertaufgabe für f besitzt somit die Eigenwerte $\mu_k = \left(\frac{k\pi}{\omega}\right)^2$ mit $k > 0$, und die zugehörigen Eigenlösungen sind gegeben durch $f_k(\phi) = \sin\frac{k\pi\phi}{\omega}$.

Die Differentialgleichung $r^2 g'' + r g' + (\lambda r^2 - \mu_k) g = 0$ wird durch $x := r\sqrt{\lambda}$ transformiert in die Besselsche Differentialgleichung in $G(x) := g\left(\frac{x}{\sqrt{\lambda}}\right)$

$$x^2 G'' + x G' + \left(x^2 - \left(\frac{k\pi}{\omega}\right)^2\right) G = 0 \ .$$

Die Randbedingung $g(R) = 0$ geht dabei über in $G(R\sqrt{\lambda}) = 0$.

Die Besselsche Differentialgleichung besitzt zwei linear unabhängige Lösungen. Da der Nullpunkt zum Definitionsbereich gehört und die Neumann-Funktionen bzw. im nichtganzzahligen Fall von $\frac{k\pi}{\omega}$ die Bessel-Funktionen $J_{-k\pi/\omega}(x)$ dort nicht definiert ist, verbleibt als Lösung nur noch die Bessel-Funktion

$$J_{k\pi/\omega}(x) = \left(\frac{x}{2}\right)^{k\pi/\omega} \sum_{n=0}^{\infty} \frac{(-1)^n}{\Gamma(n+1)\Gamma(k\pi/\omega + n + 1)} \left(\frac{x}{2}\right)^{2n} \ .$$

Wegen der Randbedingung $J_{k\pi/\omega}(R\sqrt{\lambda}) = 0$ berechnen sich die Eigenwerte der Aufgabe aus den positiven Nullstellen $0 < x_{1,k} < x_{2,k} < x_{3,k} < x_{4,k} < \cdots$ von $J_{k\pi/\omega}(x)$ und sind dann gegeben durch

$$\lambda_{i,k} = \left(\frac{x_{i,k}}{R}\right)^2 \ .$$

Die zugehörigen Eigenfunktionen sind gegeben durch

$$u_{i,k}(r,\phi) = \sin\frac{k\pi\phi}{\omega} J_{k\pi/\omega}\left(\frac{x_{i,k} r}{R}\right) \quad \text{mit} \quad i,k \in \mathbb{N} \ .$$

Speziell für $\omega = \frac{5\pi}{3}$ und $R = 1$ ergibt sich der kleinste Eigenwert mit zugehöriger Eigenfunktion aus dem Bild.

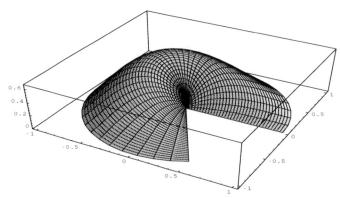

Bild 25.7.2 Eigenfunktion $u_1(r,\phi) = J_{3/5}(3.282545 r) \cdot \sin\left(\frac{3\phi}{5}\right)$ zu $\lambda_1 = 10.7751$

L.25.8   Spezielle Funktionen

Lösung 25.8.1

a) Die Vorwärtsrekursion lautet $J_{k+1}(x) = \dfrac{2k}{x} J_k(x) - J_{k-1}(x)$. Mit den Startwerten $\tilde{J}_0(1.5) = 0.5118276$ und $\tilde{J}_1(1.5) = 0.5579365$ ergibt sich

$$
\begin{aligned}
\tilde{J}_0(1.5) &= 0.5118276 & \tilde{J}_6(1.5) &= 0.2303013 \cdot 10^{-3} \\
\tilde{J}_1(1.5) &= 0.5579365 & \tilde{J}_7(1.5) &= 0.4263498 \cdot 10^{-4} \\
\tilde{J}_2(1.5) &= 0.2320877 & \tilde{J}_8(1.5) &= 0.1676252 \cdot 10^{-3} \\
\tilde{J}_3(1.5) &= 0.6096397 \cdot 10^{-1} & \tilde{J}_9(1.5) &= 0.1745367 \cdot 10^{-2} \\
\tilde{J}_4(1.5) &= 0.1176820 \cdot 10^{-1} & \tilde{J}_{10}(1.5) &= 0.2077678 \cdot 10^{-1} \\
\tilde{J}_5(1.5) &= 0.1799775 \cdot 10^{-2} &&.
\end{aligned}
$$

Der berechnete Wert für $\tilde{J}_{10}(1.5)$ weicht also um Größenordnungen vom tatsächlichen Wert $J_{10}(1.5) = 0.147432690 \cdot 10^{-7}$ ab. Der Grund für die Abweichung liegt darin, dass nicht $J_0(1.5)$ und $J_1(1.5)$ als Startwerte verwendet wurden, sondern durch die Darstellung auf dem Rechner bedingt

$$\tilde{J}_0(1.5) = J_0(1.5) + \varepsilon_0 N_0(1.5) \quad \text{und} \quad \tilde{J}_1(1.5) = J_1(1.5) + \varepsilon_1 N_1(1.5).$$

Da auch die Bessel-Funktionen zweiter Art N_k die Dreiterm-Rekursion erfüllen und man $\varepsilon \approx \varepsilon_0 \approx \varepsilon_1$ annehmen kann, ergibt sich aufgrund der Linearität der Rekursion für die berechnete Folge

$$\tilde{J}_k(1.5) \approx J_k(1.5) + \varepsilon N_k(1.5).$$

Wegen $\lim\limits_{k \to \infty} J_k(x) = 0$ und $\lim\limits_{k \to \infty} N_k(x) = \infty$ überwiegt für großes k der Störterm $\varepsilon N_k(1.5)$ und macht das Ergebnis schon von $J_{10}(1.5)$ unbrauchbar.

b) Aufgrund der Eigenschaft $\lim\limits_{k \to \infty} J_k(x) = 0$ kann man bei den Startwerten $\bar{J}_{14}(1.5) = 0$ und $\bar{J}_{13}(1.5) = 10^{-12}$ davon ausgehen, dass kein allzu großer Fehler vorliegt. Die Rückwärtsrekursion

$$J_{k-1}(x) = \frac{2k}{x} J_k(x) - J_{k+1}(x)$$

liefert dann die Folge $\bar{J}_k(1.5)$, und nach der Normierung $1 = J_0(x) + 2 \displaystyle\sum_{k=1}^{\infty} J_{2k}(x)$ ergibt sich daraus die Folge

$$
\begin{aligned}
\hat{J}_{14}(1.5) &= 0.0000000 & \hat{J}_6(1.5) &= 0.2280127 \cdot 10^{-3} \\
\hat{J}_{13}(1.5) &= 0.3653343 \cdot 10^{-11} & \hat{J}_5(1.5) &= 0.1799422 \cdot 10^{-2} \\
\hat{J}_{12}(1.5) &= 0.6332461 \cdot 10^{-10} & \hat{J}_4(1.5) &= 0.1176813 \cdot 10^{-1} \\
\hat{J}_{11}(1.5) &= 0.1009540 \cdot 10^{-8} & \hat{J}_3(1.5) &= 0.6096395 \cdot 10^{-1} \\
\hat{J}_{10}(1.5) &= 0.1474327 \cdot 10^{-7} & \hat{J}_2(1.5) &= 0.2320877 \\
\hat{J}_9(1.5) &= 0.1955674 \cdot 10^{-6} & \hat{J}_1(1.5) &= 0.5579365 \\
\hat{J}_8(1.5) &= 0.2332065 \cdot 10^{-5} & \hat{J}_0(1.5) &= 0.5118277 \\
\hat{J}_7(1.5) &= 0.2467980 \cdot 10^{-4} &&.
\end{aligned}
$$

L.26   Funktionen einer komplexen Variablen

L.26.1   Grundlegende Begriffe

Lösung 26.1.1

a) $z_1 = \dfrac{(2-3i)^2}{3+4i} = \dfrac{(-5-12i)(3-4i)}{(3+4i)(3-4i)} = \dfrac{-63-16i}{25} = -\dfrac{63}{25} - \dfrac{16}{25}i$

$\Rightarrow$ $\mathrm{Re}\,(z_1) = -\dfrac{63}{25}$, $\mathrm{Im}\,(z_1) = -\dfrac{16}{25}$

$|z_1| = \sqrt{\left(-\dfrac{63}{25}\right)^2 + \left(-\dfrac{16}{25}\right)^2} = \sqrt{\dfrac{4225}{625}} = \sqrt{\dfrac{169}{25}} = \dfrac{13}{5}$,

$\arg z_1 = \pi + \arctan\dfrac{16}{63}$, $z_1 = \dfrac{13}{5}e^{i(\pi + \arctan\frac{16}{63})}$,

$z_2 = \sqrt{3} - i$ $\Rightarrow$ $\mathrm{Re}\,(z_2) = \sqrt{3}$, $\mathrm{Im}\,(z_2) = -1$

$|z_2| = 2$, $\arg z_2 = 2\pi + \arctan\dfrac{-1}{\sqrt{3}} = 2\pi - \dfrac{\pi}{6} = \dfrac{11\pi}{6}$

$z_2 = 2e^{11\pi i/6}$

b) $z_2^9 = \left(2e^{11\pi i/6}\right)^9 = 2^9 e^{33\pi i/2} = 512 e^{\pi i/2} = 512i$

c) $(w + z_2)^3 = 8i = 8e^{i\pi/2}$

$\Rightarrow$ $w_k = -z_2 + \sqrt[3]{8}\,e^{i(\pi/2 + 2\pi k)/3} = -z_2 + 2e^{i(\pi + 4\pi k)/6}$, $k = 0, 1, 2$

$w_0 = -z_2 + 2e^{i\pi/6} = i - \sqrt{3} + i + \sqrt{3} = 2i$,

$w_1 = -z_2 + 2e^{i5\pi/6} = i - \sqrt{3} + i - \sqrt{3} = 2(i - \sqrt{3})$,

$w_2 = -z_2 + 2e^{i9\pi/6} = i - \sqrt{3} - 2i = -\sqrt{3} - i$.

Lösung 26.1.2

a) $|4z + 3 + 2i| = 1$ $\Leftrightarrow$ $\left|z + \dfrac{3}{4} + \dfrac{i}{2}\right| = \dfrac{1}{4}$

Mit der kartesischen Darstellung $z = x + iy$ erhält man:

$\left|z + \dfrac{3}{4} + \dfrac{i}{2}\right| = \left|x + iy + \dfrac{3}{4} + \dfrac{i}{2}\right| = \left|x + \dfrac{3}{4} + i\left(y + \dfrac{1}{2}\right)\right|$

$= \sqrt{\left(x + \dfrac{3}{4}\right)^2 + \left(y + \dfrac{1}{2}\right)^2} = \dfrac{1}{4}$

$\Rightarrow$ $\left(x + \dfrac{3}{4}\right)^2 + \left(y + \dfrac{1}{2}\right)^2 = \left(\dfrac{1}{4}\right)^2$ Kreisgleichung.

b) $\{z \in \mathbb{C} : 0 \le \mathrm{Re}(z)\,, \ 0 \le \mathrm{Im}(z)\}$

beschreibt den ersten Quadranten.

c)
$$1 = \mathrm{Re}((2+i)z) = \mathrm{Re}((2+i)(x+iy))$$
$$= \mathrm{Re}(2x - y + i(x + 2y)) = 2x - y$$

Die Punktmenge wird also durch folgende Gerade beschrieben:

$$y = 2x - 1\,.$$

d) $\{z \in \mathbb{C} : 0 \le \arg(z) \le \pi/2,\ 1 \le |z| \le 2\}$,

ist der Viertelkreisring im ersten Quadranten mit Radius $1 \le r \le 2$.

Lösung 26.1.3

a) Der Kreis vom Radius r um $z_0 \in \mathbb{C}$ besitzt die Darstellung $|z - z_0| = r$

$$\Leftrightarrow \quad r^2 = |z - z_0|^2 = (z - z_0)(\overline{z - z_0}) = z\bar{z} - z\bar{z}_0 - z_0\bar{z} + z_0\bar{z}_0.$$

b) Die Umkehrabbildung der Inversion $w = f(z) = \dfrac{1}{z}$ lautet $z = f^{-1}(w) = \dfrac{1}{w}$, wobei $z \neq 0$ und $w \neq 0$. Damit ergeben sich folgende Bilder

(i) $\quad 5 = \operatorname{Re}(z) = \dfrac{1}{2}(z + \bar{z}) = \dfrac{1}{2}\left(\dfrac{1}{w} + \dfrac{1}{\bar{w}}\right) \quad \Leftrightarrow \quad 10w\bar{w} - w - \bar{w} = 0$

$\Leftrightarrow \dfrac{1}{100} = w\bar{w} - \dfrac{1}{10}w - \dfrac{1}{10}\bar{w} + \dfrac{1}{100} \Leftrightarrow \left(w - \dfrac{1}{10}\right)\left(\bar{w} - \dfrac{1}{10}\right) = \dfrac{1}{100} \Leftrightarrow \left|w - \dfrac{1}{10}\right| = \dfrac{1}{10}$

Bild von $\operatorname{Re}(z) = 5$ ist der Kreis um $w_0 = \dfrac{1}{10}$ mit Radius $r = \dfrac{1}{10}$.

(ii) $\quad \operatorname{Re}(z) = \operatorname{Im}(z) \quad \Leftrightarrow \quad z = x(1 + i) \quad \Leftrightarrow \quad w = \dfrac{1}{x(1 + i)} = \dfrac{1 - i}{2x}$

Bilder der Strahlen sind um $90°$ gedrehte und umgekehrt durchlaufene Strahlen.

(iii) $\quad 2 = |z| = \left|\dfrac{1}{w}\right| \quad \Leftrightarrow \quad |w| = \dfrac{1}{2}.$ Der Ursprungskreis vom Radius 2 wird in den Ursprungskreis vom Radius $\dfrac{1}{2}$ abgebildet.

(iv) $\quad |z + i| = 1 \quad \Leftrightarrow \quad 1 = z\bar{z} - iz + i\bar{z} + 1 = \dfrac{1}{w}\dfrac{1}{\bar{w}} - i\dfrac{1}{w} + i\dfrac{1}{\bar{w}} + 1$

$\Leftrightarrow \quad i(w - \bar{w}) = -1 \quad \Leftrightarrow \quad \operatorname{Im}(w) = \dfrac{1}{2}.$ Bild des Kreises ist die Gerade $\operatorname{Im}(w) = \dfrac{1}{2}$.

(v) $\quad |z - 3i| = 1 \quad \Leftrightarrow \quad 1 = z\bar{z} + 3iz - 3i\bar{z} + 9 = \dfrac{1}{w}\dfrac{1}{\bar{w}} + 3i\dfrac{1}{w} - 3i\dfrac{1}{\bar{w}} + 9$

$\Leftrightarrow w\bar{w} + \dfrac{3i}{8}\bar{w} - \dfrac{3i}{8}w + \dfrac{9}{64} = \dfrac{9}{64} - \dfrac{1}{8} \Leftrightarrow \left|w + \dfrac{3i}{8}\right| = \dfrac{1}{8}.$ Bild des Kreises ist der Kreis um $w_0 = -\dfrac{3i}{8}$ mit Radius $r = \dfrac{1}{8}$.

Lösung 26.1.4

Wenn z_n konvergiert, so gilt mit $z^* := \lim\limits_{n \to \infty} z_n = \lim\limits_{n \to \infty} z_{n+1}$:

$$z^* = \frac{2 + i}{3}(i - 1 + z^*)$$

$$\Rightarrow \quad z^*\left(1 - \frac{2 + i}{3}\right) = z^*\left(\frac{1 - i}{3}\right) = \frac{(2 + i)(i - 1)}{3}$$

$$\Rightarrow \quad z^* = -2 - i.$$

z_n konvergiert, da

$$
\begin{aligned}
|z_{n+1} - z^*| &= |z_{n+1} + 2 + i| = \left|\frac{2 + i}{3}(i - 1 + z_n) + 2 + i\right| \\
&= \left|\frac{2 + i}{3}\right|\left|i - 1 + z_n + \frac{2 + i}{\frac{2+i}{3}}\right| = \frac{\sqrt{5}}{3}|z_n + 2 + i| \\
&= \left(\frac{\sqrt{5}}{3}\right)^2 |z_{n-1} + 2 + i| \\
&\;\;\vdots \\
&= \left(\frac{\sqrt{5}}{3}\right)^{n+1} |z_0 + 2 + i| = \left(\frac{\sqrt{5}}{3}\right)^{n+1} \cdot \sqrt{5} \to 0
\end{aligned}
$$

L.26.2   Elementare Funktionen

Lösung 26.2.1

a) Das Bild ist gegeben durch den Streifen $f(G) = \{w = u + iv \in \mathbb{C} \mid 0 < u < 2\}$, denn:

  (i) Der Hauptzweig der Wurzel bildet die durch die negative reelle Achse und den Nullpunkt geschlitzte Ebene bijektiv auf die rechte Halbebene ohne die imaginäre Achse ab.

  (ii) Die Umkehrfunktion $z = f^{-1}(w) = w^2$ bildet die Gerade $w = 2 + iv$ auf die Parabel $x = 4 - \dfrac{y^2}{16}$ ab: $x + iy = z = w^2 = (2 + iv)^2 = 4 - v^2 + 4iv \;\;\Rightarrow\;\; x = 4 - v^2 \wedge y = 4v$

  $\Rightarrow\;\; v^2 = \dfrac{y^2}{16} \;\;\Rightarrow\;\; x = 4 - \dfrac{y^2}{16}$.

  (iii) $z^* = 1$ ist Fixpunkt und liegt in G und $f(G)$, und f ist stetig.

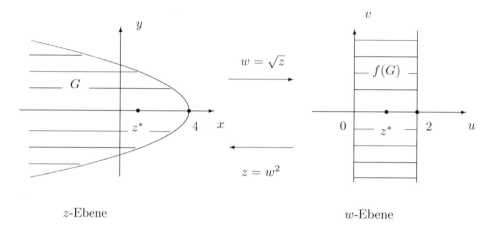

z-Ebene   w-Ebene

Bild 26.2.1   Transformation $f(z) = \sqrt{z}$

b) $x + iy = z = w^2 = u^2 - v^2 + 4iuv \Rightarrow x = u^2 - v^2 \wedge y = 2uv$

  $\Rightarrow\;\; v^2 = \dfrac{y^2}{4u^2} \;\;\Rightarrow\;\; x = u^2 - \dfrac{y^2}{4u^2} \;\;\Rightarrow\;\; u^4 - xu^2 - \dfrac{y^2}{4u^2} = 0$

  $\Rightarrow\;\; u^2 = \dfrac{x + \sqrt{x^2 + y^2}}{2} \;(>0) \;\;\overset{u>0\,(\text{Hauptzweig})}{\Rightarrow}\;\; u = \sqrt{\dfrac{x + \sqrt{x^2 + y^2}}{2}}$

  $v^2 = u^2 - x \;\;\Rightarrow\;\; v = \begin{cases} \sqrt{\dfrac{-x + \sqrt{x^2 + y^2}}{2}} & \text{für}\quad y > 0 \\[3mm] -\sqrt{\dfrac{-x + \sqrt{x^2 + y^2}}{2}} & \text{für}\quad y < 0 \\[3mm] 0 & \text{für}\quad y = 0 \;\;(\text{beachte } x > 0) \end{cases}$

Lösung 26.2.2

a) Der Strahl $z = x \geq 0$ wird durch $w = f(z) = \sqrt[3]{z^2 + 8}$ auf den Strahl $w \geq 2$ abgebildet. Insbesondere gilt $f(0) = \sqrt[3]{0 + 8} = 2$.

b) Der Strahl $z = iy$ mit $y \geq 0$: $\quad w = f(iy) = \sqrt[3]{(iy)^2 + 8} = \sqrt[3]{8 - y^2}$

  $0 \leq y \leq \sqrt{8} \;\;\Rightarrow\;\; 0 \leq 8 - y^2 \leq 8 \;\;\Rightarrow\;\; 0 \leq w = \sqrt[3]{8 - y^2} \leq 2$

$$y > \sqrt{8} \quad \Rightarrow \quad 0 > (8 - y^2) = |8 - y^2| e^{\pi i}$$

$$\Rightarrow \quad w = \sqrt[3]{8 - y^2} = \sqrt[3]{|8 - y^2|} e^{\pi i/3} \quad \text{(Hauptzweig der dritten Wurzel)}$$

Insbesondere gilt $f(i\sqrt{8}) = \sqrt[3]{(i\sqrt{8})^2 + 8} = 0$.

Das Bild des Strahls $z = iy$ mit wachsendem $y \geq 0$ beginnt also auf der reellen Achse bei $w = 2$, läuft auf den Nullpunkt zu und knickt dort ab in den Strahl $w = re^{\pi i/3}$.

Entsprechendes gilt für den Strahl $z = -iy$ mit $y \geq 0$, mit dem Unterschied, dass dieser bei Null in den Strahl $w = re^{-\pi i/3}$ abknickt.

c) Nach a) und b) ist das Bild der rechten Halbebene H unter f gegeben durch den Winkelbereich

$$f(H) = \left\{ w = re^{i\phi} \in \mathbb{C} \ \middle| \ r \geq 0 \ \wedge \ -\frac{\pi}{3} \leq \phi \leq \frac{\pi}{3} \right\} .$$

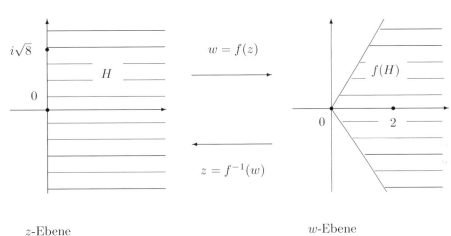

z-Ebene   w-Ebene

Bild 26.2.2   Transformation $f(z) = \sqrt[3]{z^2 + 8}$

d) Eine Umkehrfunktion kann nach b) nur für das auf $\tilde{H}$ eingeschränkte f definiert werden. Der Definitionsbereich von f^{-1} ist dann gegeben durch den geschlitzten Winkelbereich

$$f(\tilde{H}) = \left\{ w = re^{i\phi} \in \mathbb{C} \ \middle| \ r > 0 \ \wedge \ -\frac{\pi}{3} < \phi < \frac{\pi}{3} \right\} \setminus (0, 2] .$$

Die Umkehrfunktion berechnet sich nun folgendermaßen:

$$w = \sqrt[3]{z^2 + 8} \ \Rightarrow \ z^2 = w^3 - 8 \ \Rightarrow \ z = f^{-1}(w) := \sqrt{w^3 - 8} \quad \text{(Hauptzweig)} .$$

Lösung 26.2.3

a) (i) $\exp(1 + i\pi) = e^1(\cos(\pi) + i\sin(\pi)) = -e$

   (ii) $\exp(2 + i\pi/2) = e^2(\cos(\pi/2) + i\sin(\pi/2)) = e^2 i$

   (iii) $\exp(1 + i\pi) \cdot \exp(2 + i\pi/2) = -e \cdot e^2 i = -e^3 i$

   $\exp(3 + i3\pi/2) = e^3(\cos(3\pi/2) + i\sin(3\pi/2)) = -e^3 i$

   Die Funktionalgleichung der Exponentialfunktion

$$\exp(z_1 + z_2) = \exp(z_1)\exp(z_2)$$

   gilt bei diesem Beispiel:

$$\exp(1 + i\pi) \cdot \exp(2 + i\pi/2) = \exp(1 + i\pi + 2 + i\pi/2) = \exp(3 + i3\pi/2) .$$

b) (i) $\ln(1 + i\sqrt{3}) = \ln|1 + i\sqrt{3}| + i\arg(1 + i\sqrt{3}) = \ln 2 + i\pi/3$

(ii) $\ln(-\sqrt{3} + i) = \ln|-\sqrt{3} + i| + i\arg(-\sqrt{3} + i) = \ln 2 + i5\pi/6$

(iii) $\ln(1 + i\sqrt{3}) + \ln(-\sqrt{3} + i) = \ln 2 + i\pi/3 + \ln 2 + i5\pi/6 = 4 + i7\pi/6$

$(1 + i\sqrt{3})(-\sqrt{3} + i) = -2(\sqrt{3} + i)$

$\ln(-2(\sqrt{3} + i)) = \ln|-2(\sqrt{3} + i)| + i\arg(-2(\sqrt{3} + i)) = \ln 4 - i5\pi/6$

Die Funktionalgleichung der Logarithmusfunktion

$$\ln z_1 + \ln z_2 = \ln(z_1 z_2)$$

gilt bei diesem Beispiel nicht. Die Winkel $7\pi/6$ und $-5\pi/6$ beschreiben zwar prinzipiell den gleichen Winkel, jedoch unterscheiden sie sich um einen vollen Umlauf von 2π. Dies führt dazu, dass $\ln(1 + i\sqrt{3}) + \ln(-\sqrt{3} + i) = 4 + i7\pi/6$ auf einen Nebenzweig des komplexen Logarithmus führt, also nicht im Hauptzweig bleibt.

Lösung 26.2.4

a) Mit $z = x + iy$ gilt:

$$\sin z = \frac{1}{2i}\left(e^{iz} - e^{-iz}\right) = -\frac{i}{2}\left(e^{-y+ix} - e^{y-ix}\right)$$

$$= \frac{1}{2}\left(-ie^{-y}(\cos x + i\sin x) + ie^y(\cos x - i\sin x)\right)$$

$$= \frac{1}{2}\left(\sin x(e^y + e^{-y}) + i\cos x(-e^{-y} + e^y)\right)$$

$$= \sin x \cosh y + i\cos x \sinh y$$

b) $\frac{1}{i}\sinh(iz) = \frac{1}{i}\frac{1}{2}\left(e^{iz} - e^{-iz}\right) = \frac{1}{2i}\left(e^{iz} - e^{-iz}\right) = \sin z$

c) $3 = \sin z = \sin x \cosh y + i\cos x \sinh y \quad \Rightarrow \quad \cos x \sinh y = 0$

    1. Fall: $\sinh y = 0 \quad \Rightarrow \quad y = 0 \quad \Rightarrow \quad \sin x \cosh 0 = \sin x = 3$
               besitzt keine Lösung.

    2. Fall: $\cos x = 0 \quad \Rightarrow \quad x = \frac{\pi}{2} + k\pi, \quad k \in \mathbb{Z}$

$$\Rightarrow \quad \sin\left(\frac{\pi}{2} + k\pi\right)\cosh y = (-1)^k \cosh y = 3$$

$$\Rightarrow \quad \cosh y = 3 \text{ und } k = 2n \quad \Rightarrow \quad y = \pm\text{arcosh } 3$$

$$\Rightarrow \quad z_n = \frac{\pi}{2} + 2n\pi \pm i\,\text{arcosh } 3, \quad n \in \mathbb{Z}$$

Lösung 26.2.5

a) Ein Vergleich der gegebenen Abbildung mit der allgemeinen Darstellung

$$T(z) = \frac{z + 2i}{z - (1 - i)} = \frac{az + b}{cz + d}$$

ergibt $ad - bc = -1 - i \neq 0$. Damit ist T Möbius-Transformation.

b) $z = T(z) = \frac{z + 2i}{z - (1 - i)} \quad \Leftrightarrow \quad z(z - (1 - i)) = z + 2i \quad \Leftrightarrow \quad (z - 2)(z + i) = 0$

Die Fixpunkte lauten also $z^* = 2$ und $z^{**} = -i$.

c) $w_1 = T(z_1) = T(0) = 1 - i, \quad w_2 = T(z_2) = T(\infty) = 1 \quad$ und $w_3 = T(z_3) = T(-2i) = 0$

d) $z = T^{-1}(w) = \frac{(1 - i)w + 2i}{w - 1}$

e) $z_4 = T^{-1}(w_4) = T^{-1}(0) = -2i, \quad z_5 = T^{-1}(w_5) = T(1) = \infty \quad$ und $z_6 = T(w_6) = T(\infty) = 1 - i$

f) Das Bild der Geraden Re $z = 0$ unter T ist entweder eine Gerade oder ein Kreis. Die vier Punkte $z_1 = 0$, $z_2 = \infty$, $z_3 = -2i$ und $z^{**} = -i$ liegen auf der Geraden Re $z = 0$. Die vier Bildpunkte $w_1 = 1 - i$, $w_2 = 1$, $w_3 = 0$ und $z^{**} = -i$ liegen auf dem Kreis $\left| w - \frac{1}{2}(1 - i) \right| = \frac{1}{\sqrt{2}}$. Da der Fixpunkt $z^* = 2$ in der rechten Halbebene und außerhalb des Bildkreises von Re $z = 0$ liegt, wird die rechte Halbebene auf das Außengebiet von $\left| w - \frac{1}{2}(1 - i) \right| = \frac{1}{\sqrt{2}}$ abgebildet.

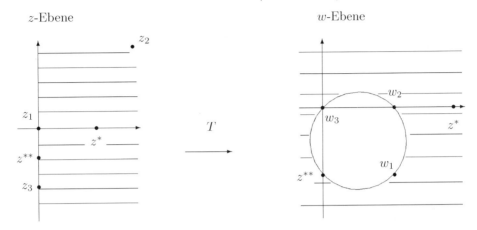

Bild 26.2.5   Möbius-Transformation T

Rein rechnerisch ergibt sich dieses Bild auch aus dem Auflösen der folgenden Gleichung nach w:

$$0 = \mathrm{Re}\, z \;=\; \frac{1}{2}(z + \bar{z}) \;=\; \frac{1}{2}\left(T^{-1}(w) + \overline{T^{-1}(w)} \right) \;=\; \frac{1}{2}\left(\frac{(1 - i)w + 2i}{w - 1} + \frac{(1 + i)\bar{w} - 2i}{\bar{w} - 1} \right).$$

g) Der Einheitskreis wird unter T auf einen echten Kreis abgebildet, da $z_6 = 1 - i$ nicht auf dem Einheitskreis liegt und $T(1 - i) = \infty$.

Da $z_2 = \infty$ und $z_6 = 1 - i$ außerhalb des Einheitskreises liegen, liegen beide Bilder wegen $w_6 = T(z_6) = \infty$ außerhalb des Bildkreises, und das Innere des Einheitskreises wird auf das Innere des Bildkreises abgebildet.

Die Bilder $w_1 = 1 - i$ und $w_2 = 1$ der zum Einheitskreis symmetrischen Punkte $z_1 = 0$ und $z_2 = \infty$ liegen symmetrisch zum Bildkreis $|w - w_0| = R$ und auf einer Geraden mit dem Mittelpunkt w_0. Damit besitzt der Mittelpunkt die Darstellung $w_0 = 1 - iy$ mit $y > 0$. Aus der Symmetrie ergibt sich die Gleichung

$$R^2 = (w_1 - w_0)(\bar{w}_2 - \bar{w}_0) = (1 - i - (1 - iy))(1 - (1 + iy)) = y^2 - y.$$

Der Fixpunkt $z^{**} = -i$ liegt auf dem Einheits- und auf dem Bildkreis. Daraus ergibt sich die Gleichung

$$R^2 = |z^{**} - w_0|^2 = |-i - (1 - iy)|^2 = 1 + (y - 1)^2 = y^2 - 2y + 2.$$

Man erhält $y = 2$ und $R = \sqrt{2}$, also den Bildkreis $|w - (1 - 2i)| = \sqrt{2}$.

h) Alle Geraden und Kreise, die durch $-2i$ und nicht durch $1 - i$ verlaufen.

Lösung 26.2.6

a) Symmetrie von z_1 und z_2 zu $K_1 : |z - 3i| = \sqrt{2}$: $(z_1 - 3i)(\bar{z}_2 + 3i) = 2 \Rightarrow \bar{z}_2 = \dfrac{2}{z_1 - 3i} - 3i$

Symmetrie von z_1 und z_2 zu $K_2 : |z + i| = \sqrt{6}$:

$$6 = (z_1 + i)(\bar{z}_2 - i) = (z_1 + i)\left(\frac{2}{z_1 - 3i} - 3i - i \right)$$

$$\Rightarrow \quad 6(z_1 - 3i) = (z_1 + i)(2 - 4i(z_1 - 3i)) \quad \Rightarrow \quad z_1^2 - 3iz_1 - 2 = (z_1 - i)(z_1 - 2i) = 0$$

Damit ergeben sich die Lösungen $z_1 = i$ und $z_2 = 2i$ (oder umgekehrt).

b) $T(z) = c \cdot \dfrac{z-i}{z-2i}$ mit $c \in \mathbb{C} \backslash \{0\}$.

c) Die Bilder $w_1 = 0$ und $w_2 = \infty$ von $z_1 = i$ und $z_2 = 2i$ liegen symmetrisch zu den Bildern von K_1 und K_2. Also sind die Bilder von K_1 und K_2 Kreise um den Nullpunkt. Da $3i + \sqrt{2}$ auf K_1 liegt, wird K_1 wegen $T(3i + \sqrt{2}) = 1$ auf den Einheitskreis abgebildet und das Innere von K_1 wegen $|z_2 - 3i| < \sqrt{2}$ und $T(z_2) = \infty$ auf den entsprechenden Außenraum. Da $z_1 = i$ im Inneren von K_2 liegt und $T(z_1) = 0$ gilt, wird das Innere von K_2 auf das Innere eines Ursprungskreises vom Radius kleiner als 1 abgebildet.

$$1 = T(3i + \sqrt{2}) = c \cdot \frac{3i + \sqrt{2} - i}{3i + \sqrt{2} - 2i} \quad \Rightarrow \quad c = \frac{4 - i\sqrt{2}}{6} \quad \Rightarrow \quad |c| = \frac{1}{\sqrt{2}}$$

Da $\sqrt{6} - i$ auf K_2 liegt, ergibt sich der Bildradius r von K_2 aus

$$r = \left| T(\sqrt{6} - i) \right| = |c| \left| \frac{\sqrt{6} - i - i}{\sqrt{6} - i - 2i} \right| = \frac{\sqrt{99}}{15} = 0.66332\ldots$$

$\mathbb{C} \backslash \{K_1 \cup K_2\}$ wird also auf den Kreisring $\dfrac{\sqrt{99}}{15} < |w| < 1$ abgebildet.

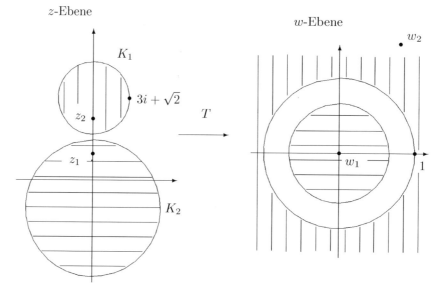

Bild 26.2.6   Möbius-Transformation T

Lösung 26.2.7

a) Symmetrie von z_1 und z_2 zu G : $z_2 = -\bar{z}_1$

Symmetrie von z_1 und z_2 zu K : $1 = (z_1 + 3)(\bar{z}_2 + 3) \Rightarrow 1 = (z_1 + 3)(-z_1 + 3) \Rightarrow z_1^2 = 8$

Damit ergeben sich die Lösungen $z_1 = -2\sqrt{2}$ und $z_2 = 2\sqrt{2}$ (oder umgekehrt).

b) $w = f(z) = c \cdot \dfrac{z + 2\sqrt{2}}{z - 2\sqrt{2}}$ mit $c \in \mathbb{C} \backslash \{0\}$.

c) $-1 = f(0) = c \cdot \dfrac{0 + 2\sqrt{2}}{0 - 2\sqrt{2}} = -c \quad \Rightarrow \quad c = 1$

Die Bilder der Punkte z_1 und z_2 sind, da f Möbius-Transformation ist, zu den Bildkreisen $f(K)$ und $f(G)$ symmetrisch. Da $f(z_1) = 0$ und $f(z_2) = \infty$ nur symmetrisch zu Ursprungskreisen sind, sind $f(K)$ und $f(G)$ Ursprungskreise. Da $0 \in G$ und $f(0) = -1$, ist $f(G)$ der Einheitskreis, d.h. $r_2 = 1$. Die rechte Halbebene wird auf das Äußere des Einheitskreises abgebildet, denn z_2 liegt in der rechten Halbebene und es gilt $f(z_2) = \infty$. Da $-2 \in K$ und $f(-2) = (\sqrt{2} - 1)^2$ ist $f(K)$ der Kreis vom Radius $r_1 = (\sqrt{2} - 1)^2$. Das Innere von K wird in das Innere dieses Kreises abgebildet, da z_1 im Inneren von K liegt und $f(z_1) = 0$ gilt.

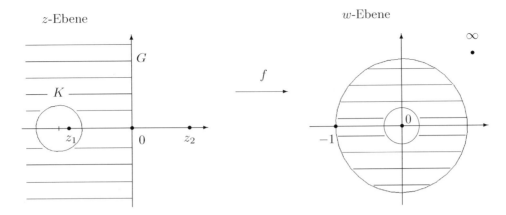

Bild 26.2.7   Möbius-Transformation f

d)   Nach c) sind die Urbilder der Ursprungskreise $|w| = \rho$, mit $(\sqrt{2} - 1)^2 = r_1 < \rho < r_2 = 1$ gesucht:

$$\rho^2 = w\bar{w} = \frac{z + 2\sqrt{2}}{z - 2\sqrt{2}} \cdot \frac{\bar{z} + 2\sqrt{2}}{\bar{z} - 2\sqrt{2}} \quad \Leftrightarrow \quad \rho^2 \left(z - 2\sqrt{2} \right) \left(\bar{z} - 2\sqrt{2} \right) = \left(\bar{z} + 2\sqrt{2} \right) \left(z + 2\sqrt{2} \right)$$

$$\Leftrightarrow \quad \rho^2 \left(z\bar{z} - 2\sqrt{2}z - 2\sqrt{2}\bar{z} + 8 \right) = z\bar{z} + 2\sqrt{2}z + 2\sqrt{2}\bar{z} + 8$$

$$\Leftrightarrow \quad (1 - \rho^2)z\bar{z} + 2\sqrt{2}z(1 + \rho^2) + 2\sqrt{2}\bar{z}(1 + \rho^2) + 8(1 - \rho^2) = 0$$

$$\Leftrightarrow \quad z\bar{z} + \frac{2\sqrt{2}(1 + \rho^2)}{1 - \rho^2}\, z + \frac{2\sqrt{2}(1 + \rho^2)}{1 - \rho^2}\, \bar{z} = -8$$

$$\Leftrightarrow \quad \left| z + \frac{2\sqrt{2}(1 + \rho^2)}{1 - \rho^2} \right| = \sqrt{\left(\frac{2\sqrt{2}(1 + \rho^2)}{1 - \rho^2} \right)^2 - 8} = \frac{4\sqrt{2}\rho}{1 - \rho^2}.$$

Dies sind Kreise mit Mittelpunkt auf der negativen reellen Achse.

Lösung 26.2.8

Die Funktion $w = \dfrac{1 + 2i + iz}{z - i}$ ist vom Typ $w = \dfrac{az + b}{cz + d}$ und wegen

$ad - bc = i(-i) - (1 + 2i) = -2i \neq 0$ eine Möbius-Transformation. Man erhält folgende Wertetabelle:

$z_1 = -1$	$z_2 = 1$	$z_3 = i\sqrt{3}$	$z_4 = i$	$z_5 = \infty$
$w_1 = -1$	$w_2 = -1 + 2i$	$w_3 = \dfrac{2}{\sqrt{3} - 1} + i$	$w_4 = \infty$	$w_5 = i$.

Da w eine Möbius-Transformation ist, werden die das Dreieck berandenden Geraden durch z_1, z_2 bzw. z_2, z_3 bzw. z_1, z_3 auf echte Kreise durch w_1, w_2, i bzw. w_2, w_3, i bzw. w_1, w_3, i abgebildet, denn $z_4 = i \mapsto w_4 = \infty$ liegt im Inneren des Dreiecks und nicht auf dem Rand. Die Dreiecksseiten $\overline{z_1 z_2}$, $\overline{z_2 z_3}$ und $\overline{z_1 z_3}$ gehen über in entsprechende Kreisabschnitte, die die Vereinigung der Bildkreise beranden.

Wegen $z_4 = i \mapsto w_4 = \infty$ bzw. $z_5 = \infty \mapsto w_5 = i$ wird das Innere des Dreiecks auf den Außenraum und das Äußere des Dreiecks auf die Vereinigung der Bildkreise abgebildet.

z-Ebene   w-Ebene

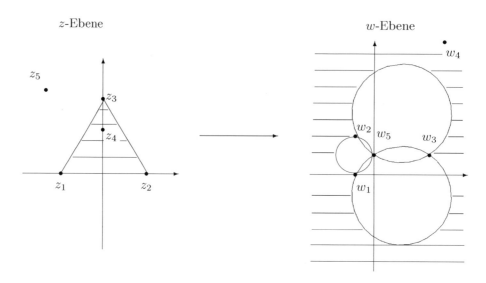

Bild 26.2.8   Urbild- und Bildbereich der Transformation

Lösung 26.2.9

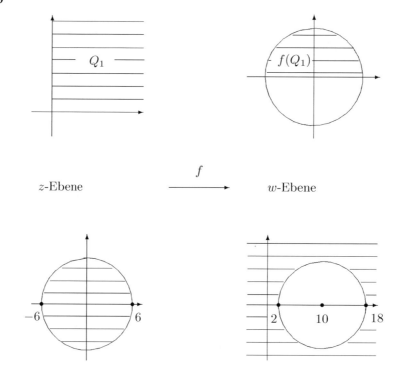

Bild 26.2.9   Möbius-Transformation f

a) Die Möbius-Transformation $w = f(z)$, für die $f(3) = 0$, $f(-3) = \infty$ und $f(0) = -6$ gilt, kann beispielsweise über das Doppelverhältnis berechnet werden:

$$\frac{w-0}{w+6} : \frac{\infty-0}{\infty+6} = \frac{z-3}{z-0} : \frac{-3-3}{-3-0} \quad \Rightarrow \quad w = \frac{6(z-3)}{z+3}.$$

b) Die reelle Achse der z-Ebene wird per Konstruktion auf die reelle Achse der w-Ebene abgebildet. Da $f(0) = -6$ gilt und man außerdem noch $f(3i) = 6i$ und $f(-3i) = -6i$ berechnen kann, wird die imaginäre Achse der z-Ebene auf den Kreis $|w| = 6$ abgebildet. Wegen $f(-3) = \infty$, $f(3i) = 6i$ und $f(-3i) = -6i$ wird der Kreis $|z| = 3$ auf die imaginäre Achse der w-Ebene abgebildet.

c) Die obere Halbebene der z-Ebene wird nach b) und wegen $f(3i) = 6i$ auf die obere Halbebene der w-Ebene abgebildet. Die rechte Halbebene der z-Ebene wird nach b) und wegen $f(3) = 0$ ins Innere des Kreises $|w| = 6$ abgebildet. Damit wird der erste Quadrant $Q_1 := \{\, z \in \mathbb{C} \mid x, y > 0 \,\}$ ins Innere des oberen Halbkreises $|w| = 6$ abgebildet. Da $f(-3) = \infty$ gilt, wird der Kreis $|z| = 6$ auf einen echten Kreis in der w-Ebene abgebildet. Da $|z| = 6$ symmetrisch zur reellen Achse der z-Ebene liegt und die reellen Achsen nach b) aufeinander abgebildet werden, liegt der Bildkreis symmetrisch zur reellen Achse der w-Ebene. Wegen $f(6) = 2$ und $f(-6) = 18$ wird $|z| = 6$ daher auf $|w - 10| = 8$ abgebildet. Wegen $|f(0) - 10| = |-6 - 10| = 16 > 8$ wird das Innere $|z| < 6$ auf das Äußere $|w - 10| > 8$ abgebildet.

L.26.3   Komplexe Differentiation

Lösung 26.3.1

a) $f(z) = z^2 = (x + iy)^2 = x^2 - y^2 + i2xy \;\Rightarrow\; u(x,y) = x^2 - y^2 \;\wedge\; v(x,y) = 2xy$

Die Cauchy-Riemannschen Differentialgleichungen sind wegen

$$u_x = 2x = v_y \quad \wedge \quad u_y = -2y = -v_x$$

erfüllt, und damit ist $f(z) = z^2$ holomorph.

b) $f(z) = \bar{z} = \overline{x + iy} = x - iy \;\Rightarrow\; u(x,y) = x \;\wedge\; v(x,y) = -y$

$u_x = 1 \neq -1 = v_y$, damit ist $f(z) = \bar{z}$ nicht holomorph.

c) $f(z) = (\mathrm{Im}\,(x + iy) + i\mathrm{Re}\,(x + iy))(1 + i) = (y + ix)(1 + i) = y - x + i(x + y)$

$$\Rightarrow \quad u(x,y) = y - x \quad \wedge \quad v(x,y) = x + y \quad \Rightarrow \quad u_x = -1 \neq 1 = v_y \,.$$

Damit ist $f(z) = (\mathrm{Im}\,z + i\mathrm{Re}\,z)(1 + i)$ nicht holomorph.

d) $f(z) = \sqrt{z} = \sqrt{|z|} \cdot \exp\left(\dfrac{i \arg z}{2}\right) = \sqrt[4]{x^2 + y^2}\left(\cos\left(\dfrac{1}{2}\arctan\dfrac{y}{x}\right) + i\sin\left(\dfrac{1}{2}\arctan\dfrac{y}{x}\right)\right),$

wobei wegen des Hauptwertes der Wurzel $x > 0$ gilt.

$$\Rightarrow \; u(x,y) = \sqrt[4]{x^2 + y^2}\cos\left(\frac{1}{2}\arctan\frac{y}{x}\right) \quad \wedge \quad v(x,y) = \sqrt[4]{x^2 + y^2}\sin\left(\frac{1}{2}\arctan\frac{y}{x}\right)$$

$$\Rightarrow \quad u_x = \frac{1}{2\sqrt[4]{(x^2 + y^2)^3}}\left(y\sin\left(\frac{1}{2}\arctan\frac{y}{x}\right) + x\cos\left(\frac{1}{2}\arctan\frac{y}{x}\right)\right) = v_y$$

$$\wedge \quad u_y = \frac{1}{2\sqrt[4]{(x^2 + y^2)^3}}\left(y\cos\left(\frac{1}{2}\arctan\frac{y}{x}\right) - x\sin\left(\frac{1}{2}\arctan\frac{y}{x}\right)\right) = -v_x \,.$$

Damit ist der Hauptwert der Wurzel im Definitionsbereich $x > 0$ holomorph.

Lösung 26.3.2

a) Mit $z = x + iy$ erhält man

(i) $\qquad f(z) = \mathrm{e}^{z + \bar{z}}\left(\cos(i(\bar{z} - z)) - i\sin(i(z - \bar{z}))\right) = \mathrm{e}^{2x}\left(\cos(2y) + i\sin(2y)\right)$

$$= \underbrace{\mathrm{e}^{2x}\cos(2y)}_{=u(x,y)} + i\underbrace{\mathrm{e}^{2x}\sin(2y)}_{=v(x,y)}$$

$f(z)$ ist holomorph, denn $u(x,y)$ und $v(x,y)$ sind stetig partiell differenzierbar und es gelten die Cauchy-Riemannschen Differentialgleichungen:

$$u_x = 2\mathrm{e}^{2x}\cos(2y) = v_y \,, \quad u_y = -2\mathrm{e}^{2x}\sin(2y) = -v_x \,.$$

(ii) $g(z) = z^2 + 2|z| + 1 = \underbrace{x^2 - y^2 + 1 + 2\sqrt{x^2 + y^2}}_{=u(x,y)} + i \cdot \underbrace{2xy}_{=v(x,y)}$

ist nicht holomorph, denn die Cauchy-Riemannschen Differentialgleichungen gelten nicht:

$$u_x = 2x + \frac{2x}{\sqrt{x^2 + y^2}} \neq v_y = 2x \,.$$

b) Das Polynom $f(z) = z^2 + 1$ ist holomorph und damit ist Re $(z^2 + 1)$ harmonisch.

Alternative: $\Delta\text{Re}\,(z^2 + 1) = \Delta(x^2 - y^2 + 1) = 2 - 2 = 0$.

c) $\Delta v = (4x^3 y - 4xy^3 - 2xy)_{xx} + (4x^3 y - 4xy^3 - 2xy)_{yy}$
$ = 24xy - 24xy = 0$

Damit $f(z) = u(x,y) + iv(x,y)$ holomorph in $\mathbb{C}$ ist, müssen die Cauchy-Riemannschen Differentialgleichungen erfüllt sein:

$$u_x = v_y = (4x^3 y - 4xy^3 - 2xy)_y = 4x^3 - 12xy^2 - 2x \quad \Rightarrow \quad u = x^4 - 6x^2 y^2 - x^2 + c(y)$$

$$u_y = -12x^2 y + c'(y) = -v_x = -(4x^3 y - 4xy^3 - 2xy)_x = -12x^2 y + 4y^3 + 2y$$

$$\Rightarrow \quad c'(y) = 4y^3 + 2y \quad \Rightarrow \quad c(y) = y^4 + y^2 + c \in \mathbb{R} \,.$$

Da $u(x,y) = x^4 - 6x^2 y^2 - x^2 + y^4 + y^2 + c$ (und auch v) stetig partiell differenzierbar ist, ist f holomorph in $\mathbb{C}$ und v eine (die) konjugiert harmonische Funktion zu u.

Bemerkung: Für $f(z) = z^4 - z^2$ und $c = 0$ ergibt sich $u(x,y) = \text{Re}\,f$ und $v(x,y) = \text{Im}\,f$.

Lösung 26.3.3

$w = f(z) = z^2 = (x + iy)^2 = u + iv$

a) Bildkurve von $c_1(t) = t + i$:

$d_1(t) = f(c_1(t)) = (t + i)^2 = t^2 + 2it - 1 = u_1(t) + iv_1(t)$

$\Rightarrow u_1(t) = t^2 - 1 \,,\, v_1(t) = 2t \Rightarrow t = \dfrac{v_1}{2} \Rightarrow u_1(v_1) = \dfrac{v_1^2}{4} - 1$ (Parabel)

Bildkurve von $c_2(t) = 1 + it$:

$d_2(t) = f(c_2(t)) = (1 + it)^2 = 1 + 2it - t^2 = u_2(t) + iv_2(t)$

$\Rightarrow u_2(t) = 1 - t^2 \,,\, v_2(t) = 2t \Rightarrow t = \dfrac{v_2}{2} \Rightarrow u_2(v_2) = 1 - \dfrac{v_2^2}{4}$ (Parabel)

b) Schnittpunkt der z-Ebene:

$c_1(t) = t + i = c_2(t) = 1 + it \Rightarrow t = 1 \Rightarrow c_1(1) = 1 + i = c_2(1)$

Schnittpunkt im Bildbereich:

$d_1(1) = f(c_1(1)) = f(c_2(1)) = d_2(1) = 2i$

Ableitungen der Kurven:

$\dot{c}_1(t) = 1 \,,\, \dot{c}_2(t) = i \,,\quad \dot{d}_1(t) = 2t + 2i \,,\, \dot{d}_2(t) = -2t + 2i$

Winkelerhaltung im Schnittpunkt:

$\gamma = \angle(\dot{c}_2(1), \dot{c}_1(1)) = \arg \dot{c}_2(1) - \arg \dot{c}_1(1) = \arg i - \arg 1 = \dfrac{\pi}{2} - 0 = \dfrac{\pi}{2}$

$\tilde{\gamma} = \angle(\dot{d}_2(1), \dot{d}_1(1)) = \arg \dot{d}_2(1) - \arg \dot{d}_1(1) = \arg(-2 + 2i) - \arg(2 + 2i)$

$= \dfrac{3\pi}{4} - \dfrac{\pi}{4} = \dfrac{\pi}{2} \quad \Rightarrow \quad \gamma = \tilde{\gamma}$

Erhaltung der lokalen Längenverhältnisse:

$$\dfrac{|\dot{c}_2(1)|}{|\dot{c}_1(1)|} = \dfrac{|i|}{|1|} = 1 = \dfrac{|-2 + 2i|}{|2 + 2i|} = \dfrac{|\dot{d}_2(1)|}{|\dot{d}_1(1)|}$$

Bemerkung: Der Streckungsfaktor $f'(c(t))$ der in $\dot{d}(t) = \dfrac{d}{dt}\,(f(c(t))) = f'(c(t))\dot{c}(t)$ steckt, kürzt sich im Schnittpunkt heraus.

L.26.4   Komplexe Integration und Cauchyscher Hauptsatz

Lösung 26.4.1

a) $c(\varphi) = e^{i\varphi} = \cos\varphi + i\sin\varphi \quad\Rightarrow\quad c'(\varphi) = ie^{i\varphi} = -\sin\varphi + i\cos\varphi$

$$\oint_c \operatorname{Im} z \, dz = \int_0^{2\pi} \operatorname{Im}\,(c(\varphi)) \cdot c'(\varphi)\, d\varphi = \int_0^{2\pi} \sin\varphi(-\sin\varphi + i\cos\varphi)\, d\varphi$$

$$= -\int_0^{2\pi} \sin^2\varphi\, d\varphi + i\int_0^{2\pi} \sin\varphi\cos\varphi\, d\varphi = -\frac{1}{2}(\varphi - \sin\varphi\cos\varphi)\Big|_0^{2\pi} = -\pi$$

b) $c(t) = (i-1)t \quad\Rightarrow\quad \dot{c}(t) = i - 1$

$$\int_c z\, dz = \int_0^1 c(t) \cdot \dot{c}(t)\, dt = \int_0^1 (i-1)^2 t\, dt = -2i\,\frac{t^2}{2}\Big|_0^1 = -i$$

c) $c(t) = \begin{cases} -t & , \quad 0 \le t \le 1 \\ -1 + (t-1)i & , \quad 1 \le t \le 2 \end{cases} \quad\Rightarrow\quad \dot{c}(t) = \begin{cases} -1 & , \quad 0 \le t < 1 \\ i & , \quad 1 < t \le 2 \end{cases}$

$$\int_c z\, dz = \int_0^2 c(t) \cdot \dot{c}(t)\, dt = \int_0^1 -t \cdot (-1)\, dt + \int_1^2 (-1 + (t-1)i)i\, dt$$

$$= \frac{1}{2} + \left(-it - \frac{(t-1)^2}{2}\right)\Big|_1^2 = -i$$

d) $c(t) = \begin{cases} t & , \quad -1 \le t \le 1 \\ e^{i\pi(t-1)} & , \quad 1 \le t \le 2 \end{cases} \quad\Rightarrow\quad \dot{c}(t) = \begin{cases} 1 & , \quad -1 < t < 1 \\ i\pi e^{i\pi(t-1)} & , \quad 1 < t < 2 \end{cases}$

$$\oint_c \bar{z}\, dz = \int_{-1}^2 \overline{c(t)} \cdot \dot{c}(t)\, dt = \int_{-1}^1 t\, dt + i\pi \int_1^2 e^{-i\pi(t-1)} e^{i\pi(t-1)}\, dt = i\pi$$

Lösung 26.4.2

a) Mit $c(t) = 1 + t(i-1)$ gilt $c(0) = 1$ und $c(1) = i$.

(i) $\displaystyle \int_c \frac{1}{z}\, dz = \int_0^1 \frac{\dot{c}(t)}{c(t)}\, dt = \ln c(t)\big|_0^1 = \ln i - \ln 1 = \ln|i| + i\arg i = \frac{i\pi}{2}$

(ii) $\displaystyle \int_c \frac{1}{z}\, dz = \int_0^i \frac{1}{z}\, dz = \ln z\big|_1^i = \ln i = \frac{i\pi}{2}$

b)
$$\int_c \frac{1}{z}\, dz = \int_0^1 \frac{i-1}{1 + t(i-1)}\, dt = \int_0^1 \frac{(i-1)(1 + t(-i-1))}{(1 + t(i-1))(1 + t(-i-1))}\, dt$$

$$= \int_0^1 \frac{2t-1}{(t-1)^2 + t^2}\, dt + i\int_0^1 \frac{1}{(t-1)^2 + t^2}\, dt \stackrel{a)}{=} \frac{i\pi}{2} \quad\Rightarrow$$

(i) $\displaystyle \int_0^1 \frac{1}{(t-1)^2 + t^2}\, dt = \frac{\pi}{2}\,,$ (ii) $\displaystyle \int_0^1 \frac{2t-1}{(t-1)^2 + t^2}\, dt = 0.$

Lösung 26.4.3

a) direkt:
$$\int_c e^z \, dz = \int_0^{\pi/2} e^{c(t)} \dot{c}(t) \, dt = e^{c(t)} \Big|_0^{\pi/2} = e^{(1+i)\pi/2} - e^0 = -1 + i e^{\pi/2}$$

Stammfunktion:
$$\int_c e^z \, dz = \int_0^{(1+i)\pi/2} e^z \, dz = e^z \big|_0^{(1+i)\pi/2} = e^{(1+i)\pi/2} - e^0 = -1 + i e^{\pi/2}$$

b) direkt:
$$\int_c \frac{1}{z^2} \, dz = \int_0^{\pi/4} \frac{\dot{c}(t)}{c^2(t)} \, dt = -\frac{1}{c(t)} \Big|_0^{\pi/4} = -e^{-it} \big|_0^{\pi/4} = 1 - \frac{1-i}{\sqrt{2}}$$

Stammfunktion:
$$\int_c \frac{1}{z^2} \, dz = \int_1^{(1+i)/\sqrt{2}} \frac{1}{z^2} \, dz = -\frac{1}{z} \Big|_1^{(1+i)/\sqrt{2}} = 1 - \frac{\sqrt{2}}{1+i} = 1 - \frac{1-i}{\sqrt{2}}$$

c) direkt:
$$\int_c \cos z \, dz = \int_0^1 \cos(c(t)) \dot{c}(t) \, dt = \int_0^1 i \cos it \, dt = \sin it \big|_0^1$$
$$= \sin i = \frac{1}{2i}\left(e^{i\cdot i} - e^{-i\cdot i}\right) = i\sinh 1$$

Stammfunktion:
$$\int_c \cos z \, dz = \int_0^i \cos z \, dz = \sin z \big|_0^i = \sin i = i\sinh 1$$

d) direkt:
$$\int_c z^3 + 1 \, dz = \int_{-\pi/2}^{\pi/2} \left(c^3(t) + 1\right) \dot{c}(t) \, dt = \left(\frac{c^4(t)}{4} + c(t)\right)\Big|_{-\pi/2}^{\pi/2} = \left(\frac{e^{4it}}{4} + e^{it}\right)\Big|_{-\pi/2}^{\pi/2} = 2i$$

Stammfunktion:
$$\int_c z^3 + 1 \, dz = \int_{-i}^i z^3 + 1 \, dz = \left(\frac{z^4}{4} + z\right)\Big|_{-i}^i = 2i$$

L.26.5   Cauchysche Integralformel und Taylor-Entwicklung

Lösung 26.5.1

a) Der Integrand ist holomorph in $\mathbb{C}\backslash\{i\}$, also im Gebiet ohne die Nennernullstelle $z_0 = i$. z_0 liegt wegen $|z_0 - 1| = \sqrt{2} < \frac{\pi}{2}$ im von der Kurve c_1 eingeschlossenen Gebiet. Daher gilt nach der Cauchyschen Integralformel für die n-te Ableitung

$$\oint_{c_1} \frac{e^{2z}}{(z-i)^4} \, dz = \frac{2\pi i}{3!} \left(e^{2z}\right)''' \Big|_{z=i} = \frac{8\pi i}{3} e^{2i}.$$

z_0 liegt wegen $|z_0 + 2i| = 3 > 2$ außerhalb des von der Kurve c_2 eingeschlossenen Gebietes. Daher gilt nach dem Cauchyschen Integralsatz

$$\oint_{c_2} \frac{e^{2z}}{(z-i)^4} \, dz = 0.$$

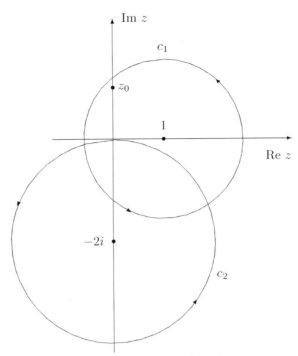

Bild 26.5.1 a)   Kreise c_1 und c_2 und Singularität z_0

b)   Eine Partialbruchzerlegung ergibt:

$$\frac{z+3}{z^2-1} = \frac{2}{z-1} - \frac{1}{z+1} \, .$$

Der Integrand ist holomorph bis auf Singularitäten bei $z_0 = 1$ und $z_1 = -1$:

$$\oint_{c_1} \frac{z+3}{z^2-1} \, dz = \oint_{c_1} \frac{2}{z-1} \, dz - \oint_{c_1} \frac{1}{z+1} \, dz = 2 \cdot 2\pi i - 0 = 4\pi i \, ,$$

$$\oint_{c_2} \frac{z+3}{z^2-1} \, dz = \oint_{c_2} \frac{2}{z-1} \, dz - \oint_{c_2} \frac{1}{z+1} \, dz = 2 \cdot 2\pi i - 2\pi i = 2\pi i \, ,$$

$$\oint_{c_3} \frac{z+3}{z^2-1} \, dz = \oint_{c_3} \frac{2}{z-1} \, dz - \oint_{c_3} \frac{1}{z+1} \, dz = 0 - 2\pi i = -2\pi i \, .$$

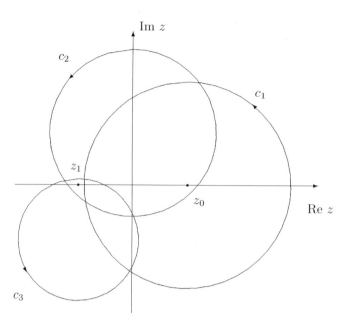

Bild 26.5.1 b)   Kreise c_1 , c_2 und c_3 und Singularitäten z_0 und z_1

c) Der Integrand ist holomorph bis auf eine Singularität bei $z_0 = \dfrac{\pi}{3}$, also $\displaystyle\oint_{c_1} \frac{\sin^3 z}{(z - \pi/3)^2}\, dz = 0$,

$$\oint_{c_2} \frac{\sin^3 z}{(z - \pi/3)^2}\, dz = 6\pi i \sin^2 \frac{\pi}{3} \cos \frac{\pi}{3} = \frac{9\pi i}{4}\,.$$

d) Bis auf die Definitionslücke auf der negativen reellen Achse einschließlich der Null und der beiden Singularitäten bei $z_0 = i$ und $z_1 = -i$ ist der Integrand holomorph in $\mathbb{C}$. Da von den Definitionslücken nur z_0 im von c eingeschlossenen Gebiet liegt und der Integrand sonst auf und in c holomorph ist, gilt nach der Cauchyschen Integralformel

$$\oint_c \frac{\ln z}{z^2 + 1}\, dz = \oint_c \frac{\ln z/(z + i)}{z - i}\, dz = 2\pi i \frac{\ln i}{i + i} = \pi (\ln |i| + i \arg i) = \frac{i\pi^2}{2}\,.$$

e) $\displaystyle\oint_c z^{17}\, dz = 0$ gilt nach dem Cauchyschen Integralsatz, da z^{17} holomorph in $\mathbb{C}$ ist.

Lösung 26.5.2

Der Konvergenzradius r der Taylor-Reihe ist gegeben durch den Abstand vom Entwicklungspunkt zur am nächsten gelegenen nicht stetig ergänzbaren Definitionslücke von f.

a) $f(z) = \dfrac{z^3 + 8}{z^2 - 2z + 2}$ besitzt als Definitionslücken die Nennernullstellen $w_0 = 1 + i$ und $w_1 = 1 - i$, diese sind nicht stetig ergänzbar. Der Konvergenzradius der Taylor-Reihe zum Entwicklungspunkt $z_0 = 0$ ist daher durch $r_0 = |w_0 - z_0| = |w_1 - z_0| = \sqrt{2}$ und zum Entwicklungspunkt $z_1 = -i$ durch $r_1 = |w_1 - z_1| = |1 - i + i| = 1$ gegeben.

b) $f(z) = \dfrac{2z - \pi i}{\cosh z}$ besitzt als Definitionslücken die Nennernullstellen von $\cosh z$. Diese berechnen sich aus $0 = \cosh z = \cosh x \cos y + i \sinh x \sin y$ zu $w_k = i\left(\dfrac{\pi}{2} + k\pi\right)$ mit $k \in \mathbb{Z}$. Davon ist $w_0 = \dfrac{\pi i}{2}$ stetig ergänzbar. Der Konvergenzradius der Taylor-Reihe zum Entwicklungspunkt $z_0 = \dfrac{3\pi i}{4}$ ist daher durch

$$r_0 = |w_1 - z_0| = \left| \frac{3\pi i}{2} - \frac{3\pi i}{4} \right| = \frac{3\pi}{4}$$

und zum Entwicklungspunkt $z_1 = \pi$ durch

$$r_1 = |w_{-1} - z_1| = \left| -\frac{\pi i}{2} - \pi \right| = \frac{\pi \sqrt{5}}{2}$$

gegeben.

c) $f(z) = \dfrac{z-1}{\ln(z+2)}$ besitzt für den Hauptwert des komplexen Logarithmus als Definitionslücken die Nennernullstelle $w_0 = -1$ und die Halbachse $w \leq -2$, diese sind nicht stetig ergänzbar. Der Konvergenzradius der Taylor-Reihe zum Entwicklungspunkt $z_0 = 0$ ist daher durch

$$r_0 = |w_0 - z_0| = |-1 - 0| = 1$$

und zum Entwicklungspunkt $z_1 = -2 + 2i$ durch

$$r_1 = |-2 - z_1| = |-2i| = 2$$

gegeben.

Lösung 26.5.3

$$
\begin{aligned}
f(z) \quad &= \quad \int_i^z \frac{1}{3-\xi}\, d\xi = \int_i^z \frac{1}{3-i-(\xi-i)}\, d\xi \\[2mm]
&= \quad \frac{1}{3-i} \int_i^z \frac{1}{1-(\xi-i)/(3-i)}\, d\xi \\[2mm]
&\overset{|(\xi-i)/(3-i)|<1}{=}\quad \frac{1}{3-i} \int_i^z \sum_{n=0}^{\infty} \frac{1}{(3-i)^n}\,(\xi-i)^n\, d\xi \\[2mm]
&= \quad \sum_{n=0}^{\infty} \frac{1}{(3-i)^{n+1}} \int_i^z (\xi-i)^n\, d\xi \\[2mm]
&= \quad \sum_{n=0}^{\infty} \frac{1}{(3-i)^{n+1}(n+1)}\,(\xi-i)^{n+1}\Big|_i^z \\[2mm]
&= \quad \sum_{n=0}^{\infty} \frac{1}{(3-i)^{n+1}(n+1)}\,(z-i)^{n+1}
\end{aligned}
$$

Der Konvergenzradius r ergibt sich aus

$$|(\xi-i)/(3-i)| < 1 \Leftrightarrow |(\xi-i)| < |(3-i)| = \sqrt{10} =: r.$$

L.26.6   Laurent-Entwicklung und Singularitäten

Lösung 26.6.1
Die Faktorisierung des Nenners $z^2 - z = z(z-1)$ ergibt die Singularitäten der Funktion bei $z_1 = 0$ und $z_2 = 1$. Eine Partialbruchzerlegung liefert:

$$f(z) = \frac{3z - 2}{z^2 - z} = \frac{2}{z} + \frac{1}{z - 1} \ .$$

a) Aufgrund der Lage des Entwicklungspunktes bei $z_0 = -1$ und der beiden Singularitäten z_1 und z_2 kann man ablesen, dass eine Taylor-Reihenentwicklung in der Kreisscheibe $|z + 1| < 1$ vorliegen wird, eine Laurent-Reihenentwicklung im Kreisring $1 < |z + 1| < 2$ und eine davon verschiedene Laurent-Reihenentwicklung im Außenraum $2 < |z + 1|$.

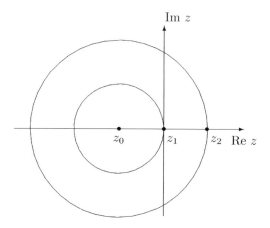

Bild 26.6.1 a)   Konvergenzbereiche der Laurent-Reihenentwicklungen

Mit Hilfe der Summenformel der geometrischen Reihe im entsprechenden Konvergenzbereich können die Partialbrüche durch Reihenentwicklungen dargestellt werden:

$$|z + 1| < 1 \quad : \quad \frac{2}{z} = -\frac{2}{1 - (z + 1)} = -2 \sum_{n=0}^{\infty} (z + 1)^n$$

$$|z + 1| > 1 \quad : \quad \frac{2}{z} = \frac{2}{z + 1} \cdot \frac{1}{1 - 1/(z + 1)} = \frac{2}{z + 1} \sum_{n=0}^{\infty} \left(\frac{1}{z + 1} \right)^n = 2 \sum_{n=-\infty}^{-1} (z + 1)^n$$

$$|z + 1| < 2 \quad : \quad \frac{1}{z - 1} = -\frac{1}{2} \cdot \frac{1}{1 - (z + 1)/2} = -\frac{1}{2} \sum_{n=0}^{\infty} \left(\frac{z + 1}{2} \right)^n = -\sum_{n=0}^{\infty} \frac{(z + 1)^n}{2^{n+1}}$$

$$|z + 1| > 2 \quad : \quad \frac{1}{z - 1} = \frac{1}{z + 1} \cdot \frac{1}{1 - 2/(z + 1)} = \frac{1}{z + 1} \sum_{n=0}^{\infty} \left(\frac{2}{z + 1} \right)^n = \sum_{n=-\infty}^{-1} \frac{(z + 1)^n}{2^{n+1}} \ .$$

Taylor-Reihe mit Konvergenz in der Kreisscheibe $|z + 1| < 1$:

$$f(z) = \frac{2}{z} + \frac{1}{z - 1} = -2 \sum_{n=0}^{\infty} (z + 1)^n - \sum_{n=0}^{\infty} \frac{(z + 1)^n}{2^{n+1}} = -\sum_{n=0}^{\infty} \left(2 + \frac{1}{2^{n+1}} \right) (z + 1)^n \ .$$

Laurent-Reihe mit Konvergenz im Kreisring $1 < |z + 1| < 2$:

$$f(z) = \frac{2}{z} + \frac{1}{z - 1} = 2 \underbrace{\sum_{n=-\infty}^{-1} (z + 1)^n}_{\text{Hauptteil}} - \underbrace{\sum_{n=0}^{\infty} \frac{(z + 1)^n}{2^{n+1}}}_{\text{Nebenteil}} \ .$$

Laurent-Reihe mit Konvergenz im Außenring $2 < |z + 1|$:

$$f(z) = \frac{2}{z} + \frac{1}{z-1} = 2 \sum_{n=-\infty}^{-1} (z+1)^n + \sum_{n=-\infty}^{-1} \frac{(z+1)^n}{2^{n+1}} = \sum_{n=-\infty}^{-1} \left(2 + \frac{1}{2^{n+1}} \right) (z+1)^n .$$

b) Da der Entwicklungspunkt $z_0 = 1$ mit der Singularität z_2 übereinstimmt, gibt es keine Taylor-Reihenentwicklung.

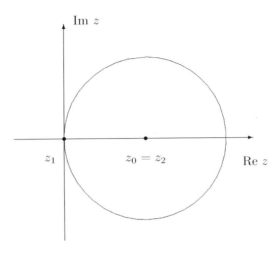

Bild 26.6.1 b)   Konvergenzbereiche der Laurent-Reihenentwicklungen

Analog zu a) ergibt sich:

$$|z - 1| < 1 \quad : \quad \frac{2}{z} = \frac{2}{1 + (z-1)} = 2 \sum_{n=0}^{\infty} (-1)^n (z-1)^n$$

$$|z - 1| > 1 \quad : \quad \frac{2}{z} = \frac{2}{z-1} \cdot \frac{1}{1 + 1/(z-1)} = 2 \sum_{n=-\infty}^{-1} (-1)^{n+1} (z-1)^n .$$

In der punktierten Kreisscheibe konvergente Laurent-Reihe $0 < |z - 1| < 1$:

$$f(z) = \frac{2}{z} + \frac{1}{z-1} = \underbrace{\frac{1}{z-1}}_{\text{Hauptteil}} + \underbrace{2 \sum_{n=0}^{\infty} (-1)^n (z-1)^n}_{\text{Nebenteil}} .$$

Im Außenring konvergente Laurent-Reihe $1 < |z - 1|$:

$$f(z) = \frac{2}{z} + \frac{1}{z-1} = \frac{1}{z-1} + 2 \sum_{n=-\infty}^{-1} (-1)^{n+1} (z-1)^n = \frac{3}{z-1} + 2 \sum_{n=-\infty}^{-2} (-1)^{n+1} (z-1)^n .$$

Lösung 26.6.2
Eine Partialbruchzerlegung liefert:

$$f(z) = \frac{1}{(z-1)(z-4)^2} = \frac{1}{9(z-1)} + \frac{1}{3(z-4)^2} - \frac{1}{9(z-4)} \quad .$$

Die Singularitäten von f liegen bei $z_1 = 1$ (Pol erster Ordnung) und $z_2 = 4$ (Pol zweiter Ordnung).

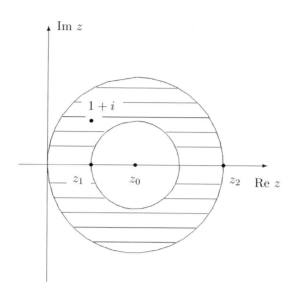

Bild 26.6.2   Konvergenzbereich der Laurent-Reihenentwicklung

Da $|(1 + i) - z_0| = |(1 + i) - 2| = \sqrt{2}$ gilt, ist die Laurent-Reihe, die im Kreisring $1 < |z - 2| < 2$ konvergiert, gesucht.

Mit Hilfe der Summenformel der geometrischen Reihe können die Partialbrüche durch Reihenentwicklungen dargestellt werden:

$$|z - 2| > 1 \quad : \quad \frac{1}{z - 1} = \frac{1}{z - 2} \cdot \frac{1}{1 + 1/(z - 2)} = \frac{1}{z - 2} \sum_{n=0}^{\infty} \left(\frac{-1}{z - 2} \right)^n = \sum_{n=-\infty}^{-1} (-1)^{n+1} (z - 2)^n$$

$$|z - 2| < 2 \quad : \quad \frac{1}{z - 4} = -\frac{1}{2} \cdot \frac{1}{1 - (z - 2)/2} = -\frac{1}{2} \sum_{n=0}^{\infty} \left(\frac{z - 2}{2} \right)^n \quad .$$

Mit dem Hinweis, die geometrische Reihe zu differenzieren, erhält man für

$$|z - 2| < 2 \quad : \quad \frac{1}{(z - 4)^2} = \sum_{n=0}^{\infty} \frac{n + 1}{2^{n+2}} (z - 2)^n \quad .$$

Damit ergibt sich die gesuchte Laurent-Reihe im Kreisring $1 < |z - 2| < 2$

$$f(z) = \sum_{n=-\infty}^{-1} \frac{(-1)^{n+1}}{9} (z - 2)^n + \sum_{n=0}^{\infty} \left(\frac{1}{9 \cdot 2^{n+1}} + \frac{n + 1}{3 \cdot 2^{n+2}} \right) (z - 2)^n \quad .$$

Lösung 26.6.3

a) $\quad f(z) \;=\; z \cdot \exp \left(\frac{1}{z + 1} \right) = \left((z + 1) - 1 \right) \left(1 + \frac{1}{(z + 1)} + \frac{1}{2(z + 1)^2} + \frac{1}{3!(z + 1)^3} + \cdots \right)$

$\qquad\qquad = \; z + 1 - \frac{1}{2(z + 1)} + \left(\frac{1}{3!} - \frac{1}{2!} \right) \frac{1}{(z + 1)^2} + \left(\frac{1}{4!} - \frac{1}{3!} \right) \frac{1}{(z + 1)^3} + \cdots$

$\qquad\qquad = \; z + 1 - \frac{1}{2(z + 1)} + \sum_{n=-\infty}^{-2} \left(\frac{1}{(-n + 1)!} - \frac{1}{(-n)!} \right) (z + 1)^n$

$z_0 = -1$ ist wesentliche Singularität und Res $(f; -1) = -\frac{1}{2}$.

b)
$$f(z) = \frac{\cos z - 1 + z^2/2}{z^4} = \frac{1}{z^4}\left(\frac{z^4}{4!} - \frac{z^6}{6!} + \frac{z^8}{8!} + \cdots\right) = \sum_{n=2}^{\infty}(-1)^n\frac{z^{2n-4}}{(2n)!}$$

$z_0 = 0$ ist hebbare Singularität und Res $(f;0) = 0$.

c)
$$f(z) = \frac{z - \sin(z+\pi)}{(z+\pi)^2} = \frac{1}{(z+\pi)^2}\left(-\pi + \frac{(z+\pi)^3}{3!} - \frac{(z+\pi)^5}{5!} + \frac{(z+\pi)^7}{7!} + \cdots\right)$$

$$= -\frac{\pi}{(z+\pi)^2} - \sum_{n=1}^{\infty}(-1)^n\frac{(z+\pi)^{2n-1}}{(2n+1)!}$$

$z_0 = -\pi$ ist Pol der Ordnung 2 und Res $(f;-\pi) = 0$.

Lösung 26.6.4

a) Die Singularitäten von $f(z) = \dfrac{2z^3}{z^2 + a^2}$ mit $a > 0$ liegen bei $z_1 = ia$ und $z_2 = -ia$ und sind Pole erster Ordnung. Mit Hilfe der Summenformel der geometrischen Reihe kann f in den Konvergenzbereichen $|z| < a$ und $|z| > a$ durch Reihenentwicklungen dargestellt werden:

Taylor-Reihe mit Konvergenz in der Kreisscheibe $\quad |z| < a$:

$$f(z) = \frac{2z^3}{z^2 + a^2} = \frac{2z^3}{a^2}\cdot\frac{1}{1 + (z/a)^2} = \frac{2z^3}{a^2}\sum_{n=0}^{\infty}\left(-\frac{z^2}{a^2}\right)^n = \sum_{n=0}^{\infty}\frac{2\cdot(-1)^n}{a^{2n+2}}z^{2n+3}$$

Laurent-Reihe mit Konvergenz im Außengebiet $\quad |z| > a$:

$$f(z) = \frac{2z^3}{z^2 + a^2} = 2z\cdot\frac{1}{1 + (a/z)^2} = 2z\sum_{n=0}^{\infty}\left(-\frac{a^2}{z^2}\right)^n = \sum_{n=0}^{\infty}2\cdot(-1)^n a^{2n}\frac{1}{z^{2n-1}}$$

b)
$$\oint_{|z|=\rho>a}\frac{2z^3}{z^2 + a^2}\,dz = 2\pi i\,(\,\text{Res}(f;ia) + \text{Res}(f;-ia)) = 2\pi i\,(\,(ia)^2 + (-ia)^2\,) = -4\pi i a^2$$

c) Nach a) besitzt f für $|z| < \dfrac{a}{2}$ eine Taylor-Reihendarstellung, und es gilt

$$|f(z)| = \left|\frac{2z^3}{a^2}\sum_{n=0}^{\infty}\left(-\frac{z^2}{a^2}\right)^n\right| \leq \frac{2|z|^3}{a^2}\sum_{n=0}^{\infty}\left|-\frac{z^2}{a^2}\right|^n \leq \frac{a}{4}\sum_{n=0}^{\infty}\left(\frac{1}{4}\right)^n = \frac{a}{4}\cdot\frac{1}{1 - 1/4} = \frac{a}{3}.$$

Lösung 26.6.5

a) Die Singularitäten von $f(z) = \dfrac{z}{z^3 + 1}$, die Nennernullstellen, sind Pole erster Ordnung:

$$z_0 = e^{\pi i/3} = \frac{1}{2}\left(1 + i\sqrt{3}\right),\quad z_1 = e^{\pi i} = -1,\quad z_2 = e^{5\pi i/3} = \frac{1}{2}\left(1 - i\sqrt{3}\right).$$

$$\text{Res}\,(f;z_0) = \frac{z_0}{3z_0^2} = \frac{1}{6}\left(1 - i\sqrt{3}\right),\quad \text{Res}\,(f;z_1) = -\frac{1}{3},\quad \text{Res}\,(f;z_2) = \frac{1}{6}\left(1 + i\sqrt{3}\right)$$

Die Laurent-Entwicklung im Außengebiet $|z| > 1$ ergibt sich durch:

$$f(z) = \frac{1}{z^2}\cdot\frac{1}{1 + 1/z^3} = \frac{1}{z^2}\sum_{n=0}^{\infty}(-1)^n\frac{1}{z^{3n}} = \sum_{n=0}^{\infty}(-1)^n\frac{1}{z^{3n+2}}.$$

Damit ist $z = \infty$ hebbare Singularität mit Res $(f;\infty) = 0$.

b) $\quad f(z) = \dfrac{z - \sin z}{z^2} = -\dfrac{1}{z^2}\sum_{n=1}^{\infty}(-1)^n\dfrac{z^{2n+1}}{(2n+1)!} = -\sum_{n=1}^{\infty}\underbrace{\dfrac{(-1)^n}{(2n+1)!}}_{=:a_{2n-1}}z^{2n-1}$

Die einzige Singularität $z_0 = 0$ ist hebbar mit Res $(f;z_0) = a_{-1} = 0$. Da die angegebene Laurent-Reihenentwicklung um z_0 auch im Außenraum gilt, ist $z = \infty$ wesentliche Singularität mit Res $(f;\infty) = -a_{-1} = 0$.

c) $f(z) = z + \sin\dfrac{1}{z} = z + \displaystyle\sum_{n=-\infty}^{-1} \underbrace{\dfrac{(-1)^{n+1}}{(-2n-1)!}}_{=:a_n} z^{2n+1}$

Die einzige Singularität $z_0 = 0$ ist wesentlich mit $\mathrm{Res}\,(f;z_0) = a_{-1} = 1$. Da die angegebene Laurent-Reihenentwicklung um z_0 auch im Außenraum gilt, ist $z = \infty$ Pol erster Ordnung mit $\mathrm{Res}\,(f;\infty) = -a_{-1} = -1$.

d) Die Singularitäten von $f(z) = \dfrac{z^2 + 1}{\sinh z}$ ergeben sich aus:

$$0 = \sinh z = \frac{1}{2}\left(\mathrm{e}^{z} - \mathrm{e}^{-z}\right) = \frac{1}{2}\left(\mathrm{e}^{x+iy}z - \mathrm{e}^{-x-iy}\right)$$

$$= \frac{1}{2}\left(\mathrm{e}^{x}(\cos y + i\sin y) - \mathrm{e}^{-x}(\cos y - i\sin y)\right) = \cos y\sinh x + i\sin y\cosh x .$$

Diese Gleichung besitzt die Lösungen $y = k\pi$ und $x = 0$. Damit sind die Singularitäten $z_k = k\pi i$ Pole erster Ordnung, und man erhält

$$\mathrm{Res}\,(f;z_k) = \left.\left(\frac{z^2 + 1}{(\sinh z)'}\right)\right|_{z=z_k} = \frac{(k\pi i)^2 + 1}{\cosh k\pi i} = (-1)^k(1 - (k\pi)^2) .$$

Da sich die Singularitäten z_k im Unendlichen häufen, ist $z = \infty$ keine isolierte Singularität und $\mathrm{Res}\,(f;\infty)$ nicht definiert.

e) Die Singularitäten von

$$f(z) = \frac{5z^4 + z^3 + 20z^2 + 7z}{z^2 + 4} = 5z^2 + z + \frac{3z}{z^2 + 4} ,$$

die Nennernullstellen, sind Pole erster Ordnung: $z_1 = 2i$, $z_2 = -2i$.

$$\mathrm{Res}\,(f;2i) = \left.\frac{5z^4 + z^3 + 20z^2 + 7z}{(z^2 + 4)'}\right|_{z=2i} = \frac{3}{2}, \quad \mathrm{Res}\,(f;-2i) = \frac{3}{2} .$$

Die Laurent-Entwicklung im Außengebiet $|z| > 2$ lautet:

$$f(z) = 5z^2 + z + \frac{3}{z}\cdot\frac{1}{1 + (2/z)^2} = 5z^2 + z + \frac{3}{z}\sum_{n=0}^{\infty}(-1)^n\frac{4^n}{z^{2n}} = 5z^2 + z + \frac{3}{z}\mp\cdots$$

Damit ist $z = \infty$ Pol zweiter Ordnung mit $\mathrm{Res}\,(f;\infty) = -3$.

Lösung 26.6.6

a) Wegen $z^2 + z - 12 = (z - 3)(z + 4)$ liegen bei $z_1 = 3$ und $z_2 = -4$ Pole erster Ordnung vor.

b) $\mathrm{Res}\,(f,z_1) = \mathrm{Res}\left(\dfrac{z + 25}{(z - 3)(z + 4)}, z_1\right) = \dfrac{z_1 + 25}{z_1 + 4} = 4$

   $\mathrm{Res}\,(f,z_2) = \mathrm{Res}\left(\dfrac{z + 25}{(z - 3)(z + 4)}, z_2\right) = \dfrac{z_2 + 25}{z_2 - 3} = -3$

c) $\displaystyle\oint_{|z|=\pi} f(z)\,dz = 2\pi i\,\mathrm{Res}\,(f,z_1) = 8\pi i$

d) $f(z) = \dfrac{z + 25}{(z - 3)(z + 4)} = h(z,z_1) + h(z,z_2)$

   $= \dfrac{\mathrm{Res}\,(f,z_1)}{z - 3} + \dfrac{\mathrm{Res}\,(f,z_2)}{z + 4} = \dfrac{4}{z - 3} - \dfrac{3}{z + 4}$

L.26.7   Residuensatz mit Anwendungen

Lösung 26.7.1

a) Aus der Faktorisierung

$$z^4 + 8z^3 + 20z^2 + 32z + 64 = (z + 2i)(z - 2i)(z + 4)^2$$

ergeben sich die Nennernullstellen, die keine Zählernullstellen sind

$$z_0 = -2i\,, \quad z_1 = 2i\,, \quad z_2 = -4\,.$$

Damit sind z_0 und z_1 Pole erster Ordnung und z_2 ist Pol zweiter Ordnung.

Der Hauptteil der Laurent-Entwicklung in z_k, $k = 0,1$ besitzt damit die Form

$$h(z, z_k) = \frac{a_{-1,k}}{z - z_k}\,, \quad \text{wobei} \quad a_{-1,k} = \mathrm{Res}(f(z); z_k)$$

gilt. Für $z_0 = -2i$ ergibt sich

$$\begin{aligned}
\mathrm{Res}(f(z); -2i) &= \left.\frac{20}{(z - 2i)(z + 4)^2}\right|_{z=-2i} = \frac{20}{(-2i - 2i)(4 - 2i)^2} \\
&= \frac{20}{-16i(3 - 4i)} = \frac{3i - 4}{20}\,.
\end{aligned}$$

Zum gleichen Ergebnis führt die Taylor-Reihenentwicklung des holomorphen Anteils von f um $z_0 = -2i$:

$$f(z) = \frac{1}{z + 2i} \cdot \underbrace{\frac{20}{(z - 2i)(z + 4)^2}}_{= \, g_1(z),\,(\text{holomorph})} = \frac{1}{z + 2i}\left(g_1(-2i) + g_1'(-2i)(z + 2i) + \cdots\right)$$

mit $g_1(-2i) = \mathrm{Res}(f(z); -2i) = \dfrac{3i - 4}{20}$. Insgesamt erhält man also

$$f(z) = \underbrace{\frac{3i - 4}{20(z + 2i)}}_{= \, h(z, -2i)} + \underbrace{g_1'(-2i) + \cdots}_{\text{Nebenteil}}$$

Für $z_1 = 2i$ ergibt sich entsprechend

$$f(z) = \frac{1}{z - 2i} \cdot \underbrace{\frac{20}{(z + 2i)(z + 4)^2}}_{= \, g_2(z),\,(\text{holomorph})} = \frac{1}{z - 2i}\left(g_1(2i) + g_1'(2i)(z - 2i) + \cdots\right)$$

mit $g_1(2i) = \mathrm{Res}(f(z); 2i) = \dfrac{-3i - 4}{20}$.

$$\Rightarrow \quad f(z) = \underbrace{\frac{-3i - 4}{20(z - 2i)}}_{= \, h(z, 2i)} + \underbrace{g_1'(2i) + \cdots}_{\text{Nebenteil}}$$

Für den Pol zweiter Ordnung $z_2 = -4$ erhält man den Hauptteil der Laurent-Reihe um z_2 über die Taylor-Reihenentwicklung des holomorphen Anteils g_3 von f:

$$\begin{aligned}
f(z) &= \frac{1}{(z + 4)^2} \cdot \frac{20}{(z + 2i)(z - 2i)} = \frac{1}{(z + 4)^2} \cdot \underbrace{\frac{20}{z^2 + 4}}_{= \, g_3(z)} \\
&= \frac{1}{(z + 4)^2}\left(g_3(-4) + g_3'(-4)(z + 4) + \frac{1}{2}g_3''(-4)(z + 4)^2 + \cdots\right).
\end{aligned}$$

Nach kurzer Rechnung erhält man

$$g_3(-4) = 1 \,, \quad g_3'(-4) = \frac{2}{5} = \mathrm{Res}(f(z); -4)$$

$$\Rightarrow \quad f(z) = \underbrace{\frac{1}{(z+4)^2} + \frac{2}{5(z+4)}}_{= \, h(z,-4)} + \underbrace{g_3''(-4)/2 + \cdots}_{\text{Nebenteil}}$$

Die komplexe Partialbruchzerlegung lautet deshalb:

$$f(z) = h(z,-2i) + h(z,2i) + h(z,-4) = \frac{3i-4}{20(z+2i)} + \frac{-3i-4}{20(z-2i)} + \frac{1}{(z+4)^2} + \frac{2}{5(z+4)} \,.$$

Als reelle Partialbruchzerlegung ergibt sich:

$$f(z) = \frac{3-2z}{5(z^2+4)} + \frac{1}{(z+4)^2} + \frac{2}{5(z+4)} \,.$$

b)   Von den Singularitäten von f

$$z_0 = -2i\,, \quad z_1 = 2i \quad \text{und} \quad z_2 = -4$$

liegen nur $z_1 = 2i$ und $z_2 = -4$ innerhalb von c.

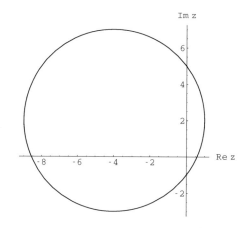

Bild 26.7.1   Kreis $c: |z+4-2i| = 5$

Damit ergibt sich nach dem Residuensatz

$$\oint_c f(z)\,dz = 2\pi i\,(\mathrm{Res}\,(f;2i) + \mathrm{Res}\,(f;-4)) = 2\pi i\left(\frac{-3i-4}{20} + \frac{2}{5}\right) = \frac{3\pi + 4\pi i}{10} \,.$$

Lösung 26.7.2

a) $f(z) = \dfrac{z^2 + 2z - 3}{(z-1)(z^2+1)^2} = \dfrac{(z-1)(z+3)}{(z-1)(z+i)^2(z-i)^2} \,.$

Damit ist $z_1 = 1$ hebbare Singularität, und $z_2 = i$ und $z_3 = -i$ sind Pole zweiter Ordnung.

$$\mathrm{Res}\,(f;1) = 0\,, \quad \mathrm{Res}\,(f;i) = \left(\frac{z+3}{(z+i)^2}\right)'\bigg|_{z=i} = -\frac{3i}{4}\,, \quad \mathrm{Res}\,(f;-i) = \frac{3i}{4}$$

$$\Rightarrow \quad \oint_{c_1} \frac{z^2 + 2z - 3}{(z-1)(z^2+1)^2}\,dz = 2\pi i\,(\mathrm{Res}\,(f;1) + \mathrm{Res}\,(f;i) + \mathrm{Res}\,(f;-i)) = 0\,,$$

$$\oint_{c_2} \frac{z^2 + 2z - 3}{(z-1)(z^2+1)^2}\,dz = 2\pi i \cdot \mathrm{Res}\,(f;-i) = -\frac{3\pi}{2} \,.$$

b) Die Singularitäten von $f(z) = \dfrac{z}{\sin z}$ ergeben sich aus:

$$0 \;=\; \sin z \;=\; \frac{1}{2i}\left(\mathrm{e}^{iz} - \mathrm{e}^{-iz}\right) \;=\; \frac{1}{2i}\left(\mathrm{e}^{ix-y} - \mathrm{e}^{-ix+y}\right)$$

$$=\; \frac{1}{2i}\left(\mathrm{e}^{-y}(\cos x + i\sin x) - \mathrm{e}^{y}(\cos x - i\sin x)\right) \;=\; -\sin x\cosh y + i\cos x\sinh y\,.$$

Diese Gleichung besitzt die Lösungen $x = k\pi$ mit $k \in \mathbb{Z}$ und $y = 0$. Damit ist $z_0 = 0$ hebbare Singularität, und $z_{k\neq 0} = k\pi$ sind Pole erster Ordnung und man erhält

$$\mathrm{Res}\,(f;0) = 0\,, \quad \mathrm{Res}\,(f;\pi) = \left.\frac{z}{\cos z}\right|_{z=\pi} = -\pi$$

$$\Rightarrow \quad \oint_c \frac{z}{\sin z}\,dz \;=\; 2\pi i\,(2\cdot\mathrm{Res}\,(f;0) + 2\cdot\mathrm{Res}\,(f;\pi)) \;=\; -4\pi^2 i\,.$$

Lösung 26.7.3

a) $f(z) = \dfrac{\mathrm{e}^{\pi z}}{z^2(z^2+1)(z^2+9)}$ besitzt die Singularitäten

$z_0 = 0$ (Pol zweiter Ordnung), $z_{1,2} = \pm i$ (Pole erster Ordnung) und $z_{3,4} = \pm 3i$ (Pole erster Ordnung).

b) Im Inneren der Kurve $|z| = 2$ liegen die Singularitäten z_0, z_1 und z_2.

$$\mathrm{Res}\,(f;0) = \left.\left(\frac{\mathrm{e}^{\pi z}}{(z^2+1)(z^2+9)}\right)'\right|_{z=0} = \frac{\pi}{9}\,, \quad \mathrm{Res}\,(f;\pm i) = \left.\frac{\mathrm{e}^{\pi z}}{z^2(z\pm i)(z^2+9)}\right|_{z=\pm i} = \mp\frac{i}{16}$$

$$\Rightarrow \quad \int_{|z|=2} f(z)\,dz \;=\; 2\pi i\,(\mathrm{Res}\,(f;0) + \mathrm{Res}\,(f;i) + \mathrm{Res}\,(f;-i)) \;=\; \frac{2\pi^2 i}{9}\,.$$

Lösung 26.7.4

Die Integralberechnung erfolgt über die Substitution $z = \mathrm{e}^{ix}$ mit

$$\sin x = \frac{1}{2i}\left(z - \frac{1}{z}\right) \quad \text{und} \quad \cos x = \frac{1}{2}\left(z + \frac{1}{z}\right)\,.$$

a)
$$\int_0^{2\pi} \frac{\sin x}{2 + \sin x}\,dx \;=\; \int_{|z|=1} \frac{(z - 1/z)/2i}{2 + (z - 1/z)/2i}\cdot\frac{dz}{iz} \;=\; \frac{1}{i}\int_{|z|=1} \underbrace{\frac{z^2 - 1}{z(z^2 + 4iz - 1)}}_{=:f(z)}\,dz$$

$$=\; \frac{1}{i}\cdot 2\pi i\left(\mathrm{Res}\,(f;0) + \mathrm{Res}\,(f;i(-2+\sqrt{3}))\right) \;=\; 2\pi\left(1 + \frac{2\sqrt{3}-4}{2\sqrt{3}-3}\right) \;=\; -0.9720121\ldots\,,$$

denn die Singularitäten $z_0 = 0$, $z_1 = i(-2+\sqrt{3})$ und $z_2 = i(-2-\sqrt{3})$ des Integranden sind Pole erster Ordnung, und nur z_0 und z_1 liegen im Einheitskreis.

b) Der Integrand ist eine gerade Funktion, und man erhält

$$\int_0^{\pi} \frac{\cos x}{3 + \cos x}\,dx \;=\; \frac{1}{2}\int_0^{2\pi} \frac{\cos x}{3 + \cos x}\,dx \;=\; \frac{1}{2}\int_{|z|=1} \frac{(z + 1/z)/2}{3 + (z + 1/z)/2}\cdot\frac{dz}{iz} \;=\; \frac{1}{2i}\int_{|z|=1} \underbrace{\frac{z^2 + 1}{z(z^2 + 6z + 1)}}_{=:f(z)}\,dz$$

$$=\; \frac{1}{2i}\cdot 2\pi i\left(\mathrm{Res}\,(f;0) + \mathrm{Res}\,(f;-3+\sqrt{8})\right) \;=\; \pi\left(1 + \frac{9 - 3\sqrt{8}}{8 - 3\sqrt{8}}\right) \;=\; -0.190569\ldots\,,$$

denn die Singularitäten $z_0 = 0$, $z_1 = -3+\sqrt{8}$ und $z_2 = -3-\sqrt{8}$ des Integranden sind Pole erster Ordnung, und nur z_0 und z_1 liegen im Einheitskreis.

Lösung 26.7.5

$$f(z) = \frac{1}{z(\sqrt{z}-1)} = \frac{\sqrt{z}+1}{z(z-1)} = (\sqrt{z}+1)\left(\frac{1}{z-1} - \frac{1}{z}\right)$$

a) Um $z_0 = 1$ gibt es nur die Laurent-Entwicklung in der punktierten Kreisscheibe $0 < |z-1| < 1$, denn die Singularitäten von f liegen bei $z_0 = 1$ und $z_1 = 0$ und der Hauptzweig der Wurzel ist für $x < 0$ nicht definiert.

Für $|z-1| < 1$ gilt: $\quad \dfrac{1}{z} = \dfrac{1}{1+(z-1)} = \sum_{n=0}^{\infty} (-1)^n (z-1)^n$,

und unter Verwendung der binomischen Reihe erhält man

$$\sqrt{z} = ((z-1)+1)^{1/2} = \sum_{n=0}^{\infty} \binom{1/2}{n}(z-1)^n = 1 + \frac{z-1}{2} - \frac{(z-1)^2}{8} + \frac{(z-1)^3}{16} \mp \cdots$$

Damit ergibt sich

$$f(z) = (\sqrt{z}+1)\left(\frac{1}{z-1} - \frac{1}{z}\right) = \frac{2}{z-1} - \frac{3}{2} + \frac{11(z-1)}{8} - \frac{21(z-1)^2}{16} \pm \cdots$$

b) $z_0 = 1$ ist Pol erster Ordnung mit $\operatorname{Res}(f; z_0) = 2$, und $z_1 = 0$ ist keine isolierte Singularität.

c) Zunächst wird für $a = \dfrac{1}{2}$ bzw. $a = \dfrac{3}{2}$ das Integral $\displaystyle\oint_c \frac{1}{z(\sqrt{z}-1)}\, dz$ über den Residuensatz berechnet. Die geschlossene Kurve c umläuft dabei mathematisch positiv das Gebiet der Schnittmenge des Ursprungskreises vom Radius $r > a$ mit der rechts von der Geraden $g(y) = a + iy$ liegenden Halbebene.

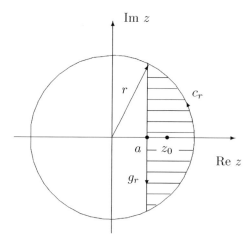

Bild 26.7.5   Gebiet, das von $c = c_r + g_r$ umlaufen wird

Die Kurve kann durch $c = c_r + g_r$ parametrisiert werden, wobei der Kreisbogen c_r durch

$$c_r(\varphi) = re^{i\varphi} \quad , \quad -\arccos\frac{a}{r} \le \varphi \le \arccos\frac{a}{r} =: \psi(r)$$

beschrieben wird und der Geradenabschnitt g_r durch

$$g_r(y) = a + iy \quad , \quad -r\sin\psi(r) \le y \le r\sin\psi(r) \ .$$

Für den Winkel $\psi(r)$ gilt $\displaystyle\lim_{r\to\infty} \psi(r) = \frac{\pi}{2}$ und damit $\lim_{r\to\infty} r\sin\psi(r) = \infty$.

Man erhält damit $\displaystyle\int_{g_r} \frac{dz}{z(\sqrt{z}-1)} \xrightarrow{r\to\infty} \int_{c_{1/2}} \frac{dz}{z(\sqrt{z}-1)}$.

Für $1 < r \to \infty$ verschwindet das Integral über den Kreisbogen, denn

$$\left| \int\limits_{c_r} \frac{dz}{z\left(\sqrt{z}-1\right)} \right| = \left| \int\limits_{-\psi(r)}^{\psi(r)} \frac{ire^{i\varphi}d\varphi}{re^{i\varphi}\left(\sqrt{r}e^{i\varphi/2}-1\right)} \right| \leq \int\limits_{-\psi(r)}^{\psi(r)} \frac{d\varphi}{\left|\sqrt{r}e^{i\varphi/2}-1\right|}$$

$$\leq \int\limits_{-\psi(r)}^{\psi(r)} \frac{d\varphi}{\left|\left|\sqrt{r}e^{i\varphi/2}\right|-1\right|} = \frac{2\psi(r)}{\sqrt{r}-1} \;\; \overset{r\to\infty}{\longrightarrow} \;\; 0\,.$$

Da im Falle der Kurve c_1, also für $a = \dfrac{1}{2}$, die Singularität $z_0 = 1$ für alle $r > 1$ im Inneren von c liegt, gilt nach dem Residuensatz

$$\int\limits_{c_1} \frac{dz}{z\left(\sqrt{z}-1\right)} = 2\pi i \,\operatorname{Res}\,(f;1) = 4\pi i\,.$$

Im Falle der Kurve c_2, also für $a = \dfrac{3}{2}$, liegt die Singularität $z_0 = 1$ außerhalb des von c umschlossenen Gebietes, so dass nach dem Cauchyschen Integralsatz für alle $r > \dfrac{3}{2}$ gilt

$$\int\limits_{c_2} \frac{dz}{z\left(\sqrt{z}-1\right)} = 0\,.$$

Lösung 26.7.6

Die Singularitäten des Integranden $f(z) = \dfrac{1}{z^8 + 1}$ in der oberen Halbebene

$$z_0 = e^{\pi i/8}\,, \quad z_1 = e^{3\pi i/8}\,, \quad z_2 = e^{5\pi i/8}\,, \quad z_3 = e^{7\pi i/8}$$

sind Pole erster Ordnung mit den Residuen $\operatorname{Res}\,(f;z_k) = \dfrac{1}{8z_k^7} = -\dfrac{z_k}{8}$:

$$\operatorname{Res}(f;z_k) = -\frac{1}{8}e^{(\pi i + 2\pi k)/8}\,, \quad k = 0,1,2,3\,.$$

Damit ergibt sich

$$\int\limits_{-\infty}^{\infty} \frac{dx}{x^8+1} = 2\pi i \sum_{\operatorname{Im}\,z_k > 0} \operatorname{Res}(f;z_k) = \frac{\pi}{2}\left(\sin\frac{\pi}{8} + \sin\frac{3\pi}{8}\right) = 2.05234\ldots$$

Lösung 26.7.7

a) Die Singularitäten des Integranden $f(z) = \dfrac{e^{iz}}{z^4+16}$ im von c berandeten Halbkreis vom Radius $r \geq 2.1$

$$z_0 = 2e^{\pi i/4}\,, \quad z_1 = 2e^{3\pi i/4}$$

sind Pole erster Ordnung mit $\operatorname{Res}\,(f;z_k) = \dfrac{e^{iz_k}}{4z_k^3} = -\dfrac{z_k e^{iz_k}}{64}$, $k = 0,1$:

$$\operatorname{Res}(f;z_k) = -\frac{1}{32}\left(\cos\frac{\pi+2\pi k}{4} + i\sin\frac{\pi+2\pi k}{4}\right)\exp\left(-2\sin\frac{\pi+2\pi k}{4} + 2i\cos\frac{\pi+2\pi k}{4}\right)\,.$$

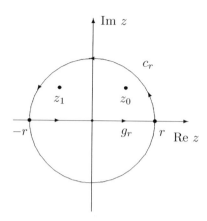

Bild 26.7.7   Singularitäten z_0 , z_1, die von $c = c_r + g_r$ umlaufen werden

Damit ergibt sich mit Hilfe des Residuensatzes

$$\oint_c \frac{e^{iz}}{z^4 + 16} \, dz \;=\; 2\pi i \left(\operatorname{Res}(f; z_0) + \operatorname{Res}(f; z_1) \right)$$

$$=\; -\frac{\pi i}{32} \left((\sqrt{2} + i\sqrt{2}) e^{-\sqrt{2}+i\sqrt{2}} + (-\sqrt{2} + i\sqrt{2}) e^{-\sqrt{2}-i\sqrt{2}} \right)$$

$$=\; \frac{\sqrt{2}\pi e^{-\sqrt{2}}}{16} \left(\sin\sqrt{2} + \cos\sqrt{2} \right) \;=\; 0.07721035\ldots$$

b) $$\oint_c \frac{e^{iz}}{z^4 + 16} \, dz \;=\; \int_{-r}^{r} \frac{\cos x}{x^4 + 16} \, dx + i \underbrace{\int_{-r}^{r} \frac{\sin x}{x^4 + 16} \, dx}_{=0} + \int_{c_r} \frac{e^{iz}}{z^4 + 16} \, dz$$

Das letzte Integral über den Halbkreis verschwindet für $2.1 \leq r \to \infty$:

$$\left| \int_{c_r} \frac{e^{iz}}{z^4 + 16} \, dz \right| \;=\; \left| \int_0^{\pi} \frac{e^{ir(\cos\varphi + i\sin\varphi)} i r e^{i\varphi} \, d\varphi}{r^4 e^{4i\varphi} + 16} \right| \;\leq\; \int_0^{\pi} \frac{\left| e^{ir\cos\varphi} \right| \cdot \left| e^{-r\sin\varphi} \right| \cdot \left| i r e^{i\varphi} \right| \, d\varphi}{\left| r^4 e^{4i\varphi} + 16 \right|}$$

$$\leq\; \int_0^{\pi} \frac{r e^{-r\sin\varphi} \, d\varphi}{\left| r^4 e^{4i\varphi} \right| - 16} \;=\; \frac{r}{r^4 - 16} \int_0^{\pi} e^{-\overbrace{r\sin\varphi}^{\geq 0}} \, d\varphi \quad \overset{r \to \infty}{\longrightarrow} \quad 0 .$$

Man erhält so für $r \to \infty$:

$$\int_{-\infty}^{\infty} \frac{\cos x}{x^4 + 16} \, dx \;=\; \oint_c \frac{e^{iz}}{z^4 + 16} \, dz \;=\; \frac{\sqrt{2}\pi e^{-\sqrt{2}}}{16} \left(\sin\sqrt{2} + \cos\sqrt{2} \right) \;=\; 0.07721035\ldots$$

Lösung 26.7.8

a)   Die Singularitäten der Funktion $f(z) = \dfrac{z+2}{z^3 - z^2 + z - 1} = \dfrac{z+2}{(z-1)(z^2+1)}$ liegen bei $z_1 = i$, $z_2 = -i$ und $z_3 = 1$, sind Pole erster Ordnung, und man erhält:

$$\int_{-\infty}^{\infty} \frac{x+2}{x^3 - x^2 + x - 1} \, dx \;=\; 2\pi i \operatorname{Res}(f; z_1) + \pi i \operatorname{Res}(f; z_3) \;=\; -\frac{\pi}{2} .$$

b)   Die Singularitäten der Funktion $f(z) = \dfrac{z}{z^2 + 2}$ liegen bei $z_1 = i\sqrt{2}$ und $z_2 = -i\sqrt{2}$, sind Pole erster Ordnung, und man erhält:

$$\int_{-\infty}^{\infty} \frac{x e^{2ix}}{x^2 + 2} \, dx \;=\; 2\pi i \operatorname{Res}(f(z) e^{2iz}; z_1) \;=\; \pi i e^{-2\sqrt{2}} .$$

c) Die Singularitäten der Funktion $f(z) = \dfrac{z+1}{z^2+1}$ liegen bei $z_1 = i$ und $z_2 = -i$, sind Pole erster Ordnung, und man erhält:

$$
\begin{aligned}
\int_0^\infty \frac{x+1}{\sqrt{x}(x^2+1)}\,dx &= \frac{2\pi i}{1 - e^{-\frac{2\pi i}{2}}}\left(\operatorname{Res}(\frac{f(z)}{\sqrt{z}};z_1) + \operatorname{Res}(\frac{f(z)}{\sqrt{z}};z_2)\right) \\
&= \pi i\left(\frac{z_1+1}{\sqrt{z_1}(z_1-z_2)} + \frac{z_2+1}{\sqrt{z_2}(z_2-z_1)}\right) = \pi i\left(\frac{i+1}{2i\sqrt{i}} + \frac{i-1}{2i\sqrt{-i}}\right) \\
&= \frac{\pi}{2}\left(e^{\pi i/4} + e^{-\pi i/4} + e^{-\pi i/4} - e^{-3\pi i/4}\right) = \pi\sqrt{2}\,.
\end{aligned}
$$

d) Die Singularitäten der Funktion $f(z) = \dfrac{z^2}{z^4+1}$ liegen bei $z_0 = e^{\pi i/4}$, $z_1 = e^{3\pi i/4}$, $z_2 = e^{5\pi i/4}$, $z_3 = e^{7\pi i/4}$, sind Pole erster Ordnung, und man erhält:

$$
\int_{-\infty}^\infty \frac{x^2}{x^4+1}\,dx = 2\pi i\,(\operatorname{Res}(f;z_0) + \operatorname{Res}(f;z_1)) = \frac{\pi}{\sqrt{2}}\,.
$$

Lösung 26.7.9

a) $f(z) = \dfrac{1 - e^{iz}}{z^2} = \dfrac{1}{z^2}\left(1 - \left(1 + iz + \dfrac{(iz)^2}{2!} + \dfrac{(iz)^3}{3!} + \cdots\right)\right) = -\dfrac{i}{z} + \dfrac{1}{2} + \dfrac{iz}{6} + \cdots$

Die Singularität $z_0 = 0$ von f ist also Pol erster Ordnung mit $\operatorname{Res}(f;z_0) = -i$:

$$
\oint_c \frac{1 - e^{iz}}{z^2}\,dz = 2\pi i\,\operatorname{Res}(f;0) = 2\pi\,.
$$

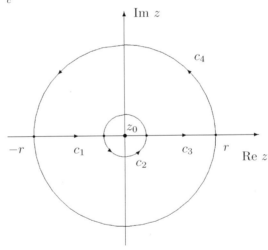

Bild 26.7.9   Kurve $c = c_1 + c_2 + c_3 + c_4$

b)

$$
\begin{aligned}
\int_{c_1+c_3} f(z)\,dz &= \int_{-r}^{-1/r} \frac{1 - e^{ix}}{x^2}\,dx + \int_{1/r}^{r} \frac{1 - e^{ix}}{x^2}\,dx \\
&= \int_{1/r}^{r} \frac{2 - (e^{ix} + e^{-ix})}{x^2}\,dx \xrightarrow{r\to\infty} 2\int_0^\infty \frac{1 - \cos x}{x^2}\,dx\,.
\end{aligned}
$$

$$
\begin{aligned}
\int_{c_2} f(z)\,dz &= \int_{c_2} -\frac{i}{z}\,dz + \int_{c_2} \underbrace{\frac{1}{2} + \frac{iz}{6} + \cdots}_{=\,g(z)\ \text{(holomorph)}}\,dz \\
&= -i\int_\pi^{2\pi} \frac{i\cdot e^{i\varphi}/r}{e^{i\varphi}/r}\,d\varphi + \int_{c_2} g(z)\,dz = \pi + \int_{c_2} g(z)\,dz \xrightarrow{r\to\infty} \pi
\end{aligned}
$$

$$\left| \int_{c_4} f(z)\, dz \right| = \left| \int_0^\pi \frac{\left(1 - e^{ir(\cos\varphi + i\sin\varphi)}\right) i r e^{i\varphi}}{r^2 e^{i2\varphi}}\, d\varphi \right| \leq \int_0^\pi \frac{\left| 1 - e^{ir(\cos\varphi + i\sin\varphi)} \right|}{\left| r e^{i\varphi} \right|}\, d\varphi$$

$$\leq \frac{1}{r} \int_0^\pi 1 + e^{-r\sin\varphi}\, d\varphi \quad \overset{r\to\infty}{\longrightarrow} \quad 0$$

Damit erhält man :

$$2\pi = \oint_c \frac{1 - e^{iz}}{z^2}\, dz \quad \overset{r\to\infty}{\longrightarrow} \quad \pi + 2 \int_0^\infty \frac{1 - \cos x}{x^2}\, dx \quad \Rightarrow \quad \int_0^\infty \frac{1 - \cos x}{x^2}\, dx = \frac{\pi}{2}\,.$$

Lösung 26.7.10

a) Der Integrand ist eine gerade Funktion, und man erhält

$$\int_0^\pi \frac{2 - \cos\varphi}{2 + \cos\varphi}\, d\varphi = \frac{1}{2} \int_0^{2\pi} \frac{4}{2 + \cos\varphi} - 1\, d\varphi \overset{z = e^{i\varphi}}{=} -\pi + \frac{1}{2} \int_{|z|=1} \frac{4}{2 + \left(z + \frac{1}{z}\right)/2} \cdot \frac{dz}{iz}$$

$$= -\pi + \frac{4}{i} \int_{|z|=1} \underbrace{\frac{1}{z^2 + 4z + 1}}_{=:f(z)}\, dz$$

$$= -\pi + \frac{4}{i} \cdot 2\pi i\, \mathrm{Res}\left(f; -2 + \sqrt{3}\right) = \pi\left(\frac{4}{\sqrt{3}} - 1\right) = 4.1136\ldots,$$

denn die Singularitäten $z_1 = -2 - \sqrt{3}$ und $z_2 = -2 + \sqrt{3}$ des Integranden sind Pole erster Ordnung, und nur z_2 liegt im Einheitskreis.

b)
$$f(z) = \frac{z^2 - z}{z^{3/2}(z^3 - z^2 + 4z - 4)} = \frac{z(z-1)}{z\sqrt{z}(z-1)(z^2+4)} = \frac{1}{\sqrt{z}} \cdot \underbrace{\frac{1}{z^2 + 4}}_{=g(z)}$$

Die Singularitäten der Funktion g liegen bei $z_1 = 2i$ und $z_2 = -2i$, sind Pole erster Ordnung, und man erhält:

$$\int_0^\infty \frac{x^2 - x}{x^{3/2}(x^3 - x^2 + 4x - 4)}\, dx = \frac{2\pi i}{1 - e^{-2\pi i/2}} \left(\mathrm{Res}\left(\frac{g(z)}{\sqrt{z}}; z_1\right) + \mathrm{Res}\left(\frac{g(z)}{\sqrt{z}}; z_2\right) \right)$$

$$= \pi i \left(\frac{1}{\sqrt{z_1}(z_1 - z_2)} + \frac{1}{\sqrt{z_2}(z_2 - z_1)} \right) = \pi i \left(\frac{1}{4i\sqrt{2}e^{\pi i/4}} - \frac{1}{4i\sqrt{2}e^{3\pi i/4}} \right)$$

$$= \frac{\pi}{4\sqrt{2}} \left(e^{-\pi i/4} + e^{\pi i/4} \right) = \frac{\pi}{4}\,.$$

c) $$\int_{-\infty}^\infty \underbrace{\frac{1}{x^2 + 2x + 10}}_{=f(x)}\, dx = 2\pi i\, \mathrm{Res}(f; -1 + 3i) = \frac{2\pi i}{2(-1 + 3i) + 2} = \frac{\pi}{3}\,, \text{ denn } f \text{ besitzt die beiden}$$

Singularitäten $z_1 = -1 + 3i$ und $z_2 = -1 - 3i$, wobei nur z_1 in der oberen Halbebene liegt.

L.27 Integraltransformationen

L.27.1 Fourier-Transformation

Lösung 27.1.1

a)
$$F(\omega) = \int_{-\infty}^{\infty} f(t)e^{-i\omega t}\,dt = \int_{-2}^{2} (4-t^2)e^{-i\omega t}\,dt$$

$$= \int_{-2}^{2} (4-t^2)(\cos(\omega t) - i\sin(\omega t))\,dt = 2\int_{0}^{2} (4-t^2)\cos(\omega t)\,dt$$

$$\stackrel{\omega \neq 0}{=} \frac{4}{\omega^2}\left(\frac{\sin(2\omega)}{\omega} - 2\cos(2\omega)\right) = \frac{4}{\omega^2}\left(\frac{8}{3}\omega^2 - \frac{16}{15}\omega^4 \pm \cdots\right)$$

Aufgrund der Stetigkeit von F erhält man somit $F(0) = \frac{32}{3}$.

b) Die inverse Fourier-Transformation der gerade fortgesetzten Funktion G liefert die Originalfunktion

$$g(t) = \frac{1}{2\pi}\int_{-\infty}^{\infty} G(\omega)e^{i\omega t}\,d\omega = \frac{1}{2\pi}\int_{-\infty}^{\infty} G(\omega)(\cos(\omega t) + i\sin(\omega t))\,d\omega$$

$$= \frac{1}{\pi}\int_{0}^{\infty} G(\omega)\cos(\omega t)\,d\omega = \frac{1}{\pi}\begin{cases} 4-t^2 &:\ 0 \leq t \leq 2 \\ 0 &:\ t > 2 \end{cases}.$$

Für $\omega \geq 0$ erhält man aus a) $\quad G(\omega) = \frac{1}{\pi}F(\omega) = \frac{4}{\pi\omega^2}\left(\frac{\sin(2\omega)}{\omega} - 2\cos(2\omega)\right).$

Lösung 27.1.2

$$g(t) = \int_{-\infty}^{\infty} \frac{2c\cos(\omega t)}{c^2 + \omega^2}\,d\omega = \int_{-\infty}^{\infty} \frac{2c}{c^2 + \omega^2}\cos(\omega t)\,d\omega + i\int_{-\infty}^{\infty} \frac{2c}{c^2 + \omega^2}\sin(\omega t)\,d\omega$$

$$= \frac{1}{2\pi}\int_{-\infty}^{\infty} 2\pi \cdot \frac{2c}{c^2 + \omega^2}e^{i\omega t}\,d\omega$$

Da $F(\omega) = \frac{2c}{c^2 + \omega^2}$ für $c > 0$ die Originalfunktion $f(t) = e^{-c|t|}$ besitzt, ergibt sich $g(t) = 2\pi e^{-c|t|}$.

L.27.2 Laplace-Transformation

Lösung 27.2.1

a) $f(t) = 6e^{4t} \quad \Rightarrow \quad L[f] = \dfrac{6}{s-4},$

b) $f(t) = t^9 e^{-t} \quad \Rightarrow \quad L[f] = \dfrac{9!}{(s+1)^{10}},$

c) $f(t) = e^{3t}\sinh(7t) \quad \Rightarrow \quad L[f] = \dfrac{7}{(s-3)^2 - 49},$

d) $f(t) = t\cosh(5t) \quad \Rightarrow \quad L[f] = -\dfrac{d}{ds}\left(\dfrac{s}{s^2 - 25}\right) = \dfrac{s^2 + 25}{(s^2 - 25)^2},$

e) $f(t) = 10\sin(8t)\cos(2t) = 5(\sin(10t) + \sin(6t))$

$\quad \Rightarrow \quad L[f] = 5\left(\dfrac{10}{s^2 + 100} + \dfrac{6}{s^2 + 36}\right) = \dfrac{50}{s^2 + 100} + \dfrac{30}{s^2 + 36},$

Aufgaben und Lösungen zu Mathematik für Ingenieure 2. 4. Auflage.
Rainer Ansorge, Hans Joachim Oberle, Kai Rothe, Thomas Sonar
© 2011 WILEY-VCH Verlag GmbH & Co. KGaA. Published 2011 by WILEY-VCH Verlag GmbH & Co. KGaA.

f)　$f(t) = \left\{ \begin{array}{ll} \cos t & , \quad t < \pi \\ -1 & , \quad t \geq \pi \end{array} \right\} = \cos t + \left\{ \begin{array}{ll} 0 & , \quad t < \pi \\ -1 + \cos(t - \pi) & , \quad t \geq \pi \end{array} \right\}$

$\Rightarrow \quad L[f] = \dfrac{s}{s^2 + 1} + \mathrm{e}^{-\pi s} \left(\dfrac{1}{s} + \dfrac{s}{s^2 + 1} \right).$

Lösung 27.2.2

a)　$f(t) = \sqrt{t}\, \mathrm{e}^t \quad \Rightarrow \quad L[f] = \dfrac{\Gamma(3/2)}{(s - 1)^{3/2}}$,

b)　$f(t) = |\sin t \cos t| = \dfrac{1}{2} |\sin 2t|$ ist eine $\dfrac{\pi}{2}$-periodische Funktion.

Mit der Funktion　$g(t) = \left\{ \begin{array}{ll} \sin 2t & , \quad 0 \leq t \leq \dfrac{\pi}{2} \\ 0 & , \quad \text{sonst} \end{array} \right.$

besitzt f die Darstellung　$f(t) = \dfrac{1}{2} \displaystyle\sum_{k=0}^{\infty} g\left(t - \dfrac{k\pi}{2} \right).$

$\Rightarrow \quad L[f] = \displaystyle\int_0^{\infty} \dfrac{1}{2} \sum_{k=0}^{\infty} g\left(t - \dfrac{k\pi}{2} \right) \mathrm{e}^{-st}\, dt = \dfrac{1}{2} \sum_{k=0}^{\infty} \int_{k\pi/2}^{(k+1)\pi/2} g\left(\underbrace{t - \dfrac{k\pi}{2}}_{=x} \right) \mathrm{e}^{-st}\, dt$

$\qquad\quad = \dfrac{1}{2} \displaystyle\sum_{k=0}^{\infty} \int_0^{\pi/2} g(x) \cdot \exp\left(-s\left(x + \dfrac{k\pi}{2} \right) \right) dx = \dfrac{1}{2} \sum_{k=0}^{\infty} \left(\exp\left(-\dfrac{s\pi}{2} \right) \right)^k \int_0^{\pi/2} \sin 2x\, \mathrm{e}^{-sx}\, dx$

$\qquad\quad = \dfrac{1}{2\left(1 - \exp\left(-s\pi/2\right)\right)} \displaystyle\int_0^{\pi/2} \sin 2x\, \mathrm{e}^{-sx}\, dx$

Das verbleibende Integral wird mittels partieller Integration berechnet

$\displaystyle\int_0^{\pi/2} \sin 2x\, \mathrm{e}^{-sx}\, dx = \left(\sin 2x\, \dfrac{\mathrm{e}^{-sx}}{-s} \right)\Big|_0^{\pi/2} + \dfrac{2}{s} \int_0^{\pi/2} \cos 2x\, \mathrm{e}^{-sx}\, dx$

$\qquad\qquad\qquad\qquad = \left(-2 \cos 2x\, \dfrac{\mathrm{e}^{-sx}}{s^2} \right)\Big|_0^{\pi/2} - \dfrac{4}{s^2} \displaystyle\int_0^{\pi/2} \sin 2x\, \mathrm{e}^{-sx}\, dx$

$\Rightarrow \quad \displaystyle\int_0^{\pi/2} \sin 2x\, \mathrm{e}^{-sx}\, dx = \dfrac{2}{s^2 + 4} \left(1 + \exp\left(-\dfrac{s\pi}{2} \right) \right)$

$\Rightarrow \quad L[f] = \dfrac{1}{s^2 + 4} \cdot \dfrac{1 + \exp\left(-s\pi/2\right)}{1 - \exp\left(-s\pi/2\right)} = \dfrac{\coth\left(s\pi/4\right)}{s^2 + 4}$

c)　$f(t) = \cos^2 t = \dfrac{1}{2}(1 + \cos 2t) \quad \Rightarrow \quad L[f] = \dfrac{1}{2} \left(\dfrac{1}{s} + \dfrac{s}{s^2 + 4} \right)$,

d)　$f(t) = t^2 \sin t \quad \Rightarrow \quad L[f] = \dfrac{d^2}{ds^2} \left(\dfrac{1}{s^2 + 1} \right) = \dfrac{6s^2 - 2}{(s^2 + 1)^3}$,

e)　$f(t) = (7t)^{-\frac{2}{3}} \quad \Rightarrow \quad L[f] = \dfrac{1}{7} \cdot \dfrac{\Gamma(1/3)}{(s/7)^{1/3}} = \dfrac{\Gamma(1/3)}{7^{2/3} s^{1/3}}$,

f)　$f(t) = \left\{ \begin{array}{ll} 1 - |t - 3| & , \quad 2 \leq t \leq 4 \\ 0 & , \quad \text{sonst} \end{array} \right.$

$\Rightarrow \quad L[f] = \displaystyle\int_0^{\infty} f(t)\, \mathrm{e}^{-st}\, dt = \int_2^3 (t - 2)\, \mathrm{e}^{-st}\, dt + \int_3^4 (4 - t)\, \mathrm{e}^{-st}\, dt$

$\qquad\qquad = \dfrac{1}{s^2} \left(\mathrm{e}^{-2s} - 2\mathrm{e}^{-3s} + \mathrm{e}^{-4s} \right).$

Lösung 27.2.3

a) $F(s) = \dfrac{s+7}{s^2+4s+3} = \dfrac{3}{s+1} - \dfrac{2}{s+3}$ $\quad\Rightarrow\quad$ $f(t) = 3\mathrm{e}^{-t} - 2\mathrm{e}^{-3t}$,

b) $F(s) = \dfrac{3s+1}{s^2+2s+10} = \dfrac{3(s+1)-2}{(s+1)^2+9}$ $\quad\Rightarrow\quad$ $f(t) = 3\mathrm{e}^{-t}\cos(3t) - \dfrac{2}{3}\mathrm{e}^{-t}\sin(3t)$,

c) $F(s) = \left(\dfrac{s}{s^2+1}\right)^2 = \underbrace{\dfrac{s}{s^2+1}}_{=H(s)}\cdot\dfrac{s}{s^2+1}$ $\quad\Rightarrow\quad$ $h(t) = \cos t$

$$\Rightarrow\quad f(t) = \int_0^t \cos(t-\tau)\cos\tau\,d\tau = \frac{1}{2}\int_0^t \cos(t-2\tau) + \cos t\,d\tau$$

$$= \frac{1}{2}\left(-\frac{1}{2}\sin(t-2\tau) + \tau\cos t\right)\Big|_0^t = \frac{1}{2}(\sin t + t\cos t)\ ,$$

d) $F(s) = \dfrac{s+1}{(s+2)^3} = \dfrac{1}{(s+2)^2} - \dfrac{1}{(s+2)^3}$ $\quad\Rightarrow\quad$ $f(t) = t\mathrm{e}^{-2t} - \dfrac{t^2}{2}\mathrm{e}^{-2t}$,

e) $F(s) = \dfrac{\mathrm{e}^{-2s}}{s+3}$ $\quad\Rightarrow\quad$ $f(t) = \begin{cases} 0 & ,\quad t < 2 \\ \mathrm{e}^{-3(t-2)} & ,\quad t \geq 2 \end{cases}$,

f) $F(s) = \ln\dfrac{s-1}{s+1} = \ln(s-1) - \ln(s+1)$ $\quad\Rightarrow\quad$ $F'(s) = G(s) = \dfrac{1}{s-1} - \dfrac{1}{s+1}$

$\quad\Rightarrow\quad -tf(t) = g(t) = \mathrm{e}^t - \mathrm{e}^{-t}$ $\quad\Rightarrow\quad$ $f(t) = \dfrac{\mathrm{e}^{-t} - \mathrm{e}^t}{t} = -\dfrac{2}{t}\sinh t$.

Lösung 27.2.4

a) $F(s) = \dfrac{1}{2s-1}$ $\quad\Rightarrow\quad$ $f(t) = \mathrm{Res}\left(\dfrac{\mathrm{e}^{st}}{2s-1}\,;\,\dfrac{1}{2}\right) = \dfrac{\mathrm{e}^{t/2}}{2}$,

b) $F(s) = \dfrac{1}{(s+1)^2+3}$

$$\Rightarrow\quad f(t) = \mathrm{Res}\left(\frac{\mathrm{e}^{st}}{(s+1)^2+3}\,;\, -1+i\sqrt{3}\right) + \mathrm{Res}\left(\frac{\mathrm{e}^{st}}{(s+1)^2+3}\,;\, -1-i\sqrt{3}\right)$$

$$= \frac{\mathrm{e}^{(-1+i\sqrt{3})t}}{2i\sqrt{3}} - \frac{\mathrm{e}^{(-1-i\sqrt{3})t}}{2i\sqrt{3}} = \frac{\mathrm{e}^{-t}}{\sqrt{3}}\sin\sqrt{3}t\ ,$$

c) $F(s) = \dfrac{3s^2+s+1}{s^2(s+1)}$

$$\Rightarrow\quad f(t) = \mathrm{Res}\left(\frac{3s^2+s+1}{s^2(s+1)}\,\mathrm{e}^{st}\,;\,0\right) + \mathrm{Res}\left(\frac{3s^2+s+1}{s^2(s+1)}\,\mathrm{e}^{st}\,;\,-1\right)$$

$$= \frac{d}{ds}\left(\frac{(3s^2+s+1)\mathrm{e}^{st}}{s+1}\right)\Big|_{s=0} + \frac{(3s^2+s+1)\mathrm{e}^{st}}{s^2}\Big|_{s=-1} = t + 3\mathrm{e}^{-t}\ .$$

Lösung 27.2.5

a) (i) $f(t) = \displaystyle\int_0^t \sin(\omega\tau)\sinh\omega(t-\tau)\,d\tau$ $\quad\Rightarrow\quad$ $F(s) = \dfrac{\omega}{s^2+\omega^2}\cdot\dfrac{\omega}{s^2-\omega^2} = \dfrac{\omega^2}{s^4-\omega^4}$

(ii) $f(t) = \displaystyle\int_0^t \mathrm{e}^\tau(t-\tau)^2\,d\tau$ $\quad\Rightarrow\quad$ $F(s) = \dfrac{1}{s-1}\cdot\dfrac{2}{s^3} = \dfrac{2}{s^4-s^3}$

b)   (i) $F(s) = \dfrac{s}{(s-1)(s^2+4)} = \dfrac{1}{s-1} \cdot \dfrac{s}{s^2+4}$

$$\Rightarrow \quad f(t) = \int_0^t e^\tau \cos 2(t-\tau)\, d\tau = \left. e^\tau \cos 2(t-\tau)\right|_0^t - 2 \int_0^t e^\tau \sin 2(t-\tau)\, d\tau$$

$$= e^t - \cos 2t - 2\left(e^\tau \sin 2(t-\tau)\right)\big|_0^t - 4 \int_0^t e^\tau \cos 2(t-\tau)\, d\tau$$

$$\Rightarrow \quad f(t) = \frac{1}{5}\left(e^t - \cos 2t + 2\sin 2t\right)$$

(ii) $F(s) = \dfrac{1}{s^2+s-2} = \dfrac{1}{s-1} \cdot \dfrac{1}{s+2}$

$$\Rightarrow \quad f(t) = \int_0^t e^{t-\tau} e^{-2\tau}\, d\tau = \left(-\frac{1}{3} e^{t-3\tau}\right)\Big|_0^t = \frac{1}{3}\left(e^t - e^{-2t}\right)$$

Lösung 27.2.6
Die Laplace-Transformation der Randwertaufgabe

$$\ddot{y}(t) + 2\dot{y}(t) + 5y(t) = 5, \qquad y(0) = 0, \quad y\left(\frac{\pi}{4}\right) = 1$$

lautet mit $L[y] = Y(s)$

$$s^2 Y(s) - sy(0+) - \dot{y}(0+) + 2\left(sY(s) - y(0+)\right) + 5Y(s) = \frac{5}{s}$$

$$\Rightarrow \quad Y(s) = \frac{\dot{y}(0+)}{s^2+2s+5} + \frac{5}{s(s^2+2s+5)} \overset{\text{PBZ}}{=} \frac{1}{s} - \frac{s+2-\dot{y}(0+)}{s^2+2s+5}$$

$$= \frac{1}{s} - \frac{s+1}{(s+1)^2+4} + \frac{\dot{y}(0+)-1}{2} \cdot \frac{2}{(s+1)^2+4}\,.$$

Die Rücktransformation liefert

$$y(t) = 1 - e^{-t}\cos(2t) + \frac{\dot{y}(0+)-1}{2}\, e^{-t}\sin(2t)\,.$$

Einsetzen der Randbedingung $y\left(\dfrac{\pi}{4}\right) = 1$ liefert $\dot{y}(0+) = 1$, und man erhält die Lösung

$$y(t) = 1 - e^{-t}\cos(2t)\,.$$

Lösung 27.2.7
a)   Die Laplace-Transformation von

$$\dot{y}(t) + \int_0^t \tau\, y(t-\tau)\, d\tau = 3t, \qquad y(0) = 0$$

lautet mit $L[y] = Y(s)$ aufgrund des Faltungssatzes

$$sY(s) - y(0+) + \frac{1}{s^2}\, Y(s) = \frac{3}{s^2}$$

$$\Rightarrow \quad Y(s) = \frac{3}{s^3+1} \overset{\text{PBZ}}{=} \frac{1}{s+1} - \frac{s-2}{s^2-s+1}$$

$$= \frac{1}{s+1} - \frac{s-1/2}{(s-1/2)^2+3/4} + \sqrt{3} \cdot \frac{\sqrt{3}/2}{(s-1/2)^2+3/4}\,.$$

Die Rücktransformation liefert

$$y(t) = e^{-t} - e^{t/2}\cos\frac{\sqrt{3}\,t}{2} + \sqrt{3}\, e^{t/2}\sin\frac{\sqrt{3}\,t}{2}\,.$$

b)   Die Laplace-Transformation der Aufgabe

$$\dot{y}(t) - 5y(t) = \cos t - 5\sin t \,, \qquad y(0) = 1$$

lautet mit $L[y] = Y(s)$

$$sY(s) - y(0+) - 5Y(s) = \frac{s}{s^2 + 1} - \frac{5}{s^2 + 1} \quad \Rightarrow \quad Y(s) = \frac{1}{s - 5} + \frac{1}{s^2 + 1} \,.$$

Die Rücktransformation liefert $y(t) = e^{5t} + \sin t \,.$

Lösung 27.2.8

Die Laplace-Transformation des Anfangswertproblems

$$\begin{aligned} 5\dot{u}(t) - 3u(t) - 4v(t) &= -3 - 4t \\ 5\dot{v}(t) - 4u(t) + 3v(t) &= 1 + 3t \end{aligned} \qquad \text{mit} \quad u(0) = 4 \quad \text{und} \quad v(0) = -1 \,.$$

lautet mit $L[u] = U(s)$ und $L[v] = V(s)$

$$5(\, sU(s) - u(0+) \,) - 3U(s) - 4V(s) = -\frac{3}{s} - \frac{4}{s^2}$$

$$5(\, sV(s) - v(0+) \,) - 4U(s) + 3V(s) = \frac{1}{s} + \frac{3}{s^2}$$

$$\Rightarrow \quad \begin{pmatrix} 5s - 3 & -4 \\ -4 & 5s + 3 \end{pmatrix} \begin{pmatrix} U(s) \\ V(s) \end{pmatrix} = \begin{pmatrix} \dfrac{20s^2 - 3s - 4}{s^2} \\[2mm] \dfrac{-5s^2 + s + 3}{s^2} \end{pmatrix} \,.$$

Die Lösung kann hier über die Cramersche Regel erfolgen

$$\begin{vmatrix} 5s - 3 & -4 \\ -4 & 5s + 3 \end{vmatrix} = 25(s^2 - 1) \quad , \quad \begin{vmatrix} \dfrac{20s^2 - 3s - 4}{s^2} & -4 \\[2mm] \dfrac{-5s^2 + s + 3}{s^2} & 5s + 3 \end{vmatrix} = \frac{25(4s^2 + s - 1)}{s} \,,$$

$$\begin{vmatrix} 5s - 3 & \dfrac{20s^2 - 3s - 4}{s^2} \\[2mm] -4 & \dfrac{-5s^2 + s + 3}{s^2} \end{vmatrix} = \frac{25(-s^3 + 4s^2 - 1)}{s^2} \,.$$

Man erhält

$$U(s) = \frac{25(4s^2 + s - 1)}{s \cdot 25(s^2 - 1)} \overset{\text{PBZ}}{=} \frac{1}{s} + \frac{2}{s - 1} + \frac{1}{s + 1}$$

$$V(s) = \frac{25(-s^3 + 4s^2 - 1)}{s^2 \cdot 25(s^2 - 1)} \overset{\text{PBZ}}{=} \frac{1}{s^2} + \frac{1}{s - 1} - \frac{2}{s + 1} \,.$$

Die Rücktransformation liefert

$$u(t) = 1 + 2e^t + e^{-t} \quad \text{und} \quad v(t) = t + e^t - 2e^{-t} \quad .$$